电网企业专业技能考核题库

送电线路工

国网宁夏电力有限公司 编

内 容 提 要

本书编写依据国家职业技能鉴定、电力行业职业技能鉴定与国家电网有限公司技能等级评价（认定）相关制度、规范、标准，立足宁夏电网生产实际，融合新型电力系统构建及新时代技能人才发展目标要求。本书主要内容为电网企业技能人员技能等级认定与评价实操试题，包含技能笔答及技能操作两大部分，其中技能笔答主要以问答题形式命题，技能操作以任务书形式命题，均明确了各个环节的考核知识点、标准答案和评分标准。

本书为电网企业生产技能人员的培训教学用书，可供从事相应职业（工种）技能人员学习参考，也可作为电力职业院校教学参考书。

图书在版编目（CIP）数据

送电线路工 / 国网宁夏电力有限公司编. —北京：中国电力出版社，2022.9
电网企业专业技能考核题库
ISBN 978-7-5198-6325-8

Ⅰ. ①送…　Ⅱ. ①国…　Ⅲ. ①输电线路–职业技能–鉴定–习题集　Ⅳ. ①TM726-44

中国版本图书馆 CIP 数据核字（2021）第 269708 号

出版发行：中国电力出版社
地　　址：北京市东城区北京站西街 19 号（邮政编码 100005）
网　　址：http://www.cepp.sgcc.com.cn
责任编辑：马　丹　高　畅
责任校对：黄　蓓　朱丽芳　马　宁
装帧设计：郝晓燕
责任印制：钱兴根

印　　刷：三河市百盛印装有限公司
版　　次：2022 年 9 月第一版
印　　次：2022 年 9 月北京第一次印刷
开　　本：889 毫米×1194 毫米　16 开本
印　　张：26.25
字　　数：759 千字
定　　价：102.00 元

《电网企业专业技能考核题库　送电线路工》

《电网企业专业技能考核题库　送电线路工》

编　写　组

主　　编　黄金柱

副 主 编　刘世涛　马　强　杜建东

编写人员　陈　泓　李　磊　郭建伟　马三龙　伍　弘
　　　　　周文苏　王晓伟　赵海龙　夏　鑫　庞小龙
　　　　　王有威　孙立华　段春瑞

审稿人员　杨剑锋　王国功　康文军　郭元东　吴　波
　　　　　王海默　刁志文

前 言

国网宁夏电力有限公司以国家职业技能鉴定、电力行业职业技能鉴定与国家电网有限公司技能等级评价（认定）相关制度、规范、标准为依据，主要针对电网企业各类技能工种的初级工、中级工、高级工、技师、高级技师等人员，以专业操作技能为主线，立足宁夏电网生产实际，结合新型电力系统构建要求，编写了《电网企业专业技能考核题库》丛书。丛书在编写原则上，以职业能力建设为核心；在内容定位上，突出针对性和实用性，涵盖了国家电网有限公司相关政策、标准、规程、规定及现代电力系统新设备、新技术、新知识、新工艺等内容。

丛书的深度、广度遵循了“适应发展需求、立足实践应用”的工作思路，全面涵盖了国家电网有限公司技能等级评价（认定）内容，能够为国网宁夏电力有限公司实施技能等级评价（认定）专业技能考核命题提供依据，也可服务于同类电网企业技能人员能力水平的考核与认定。本套丛书可供电网企业技能人员学习参考，可作为电网企业生产技能人员的培训教学用书，也可作为电力职业院校教学参考用书。

由于时间和水平有限，难免存在疏漏之处，恳请各位专家和读者提出宝贵意见。

目 录

第一部分 初级工

第一章 送电线路工初级工技能笔答

Jb0001532001 简述中性点、零点、中性线、零线的含义？（5分）

考核知识点： 中性点、零点、中性线、零线的含义

难易度： 中

标准答案：

它们的含义分述如下。

（1）中性点是指发电机或变压器的三相电源绕组连成星形时三相绕组的公共点。

（2）零点是指接地的中性点。

（3）中性线是指从中性点引出的导线。

（4）零线是指从零点引出的导线。

Jb0001521002 如图 Jb0001521002 所示，物体受到力 P 作用处于静止状态，当已知物重为 G，地面与物体间的摩擦系数为 f，则地面对该物体的摩擦力是多少。（5分）

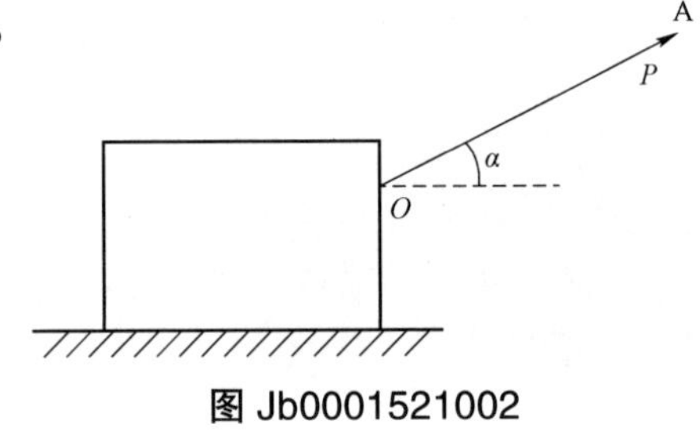

图 Jb0001521002

考核知识点： 力学基础

难易度： 易

标准答案：

$F = P\cos\alpha$

Jb0001521003 如图 Jb0001521003 所示，已知 $I_1=20$mA，$I_3=16$mA，$I_4=12$mA，求 I_2 为多少 mA，I_5 为多少 mA。（5分）

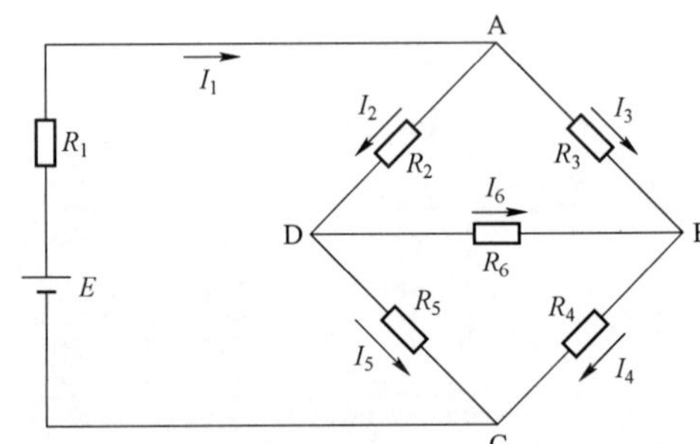

图 Jb0001521003

考核知识点： 电工基础

难易度： 易

标准答案：

$I_2=I_1-I_3=20-16=4$（mA）

$I_5=I_1-I_4=20-12=8$（mA）

答：I_2 为 4mA，I_5 为 8mA。

Jb0001521004 波形示意图对应的瞬时表达式是什么？（5分）

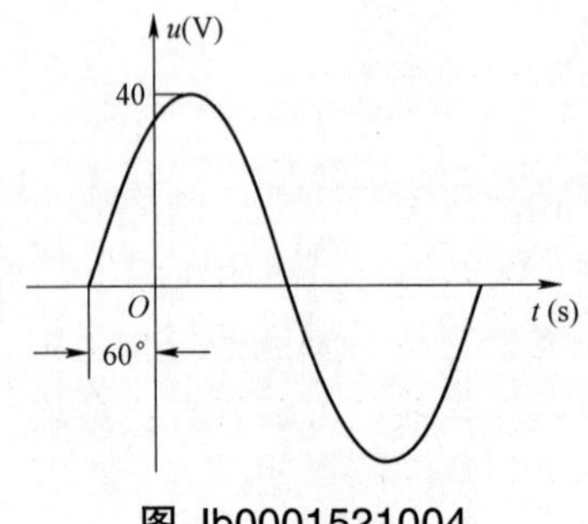

图 Jb0001521004

考核知识点： 电工基础

难易度： 易

标准答案：

$u = 40\sin(\omega t + 60°)$

Jb0001521005 如图 Jb0001521005 所示，$P_1=40N$，$P_2=30N$，当它们的夹角 α 分别为 0°、90°、180° 时，求其合力分别是多少。（5 分）

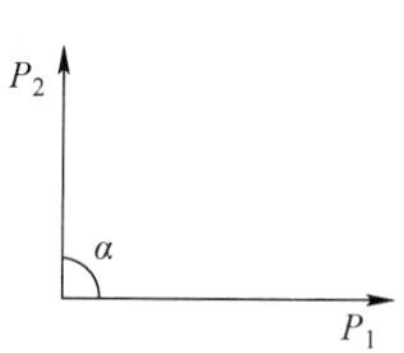

图 Jb0001521005

考核知识点：力学基础

难易度：易

标准答案：

$\alpha=0°$ 时合力为 $P=P_1+P_2=40+30=70$（N）

$\alpha=90°$ 时合力为 $P=\sqrt{P_1+P_2}=\sqrt{40^2+30^2}=50$（N）

$\alpha=180°$ 时合力为 $P=P_1-P_2=40-30=10$（N）

Jb0001531006 根据力的作用原理，物体保持静止的条件是什么？（5 分）

考核知识点：力的作用原理

难易度：易

标准答案：

物体静止的条件是合力等于零，合力矩等于零。

Jb0001531007 画出伞形、倒伞形、鼓形等杆形示意图。（5 分）

考核知识点：杆塔型式

难易度：易

标准答案：

如图 Jb0001531007 所示。

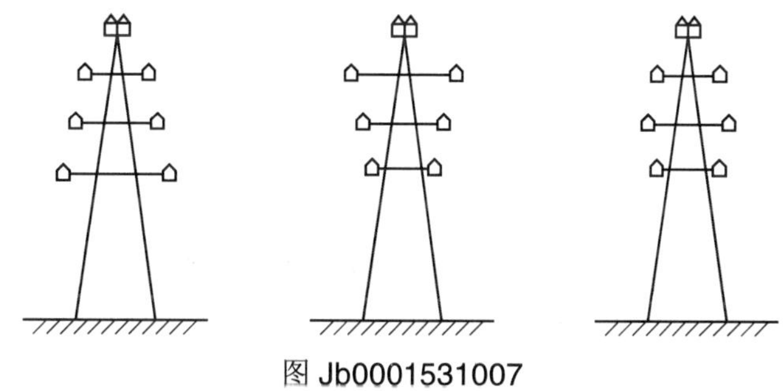

图 Jb0001531007

Jb0001531008 试述三相交流电的优点。（5 分）

考核知识点：电工基础

难易度：易

标准答案：

由三个频率相同、振幅相等、相位依次互差 120° 的交流电动势组成的电源，称三相交流电源。三相交流电较单相交流电有很多优点，它在发电、输配电以及电能转换为机械能方面都有明显的优越性。例如：制造三相发电机、变压器较制造单相发电机、变压器省材料，构造简单、性能优良。又如，用同样材料所制造的三相电机，其容量比单相电机大 50%；在输送同样功率的情况下，三相输电线较单相输电线，可节省有色金属 25%，而且电能损耗较单相输电时少。由于三交流电有上述优点，所以获得了广泛的应用。

Jb0002532009　输电线路缺陷采取哪三级管理？（5分）

考核知识点：缺陷管理

难易度：中

标准答案：

为加强输电线路缺陷管理工作，及时发现和消除输电线路缺陷，确保输电线路的安全、可靠、经济运行，应实行全过程的闭环管理，实行局、部门、班组三级管理，层层负责。

Jb0002532010　架空线弧垂观测档选择的原则是什么？（5分）

考核知识点：弧垂观测档的选择

难易度：中

标准答案：

（1）紧线段在5档及以下时靠近中间选择一档。

（2）紧线段在6～12档时靠近两端各选择一档。

（3）紧线段在12档以上时靠近两端及中间各选择一档。

（4）观测档宜选择档距较大、悬点高差较小及接近代表档距的线档。

（5）紧邻耐张杆的两档不宜选为观测档。

Jb0002532011　雷电的参数包括哪些？（5分）

考核知识点：架空线路防护参数

难易度：中

标准答案：

（1）雷电波的速度。

（2）雷电流的幅值。

（3）雷电流的极性。

（4）雷电通道波阻抗。

（5）雷暴日及雷暴小时。

Jb0001522012　某220kV线路直线塔如图Jb0001522012所示，S=1.7m，则该直线杆塔的防雷保护角是多少。（5分）

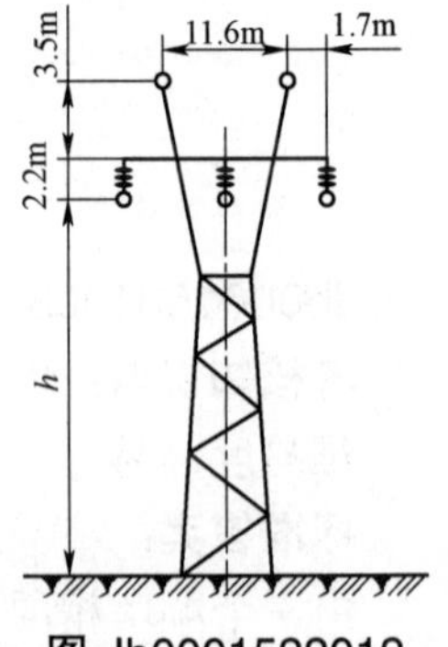

图 Jb0001522012

考核知识点：防雷保护角计算

难易度：中

标准答案：

解：

$$\alpha = \arctan\frac{1.7}{3.5+2.2}$$

$$=16.61^\circ$$

答：该直线杆塔的防雷保护角为16.61°。

Jb0002532013　何为线路绝缘的泄漏比距？影响泄漏比距大小的因素有哪些？（5分）

考核知识点：线路绝缘的泄漏比距

难易度：中

标准答案：

（1）泄漏比距是指平均每千伏线电压应具备的绝缘子最少泄漏距离值。
（2）影响泄漏比距大小的因素有地区污秽等级及系统中性点的接地方式。

Jb0002532014　什么是零值绝缘子？简要说明产生零值绝缘子的原因。（5分）
考核知识点：零值绝缘子的概念
难易度：中
标准答案：
（1）零值绝缘子是指在运行中绝缘子两端电位分布为零的绝缘子。
（2）产生原因：① 制造质量不良；② 运输安装不当产生裂纹；③ 年久老化，长期承受较大张力而劣化。

Jb0002532015　架空线路杆塔有何作用？（5分）
考核知识点：送电线路设备元件构成
难易度：中
标准答案：
（1）用于支承导线、避雷线及其附件。
（2）使导线相间、导线与避雷线、导线与地面或与被交叉跨越物之间保持足够的安全距离。

Jb0002532016　避雷线的作用是什么？（5分）
考核知识点：送电线路设备元件构成
难易度：中
标准答案：
（1）减少雷电直接击于导线的机会。
（2）避雷线一般直接接地，它依靠低的接地电阻泄导雷电流，以降低雷击过电压。
（3）避雷线对导线的屏蔽及导线、避雷线间的耦合作用，降低雷击过电压。
（4）在导线断线情况下，避雷线对杆塔起一定的支持作用。
（5）绝缘避雷线有些还用于通信，有时也用于融冰。

Jb0002532017　新建线路走廊验收砍伐树木的通道范围是多少？（5分）
考核知识点：新建线路验收
难易度：中
标准答案：
不应低于以下标准：110kV线路为风偏＋6m；220kV为风偏＋7m；500kV为风偏＋8.5m。

Jb0002532018　在正常运行时，引起线路耐张段中直线杆承受不平衡张力的原因主要有哪些？（5分）
考核知识点：线路杆塔受力分析
难易度：中
标准答案：
（1）耐张段中各档距长度相差悬殊，当气象条件变化后，引起各档张力不等。
（2）耐张段中各档不均匀覆冰或不同时脱冰时，引起各档张力不等。
（3）线路检修时，先松下某悬点导线或后挂上某悬点导线将引起相邻各档张力不等。

（4）耐张段中在某档飞车作业，绝缘梯作业等悬挂集中荷载时引起不平衡张力。
（5）山区连续倾斜档的张力不等。

Jb0003532019 架空线的平断面图包括哪些内容？（5分）
考核知识点：架空线路图纸识别
难易度：中
标准答案：
（1）沿线路的纵断面各点标高及塔位标高。
（2）沿线路走廊的平面情况。
（3）平面上交叉跨越点及交叉角。
（4）线路里程。
（5）杆塔型式及档距、代表档距等。

Jb0003532020 输电线路施工图设计图纸资料有哪几卷？（5分）
考核知识点：施工资料
难易度：中
标准答案：
第一卷施工总说明
第二卷平、断面图和明细表
第三卷机电安装施工图
第四卷杆塔施工图
第五卷基础施工图
第六卷大跨越设计施工图及说明
第七卷对通信线路的危险和干扰影响保护装置施工图
第八卷工程预算书

Jb0003513021 已知一钢芯铝绞线钢芯有7股，每股直径2.0mm，铝芯有28股，每股直径为2.3mm。试选定导线标称截面。（5分）
考核知识点：导线标称截面计算
难易度：难
标准答案：
解：
（1）钢芯的实际截面积

$$S_g = 7\times\pi\times\left(\frac{2.0}{2}\right)^2 = 21.98\ (\text{mm}^2)$$

（2）铝芯的实际截面积

$$S_l = 28\times\pi\times\left(\frac{2.3}{2}\right)^2 = 116.27\ (\text{mm}^2)$$

因为铝芯截面积略小于120mm^2，所以选其标称截面积为120mm^2。
答：导线标称截面积为120mm^2。

Jb0003513022 某 220kV 输电线路，位于 0 类污秽区，要求其泄漏比距 S_0 为 1.6cm/kV。每片 X－4.5 型绝缘子的泄漏距离 λ 为 290mm。试确定悬式绝缘子串的绝缘子片数。（5 分）

考核知识点：泄漏比距计算

难易度：难

标准答案：

解：

由于 $S_0 \leqslant n^{\lambda} / U_e$

所以：$n \geqslant S_0 U_e / \lambda \geqslant 1.6\times220/(290\times10^{-1}) \geqslant 12.14$（片）

实际取：13 片

答：悬式绝缘子串的绝缘子片数为 13 片。

Jb0003513023 某线路采用 LGJ－70 型导线，其导线瞬时拉断力 T_p 为 19 417N，导线的安全系数 K=2.5，导线截面积 S 为 79.3mm²，求导线的最大使用应力。（5 分）

考核知识点：导线的最大使用应力计算

难易度：难

标准答案：

解：

导线的破坏应力

$$\sigma_p = \frac{T_p}{S} = 19\,417/79.3 = 244.85\text{（MPa）}$$

导线最大使用应力

$$\sigma_{\mathrm{m}} = \frac{\sigma_p}{K} = \frac{244.85}{2.5} = 97.94\text{（MPa）}$$

答：导线的最大使用应力为 97.94MPa。

Jb0004532024 检修杆塔时有哪些安全规定？（5 分）

考核知识点：线路检修

难易度：中

标准答案：

（1）不得拆除受力构件，如需拆除应事先做好补强措施。

（2）调整杆塔倾斜和弯曲时，应根据需要打好临时拉线，杆塔上有人时不准调整拉线。

Jb0004513025 某耐张段总长 L 为 5698.5m，代表档距 L_0 为 258m，检查某档档距 L_g 为 250m，实测弧垂 f_{k0} 为 5.84m，依照当时气温的设计弧垂值 f_k 为 3.98m。试求该耐张段的线长调整量。（5 分）

考核知识点：弧垂计算

难易度：难

标准答案：

解：

根据连续档的线长调整公式得

$$\Delta_l = \frac{8L_0^2 \sum L}{3L_g^4}(f_k^2 - f_{k0}^2)$$

$$\Delta_l = \frac{8\times 258^2 \times 5698.5}{3\times 250^4}\times(3.98^2 - 5.84^2)$$

$$= -4.73\text{（m）}$$

答：即应收紧 4.73m。

Jb0005532026　经纬仪使用时的基本操作环节有哪些？（5 分）

考核知识点：经纬仪的使用

难易度：中

标准答案：

（1）对中。

（2）整平。

（3）对光。

（4）瞄准。

（5）精平和读数。

Jb0005513027　某 110kV 线路跨 10kV 线路，在距交叉跨越点 *L*＝20m 位置安放经纬仪，测量 10kV 线路仰角为 28°、110kV 线路仰角为 34°，交叉跨越符不符合要求？（5 分）

考核知识点：经纬仪的使用

难易度：难

标准答案：

解：

按题意交叉跨越垂直距离

$$h = L(\tan\theta_2 - \tan\theta_1)$$

$$= 20\times(\tan 34^\circ - \tan 28^\circ)$$

$$= 2.86\text{（m）} < 3\text{m}$$

答：交叉跨越垂直距离小于 3m，不符合要求。

Jb0005532028　起重葫芦是一种怎样的工具？可分为哪几种？（5 分）

考核知识点：工器具

难易度：中

标准答案：

（1）起重葫芦是一种有制动装置的手动省力起重工具。

（2）起重葫芦包括手拉葫芦、手摇葫芦和手扳葫芦三种。

Jb0005531029　简述钳形电流表的作用及使用方法。（5 分）

考核知识点：钳形电流表的作用及使用方法

难易度：易

标准答案：

（1）作用：用于电路正常工作情况下测量通电导线中的电流。

（2）使用方法：① 手握扳手，电流互感器的铁芯张开，将被测电流的导线卡入钳口中。② 放松扳手，使铁芯钳口闭合，从电流表的指示中读出被测电流大小。测量前，注意钳形电流表量程的选择。

Jb0005531030　对于携带式接地线有哪些规定？（5 分）

考核知识点：携带式接地线使用方法

难易度：易

标准答案：

（1）应使用多股软裸铜线、截面应符合短路电流的要求，但不应小于 25mm²。

（2）必须使用专用的线夹，严禁用缠绕的方法将设备接地或短路，并在使用前详细检查，严禁使用不合格的接地线。

（3）每组接地线应编号，使用完后存放在相应编号的存放位置上。

Jb0005531031　绝缘工具在使用前应做好哪些检查工作？（5 分）

考核知识点：绝缘工具的安全检查

难易度：易

标准答案：

应详细检查工具有无损伤、变形等异常现象，并用清洁，干燥的毛巾擦净，若怀疑其绝缘有可能下降时，应用 2500V 摇表进行测量（用宽 2cm 的引电极，相间距离为 2cm），其绝缘电阻不得小于 700MΩ。

第二章　送电线路工初级工技能操作

Jc0002543001　停电更换 110kV 直线整串绝缘子操作。（100 分）

考核知识点：绝缘子更换

难易度：难

技能等级评价专业技能考核操作工作任务书

一、任务名称

停电更换 110kV 直线整串绝缘子操作。

二、适用工种

送电线路工初级工。

三、具体任务

110kV 某线路有一直线杆 A 相绝缘子整串损坏，需更换。针对此项工作，考生须在 35 分钟内完成更换操作。

四、工作规范及要求

（1）给定条件：线路已做好停电、验电、装设接地线等技术措施。

（2）杆上单独操作，地面 2 名辅工配合。

（3）用双钩紧线器提升导线。

（4）悬式绝缘子 8 片。

（5）专用工具：3T 双钩紧线器、钢丝套、无极绳一套、安全带、脚扣、导线保护绳。

（6）个人工具：平口钳、活动扳手、取销钳、工具包。

五、考核及时间要求

考核时间共 35 分钟，每超过 2 分钟扣 1 分，到 40 分钟终止考核。

技能等级评价专业技能考核操作评分标准

工种	送电线路工					评价等级	初级工
项目模块	输电线路检修及应急处理—输电线路检修工作				编号	Jc0002543001	
单位			准考证号			姓名	
考试时限	35 分钟		题型	单项操作		题分	100 分
成绩		考评员		考评组长		日期	
试题正文	停电更换 110kV 直线整串绝缘子操作						
需要说明的问题和要求	（1）绝缘子串的更换操作为单人依次进行，在 35 分钟内完成。 （2）绝缘子更换操作时，杆上独立操作，地面 2 名辅工配合。 （3）各项得分均扣完为止						

序号	项目名称	质量要求	满分	扣分标准	扣分原因	得分
1	工作准备					
1.1	安全劳动防护用品的准备	正确佩戴安全帽，穿全套工作服，包括工作服、绝缘鞋、安全带、绝缘手套	5	未正确佩戴安全劳动防护用品每项扣 1 分		

续表

序号	项目名称	质量要求	满分	扣分标准	扣分原因	得分
1.2	工器具的准备	工器具准备齐全，质量合格	5	遗漏一项扣1分； 发现不合格工器具一项扣1分		
2	工作许可					
2.1	许可方式	向考评员示意准备就绪，申请开始工作	5	未向考评员申请许可开始工作，该项不得分		
3	工作步骤及技术要求					
3.1	登杆					
3.1.1	升降板登杆	（1）挂板、上板、挂上板： 1）左手握绳、右手持钩、钩口朝上挂板； 2）右手收紧（围杆）绳子，两脚上板，左腿绞紧左绳边。 （2）上上板： 1）右手抓紧上板两个绳子，左手压紧踩板左端部，抽出左脚踩在板上； 2）右脚上上板，左脚蹬在杆上，左大腿靠近升降板，右腿膝肘部挂紧绳子； 3）侧身、左手握住下板钩下100mm左右处绳子，脱钩取板，左脚上板； 4）动作流畅，无危险动作； 5）上横担前必须先把后备保险绳系在杆身或横担上	7	一项不达标扣1分		
3.1.2	脚扣登杆	（1）调整脚扣皮带松紧适度。 （2）抬脚使脚扣平面（金属杆圆弧面）与杆身成90°，脚扣叩杆、脚背外翻挂实，下蹬。 （3）调整脚扣尺寸，与混凝土杆直径配合，使脚扣胶皮面与混凝土杆接触可靠。 （4）双手扶杆及安全带，重心稍向后，动作正确。 （5）登杆过程中必须系主安全带；上横担前必须先把后备保险绳系在杆身或横担上	5	一项不达标扣1分		
3.2	横担上的操作	（1）登杆人员携带传递绳登杆塔至横担。 （2）安全带后备保护绳系在牢固的构件上，打好后再上横担。 （3）在合适的位置安装好钢丝绳套、单轮滑车和循环绳。 （4）在横担上操作不能失去安全带的保护	8	一项不达标扣2分		
3.3	导线上操作					
3.3.1	下至导线	（1）下之前检查连接金具并作冲击试验。 （2）在横担上打好二次保险绳后，沿绝缘子串下至导线。 （3）把主安全带扣在绝缘子串合适的位置上	3	一项不达标扣1分		
3.3.2	做好导线的后备保护	（1）导线后备保护绳安装时应顺绝缘子方向，安装位置应合适。 （2）卸扣安装时应拧满丝扣。 （3）后备钢丝套应连接牢固，且松紧适度	3	一项不达标扣1分		
3.3.3	安装双钩紧线器	（1）利用循环绳把双钩紧线器、钢丝套提升至横担。 （2）将双钩紧线器上端挂在横担钢丝套上，下端钩在导线上，牢固可靠。 （3）双钩紧线器应安装在大档距侧，并与导线保护绳不在同一侧	6	一项不达标扣2分		

续表

序号	项目名称	质量要求	满分	扣分标准	扣分原因	得分
3.3.4	拴绝缘子串	作业人员将穿过滑车的循环绳系在横担侧第二、三片绝缘子之间	1	不达标不得分		
3.3.5	脱空绝缘子串	（1）收紧双钩紧线器，使绝缘子串呈松弛状态。 （2）进行冲击试验无异常。 （3）取掉绝缘子串两侧碗头M销，先取导线侧、后取横担侧，使绝缘子串与导线脱离	6	一项不达标扣2分		
3.3.6	更换绝缘子串	（1）收紧白棕绳使绝缘子串脱离，缓慢将绝缘子串传递至地面。 （2）将新绝缘子串传递至杆塔上，安装新绝缘子串及M销，并检查M销是否到位。 （3）碗口朝向正确。 （4）动作流畅，无危险动作	4	一项不达标扣1分		
3.3.7	撤除工器具	（1）松出双钩紧线器，绝缘子串受力后进行冲击试验。 （2）取下双钩紧线器并传递至地面。 （3）撤出后备保护钢丝套并传递至地面	3	一项不达标扣1分		
3.3.8	检查并清理工作点	（1）M销位置正确。 （2）球头到位。 （3）绝缘子清扫。 （4）不得有遗留物。 （5）悬垂串垂直于地面	5	一项不达标扣1分		
3.4	下杆					
3.4.1	上横担	（1）沿绝缘子串上至横担。 （2）不得失去保险绳的保护。 （3）动作流畅，无危险动作	6	一项不达标扣2分		
3.4.2	取下传递绳	（1）取下传递绳，随身携带。 （2）不得失去安全带的保护	2	一项不达标扣1分		
3.4.3	下杆	（1）正确下杆。 （2）不得失去保险绳的保护。 （3）动作流畅，无危险动作	6	一项不达标扣2分		
4	工作结束					
4.1	工具整理及现场清理	清点工具，清理工作现场	5	未清理现场不得分		
5	工作终结报告					
5.1	工作终结汇报	向考评员报告工作已结束，场地已清理	5	未向考评员报告工作结束，该项不得分		
6	其他要求					
6.1	动作要求	动作熟练顺畅	5	动作不熟练扣1～5分		
6.2	安全要求	严格遵守“四不伤害”原则，不得损坏工器具和设备	5	未遵守现场安全要求一次扣1分；损坏工器具和设备一次扣1分		
合计			100			

Jc0002543002　220kV带电检测零值绝缘子的操作。（100分）

考核知识点：带电检测

难易度：难

技能等级评价专业技能考核操作工作任务书

一、任务名称

220kV 带电检测零值绝缘子的操作。

二、适用工种

送电线路工初级工。

三、具体任务

对 220kV 零值绝缘子进行带电检测。针对此项工作，考生须在 30 分钟内完成更换处理操作。

四、工作规范及要求

（1）杆塔上单独操作，杆下设 1 人监护记录。

（2）如果发现一串悬垂绝缘子有 5 片零值绝缘子，耐张绝缘子有 6 片零值绝缘子，应停止检测工作。

五、考核及时间要求

考核时间共 30 分钟，每超过 2 分钟扣 1 分，到 35 分钟终止考核。

技能等级评价专业技能考核操作评分标准

工种	送电线路工					评价等级	初级工
项目模块	输电线路检修及应急处理—带电作业检测技术				编号	Jc0002543002	
单位			准考证号			姓名	
考试时限	30 分钟		题型	单项操作		题分	100 分
成绩		考评员		考评组长		日期	
试题正文	220kV 带电检测零值绝缘子的操作						
需要说明的问题和要求	（1）注意与带电体保持足够的安全距离。 （2）带电检测应从导线侧向横担侧检测						

序号	项目名称	质量要求	满分	扣分标准	扣分原因	得分
1	工作准备					
1.1	安全劳动防护用品的准备	正确佩戴安全帽，穿全套工作服，包括工作服、绝缘鞋、安全带、绝缘手套	5	未正确佩戴安全劳动防护用品每项扣 1 分		
1.2	工器具的准备	工器具准备齐全，质量合格	5	遗漏一项扣 1 分，发现不合格工器具一项扣 1 分		
2	工作许可					
2.1	许可方式	向考评员示意准备就绪，申请开始工作	5	未向考评员申请许可开始工作，该项不得分		
3	工作步骤及技术要求					
3.1	登杆塔操作					
3.1.1	登杆塔	动作熟练，带传递绳上杆塔	4	操作不规范扣 2 分； 未带传递绳扣 2 分		
3.1.2	定工作位置	在耐张杆塔上测量时，工作人员应站在横担上	5	站立位置不正确扣 5 分		
3.1.3	使用安全带	安全带所系位置正确	5	安全带位置不正确扣 1～5 分		
		检查扣环是否牢固	1	不检查不给分		

续表

序号	项目名称	质量要求	满分	扣分标准	扣分原因	得分
3.2	将测量杆吊上杆塔	动作熟练正确。 传递绳上升部分与吊绳尾绳不缠绕	5	操作不规范扣1～5分； 传递绳上升部分与吊绳尾绳缠绕不得分		
3.3	测量					
3.3.1	测量要求	测量顺序正确，从导线侧向横担测量	5	测量顺序不正确扣5分		
3.3.2	测量技术要求	测量位置正确，火花间隙短路叉两端切实分别接触瓷裙上下侧的铁件上	5	测量位置不正确扣5分		
3.3.3	杆塔上转移	杆塔上转移时测量杆放平稳	5	测量杆摆放位置不正确扣5分		
3.3.4	杆塔上测量	不漏测	5	漏测不得分		
3.4	发现零值绝缘子					
3.4.1	测量要求	将火花间隙短路叉翻一面再测一次	5	不复测不得分		
3.4.2	技术要求	火花间隙短路叉保持原位，报告记录后才可移开火花间隙短路叉	5	操作不规范扣1～5分		
3.5	将测量杆吊下					
3.5.1	吊绳绑扎要求	吊绳绑扎正确，杆朝下，叉朝上	5	操作不规范不得分		
3.5.2	操作要求	放下时测量杆不能碰杆塔	5	测量杆碰杆塔不得分		
3.5.3	测量杆吊下要求	测量杆接近地面要减速，让监护人员接住	5	接近地面未减速扣3分； 为让监护人员接住扣2分		
4	工作结束					
4.1	工具整理及现场清理	清点工具，清理工作现场	5	未清理现场不得分		
5	工作终结报告					
5.1	工作终结汇报	向考评员报告工作已结束，场地已清理	5	未向考评员报告工作结束，该项不得分		
6	其他要求					
6.1	动作要求	动作熟练顺畅	5	动作不熟练扣1～4分		
6.2	安全要求	严格遵守“四不伤害”原则，不得损坏工器具和设备	5	未遵守现场安全要求一次扣1分； 损坏工器具和设备一次扣1分		
合计			100			

Jc0002543003　光学经纬仪对中、整平、对光、调焦操作。（100分）

考核知识点：经纬仪使用

难易度：难

技能等级评价专业技能考核操作工作任务书

一、任务名称

光学经纬仪对中、整平、对光、调焦操作。

二、适用工种

送电线路工初级工。

三、具体任务

要求考生完成光学经纬仪对中、整平、对光、调焦操作。

四、工作规范及要求

按照以下要求完成使用光学经纬仪对中、整平、对光、调焦操作。

（1）光学经纬仪使用常见的 J_2 或 J_6 型。

（2）使用光学对点器对中。

（3）在平坦的地面钉一木桩，桩头中心钉一颗小铁钉作为测量站点。

（4）关键工序完整正确。

（5）考核时间结束终止考试。

五、考核及时间要求

考核时间共 10 分钟，每超过 2 分钟扣 1 分，到 15 分钟终止考核。

技能等级评价专业技能考核操作评分标准

工种	送电线路工					评价等级	初级工
项目模块	工器具使用与保养				编号	Jc0002543003	
单位			准考证号			姓名	
考试时限	10 分钟		题型			题分	100 分
成绩		考评员		考评组长		日期	
试题正文	光学经纬仪对中、整平、对光、调焦操作						
需要说明的问题和要求	（1）使用光学对点器对中。 （2）在平坦的地面丁一木桩，桩头中心钉一颗小铁钉作为测量站点						

序号	项目名称	质量要求	满分	扣分标准	扣分原因	得分
1	工作准备					
1.1	安全劳动防护用品的准备	正确佩戴安全帽，穿全套工作服，包括工作服、绝缘鞋、棉手套	5	未正确佩戴安全劳动防护用品每项扣 1 分		
1.2	工器具的准备	工器具准备齐全，质量合格	5	遗漏一项扣 1 分； 发现不合格工器具一项扣 1 分		
2	工作许可					
2.1	许可方式	向考评员示意准备就绪，申请开始工作	5	未向考评员申请许可开始工作，该项不得分		
3	工作步骤及技术要求					
3.1	仪器安装					
3.1.1	将三脚架高度调节好后架于测站点上	高度便于操作	2	高度不合适扣 2 分		
3.1.2	仪器从箱中取出	一手握住照准部，另一手握住三角机座	4	未握住照准部扣 2 分； 未握住三角机座扣 2 分		
3.1.3	将仪器放于三脚架上，转动中心固定螺旋	将仪器固定于脚架上，不能拧太紧，留有余地	2	拧得太紧不留余地不得分		
3.2	光学对点器对中					
3.2.1	旋转对点器目镜	使分化板清晰	3	分化板不清晰不得分		
3.2.2	拉伸对点器镜管	使对中标志清晰	3	对中标志不清晰不得分		

续表

序号	项目名称	质量要求	满分	扣分标准	扣分原因	得分
3.2.3	两手各持三脚架中两脚，另一脚用右（左）手胳膊与右（左）腿配合好，将仪器平稳脱离地，来回移动	找到木桩	3	操作不规范扣1～3分		
3.2.4	将仪器平稳放落地，将分化板的小圆圈套住桩上小铁钉	仪器一次放成功	4	一次不成功不得分每超过二次倒扣2分		
3.2.5	仪器调平后再滑动仪器调整	使小铁钉准确处于分化的小圆圈中心	4	圈外扣4分； 不在中心视情况扣1～2分		
3.3	调整圆水泡					
3.3.1	将三脚架踩紧或调整各脚的高度	使圆水泡中的气泡居中	4	圆水泡中的气泡不居中视情况扣1～4分		
3.4	精确对中					
3.4.1	将仪器照准部转动180°后再检查仪器对中情况，然后拧紧中心固定螺栓	仪器调平后还要在精细对中一次，使小铁钉准确处于分化板小圆圈中心	4	小铁钉没有处于分化板小圆圈中心不得分		
3.5	仪器调平					
3.5.1	转动仪器照准部	使长型水准器与任意两个脚螺旋的链接线平行	2	长型水准器与任意两个脚螺旋的链接线不平行不得分		
3.5.2	以相反方向等量转动此两脚螺旋	使气泡正确居中	2	气泡不居中不得分		
3.5.3	将仪器转动90°，旋转第三个脚螺旋	使气泡居中	2	气泡不居中不得分		
3.5.4	反复调整两次	仪器旋转至任何位置，水准气泡最大偏离值都不超过1/4格值	2	水准气泡最大偏离值超过1/4格值是超过情况扣1～2分； 反复超过二次倒扣2分		
3.5.5	仪器精对中后还要再检查调平一次	所有要求合格	2	每1/4扣2分		
3.6	对光					
3.6.1	将望远镜向着光亮均匀的背景（天空），转动目镜	使分划板十字丝清晰明确	2	分划板十字丝不清晰明确不得分		
3.6.2	记住屈光度后再重调一次	要求两次屈光度一致	2	不一致扣1～2分		
3.7	调焦					
3.7.1	从瞄准器上对准目标后，拧紧照准部制动手轮	对准目标	2	操作不规范扣1～2分		
3.7.2	旋转望远镜调焦手轮	使标杆的影像清晰	2	影像不清晰不得分		
3.7.3	旋动照准部微动手轮	使标杆在十字丝双丝正中	2	标杆不在十字丝双丝正中视情况扣1～2分		
3.7.4	眼睛上下左右移动检查有无视差	如有视差，再进行调焦清除	2	未检查扣2分		
3.7.5	旋动照准部微动手轮	仔细检查使标杆在十字丝双丝正中	2	标杆不在十字丝双丝正中视情况扣1～2分		
3.8	收仪器					
3.8.1	松动所有制动手轮	仪器活动	2	操作不规范扣1～2分		
3.8.2	松开仪器中心固定螺旋	一手握仪器，另一手旋下固定螺旋	2	操作不规范扣1～2分		

续表

序号	项目名称	质量要求	满分	扣分标准	扣分原因	得分
3.8.3	双手将功能仪器轻轻拿下放进箱内	要求位置正确，一次成功	2	每失误一次扣2分		
3.8.4	清除三脚架上的泥土	将三脚架收回，扣上皮带	2	未清理不得分； 清理不干净扣2分		
4	工作结束					
4.1	工具整理及现场清理	清点工具，清理工作现场	5	未清理现场不得分		
5	工作终结报告					
5.1	工作终结汇报	向考评员报告工作已结束，场地已清理	5	未向考评员报告工作结束，该项不得分		
6	其他要求					
6.1	动作要求	动作熟练顺畅	5	动作不熟练扣1～5分		
6.2	安全要求	严格遵守“四不伤害”原则，不得损坏工器具和设备	5	未遵守现场安全要求一次扣1分； 损坏工器具和设备一次扣1分		
合计			100			

Jc0002543004　组装一套110kV输电线路耐张杆单串绝缘子串的操作。（100分）

考核知识点：绝缘子组装

难易度：难

技能等级评价专业技能考核操作工作任务书

一、任务名称

组装一套110kV输电线路耐张杆单串绝缘子串的操作。

二、适用工种

送电线路工初级工。

三、具体任务

要求考生在规定时间内挑选金具和绝缘子，组装一套110kV输电线路耐张杆单串绝缘子串。针对此项工作，考生须在10分钟内完成更换操作。

四、工作规范及要求

（1）要求单独在地面操作。

（2）所有要用的材料应一次找齐，并按次序摆放好。

（3）给出一张组装图纸。

（4）指出导线型号，告知挂线点位置方向，告知线路受电方向。

（5）要求着装正确（穿工作服、工作胶鞋、戴安全帽）。

（6）绝缘子只检查2片，要求讲出检查内容。

（7）金具只检查2件，要求讲出检查内容。

（8）操作完毕要将绝缘子串拆开，材料运回。

（9）导线水平排列，组装中间一相绝缘子串（从直角挂板组装至螺栓式耐张线夹止）。

五、考核及时间要求

考核时间共10分钟，每超过2分钟扣1分，到15分钟终止考核。

技能等级评价专业技能考核操作评分标准

<table>
<tr><td>工种</td><td colspan="4">送电线路工</td><td>评价等级</td><td>初级工</td></tr>
<tr><td>项目模块</td><td colspan="3">输电线路检修及应急处理—输电线路检修工作</td><td>编号</td><td colspan="2">Jc0002543004</td></tr>
<tr><td>单位</td><td colspan="2"></td><td>准考证号</td><td></td><td>姓名</td><td></td></tr>
<tr><td>考试时限</td><td>10 分钟</td><td>题型</td><td colspan="2">单项操作</td><td>题分</td><td>100 分</td></tr>
<tr><td>成绩</td><td></td><td>考评员</td><td></td><td>考评组长</td><td>日期</td><td></td></tr>
<tr><td>试题正文</td><td colspan="6">组装一套 110kV 输电线路耐张杆单串绝缘子串的操作</td></tr>
<tr><td>需要说明的问题和要求</td><td colspan="6">（1）应从所给金具中一次性选出所需金具。
（2）现场提供组装图纸</td></tr>
</table>

序号	项目名称	质量要求	满分	扣分标准	扣分原因	得分
1	工作准备					
1.1	安全劳动防护用品的准备	正确佩戴安全帽，穿全套工作服，包括工作服、棉手套	5	未正确佩戴安全劳动防护用品每项扣 1 分		
1.2	工器具的准备	工器具准备齐全，质量合格	5	遗漏一项扣 1 分； 发现不合格工器具一项扣 1 分		
2	工作许可					
2.1	许可方式	向考评员示意准备就绪，申请开始工作	5	未向考评员申请许可开始工作，该项不得分		
3	工作步骤及技术要求					
3.1	材料选择					
3.1.1	直角挂板	1 块，符合图纸要求	1	型号错扣 1 分		
3.1.2	球头挂环	1 个，符合图纸要求	1	型号错扣 1 分		
3.1.3	悬式瓷绝缘子	8 片（要求型号、颜色一致），符合图纸要求	2	型号颜色不一致扣 1 分； 漏 1 件扣 1 分		
3.1.4	单联碗头	1 只，符合图纸要求	1	型号错扣 1 分		
3.1.5	耐张线夹	1 只，符合图纸要求	2	型号错扣 2 分		
3.2	金具检查（要求讲出检查内容）					
3.2.1	镀锌层的检查	没有碰损、剥落或缺锌	4	未检查不得分； 检查不到位视情况扣 1～4 分		
3.2.2	剥落或缺锌处理	更换	4	操作不到位视情况扣 1～4 分		
3.2.3	型号	型号正确	4	型号不正确不得分		
3.3	绝缘子检查（要求讲出检查内容）					
3.3.1	逐个将表面清扫	清扫干净并进行外观检查	4	未清扫不得分； 未进行外观检查扣 2 分		
3.3.2	检查碗头、球头与弹簧销子之间的间隙	在安装好弹簧销子的情况下球头不得自碗头脱出	4	弹簧销子安装好的情况下球头自碗头脱出不得分		
3.4	组装绝缘子					
3.4.1	材料摆放	整齐有序，绝缘子串方向正确	4	方向错误扣 4 分； 不整齐扣 1～2 分		

续表

序号	项目名称	质量要求	满分	扣分标准	扣分原因	得分
3.4.2	取出弹簧销	操作正确	4	操作不规范视情况扣 1~4 分		
3.4.3	绝缘子组装	将绝缘子 8 片组装成 1 串	4	操作不规范视情况扣 1~4 分		
3.4.4	安装弹簧销	正确安装弹簧销	4	操作不规范视情况扣 1~4 分		
3.4.5	组装时顺序	从横担部分开始向线夹方向组装	4	一次安装完成（每反复一次扣 2 分）		
3.5	规范要求					
3.5.1	耐张线夹出线方向	出线方向正确	3	方向错误扣 3 分		
3.5.2	螺栓、穿钉方向，弹簧销子插入方向	螺栓、穿钉方向，弹簧销子插入方向正确（9 只弹簧销子、耐张线夹穿钉上的 1 只销钉和直角挂板连接球头挂环的螺栓上的 1 只销钉、直角挂板和横担连接的 1 只螺栓由上向下穿。直角挂板和横担连接螺栓上的销钉、直角挂板连接球头挂环的螺栓，耐张线夹穿钉面向受电方向，由左向右穿入）	15	穿入方向每错一项扣 1 分，扣完为止		
4	工作结束					
4.1	工具整理及现场清理	清点工具，清理工作现场	5	未清理现场不得分		
5	工作终结报告					
5.1	工作终结汇报	向考评员报告工作已结束，场地已清理	5	未向考评员报告工作结束，该项不得分		
6	其他要求					
6.1	动作要求	动作熟练顺畅	5	动作不熟练扣 1~5 分		
6.2	安全要求	严格遵守“四不伤害”原则，不得损坏工器具和设备	5	未遵守现场安全要求一次扣 1 分； 损坏工器具和设备一次扣 1 分，扣完为止		
合计			100			

Jc0002543005　锈蚀拉线更换处理的操作。（100 分）

考核知识点：拉线更换

难易度：难

技能等级评价专业技能考核操作工作任务书

一、任务名称

锈蚀拉线更换处理的操作。

二、适用工种

送电线路工初级工。

三、具体任务

因拉线锈蚀需更换，请考生在规定时间内完成拉线更换。针对此项工作，考生须在 30 分钟内完成更换操作。

四、工作规范及要求

（1）要求安装临时拉线，在停电线路上操作。

（2）杆上1人，杆下1人均单独操作，设1人监护。
（3）两人一组，杆上、杆下交叉考核。
（4）要求着装正确（穿工作服、工作胶鞋、戴安全帽）。
（5）登杆工具、安全工具合格。

五、考核及时间要求

考核时间共30分钟，每超过2分钟扣1分，到35分钟终止考核。

技能等级评价专业技能考核操作评分标准

工种	送电线路工				评价等级	初级工
项目模块	输电线路施工			编号	Jc0002543005	
单位		准考证号			姓名	
考试时限	30分钟	题型	多项操作		题分	100分
成绩		考评员	考评组长		日期	
试题正文	锈蚀拉线更换处理的操作					
需要说明的问题和要求	（1）使用登高板或脚扣登杆。 （2）杆上作业时注意作业安全					

序号	项目名称	质量要求	满分	扣分标准	扣分原因	得分
1	工作准备					
1.1	安全劳动防护用品的准备	正确佩戴安全帽，穿全套工作服，包括工作服、绝缘鞋、安全带、绝缘手套	5	未正确佩戴安全劳动防护用品每项扣1分		
1.2	工器具的准备	工器具准备齐全，质量合格	5	遗漏一项扣1分； 发现不合格工器具一项扣1分		
2	工作许可					
2.1	许可方式	向考评员示意准备就绪，申请开始工作	5	未向考评员申请许可开始工作，该项不得分		
3	工作步骤及技术要求					
3.1	杆上操作					
3.1.1	登杆动作	安全、熟练	2	视动作完成情况扣1～2分		
3.1.2	所站位置及使用安全带	操作正确	2	未能正确使用安全带不得分； 所站位置不合适扣2分		
3.1.3	吊钢丝绳	吊绳不与钢丝绳缠绕	2	吊绳与钢丝绳缠绕不得分		
3.1.4	钢丝绳缠绕电杆	绕两圈，U型挂环螺栓拧到位	2	U型挂环螺丝拧不到位不得分		
3.2	装临时拉线					
3.2.1	在拉线棒上装一只U型挂环，在U型挂环上绑临时拉线	要求不影响正常拉线安装	2	临时拉线影响正常拉线安装不得分		
3.2.2	使用紧线工具	正确调紧临时拉线	2	紧线工具使用不正确扣2分		
3.2.3	拆下紧线工具	操作正确	2	操作不规范扣2分		
3.3	拆除旧拉线					
3.3.1	拆下原NUT型线夹	动作熟练	4	视动作熟练情况扣1～4分		
3.3.2	拆下原楔形线夹	旧拉线吊下电杆	4	视动作熟练情况扣1～4分		

续表

序号	项目名称	质量要求	满分	扣分标准	扣分原因	得分
3.4	装新拉线					
3.4.1	制作拉线上把并扎钢绞线回头尾线	按规定制作并按规定将钢绞线回头尾线扎牢	4	制作拉线不规范扣 2 分； 钢绞线回头尾线未扎牢扣 2 分		
3.4.2	传递绳把上把吊上电杆并挂好	正确安装螺栓及销钉	4	视操作情况扣 1～4 分		
3.4.3	NUT 型线夹拆开，U 形螺栓穿进拉线棒环，量出钢绞线所需要的长度并画印	画印准确	4	画印不准确视情况扣 1～4 分		
3.4.4	制作拉线下把	按规定制作	4	制作拉线不规范视情况扣 1～4 分		
3.4.5	装上下把，必要时使用紧线工具	操作正确	4	视操作情况扣 1～4 分		
3.5	调整新拉线					
3.5.1	调整下把	使拉线受力正常，NUT 型螺栓出丝正确	4	NUT 型螺栓出丝不正确扣 2 分； 拉线受力不正常不得分		
3.5.2	将钢绞线回头尾线扎牢	按规定	2	未按规定扎牢不得分		
3.5.3	拧双螺母	双螺母应并住拧紧	2	未按规定拧紧不得分		
3.6	拆除临时接线	操作正确	2	操作不规范不得分		
3.7	规范要求					
3.7.1	钢绞线出头位置正确	钢绞线出头位置正确，线夹凸肚应在尾线侧	3	钢绞线出头位置错误扣 3 分		
3.7.2	尾线长度检查	钢绞线回头长度正确为 300～500mm	3	误差每超过 1cm 扣 1 分		
3.7.3	尾线绑扎	钢绞线回头尾线扎牢	2	尾线未扎牢不得分		
3.7.4	拉线受力调整	拉线受力均匀合适	2	拉线受力不均匀不得分		
3.7.5	NUT 型线夹出线检查	NUT 型线夹螺母出丝长度小于 1/2 的螺纹长度	3	每超过 0.5cm 扣 1 分		
4	工作结束					
4.1	工具整理及现场清理	清点工具，清理工作现场	5	未清理现场不得分		
5	工作终结报告					
5.1	工作终结汇报	向考评员报告工作已结束，场地已清理	5	未向考评员报告工作结束，该项不得分		
6	其他要求					
6.1	动作要求	动作熟练顺畅	5	动作不熟练扣 1～4 分		
6.2	安全要求	严格遵守“四不伤害”原则，不得损坏工器具和设备	5	未遵守现场安全要求一次扣 1 分； 损坏工器具和设备一次扣 1 分		
合计			100			

Jc0002543006　绝缘子表面盐密度取样及测量操作。（100 分）

考核知识点：绝缘子盐密测量

难易度：难

技能等级评价专业技能考核操作工作任务书

一、任务名称

绝缘子表面盐密度取样及测量操作。

二、适用工种

送电线路工初级工。

三、具体任务

110kV 某线 10 号杆（Z3）杆设置了一个盐密灰密的测量取样点，按照测量周期应对该取样点进行盐密、灰密测量。针对此项工作，考生完成绝缘子表面盐密度取样及测量操作。

四、工作规范及要求

110kV 某线路带电，取样点为一串防污绝缘子串（7 片，型号 XP－7），取样点挂在横担边相，不带电。按照计划应该测量第四片绝缘子，盐密度测量仪型号为。按照以下要求完成绝缘子表面盐密度取样及测量操作。

（1）测量方法正确。

（2）测量工具质量符合要求。

（3）操作过程符合安全质量要求。

（4）测量结果要存档。

（5）考核时间结束终止考试。

五、考核及时间要求

考核时间共 60 分钟，每超过 2 分钟扣 1 分，到 65 分钟终止考核。

技能等级评价专业技能考核操作评分标准

工种	送电线路工			评价等级	初级工
项目模块	输电线路检修及应急处理—带电作业检测技术		编号	Jc0002543006	
单位		准考证号		姓名	
考试时限	60 分钟	题型	单项操作	题分	100 分
成绩	考评员		考评组长		日期
试题正文	绝缘子表面盐密度取样及测量操作				
需要说明的问题和要求	（1）检测工作 2 人完成，有 1 人配合。 （2）检测前应对仪器设备进行复位。 （3）取样过程中不得将绝缘子表面接触到其他物体。 （4）要求着装正确（工作服、工作胶鞋、安全帽）				

序号	项目名称	质量要求	满分	扣分标准	扣分原因	得分
1	工作准备					
1.1	安全劳动防护用品的准备	正确佩戴安全帽，穿全套工作服，包括工作服、绝缘鞋、安全带、绝缘手套	5	未正确佩戴安全劳动防护用品每项扣 1 分		
1.2	工器具的准备	脚扣、延长绳、滑车、绳索选择合格测量仪、烤箱、电子称重仪通电试验	5	遗漏一项扣 1 分； 发现不合格工器具一项扣 1 分		
2	工作许可					
2.1	许可方式	向考评员示意准备就绪，申请开始工作	5	未向考评员申请许可开始工作，该项不得分		
3	工作步骤及技术要求					
3.1	取样					
3.1.1	登杆	携带滑车、绳索登杆	5	视动作完成情况扣 1～5 分		
3.1.2	摘取绝缘子串	（1）摘取过程中不得触碰绝缘子表面。 （2）绝缘子串应缓缓落在地面篷布上	10	一项错误扣 5 分		

续表

序号	项目名称	质量要求	满分	扣分标准	扣分原因	得分
3.1.3	清洗	（1）清洗过程中溶液不得洒落。 （2）清洗范围为绝缘子上表面和下表面，不包括钢脚和钢帽。 （3）样品存储瓶上应贴上标签，注明线路、杆号、绝缘子编号	9	一项错误扣3分		
3.1.4	恢复绝缘子串	（1）恢复过程中不得触碰绝缘子表面。 （2）绝缘子串的绝缘子顺序应保持不变	10	一项错误扣5分		
3.2	检测					
3.2.1	仪器准备	（1）将仪器通电，等待机器自检。 （2）用蒸馏水将电极清洗干净。 （3）将电极放入蒸馏水中，选择盐密测量菜单，测量蒸馏水的盐密导电率、盐密值、水温等，再按取消键，回到初始状态	9	一项错误扣3分		
3.2.2	盐密测量	（1）溶液应放置15min以后进行测量，测量前将溶液轻轻摇匀。 （2）将电极从蒸馏水中取出，放入溶液中，浸入深度不少于4cm，时间保持1min。 （3）按下测量键，读取盐密值。 （4）测量完应将电极放入蒸馏水中，准备测量下一个样品溶液	12	一项错误扣3分		
3.2.3	灰密测量	（1）在滤纸上应标记线路、杆号、绝缘子编号。 （2）样品内的固体颗粒物应全部过滤，如未清洗干净，可增加蒸馏水进行清洗。 （3）过滤、烘烤及测量灰密过程中应用镊子操作，不得用手接触样品。 （4）烘干后应将样品放入除湿皿中进行除湿。 （5）称重前应将称重仪器置零，测量时应将称重仪器门关闭，待数字稳定后记录器重量	10	一项错误扣2分		
4	工作结束					
4.1	工具整理及现场清理	清点工具，清理工作现场	5	未清理现场不得分		
5	工作终结报告					
5.1	工作终结汇报	向考评员报告工作已结束，场地已清理	5	未向考评员报告工作结束，该项不得分		
6	其他要求					
6.1	动作要求	动作熟练顺畅	5	动作不熟练扣1～4分		
6.2	安全要求	严格遵守“四不伤害”原则，不得损坏工器具和设备	5	未遵守现场安全要求一次扣1分；损坏工器具和设备一次扣1分		
合计			100			

Jc0002541007 导线接头温度测试操作。（100分）

考核知识点：仪器仪表使用

难易度：易

技能等级评价专业技能考核操作工作任务书

一、任务名称

导线接头温度测试操作。

二、适用工种

送电线路工初级工。

三、具体任务

考生使用红外测温仪完成导线接头温度的测量操作。

四、工作规范及要求

根据给定条件完成导线接头温度的测量操作。

（1）WHT4030 型便携式远程红外测温仪一台，三脚架一支，测温仪备用电池一块。

（2）记录用笔、纸。

（3）测试人员 1 名，记录人员 1 名。

（4）测量对象由监考员指定。

五、考核及时间要求

考核时间共 10 分钟，每超过 2 分钟扣 1 分，到 15 分钟终止考核。

技能等级评价专业技能考核操作评分标准

工种	送电线路工					评价等级	初级工
项目模块	输电线路检修及应急处理带电作业检测技术				编号	Jc0002541007	
单位			准考证号			姓名	
考试时限	10 分钟		题型	单项操作		题分	100 分
成绩		考评员		考评组长		日期	
试题正文	导线接头温度测试操作						
需要说明的问题和要求	要求 1 人操作，1 人配合记录						

序号	项目名称	质量要求	满分	扣分标准	扣分原因	得分
1	工作准备					
1.1	安全劳动防护用品的准备	正确佩戴安全帽，穿全套工作服，包括工作服、绝缘鞋、棉手套	5	未正确佩戴安全劳动防护用品每项扣 1 分		
1.2	工器具的准备	工器具准备齐全，质量合格	5	遗漏一项扣 1 分； 发现不合格工器具一项扣 1 分		
2	工作许可					
2.1	许可方式	向考评员示意准备就绪，申请开始工作	5	未向考评员申请许可开始工作，该项不得分		
3	工作步骤及技术要求					
3.1	支三脚架，并安装测温仪	（1）应在测温仪有效距离内尽量靠近测试目标。测温仪的有效距离为 8～30m。 （2）当测温仪内温度与环境温度有差别时，应将仪器在新环境下搁置 10min 以上时间，再开始测温	10	一项不正确扣 5 分		
3.2	测温仪参数设置					
3.2.1	打开测温仪电源开关，检查电池电量	若仪器显示电池欠压，需及时更换电池	5	未检查电池电量不得分		
3.2.2	距离设置	根据测温仪与导线接头间的距离是指距离	5	距离不正确不得分		
3.2.3	调节焦距	与距离设置的数值一致	5	距离与设置数值不一致不得分		
3.2.4	辐射率的设置	氧化铝的辐射率一般设置 0.90	5	辐射率设置不正确不得分		

续表

序号	项目名称	质量要求	满分	扣分标准	扣分原因	得分
3.2.5	报警设置	一般设置为初始报警值＝环境温度+30℃	5	报警值设置不正确不得分		
3.3	温度测量					
3.3.1	打开仪器镜头盖，通过仪器目镜内的十字线对准被测接头	（1）测量时应选择最大测试面。 （2）禁止仪器瞄准太阳或高强度光源，强光下应使用遮阳伞	10	错误一项扣5分		
3.3.2	按住测试开关，在被测导线接头的表面上扫描	测量时使观察孔中心十字线位于被测量目标中央，并保持1s时间以上	10	操作不正确不得分		
3.3.3	将测量结果告诉记录人	（1）应告诉记录人接头类型及接头所处的位置，包括线路名称、杆号、相序等，以及接头温度、环境温度、测量时间等。 （2）及时上报异常导线接头情况	10	错误一项扣5分		
4	工作结束					
4.1	工具整理及现场清理	清点工具，清理工作现场	5	未清理现场不得分		
5	工作终结报告					
5.1	工作终结汇报	向考评员报告工作已结束，场地已清理	5	未向考评员报告工作结束，该项不得分		
6	其他要求					
6.1	动作要求	动作熟练顺畅	5	动作不熟练扣1～4分		
6.2	安全要求	严格遵守“四不伤害”原则，不得损坏工器具和设备	5	未遵守现场安全要求一次扣1分； 损坏工器具和设备一次扣1分		
合计			100			

Jc0002543008　110kV 输电线路直线杆上拆除悬垂线夹、换上放线滑轮的操作。（100分）

考核知识点：导地线展放

难易度：难

技能等级评价专业技能考核操作工作任务书

一、任务名称

110kV 输电线路直线杆上拆除悬垂线夹、换上放线滑轮的操作。

二、适用工种

送电线路工初级工。

三、具体任务

110kV 输电线路某直线杆需要完成放线工作，请考生在规定时间内拆除悬垂线夹，换上放线滑轮。针对此项工作，考生须在40分钟内完成更换处理操作。

四、工作规范及要求

（1）杆上单独操作，杆下1人监护配合。

（2）用双钩紧线器提升导线。

（3）直径300mm等径混凝土电杆。

（4）要求着装正确（穿工作服、工作胶鞋、戴安全帽）。

（5）专用工具：3T双钩紧线器、钢丝套、无极绳一套、安全带、脚扣、放线滑车。

（6）个人工具：平口钳、活动扳手、取销钳、工具包。

五、考核及时间要求

考核时间共40分钟，每超过2分钟扣1分，到45分钟终止考核。

技能等级评价专业技能考核操作评分标准

工种	送电线路工					评价等级	初级工
项目模块	输电线路施工				编号	Jc0002543008	
单位			准考证号			姓名	
考试时限	40 分钟	题型		单项操作		题分	100 分
成绩		考评员		考评组长		日期	
试题正文	110kV 输电线路直线杆上拆除悬垂线夹、换上放线滑轮的操作						
需要说明的问题和要求	（1）使用双钩紧线器完成紧线。 （2）作业人员在杆上独立操作						

序号	项目名称	质量要求	满分	扣分标准	扣分原因	得分
1	工作准备					
1.1	安全劳动防护用品的准备	正确佩戴安全帽，穿全套工作服，包括工作服、绝缘鞋、安全带、绝缘手套	5	未正确佩戴安全劳动防护用品每项扣 1 分		
1.2	工器具的准备	工器具准备齐全，质量合格	5	遗漏一项扣 1 分； 发现不合格工器具一项扣 1 分		
2	工作许可					
2.1	许可方式	向考评员示意准备就绪，申请开始工作	5	未向考评员申请许可开始工作，该项不得分		
3	工作步骤及技术要求					
3.1	登杆基本功和熟练程度					
3.1.1	挂板、上板、挂上板	一脚绷紧升降板绳子挂上板	2	动作不正确扣 2 分		
3.1.2	上上板	一手抓紧上板两根绳子，另一手压紧踩板头部上板	2	动作不正确扣 2 分		
3.1.3	蹬板倒挂	升降板靠近大腿，一膝肘部挂紧长降板绳子	2	动作不正确扣 2 分		
3.1.4	侧身脱钩取板	动作安全、正确	2	动作不正确扣 2 分		
3.1.5	调整脚扣皮带（脚扣登杆）	位置正确	2	动作不正确扣 2 分		
3.1.6	脚扣扣在杆上（脚扣登杆）	位置正确	2	动作不正确扣 2 分		
3.1.7	手扶电杆，重心稍向后（脚扣登杆）	姿势正确	2	动作不正确扣 2 分		
3.1.8	一步一步升高（脚扣登杆）	每步升高高度正确	2	动作不正确扣 2 分		
3.1.9	体形协调	灵活、轻巧	2	动作不协调扣 2 分		
3.1.10	上横担动作	安全正确	2	动作不正确扣 2 分		
3.1.11	正确使用安全带	位置正确，检查扣环	2	动作不正确扣 2 分		
3.2	横担上的工作					
3.2.1	使用传递绳吊工具	动作熟练正确	2	动作不熟练扣 2 分		
3.2.2	调整双钩紧线器	调到中间合适位置	3	双钩紧线器位置不合适扣 3 分		

续表

序号	项目名称	质量要求	满分	扣分标准	扣分原因	得分
3.2.3	坐在横担上挂好钢丝绳套	位置正确	3	位置不合适扣1分； 未挂钢丝绳套扣2分		
3.2.4	挂双钩紧线器	安全、可靠	3	双钩紧线器悬挂位置不合适不安全扣3分		
3.3	导线上的操作					
3.3.1	沿绝缘子串下至导线上	动作安全正确	3	动作不安全扣2分； 动作不正确扣1分		
3.3.2	坐在升降板上，双脚蹬在导线上或坐在导线上	动作安全正确、平稳	3	动作不安全扣2分； 动作不正确扣1分		
3.4	拆除悬垂线夹					
3.4.1	将双钩紧线器下钩钩住导线	操作正确	3	操作不正确扣3分		
3.4.2	拆卸悬垂线夹固定螺母	操作正确	3	操作不正确扣3分		
3.4.3	操作双钩紧线器，将导线提起	操作正确	3	操作不正确扣3分		
3.4.4	检查受力部件并用脚蹬冲击试验	操作正确	4	未检查受力部件扣4分； 未作冲击试验扣4分； （最多扣4分）		
3.4.5	拆下悬垂线夹	操作正确	2	操作不正确扣2分		
3.5	装上滑轮					
3.5.1	装上放线滑轮，导线放进滑轮	合上盖，关上保险	2	未合盖扣1分； 未关保险扣1分		
3.5.2	放松双钩紧线器	使导线重量落在放线滑轮上，并认真检查	2	操作不规范扣1分； 未认真检查扣1分		
3.5.3	取下双钩紧线器及钢丝绳套	用传递绳传送至地面	2	操作不规范扣2分		
4	工作结束					
4.1	工具整理及现场清理	清点工具，清理工作现场	10	未清理现场不得分		
5	工作终结报告					
5.1	工作终结汇报	向考评员报告工作已结束，场地已清理	5	未向考评员报告工作结束，该项不得分		
6	其他要求					
6.1	动作要求	动作熟练顺畅	5	动作不熟练扣1～4分		
6.2	安全要求	严格遵守“四不伤害”原则，不得损坏工器具和设备	5	未遵守现场安全要求一次扣1分； 损坏工器具和设备一次扣1分		
合计			100			

Jc0002543009　110kV输电线路直线杆上单个破损瓷绝缘子的处理。(100分)

考核知识点：绝缘子更换

难易度：难

技能等级评价专业技能考核操作工作任务书

一、任务名称

110kV 输电线路直线杆上单个破损瓷绝缘子的处理。

二、适用工种

送电线路工初级工。

三、具体任务

某 110kV 输电线路直线杆单个瓷绝缘子出现破损情况，请考生在规定时间内完成更换。针对此项工作，考生须在 40 分钟内完成更换处理操作。

四、工作规范及要求

（1）杆上单独操作，杆下 1 人监护配合。

（2）更换的绝缘子从上往下第 8 片。

（3）要求着装正确（穿工作服、工作胶鞋、戴安全帽）。

五、考核及时间要求

考核时间共 40 分钟，每超过 2 分钟扣 1 分，到 45 分钟终止考核。

技能等级评价专业技能考核操作评分标准

工种	送电线路工					评价等级	初级工
项目模块	输电线路检修及应急处理—输电线路检修工作				编号	Jc0002543009	
单位			准考证号			姓名	
考试时限	40 分钟		题型	单项操作		题分	100 分
成绩		考评员		考评组长		日期	
试题正文	110kV 输电线路直线杆上单个破损瓷绝缘子的处理						
需要说明的问题和要求	（1）绝缘子更换前应有防止导线脱落的后备保护措施。 （2）现场指定需更换的破损绝缘子。 （3）作业人员在塔上单独完成作业，注意作业安全						

序号	项目名称	质量要求	满分	扣分标准	扣分原因	得分
1	工作准备					
1.1	安全劳动防护用品的准备	正确佩戴安全帽，穿全套工作服，包括工作服、绝缘鞋、安全带、绝缘手套	5	未正确佩戴安全劳动防护用品每项扣 1 分		
1.2	工器具的准备	工器具准备齐全，质量合格	5	遗漏一项扣 1 分，发现不合格工器具一项扣 1 分		
2	工作许可					
2.1	许可方式	向考评员示意准备就绪，申请开始工作	5	未向考评员申请许可开始工作，该项不得分		
3	工作步骤及技术要求					
3.1	登杆基本功					
3.1.1	登杆动作	安全正确	4	动作不熟练扣 2 分； 有危险动作扣 2 分		
3.1.2	体型配合	灵活、轻巧	3	动作不协调扣 3 分		
3.1.3	上横担动作安全正确	操作正确	2	不正确扣 1～2 分		
3.2	横担上的工作					

续表

序号	项目名称	质量要求	满分	扣分标准	扣分原因	得分
3.2.1	到位后正确使用安全带	位置正确，检查扣环扣牢	4	未到合适位置扣2分； 安全带使用不规范扣2分		
3.2.2	登杆工具杆上摆放	摆放正确、安全、不掉下	4	登杆工具掉落不得分； 摆放位置不合适扣2分		
3.2.3	人坐在横担上正确地用吊绳将工具吊到操作位置	操作正确	3	人坐的位置不安全扣2分； 操作不熟练扣1分		
3.2.4	挂好钢丝绳套	位置正确	3	钢丝绳套悬挂位置不合适扣1～3分		
3.2.5	双钩紧线器调至中间合适位置，挂好双钩紧线器	操作正确	3	双钩紧线器悬挂位置不合适扣1～3分		
3.3	导线上的工作					
3.3.1	沿着绝缘子串下到导线上，坐到导线上	必须具备双重保护，动作正确	6	安全防护不到位不得分； 动作不正确熟练扣3分		
3.4	拆旧绝缘子					
3.4.1	将双钩紧线器下钩钩住导线	操作正确	4	操作不规范扣1～4分		
3.4.2	拔除第8片绝缘子上、下弹簧销子	操作正确	3	操作不规范扣1～3分		
3.4.3	操作紧线器将导线提起	操作正确	4	操作不规范扣1～4分		
3.4.4	导线与绝缘子分离，并拆下第8片绝缘子	操作正确	4	操作不规范扣1～4分		
3.5	装新绝缘子					
3.5.1	吊下旧绝缘子，吊上新绝缘子	操作正确	2	操作不规范扣1～2分		
3.5.2	换上新绝缘子	操作正确	3	操作不规范扣1～3分		
3.5.3	转动绝缘子，使弹簧销穿入方向正确	向受电侧穿	3	弹簧销穿入方向不正确扣3分		
3.5.4	操作双钩紧线器，将导线下放至绝缘子受力	操作正确	3	操作不规范扣1～3分		
3.5.5	装弹簧销到位	操作正确	3	弹簧销不到位不得分		
3.5.6	拆除双钩紧线器	操作正确	2	操作不规范扣1～2分		
3.5.7	质量检查	检查认真	2	未做质量检查不得分		
4	工作结束					
4.1	工具整理及现场清理	清点工具，清理工作现场	5	未清理现场不得分		
5	工作终结报告					
5.1	工作终结汇报	向考评员报告工作已结束，场地已清理	5	未向考评员报告工作结束，该项不得分		
6	其他要求					
6.1	动作要求	动作熟练顺畅	5	动作不熟练扣1～4分		
6.2	安全要求	严格遵守“四不伤害”原则，不得损坏工器具和设备	5	未遵守现场安全要求一次扣1分； 损坏工器具和设备一次扣1分		
合计			100			

Jc0002541010　110kV 某线基本信息查询操作。（100 分）

考核知识点：生产管理系统应用

难易度：易

技能等级评价专业技能考核操作工作任务书

一、任务名称

110kV 某线基本信息查询操作。

二、适用工种

送电线路工初级工。

三、具体任务

110kV 某线基本信息的查询，考生须在 20 分钟内完成操作。

四、工作规范及要求

基本要求：此项工作需在教室内完成。

需用工具：可登录 PMS 系统的计算机一台。

五、考核及时间要求

（1）操作考核时间共 20 分钟，每超过 2 分钟扣 1 分，到 25 分钟终止考核。

（2）选择项目过程中，如不能找到该项目，该项目不得分，但不影响其他项目得分。

技能等级评价专业技能考核操作评分标准

工种	送电线路工				评价等级	初级工
项目模块	输电线路运维—输电线路生产管理系统应用			编号	Jc0002541010	
单位		准考证号			姓名	
考试时限	20 分钟	题型	单项操作		题分	100 分
成绩		考评员		考评组长	日期	
试题正文	110kV 某线基本信息查询操作					
需要说明的问题和要求	要求 1 人操作，在 PMS 系统完成线路基本信息的查询操作，时间到终止考试					

序号	项目名称	质量要求	满分	扣分标准	扣分原因	得分
1	工作准备					
1.1	检查计算机	运行是否顺畅、稳定	10	不检查扣 10 分		
2	工作许可					
2.1	许可方式	向考评员示意准备就绪，申请开始工作	5	未向考评员申请许可开始工作，该项不得分		
3	工作步骤及技术要求					
3.1	登录生产管理系统	熟练打开，顺利进入界面	10	每选择错误一次扣 1 分； 未打开该项扣 10 分		
3.2	单击设备中心按钮	熟练打开，顺利进入界面	10	单击错误一次扣 1 分； 未打开该项扣 10 分		
3.3	单击设备台账按钮	熟练打开，顺利进入界面	10	单击错误一次扣 1 分； 未打开该项扣 10 分		
3.4	单击杆塔台账维护按钮	熟练打开，顺利进入界面	10	单击错误一次扣 1 分； 未打开该项扣 10 分		

续表

序号	项目名称	质量要求	满分	扣分标准	扣分原因	得分
3.5	在导航树中选择线路名称	打开界面，选择正确	10	每选择错误一次扣1分； 未打开该项扣10分		
3.6	单击基本信息按钮	顺利打开、进入界面	10	单击错误一次扣1分； 未打开该项扣10分		
3.7	退出系统	关闭计算机，检查电源断开	5	未关闭扣3分； 不检查电源扣2分		
4	工作结束					
4.1	现场清理	清理现场	5	未清理现场不得分		
5	工作终结报告					
5.1	工作终结汇报	向考评员报告工作已结束，场地已清理	5	未向考评员报告工作结束，该项不得分		
6	其他要求					
6.1	动作要求	动作熟练顺畅	5	动作不熟练扣1～4分		
6.2	安全要求	严格遵守“四不伤害”原则，不得损坏设备	5	未遵守现场安全要求一次扣1分； 损坏设备一次扣1分，扣完为止		
合计			100			

Jc0002541011 110kV 某线 15 号杆绝缘子信息查询操作。(100 分)

考核知识点：生产管理系统应用

难易度：易

技能等级评价专业技能考核操作工作任务书

一、任务名称

110kV 某线 15 号杆绝缘子信息查询操作。

二、适用工种

送电线路工初级工。

三、具体任务

110kV 某线 15 号杆绝缘子信息查询，考生须在 20 分钟内完成操作。

四、工作规范及要求

基本要求：此项工作需在教室内完成。

需用工具：可登录 PMS 系统的计算机一台。

五、考核及时间要求

（1）操作考核时间共 20 分钟，每超过 2 分钟扣 1 分，到 25 分钟终止考核。

（2）选择项目过程中，如不能找到该项目，该项目不得分，但不影响其他项目得分。

技能等级评价专业技能考核操作评分标准

<table>
<tr><td>工种</td><td colspan="5">送电线路工</td><td>评价等级</td><td>初级工</td></tr>
<tr><td>项目模块</td><td colspan="4">输电线路运维—输电线路生产管理系统应用</td><td>编号</td><td colspan="2">Jc0002541011</td></tr>
<tr><td>单位</td><td colspan="2"></td><td colspan="2">准考证号</td><td></td><td>姓名</td><td></td></tr>
<tr><td>考试时限</td><td colspan="2">20 分钟</td><td>题型</td><td colspan="2">单项操作</td><td>题分</td><td>100 分</td></tr>
<tr><td>成绩</td><td></td><td>考评员</td><td></td><td>考评组长</td><td></td><td>日期</td><td></td></tr>
</table>

续表

试题正文	110kV 某线 15 号杆绝缘子信息查询操作					
需要说明的问题和要求	要求 1 人操作，在 PMS 系统完成线路杆塔绝缘子信息的查询操作，时间到终止考试					
序号	项目名称	质量要求	满分	扣分标准	扣分原因	得分
1	工作准备					
1.1	检查计算机	运行是否顺畅、稳定	10	不检查扣 10 分		
2	工作许可					
2.1	许可方式	向考评员示意准备就绪，申请开始工作	5	未向考评员申请许可开始工作，该项不得分		
3	工作步骤及技术要求					
3.1	登录生产管理系统	熟练打开，顺利进入界面	10	每选择错误一次扣 1 分； 未打开该项扣 10 分		
3.2	单击设备中心按钮	熟练打开，顺利进入界面	10	单击错误一次扣 1 分； 未打开该项扣 10 分		
3.3	单击设备台账按钮	熟练打开，顺利进入界面	10	单击错误一次扣 1 分； 未打开该项扣 10 分		
3.4	单击杆塔台账维护按钮	熟练打开，顺利进入界面	10	单击错误一次扣 1 分； 未打开该项扣 10 分		
3.5	在导航树中选择线路名称	打开界面，选择正确	10	每选择错误一次扣 1 分； 未打开该项扣 10 分		
3.6	单击绝缘子按钮	顺利打开、进入绝缘子信息界面	10	单击错误一次扣 1 分； 未打开该项扣 10 分		
3.7	退出系统	关闭计算机，检查电源断开	5	未关闭扣 3 分； 不检查电源扣 2 分		
4	工作结束					
4.1	现场清理	清理现场	5	未清理现场不得分		
5	工作终结报告					
5.1	工作终结汇报	向考评员报告工作已结束，场地已清理	5	未向考评员报告工作结束，该项不得分		
6	其他要求					
6.1	动作要求	动作熟练顺畅	5	动作不熟练扣 1～4 分		
6.2	安全要求	严格遵守“四不伤害”原则，不得损坏设备	5	未遵守现场安全要求一次扣 1 分，损坏设备一次扣 1 分，扣完为止		
合计			100			

Jc0002541012　110kV 输电线路巡视录入率的查询操作。（100 分）

考核知识点：生产管理系统应用

难易度：易

技能等级评价专业技能考核操作工作任务书

一、任务名称

110kV 输电线路巡视录入率的查询操作。

二、适用工种

送电线路工初级工。

三、具体任务

架空输电线路巡视录入率的查询，考生须在10分钟内完成操作。

四、工作规范及要求

基本要求：此项工作需在教室内完成。

需用工具：可登录PMS系统的计算机一台。

五、考核及时间要求

（1）操作考核时间共10分钟，每超过2分钟扣1分，到15分钟终止考核。

（2）选择项目过程中，如不能找到该项目，该项目不得分，但不影响其他项目得分。

技能等级评价专业技能考核操作评分标准

工种	送电线路工				评价等级	初级工
项目模块	输电线路运维—输电线路生产管理系统应用			编号	Jc0002541012	
单位		准考证号			姓名	
考试时限	10分钟	题型	单项操作		题分	100分
成绩		考评员		考评组长	日期	
试题正文	110kV输电线路巡视录入率的查询操作					
需要说明的问题和要求	要求1人操作，在PMS系统完成线路巡视录入率的查询操作，时间到终止考试					

序号	项目名称	质量要求	满分	扣分标准	扣分原因	得分
1	工作准备					
1.1	检查计算机	运行是否顺畅、稳定	10	不检查扣10分		
2	工作许可					
2.1	许可方式	向考评员示意准备就绪，申请开始工作	5	未向考评员申请许可开始工作，该项不得分		
3	工作步骤及技术要求					
3.1	登录生产管理系统	正确操作顺利打开、进入界面	5	操作错误未进入界面扣5分		
3.2	单击系统管理按钮	顺利打开、进入界面	5	单击错误一次扣1分； 未打开该项扣5分		
3.3	单击检查指标统计按钮	顺利打开、进入界面	5	单击错误一次扣1分； 未打开该项扣5分		
3.4	选择“运行记录指标”	选择正确，顺利打开、进入界面	5	选择错误一次扣1分； 未打开扣5分		
3.5	选择“输电线路巡视录入率”	选择正确，顺利打开、进入界面	5	选择错误一次扣1分； 未打开扣5分		
3.6	在右侧填写“电压等级”	填写正确	10	填写不正确扣10分		
3.7	填写“时间范围”	填写正确	10	填写不正确扣10分		
3.8	填写“统计单位”	填写正确	10	填写不正确扣10分		
3.9	单击统计按钮	顺利打开、进入界面	5	单击错误一次扣1分； 未打开该项扣5分		
3.10	退出系统	关闭计算机，检查电源	5	未关闭扣3分； 不检查电源扣2分		
4	工作结束					
4.1	现场清理	清理现场	5	未清理现场不得分		

续表

序号	项目名称	质量要求	满分	扣分标准	扣分原因	得分
5	工作终结报告					
5.1	工作终结汇报	向考评员报告工作已结束，场地已清理	5	未向考评员报告工作结束，该项不得分		
6	其他要求					
6.1	动作要求	动作熟练顺畅	5	动作不熟练扣1～5分		
6.2	安全要求	严格遵守“四不伤害”原则，不得损坏设备	5	未遵守现场安全要求一次扣1分；损坏设备一次扣1分		
合计			100			

Jc0002541013　PMS 系统中录入巡视发现缺陷（以 110kV 输电线路某线 10 号杆 B 相瓷绝缘子第二片破损为例）的登记上报操作。（100 分）

考核知识点：生产管理系统应用

难易度：易

技能等级评价专业技能考核操作工作任务书

一、任务名称

PMS 系统中录入巡视发现缺陷（以 110kV 输电线路某线 10 号杆 B 相瓷绝缘子第二片破损为例）的登记上报操作。

二、适用工种

送电线路工初级工。

三、具体任务

架空输电线路巡视发现缺陷的录入上报登记，考生须在 30 分钟内完成操作。

四、工作规范及要求

基本要求：此项工作需在教室内完成。

需用工具：可登录 PMS 系统的计算机一台。

五、考核及时间要求

（1）操作考核时间共 30 分钟，每超过 2 分钟扣 1 分，到 35 分钟终止考核。

（2）选择项目过程中，如不能找到该项目，该项目不得分，但不影响其他项目得分。

技能等级评价专业技能考核操作评分标准

工种	送电线路工					评价等级	初级工
项目模块	输电线路运维—输电线路生产管理系统应用				编号	Jc0002541013	
单位			准考证号			姓名	
考试时限	30 分钟		题型	单项操作		题分	100 分
成绩		考评员		考评组长		日期	
试题正文	PMS 系统中录入巡视发现缺陷（以 110kV 输电线路某线 10 号杆 B 相瓷绝缘子第二片破损为例）的登记上报操作						
需要说明的问题和要求	要求 1 人操作，在 PMS 系统完成线路杆塔缺陷的登记上报操作，时间到终止考试						

续表

序号	项目名称	质量要求	满分	扣分标准	扣分原因	得分
1	工作准备					
1.1	检查计算机	运行是否顺畅、稳定	10	不检查扣10分		
2	工作许可					
2.1	许可方式	向考评员示意准备就绪，申请开始工作	5	未向考评员申请许可开始工作，该项不得分		
3	工作步骤及技术要求					
3.1	登录生产管理系统	操作正确，顺利打开、进入界面	3	单击错误一次扣1分； 未打开该项扣3分		
3.2	单击运行工作中心按钮	顺利打开、进入界面	3	单击错误一次扣1分； 未打开该项扣3分		
3.3	选择设备巡视管理	顺利打开、进入界面	3	选择错误一次扣1分； 未打开扣3分		
3.4	单击“线路巡视记录登记”按钮	顺利打开、进入界面	3	单击错误一次扣1分； 未打开该项扣3分		
3.5	选择线路名称后单击缺陷、隐患中“无”按钮	选择正确，顺利打开、进入界面	3	单击错误一次扣1分； 未打开该项扣3分		
3.6	在对话框中点击“添加”按钮	选择正确，顺利打开、进入界面	3	单击错误一次扣1分； 未打开该项扣3分		
3.7	在弹出的对话框中填写“杆塔号”	填写正确	3	填写不正确扣3分		
3.8	在设备部件中选择“绝缘子”项	选择正确	3	选择错误一次扣1分； 未打开扣3分		
3.9	在部件种类中选择“绝缘子型号”	选择正确	3	选择错误一次扣1分； 未打开扣3分		
3.10	在发现人栏目中确认“发现人员”	选择正确	3	操作不正确扣3分		
3.11	在发现方式中选择“设备巡视”	选择正确	3	选择错误一次扣1分； 未打开扣3分		
3.12	在缺陷描述中选择“绝缘子损坏情况”	选择正确	3	选择错误一次扣1分； 未打开扣3分		
3.13	在分类依据栏中选择“绝缘了破损现象”	选择正确	3	选择错误一次扣1分； 未打开扣3分		
3.14	单击“内容生成”按钮	操作正确	3	单击错误一次扣1分； 未打开该项扣3分		
3.15	单击“责任原因”按钮	操作正确	3	单击错误一次扣1分； 未打开该项扣3分		
3.16	选择“故障（缺陷）责任原因”	选择正确	3	选择错误一次扣1分； 未打开扣3分		
3.17	在技术原因栏中选择“绝缘子”、“损坏原因”	选择正确	3	选择错误一次扣1分； 未打开扣3分		
3.18	单击“发送”按钮，会弹出“工作流程迁移”对话框	操作正确、进入界面	3	单击错误一次扣1分； 未打开该项扣3分		
3.19	在运行专责审核人员名单中双击确定“审核人员”	选择正确	3	选择不正确扣3分		
3.20	单击“发送”按钮	操作正确	3	单击错误一次扣1分； 未打开该项扣3分		

续表

序号	项目名称	质量要求	满分	扣分标准	扣分原因	得分
3.21	退出系统	关闭计算机，检查电源	5	未关闭扣2分； 不检查电源扣3分		
4	工作结束					
4.1	现场清理	清理现场	5	未清理现场不得分		
5	工作终结报告					
5.1	工作终结汇报	向考评员报告工作已结束，场地已清理	5	未向考评员报告工作结束，该项不得分		
6	其他要求					
6.1	动作要求	动作熟练顺畅	5	动作不熟练扣1～5分		
6.2	安全要求	严格遵守“四不伤害”原则，不得损坏设备	5	未遵守现场安全要求一次扣1分； 损坏设备一次扣1分		
合计			100			

Jc0002541014　××供电公司输电线路110kV　××线导线信息查询操作。(100分)

考核知识点： 生产管理系统应用

难易度： 易

技能等级评价专业技能考核操作工作任务书

一、任务名称

××供电公司输电线路110kV　××线导线信息查询操作。

二、适用工种

送电线路工初级工。

三、具体任务

110kV　××线导线信息的查询，考生须在20分钟内完成操作。

四、工作规范及要求

基本要求：此项工作需在教室内完成。

需用工具：可登录PMS系统的计算机一台。

五、考核及时间要求

（1）操作考核时间共20分钟，时间到即刻终止考试。

（2）选择项目过程中，如不能找到该项目，该项目不得分，但不影响其他项目得分。

技能等级评价专业技能考核操作评分标准

工种	送电线路工					评价等级	初级工
项目模块	输电线路运维—输电线路生产管理系统应用				编号		Jc0002541014
单位			准考证号			姓名	
考试时限	20分钟		题型	单项操作		题分	100分
成绩		考评员		考评组长		日期	
试题正文	××供电公司输电线路110kV　××线导线信息查询操作						
需要说明的问题和要求	要求1人操作，在PMS系统完成线路基本信息的查询操作，时间到终止考试						

续表

序号	项目名称	质量要求	满分	扣分标准	扣分原因	得分
1	工作准备					
1.1	检查计算机	运行是否顺畅、稳定	10	不检查扣 10 分		
2	工作许可					
2.1	许可方式	向考评员示意准备就绪，申请开始工作	5	未向考评员申请许可开始工作，该项不得分		
3	工作步骤及技术要求					
3.1	登录生产管理系统	熟练打开，顺利进入界面	10	每选择错误一次扣 1 分； 未打开该项扣 10 分		
3.2	单击设备中心按钮	熟练打开，顺利进入界面	10	单击错误一次扣 1 分； 未打开该项扣 10 分		
3.3	在“设备台账管理”子菜单中选择“导线台账维护”	熟练打开，选择正确，顺利进入界面	15	单击错误一次扣 1 分； 未打开该项扣 15 分		
3.4	在左侧导航树中选择线路节点确定查询线路名称	熟练打开，选择正确，顺利进入界面	15	单击错误一次扣 1 分； 未打开该项扣 15 分		
3.5	双击该线路弹出安装导线的基本信息	打开，进入查询信息界面	10	每选择错误一次扣 1 分； 未打开该项扣 10 分		
3.6	退出系统	关闭计算机，检查电源断开	5	未关闭扣 3 分； 不检查电源扣 2 分		
4	工作结束					
4.1	现场清理	清理现场	5	未清理现场不得分		
5	工作终结报告					
5.1	工作终结汇报	向考评员报告工作已结束，场地已清理	5	未向考评员报告工作结束，该项不得分		
6	其他要求					
6.1	动作要求	动作熟练顺畅	5	动作不熟练扣 1～5 分		
6.2	安全要求	严格遵守“四不伤害”原则，不得损坏设备	5	未遵守现场安全要求一次扣 1 分； 损坏设备一次扣 1 分		
合计			100			

Jc0002541015　××供电公司输电线路 110kV　××线地线信息查询操作。（100 分）

考核知识点：生产管理系统应用

难易度：易

技能等级评价专业技能考核操作工作任务书

一、任务名称

××供电公司输电线路 110kV　××线地线信息查询操作。

二、适用工种

送电线路工初级工。

三、具体任务

110kV　××线地线信息查询，考生须在 20 分钟内完成操作。

四、工作规范及要求

基本要求：此项工作需在教室内完成。

需用工具：可登录 PMS 系统的计算机一台。

五、考核及时间要求

（1）操作考核时间共 20 分钟，时间到即刻终止考试。

（2）选择项目过程中，如不能找到该项目，该项目不得分，但不影响其他项目得分。

技能等级评价专业技能考核操作评分标准

工种	送电线路工					评价等级	初级工
项目模块	输电线路运维—输电线路生产管理系统应用				编号	Jc0002541015	
单位			准考证号			姓名	
考试时限	20 分钟		题型	单项操作		题分	100 分
成绩		考评员		考评组长		日期	
试题正文	××供电公司输电线路 110kV ××线地线信息查询操作						
需要说明的问题和要求	要求 1 人操作，在 PMS 系统完成线路杆塔绝缘子信息的查询操作，时间到终止考试						

序号	项目名称	质量要求	满分	扣分标准	扣分原因	得分
1	工作准备					
1.1	检查计算机	运行是否顺畅、稳定	10	不检查扣 10 分		
2	工作许可					
2.1	许可方式	向考评员示意准备就绪，申请开始工作	5	未向考评员申请许可开始工作，该项不得分		
3	工作步骤及技术要求					
3.1	登录生产管理系统	熟练打开，顺利进入界面	10	每选择错误一次扣 1 分； 未打开该项扣 10 分		
3.2	单击设备中心按钮	熟练打开，顺利进入界面	10	单击错误一次扣 1 分； 未打开该项扣 10 分		
3.3	在“设备台账管理”子菜单中选择“地线台账维护”	熟练打开，选择正确，顺利进入界面	15	单击错误一次扣 1 分； 未打开该项扣 15 分		
3.4	在左侧导航树中选择线路节点确定查询线路名称	熟练打开，选择正确，顺利进入界面	15	单击错误一次扣 1 分； 未打开该项扣 15 分		
3.5	双击该线路弹出安装地线的基本信息	打开，进入查询信息界面	10	每选择错误一次扣 1 分； 未打开该项扣 10 分		
3.6	退出系统	关闭计算机，检查电源断开	5	未关闭扣 3 分； 不检查电源扣 2 分		
4	工作结束					
4.1	现场清理	清理现场	5	未清理现场不得分		
5	工作终结报告					
5.1	工作终结汇报	向考评员报告工作已结束，场地已清理	5	未向考评员报告工作结束，该项不得分		
6	其他要求					
6.1	动作要求	动作熟练顺畅	5	动作不熟练扣 1～5 分		
6.2	安全要求	严格遵守“四不伤害”原则，不得损坏设备	5	未遵守现场安全要求一次扣 1 分； 损坏设备一次扣 1 分		
合计			100			

Jc0002541016 ××供电公司输电线路 110kV ××线杆塔同杆信息查询操作。（100 分）

考核知识点：生产管理系统应用

难易度：易

技能等级评价专业技能考核操作工作任务书

一、任务名称

××供电公司输电线路 110kV ××线杆塔同杆信息查询操作。

二、适用工种

送电线路工初级工。

三、具体任务

110kV ××线杆塔同杆信息的查询，考生须在 20 分钟内完成操作。

四、工作规范及要求

基本要求：此项工作需在教室内完成。

需用工具：可登录 PMS 系统的计算机一台。

五、考核及时间要求

（1）操作考核时间共 20 分钟，时间到即刻终止考试。

（2）选择项目过程中，如不能找到该项目，该项目不得分，但不影响其他项目得分。

技能等级评价专业技能考核操作评分标准

<table>
<tr><td>工种</td><td colspan="5">送电线路工</td><td>评价等级</td><td>初级工</td></tr>
<tr><td>项目模块</td><td colspan="4">输电线路运维—输电线路生产管理系统应用</td><td>编号</td><td colspan="2">Jc0002541016</td></tr>
<tr><td>单位</td><td colspan="2"></td><td>准考证号</td><td colspan="2"></td><td>姓名</td><td></td></tr>
<tr><td>考试时限</td><td colspan="2">20 分钟</td><td>题型</td><td colspan="2">单项操作</td><td>题分</td><td>100 分</td></tr>
<tr><td>成绩</td><td></td><td>考评员</td><td></td><td>考评组长</td><td></td><td>日期</td><td></td></tr>
<tr><td>试题正文</td><td colspan="7">××供电公司输电线路 110kV ××线杆塔同杆信息查询操作</td></tr>
<tr><td>需要说明的问题和要求</td><td colspan="7">要求 1 人操作，在 PMS 系统完成线路杆塔绝缘子信息的查询操作，时间到终止考试</td></tr>
</table>

<table>
<tr><th>序号</th><th>项目名称</th><th>质量要求</th><th>满分</th><th>扣分标准</th><th>扣分原因</th><th>得分</th></tr>
<tr><td>1</td><td>工作准备</td><td></td><td></td><td></td><td></td><td></td></tr>
<tr><td>1.1</td><td>检查计算机</td><td>运行是否顺畅、稳定</td><td>10</td><td>不检查扣 10 分</td><td></td><td></td></tr>
<tr><td>2</td><td>工作许可</td><td></td><td></td><td></td><td></td><td></td></tr>
<tr><td>2.1</td><td>许可方式</td><td>向考评员示意准备就绪，申请开始工作</td><td>5</td><td>未向考评员申请许可开始工作，该项不得分</td><td></td><td></td></tr>
<tr><td>3</td><td>工作步骤及技术要求</td><td></td><td></td><td></td><td></td><td></td></tr>
<tr><td>3.1</td><td>登录生产管理系统</td><td>熟练打开、进入界面</td><td>10</td><td>未正确打开一次扣 1 分；
未打开进入界面本项不得分</td><td></td><td></td></tr>
<tr><td>3.2</td><td>单击设备中心按钮</td><td>选择正确打开、进入界面</td><td>10</td><td>单击错误一次扣 1 分；
未打开该项扣 10 分</td><td></td><td></td></tr>
<tr><td>3.3</td><td>单击“设备台账管理”，在下拉线中选择“线路台账维护”</td><td>选择正确打开、进入界面</td><td>15</td><td>单击错误一次扣 1 分；
未打开该项扣 15 分</td><td></td><td></td></tr>
<tr><td>3.4</td><td>在左侧导航树中选择线路节点，双击该线路</td><td>选择正确，顺利打开、进入界面</td><td>15</td><td>单击错误一次扣 1 分；
未打开该项扣 15 分</td><td></td><td></td></tr>
</table>

续表

序号	项目名称	质量要求	满分	扣分标准	扣分原因	得分
3.5	在右侧的对话框中单击“线路杆塔同杆信息”可看到线路同杆信息	单击正确，打开界面	10	每单击错误一次扣1分； 未打开该项扣10分		
3.6	退出系统	关闭计算机，检查电源	5	未关闭扣3分； 不检查电源扣2分		
4	工作结束					
4.1	现场清理	清理现场	5	未清理现场不得分		
5	工作终结报告					
5.1	工作终结汇报	向考评员报告工作已结束，场地已清理	5	未向考评员报告工作结束，该项不得分		
6	其他要求					
6.1	动作要求	动作熟练顺畅	5	动作不熟练扣1～5分		
6.2	安全要求	严格遵守“四不伤害”原则，不得损坏设备	5	未遵守现场安全要求一次扣1分； 损坏设备一次扣1分		
合计			100			

Jc0002541017　××供电公司110kV某线路杆塔信息的查询操作。（100分）

考核知识点：生产管理系统应用

难易度：易

技能等级评价专业技能考核操作工作任务书

一、任务名称

××供电公司110kV某线路杆塔信息的查询操作。

二、适用工种

送电线路工初级工。

三、具体任务

架空输电线路杆塔信息的查询，考生须在10分钟内完成操作。

四、工作规范及要求

基本要求：此项工作需在教室内完成。

需用工具：可登录PMS系统的计算机一台。

五、考核及时间要求

（1）操作考核时间共10分钟，时间到即刻终止考试。

（2）选择项目过程中，如不能找到该项目，该项目不得分，但不影响其他项目得分。

技能等级评价专业技能考核操作评分标准

<table>
<tr><td>工种</td><td colspan="5">送电线路工</td><td>评价等级</td><td>初级工</td></tr>
<tr><td>项目模块</td><td colspan="4">输电线路运维—输电线路生产管理系统应用</td><td>编号</td><td colspan="2">Jc0002541017</td></tr>
<tr><td>单位</td><td colspan="3"></td><td>准考证号</td><td></td><td>姓名</td><td></td></tr>
<tr><td>考试时限</td><td colspan="2">10分钟</td><td>题型</td><td colspan="2">单项操作</td><td>题分</td><td>100分</td></tr>
<tr><td>成绩</td><td></td><td>考评员</td><td></td><td>考评组长</td><td></td><td>日期</td><td></td></tr>
<tr><td>试题正文</td><td colspan="7">××供电公司110kV某线路杆塔信息的查询操作</td></tr>
</table>

续表

需要说明的问题和要求	要求 1 人操作，在 PMS 系统完成线路杆塔绝缘子信息的查询操作，时间到终止考试					
序号	项目名称	质量要求	满分	扣分标准	扣分原因	得分
1	工作准备					
1.1	检查计算机	运行是否顺畅、稳定	10	不检查扣 10 分		
2	工作许可					
2.1	许可方式	向考评员示意准备就绪，申请开始工作	5	未向考评员申请许可开始工作，该项不得分		
3	工作步骤及技术要求					
3.1	登陆生产管理系统	正确操作顺利打开、进入界面	10	操作错误未进入界面扣 10 分		
3.2	单击设备中心按钮	顺利打开、进入界面	10	单击错误一次扣 1 分； 未打开该项扣 10 分		
3.3	单击“设备台账管理”，在下拉线中选择“线路台账维护”	选择正确打开、进入界面	10	选择错误一次扣 1 分； 未打开扣 10 分		
3.4	在左侧导航树中选择线路节点，双击该线路	选择正确，顺利打开、进入界面	10	选择错误一次扣 1 分； 未打开扣 10 分		
3.5	在右侧对话框中点击“杆塔信息”按钮。显示该线路全部杆塔的明细表	点击正确，顺利打开、进入界面	10	选择错误一次扣 1 分； 未打开扣 10 分		
3.6	单击杆号，显示该基杆塔的基本信息	选择正确，顺利打开、进入界面	10	填写不正确扣 10 分		
3.7	退出系统	关闭计算机，检查电源	5	未关闭扣 3 分； 不检查电源扣 2 分		
4	工作结束					
4.1	现场清理	清理现场	5	未清理现场不得分		
5	工作终结报告					
5.1	工作终结汇报	向考评员报告工作已结束，场地已清理	5	未向考评员报告工作结束，该项不得分		
6	其他要求					
6.1	动作要求	动作熟练顺畅	5	动作不熟练扣 1~5 分		
6.2	安全要求	严格遵守“四不伤害”原则，不得损坏设备	5	未遵守现场安全要求一次扣 1 分； 损坏设备一次扣 1 分，扣完为止		
合计			100			

Jc0002541018　××供电公司 110kV　××线 15 号杆塔测温记录登记的操作。（100 分）

考核知识点：生产管理系统

难易度：易

技能等级评价专业技能考核操作工作任务书

一、任务名称

××供电公司 110kV　××线 15 号杆塔测温记录登记的操作。

二、适用工种

送电线路工初级工。

三、具体任务

某架空输电线路杆塔测温记录登记的操作。

四、工作规范及要求

此项工作在教室内完成，提供可登录 PMS 系统的计算机一台。

五、考核及时间要求

（1）操作考核时间共 25 分钟，时间到即刻终止考试。

（2）操作过程中作业人员有危及信息安全的情况应停止考核并计 0 分。

技能等级评价专业技能考核操作评分标准

工种	送电线路工					评价等级	初级工
项目模块	输电线路运维—输电线路生产管理系统应用				编号	Jc0002541018	
单位			准考证号			姓名	
考试时限	25 分钟		题型	单项操作		题分	100 分
成绩		考评员		考评组长		日期	
试题正文	××供电公司 110kV ××线 15 号杆塔测温记录登记的操作						
需要说明的问题和要求	要求 1 人操作，在 PMS 系统完成杆塔测温记录登记的操作，时间到终止考试						

序号	项目名称	质量要求	满分	扣分标准	扣分原因	得分
1	工作准备					
1.1	检查计算机	运行是否顺畅、稳定	10	不检查扣 10 分		
2	工作许可					
2.1	许可方式	向考评员示意准备就绪，申请开始工作	5	未向考评员申请许可开始工作，该项不得分		
3	工作步骤及技术要求					
3.1	登录生产管理系统	操作正确，顺利打开、进入界面	4	单击错误一次扣 1 分； 未打开该项扣 4 分		
3.2	单击“运行工作中心”在下拉线中单击“输电架空输电线路检测记录登记”	操作正确，顺利打开、进入界面	4	单击错误一次扣 1 分； 未打开该项扣 4 分		
3.3	在打开的界面“工作类型”中选择“架空输电线路红外测温”	顺利打开、进入界面	5	单击错误一次扣 1 分； 未打开该项扣 5 分		
3.4	在输电线路条件框中弹出的界面中选择输电线路	顺利打开、进入界面	5	单击错误一次扣 1 分； 未打开该项扣 5 分		
3.5	单击“新建”按钮	单击正确，进入界面	5	单击错误一次扣 1 分； 未打开扣 5 分		
3.6	在弹出的对话框中选择具体登记的杆塔号					
3.6.1	填写“工作时间”并确定	填写正确	5	填写错误一次扣 1 分； 未填写该项扣 5 分		
3.6.2	选择“工作班组”并确定	选择正确	5	选择错误一次扣 1 分； 未选择扣 5 分		

续表

序号	项目名称	质量要求	满分	扣分标准	扣分原因	得分
3.6.3	选择“工作负责人”并确定	选择正确	4	选择错误一次扣 1 分； 未选择扣 4 分		
3.6.4	选择“工作人员”并确定	选择正确	4	选择错误一次扣 1 分； 未选择扣 4 分		
3.7	单击“确定”按钮	操作正确，顺利打开界面	4	操作错误一次扣 1 分； 未打开该项扣 4 分		
3.8	在弹出的对话框中填写信息	填写正确	4	填写不正确扣 4 分		
3.9	单击“确定”按钮	操作正确	4	单击错误一次扣 1 分； 未打开该项扣 4 分		
3.10	在新建信息中填入测量数值	填写正确，不得漏填	4	填写错误一次扣 1 分； 未填写该项扣 4 分		
3.11	单击“保存”按钮	操作正确	4	单击错误一次扣 1 分； 未打开该项扣 4 分		
3.12	退出系统	关闭计算机，检查电源	4	未关闭扣 2 分； 不检查电源扣 2 分		
4	工作结束					
4.1	现场清理	清理现场	5	未清理现场不得分		
5	工作终结报告					
5.1	工作终结汇报	向考评员报告工作已结束，场地已清理	5	未向考评员报告工作结束，该项不得分		
6	其他要求					
6.1	动作要求	动作熟练顺畅	5	动作不熟练扣 1～5 分		
6.2	安全要求	严格遵守“四不伤害”原则，不得损坏设备	5	未遵守现场安全要求一次扣 1 分； 损坏设备一次扣 1 分		
合计			100			

Jc0002541019　在 35kV 送电线路挂设接地线。（100 分）

考核知识点： 在 35kV 送电线路挂设接地线

难易度： 易

技能等级评价专业技能考核操作工作任务书

一、任务名称

在 35kV 送电线路挂设接地线。

二、适用工种

送电线路工初级工。

三、具体任务

在停电 35kV 输电线路杆塔上装设接地线。

四、工作规范及要求

（1）正确着装。

（2）水泥混凝土杆直线塔安装接地线。

五、考核及时间要求

（1）本考核 2～3 项操作时间为 20 分钟，时间到停止考评。

（2）经纬仪调平对中后向考评员汇报安装完毕。

技能等级评价专业技能考核操作评分标准

工种	送电线路工			评价等级	初级工
项目模块	输电线路检修及应急处理—输电线路检修工作		编号	Jc0002541019	
单位		准考证号		姓名	
考试时限	20分钟	题型	单项操作	题分	100分
成绩		考评员	考评组长		日期
试题正文	在35kV送电线路挂设接地线				
需要说明的问题和要求	（1）要求杆上、杆下都单独操作，1人监护。 （2）告知线路已停电，验电工作已做好，线路无避雷线				

序号	项目名称	质量要求	满分	扣分标准	扣分原因	得分
1	工作准备					
1.1	安全劳动防护用品的准备	正确佩戴安全帽，穿全套工作服，包括工作服、绝缘鞋、安全带、绝缘手套	5	未正确佩戴安全劳动防护用品每项扣1分		
1.2	工器具的准备	工器具准备齐全，质量合格	5	遗漏一项扣1分； 发现不合格工器具一项扣1分； 以上扣分，扣完为止		
2	工作许可					
2.1	许可方式	向考评员示意准备就绪，申请开始工作	5	未向考评员申请许可开始工作，该项不得分		
3	工作步骤及技术要求					
3.1	登杆前的检查	检查杆根是否能登杆	5	未作检查扣5分		
3.2	登杆工具检查	对登杆工具进行冲击试验	5	未作试验扣5分		
3.3	登杆	（1）登杆动作规范、熟练。 （2）上下杆时身体重心要平衡，操作动作要求正确。 （3）上下杆过程中无下滑和掉脚踏板（脚扣）现象。 （4）下杆未到地面不许跳下	10	不熟练扣2～4分； 不符合要求扣1～5分； 登杆过程中下滑及掉脚踏板（脚扣）者扣10分； 违反者扣10分； 以上扣分，扣完为止		
3.4	工作位置确定	站位合适，安全带系绑正确	5	系挂不正确的扣2～5分		
3.5	吊接接地线	动作正确，吊绳与接地线不能缠绕	5	吊绳与接地线缠绕扣5分		
3.6	装设接地线	（1）接地棒打入土壤深度大于0.6m，并与土壤接触良好。 （2）接地棒与接地线连接牢固，螺栓拧紧。 （3）接地棒离电杆根部不能过远，装设在土壤较紧密或较湿润处。 （4）装设接地线时，应戴绝缘手套，操作过程人身不能碰触接地线。 （5）装设地线时，先挂接地端，后接导体端。 （6）逐相挂设，先挂身边相，后挂远边相。 （7）地线连接牢固可靠	35	操作过程错误一项扣5分		
4	工作结束					
4.1	工具整理及现场清理	清点工具，清理工作现场	5	未清理现场不得分		
5	工作终结报告					
5.1	工作终结汇报	向考评员报告工作已结束，场地已清理	5	未向考评员报告工作结束，该项不得分		
6	其他要求					
6.1	动作要求	动作熟练顺畅	5	动作不熟练扣1～5分		
6.2	安全要求	严格遵守“四不伤害”原则，不得损坏工器具和设备	5	未遵守现场安全要求一次扣1分； 损坏工器具和设备一次扣1分，扣完为止		
合计			100			

Jc0002541020 停电挂、拆 110kV 线路铁塔接地线操作。（100 分）

考核知识点：输电线路检修工作

难易度：易

技能等级评价专业技能考核操作工作任务书

一、任务名称

停电挂、拆 110kV 线路铁塔接地线操作。

二、适用工种

送电线路工初级工。

三、具体任务

110kV 某线路停电检修，需在 1 号塔、30 号塔分别挂 1 组接地线。针对此项工作，考生须在 35 分钟内完成 1 号塔挂接地线作业。

四、工作规范及要求

给定条件：线路已停电并接到调度许可开始工作许可，停送电联系人已在工作票上签署许可开始工作的手续。

（1）塔上单独操作，地面 2 名辅工配合。

（2）专用工具：闭口滑车 1 个，双钩保护绳 1 套、后备保护绳 1 套、无极绳 1 套、安全带、110kV 接地线 1 组、110kV 验电器 1 支，绝缘手套 1 双。

（3）个人工具：工具包。

五、考核及时间要求

考核时间共 35 分钟，每超过 2 分钟扣 1 分，到 40 分钟终止考核。

技能等级评价专业技能考核操作评分标准

工种	送电线路工					评价等级	初级工
项目模块	输电线路检修及应急处理—输电线路检修工作				编号	Jc0002541020	
单位		准考证号				姓名	
考试时限	35 分钟	题型	单项操作			题分	100 分
成绩		考评员		考评组长		日期	
试题正文	停电挂、拆 110kV 线路铁塔接地线操作						
需要说明的问题和要求	（1）挂、拆接地线操作为单人依次进行，在 35 分钟内完成。 （2）挂、拆接地线给定条件：线路停电停送电联系人已在工作票中许可。 （3）挂、拆接地线时，杆上独立操作，地面 2 名辅工配合。 （4）各项得分均扣完为止						

序号	项目名称	质量要求	满分	扣分标准	扣分原因	得分
1	工作准备					
1.1	安全劳动防护用品的准备	正确佩戴安全帽，穿全套工作服，包括工作服、绝缘鞋、安全带、绝缘手套	5	未正确佩戴安全劳动防护用品每项扣 1 分		
1.2	工器具的准备	工器具准备齐全，质量合格	5	遗漏一项扣 1 分； 发现不合格工器具一项扣 1 分		
2	工作许可					
2.1	许可方式	向考评员示意准备就绪，申请开始工作	5	未向考评员申请许可开始工作，该项不得分		

续表

序号	项目名称	质量要求	满分	扣分标准	扣分原因	得分
3	工作步骤及技术要求					
3.1	登塔	（1）工作负责人许可登塔。 （2）左手、右手分别握双钩保护绳、每登上一节脚钉，需左右协调将钩子挂到上面脚钉圈内，高挂低用	6	一项不正确扣1分； 动作不流畅扣2分； 有危险动作扣3分		
3.2	横担上的操作	（1）登塔人员携带传递绳登塔至下层横担。 （2）安全带后备保护绳系在牢固的构件上，打好后再上横担。 （3）在合适的位置安装好单轮滑车和循环绳闭锁好滑车封门。 （4）在横担上操作不能失去安全带的保护	10	不正确系安全带扣3分； 没有带传递绳扣3分； 不正确安装循环绳扣2分； 有危险动作扣2分		
3.3	验电	（1）塔下人员通过传递绳，将验电器及接地线传递给塔上作业人员。 （2）塔上人员验电前，先对验电器进行自检，发出清脆声音，保证验电器合格，正常。 （3）塔上作业人员戴好绝缘手套，并保证手握在绝缘指示位置下方，逐节抽出验电器，使验电器金属触头接触导线，未发出声音。收回验电器	12	一项不正确扣4分		
3.4	挂接地线	（1）先接接地端，后接导线端。若同杆塔有多层电力线挂接地线时，应先挂低压、后挂高压，先挂下层、后挂上层，先挂近侧、后挂远侧。 （2）挂好接地线后，在横担上绑好接地线上绳索。 （3）剩余两相挂接地线方式与此相同	12	一项不正确扣4分		
3.5	拆接地线	拆除接地线的顺序与挂接地线顺序相反	10	顺序错误不得分		
3.6	撤除工器具及检查并清理工作点	通过吊绳将验电器和接地线传递到地面，拆除吊绳，检查无遗留物后下塔	5	错漏1项扣1分，扣完为止		
3.7	取下传递绳	（1）取下传递绳，随身携带。 （2）不得失去安全带的保护	4	一项不正确扣2分		
3.8	下塔	（1）使用双钩保护绳正确下塔。 （2）不得失去保险绳的保护。 （3）动作流畅，无危险动作	6	一项不正确扣2分		
4	工作结束					
4.1	工具整理及现场清理	清点工具，清理工作现场	5	未清理现场不得分		
5	工作终结报告					
5.1	工作终结汇报	向考评员报告工作已结束，场地已清理	5	未向考评员报告工作结束，该项不得分		
6	其他要求					
6.1	动作要求	动作熟练顺畅	5	动作不熟练扣1～5分		
6.2	安全要求	严格遵守“四不伤害”原则，不得损坏工器具和设备	5	未遵守现场安全要求一次扣1分； 损坏工器具和设备一次扣1分，扣完为止		
合计			100			

Jc0002541021　使用 ZC－8 型接地电阻表测量杆塔接地电阻。（100 分）

考核知识点： 接地电阻测量

难易度： 易

技能等级评价专业技能考核操作工作任务书

一、任务名称

使用 ZC－8 型接地电阻表测量杆塔接地电阻。

二、适用工种

送电线路工初级工。

三、具体任务

考生需在规定时间内使用 ZC－8 型接地电阻表完成杆塔接地电阻测量。

四、工作规范及要求

（1）正确着装。

（2）使用 ZC－8 型接地电阻表。

五、考核及时间要求

（1）本考核 2～3 项操作时间为 15 分钟，时间到停止考评。

（2）测量完成后向考评员汇报安装完毕。

技能等级评价专业技能考核操作评分标准

工种	送电线路工				评价等级	初级工
项目模块	工器具使用与保养			编号	Jc0002541021	
单位		准考证号			姓名	
考试时限	15 分钟	题型	单项操作		题分	100 分
成绩		考评员		考评组长		日期	
试题正文	使用 ZC－8 型接地电阻表测量杆塔接地电阻					
需要说明的问题和要求	告知接地体的形式					

序号	项目名称	质量要求	满分	扣分标准	扣分原因	得分
1	工作前准备					
1.1	选择测量用仪表、工具	接地绝缘电阻表（包括接地极一套）、锤子、扳手、安全帽	5	漏、错检一项扣 1～5 分		
1.2	检查仪器	选用所需测量工具正确。 指针度盘：检查静态调零，动态调零将表桩头短接，摇动摇把阻值应为零	5	错误一项扣 2～5 分		
2	工作过程					
2.1	断开接地装置	断开接地装置与变压器零线的连接	5	未作此项扣 5 分		
2.2	接线	接地极、电压极、电流极的接线应正确，接线应拉直、连接线与接地棒接触良好，电压极与电流引线应保持 1m 以上的距离	25	接线不正确扣 6 分； 接线不合乎要求的一项扣 2～5 分，扣完为止		
2.3	接线棒敷设	接地棒打入土中的深度不小于接地棒长度 3/4 并与土壤接触良好	5	深度不够扣 2～5 分； 接触不良一处扣 2～5 分，扣完为止		
2.4	测量	表上接线正确，将接地极清理干净，将接线连接好，将表放于平坦处一手扶住转盘压住使表平稳，另一指手摇动摇把，转速成为 120r/min，适当选用倍率并转动转盘使指针指向零位并平稳加速使指针稳定地指向零位	25	每错一项扣 4 分，扣完为止		

续表

序号	项目名称	质量要求	满分	扣分标准	扣分原因	得分
2.5	读数	读数正确并乘以倍率，并报出电阻值，再摇测一次，要求两次测量读数基本一致，相差较大要查明原因，恢复变压器与接地装置连接	15	读数错误扣5分； 少摇一次扣5分； 未恢复的扣5分； 恢复不合格扣2～5分		
3	工作终结验收					
3.1	熟练程度	动作熟练流畅； 降低接地电阻的措施（口述）	10	动作不熟练扣2～5分； 措施不当扣2～5分		
3.2	安全文明生产	能按有关规定进行操作，工作完毕，清理现场，交还工器具、仪表无损坏	5	未作清理的扣1～2分； 损坏仪表的该项不得分		
合计			100			

Jc0002541022　带电铁塔拆除鸟窝。(100分)

考核知识点：带电铁塔拆除鸟窝

难易度：易

技能等级评价专业技能考核操作工作任务书

一、任务名称

带电铁塔拆除鸟窝。

二、适用工种

送电线路工初级工。

三、具体任务

某输电线路铁塔有鸟窝，需在规定时间内带电拆除。

四、工作规范及要求

(1) 工器具使用及安全措施。

(2) 作业人员操作规范。

五、考核及时间要求

(1) 本考核操作时间为30分钟，时间到停止考评。

(2) 相序牌安装完成后向考评员汇报安装完毕。

技能等级评价专业技能考核操作评分标准

工种	送电线路工					评价等级	初级工
项目模块	输电线路的检修及应急处理—输电线路检修工作				编号	Jc0002541022	
单位			准考证号			姓名	
考试时限	30分钟		题型	单项操作		题分	100分
成绩		考评员		考评组长		日期	
试题正文	带电铁塔拆除鸟窝						
需要说明的问题和要求	(1) 要求1人登塔操作，1人地面监护。 (2) 操作时模拟线路带电。 (3) 工作票已办理						

续表

序号	项目名称	质量要求	满分	扣分标准	扣分原因	得分
1	工作前准备					
1.1	检查工具	（1）正确佩戴个人安全用具：大小合适，锁扣自如。 （2）检查安全带完好	10	未检查个人安全工器具或检查不全面一次扣2分，扣完为止		
1.2	宣读工作票，交代安全措施	作业人员要明确登塔作业的危险点以及安全注意事项	10	危险点不清楚，一项扣2～3分，扣完为止		
2	登塔作业					
2.1	核对线路双重名称	操作正确	10	未核对线路双重名称扣10分		
2.2	攀登杆塔	操作正确	20	操作不规范一次扣5～10分，扣完为止		
2.3	上铁塔登杆至横担鸟窝位置，系好安全带	在登塔时，必须使用安全带和戴安全帽，在杆塔上作业转位时，不得失去安全带保护	30	未使用安全带扣20分； 未使用双重保护扣10分		
2.4	拆除鸟窝	鸟窝拆除前应检查是否有铁丝	10	未检查鸟窝扣10分		
3	作业结束					
3.1	清理现场	清理现场及工具，认真检查杆（塔）上有无留遗物，工作负责人全面检查工作完成情况，无误后撤离现场，做到人走场清	10	未检查作业现场扣10分		
合计			100			

Jc0002541023　导线损伤地面修补。（100分）

考核知识点：输电线路检修工作

难易度：易

技能等级评价专业技能考核操作工作任务书

一、任务名称

导线损伤地面修补。

二、适用工种

送电线路工初级工。

三、具体任务

导线LGJ－240/30钢芯铝绞线受损，需对导线进行地面修补。针对此项工作，考生须在25分钟内完成导线地面修补作业。

四、工作规范及要求

给定条件：受损导线1根。

（1）单独操作专人监护（监护人不计分）。

（2）穿工作服，戴安全帽。

（3）个人工具：1套工具包。

五、考核及时间要求

考核时间共25分钟，每超过1分钟扣5分，到30分钟终止考核。

技能等级评价专业技能考核操作评分标准

<table>
<tr><td>工种</td><td colspan="5">送电线路工</td><td>评价等级</td><td colspan="2">初级工</td></tr>
<tr><td>项目模块</td><td colspan="5">输电线路的检修及应急处理—输电线路检修工作</td><td>编号</td><td colspan="2">Jc0002541023</td></tr>
<tr><td>单位</td><td colspan="3"></td><td>准考证号</td><td></td><td>姓名</td><td colspan="2"></td></tr>
<tr><td>考试时限</td><td colspan="2">25 分钟</td><td>题型</td><td colspan="2">单项操作</td><td>题分</td><td colspan="2">100 分</td></tr>
<tr><td>成绩</td><td></td><td>考评员</td><td></td><td>考评组长</td><td></td><td>日期</td><td colspan="2"></td></tr>
<tr><td>试题正文</td><td colspan="8">导线损伤地面修补</td></tr>
<tr><td>需要说明的问题和要求</td><td colspan="8">（1）导线损伤地面修补操作为单人依次进行，在 25 分钟内完成。
（2）导线损伤地面修补给定条件：工作负责人已许可。
（3）导线损伤地面修补时，杆上独立操作。
（4）各项得分均扣完为止</td></tr>
</table>

序号	项目名称	质量要求	满分	扣分标准	扣分原因	得分
1	工具材料准备、检查					
1.1	准备工具及材料	工具齐全、符合质量要求	5	未准备工具和材料扣 5 分； 准备不齐扣 3 分		
1.2	检查导线受损程度	外观检查，受损情况符合相关规定要求	10	没检查扣 10 分； 少检查一项扣 5 分		
1.3	检查工具是否合格	外观检查符合要求	5	未检查扣 5 分		
2	修补导线					
2.1	正确使用工具	合理使用钳子、螺钉旋具等工具	10	不正确使用工具扣 5 分； 损坏工具扣 5 分		
2.2	缠绕绑线	缠绕方法正确	20	缠绕方法不正确扣 20 分		
2.3	绑线缠绕紧密	缠绕紧扣，不留空隙	10	缠绕不紧扣 10 分		
2.4	缠绕长度合适	缠绕长度合适（全部受伤表面，缠绕长度最少不低 100mm）	10	一项不正确扣 10 分		
2.5	绑线末端扎实敲平	绑线末端扎实并敲平	10	一项不正确扣 10 分		
3	清理现场					
3.1	安全生产	正确执行电业安全操作规程	20	违章一次扣 20 分； 严重违章取消考核资格		
合计			100			

Jc0002541024　心肺复苏法救护。（100 分）

考核知识点：送电线路运维

难易度：易

技能等级评价专业技能考核操作工作任务书

一、任务名称

心肺复苏法救护。

二、适用工种

送电线路工初级工。

三、具体任务

心肺复苏法救护模拟人。针对此项工作，考生须在 5 分钟内完成模拟人心肺复苏法救治作业。

四、工作规范及要求

给定条件：提供心肺复苏法救治模拟人一个。

（1）单独操作。

（2）穿工作服、安全帽、工作鞋。

五、考核及时间要求

考核时间共5分钟，每超过1分钟扣5分，到10分钟终止考核。

技能等级评价专业技能考核操作评分标准

工种	送电线路工				评价等级	初级工
项目模块	输电线路运维—送电线路基本技能			编号	Jc0002541024	
单位		准考证号			姓名	
考试时限	5分钟	题型	单项操作		题分	100分
成绩		考评员		考评组长	日期	
试题正文	心肺复苏法救护					
需要说明的问题和要求	（1）心肺复苏法救护为单人依次进行，在5分钟内完成。 （2）心肺复苏法救护给定条件：提供救护模拟人1个。 （3）各项得分均扣完为止					

序号	项目名称	质量要求	满分	扣分标准	扣分原因	得分
1	准备工作					
1.1	模拟人放置	（1）将模拟人移到安全的地方。 （2）平卧，身体无扭曲，双手放于两侧，地下不平，可以垫木板	10	少一项扣5分		
2	评估					
2.1	判断意识	轻拍模拟人肩部，高喊“喂，你怎么了？”等轻呼，是否有意识	4	没判断扣4分		
2.2	触摸颈脉	触摸模拟人颈动脉，有无脉搏	4	没触摸扣4分		
2.3	听呼吸音	用耳朵贴贴模拟人口鼻处有无呼气气流，判断有无呼吸	4	没做扣4分		
2.4	畅通气道	（1）将模拟人口部打开，清除口鼻咽污物。 （2）对模拟人进行仰头举颏法进行通畅气道	8	没清除口鼻咽污物扣4分； 没进行仰头举颏法扣4分		
3	胸外心脏按压操作					
3.1	吹气	（1）用手拇指和食指捏住模拟人鼻孔下端，防止气体从口腔内经鼻孔逸出。每次向模拟人吹气持续1～1.5s，同时观察模拟人胸部有无起伏，无起伏，说明气未吹进。每次吹气量约600mL。 （2）开始向模拟人吹气两口	25	没捏鼻子扣5分； 每操作错误1次扣1分，扣完为止		
3.2	按压	（1）按压模拟人胸骨中1/3与下1/3交界处。 （2）双臂绷直，双肩在模拟人胸骨上方正中，靠自身重量垂直向下按压。按压深度成人4～5cm。按压平稳，有节律进行，不能间断。按压频率保持在100次/min	25	选择错误扣5分； 每操作错误1次扣1分，扣完为止		
3.3	按压及吹气互换过程	按压与人工呼吸的比例通常是成人30:2	5	每提示操作1次扣1分		
4	救护判断					

续表

序号	项目名称	质量要求	满分	扣分标准	扣分原因	得分
4.1	面部判断	口述以下内容： （1）心音及大动脉搏动恢复。 （2）肤色转红润。 （3）瞳孔缩小，光反应恢复。 （4）自主呼吸恢复	12	一项没判断没口述扣3分		
5	安全文明生产					
5.1	文明救治	（1）模拟人正常工作。 （2）关心体贴患者、动作协调无野蛮动作	3	模拟人损坏退出操作（本项不得分）；野蛮动作从所得总分中扣3分		
合计			100			

Jc0002543025　经纬仪测量交跨距离。（100分）

考核知识点：经纬仪的使用、对地交跨距离的测量

难易度：难

技能等级评价专业技能考核操作工作任务书

一、任务名称

经纬仪测量交跨距离。

二、适用工种

送电线路工初级工。

三、具体任务

测量导线交跨树木的垂直距离。

四、工作规范及要求

（1）正确操作使用仪器，避免仪器受损。

（2）正确操平经纬仪，进行水平距离、角度测量。

（3）正确计算出导线与树木的垂直交跨距离。

五、考核及时间要求

（1）本考核操作时间为30分钟，时间到停止考评。

（2）计算完成后向考评员汇报测量结果。

技能等级评价专业技能考核操作评分标准

工种	送电线路工				评价等级	初级工
项目模块	工器具使用与保养			编号	Jc0002543025	
单位		准考证号			姓名	
考试时限	30分钟	题型	单项操作		题分	100分
成绩		考评员		考评组长	日期	
试题正文	经纬仪测量交跨距离					
需要说明的问题和要求	（1）要求两人配合操作，完成树线交跨距离的测量。 （2）操作应注意安全，按照标准化作业书的技术安全说明做好安全措施					

序号	项目名称	质量要求	满分	扣分标准	扣分原因	得分
1	工具使用及安全措施					

续表

序号	项目名称	质量要求	满分	扣分标准	扣分原因	得分
1.1	工器具的准备	熟练正确使用各种工器具	10	未正确使用一次扣1分，扣完为止		
1.2	安全劳动防护用品的准备	正确佩戴安全帽，穿全套工作服，包括工作服、绝缘鞋、棉手套	10	未正确佩戴安全帽，穿工作服、绝缘鞋、棉手套每项扣2分，扣完为止		
2	交跨距离的测量					
2.1	正确使用仪器	爱护仪器设备，轻开轻合，双手托举仪器安装在三脚架上。 仪器箱取出和装上仪器后，应关闭完好	20	拆装仪器动作粗放，每项扣2分； 单手安装三脚架、仪器每项扣5分； 仪器箱打开和关闭未妥善处置每项扣2分，扣完为止		
2.2	正确使用塔尺	塔尺应轻拿轻放。 应注意塔尺与上方导线的安全距离，塔尺拔出不应过长。 塔尺使用过程中应竖直	10	塔尺不轻拿轻放扣5分； 塔尺存在与上方导线的安全距离不足，拔出过长，扣10分； 塔尺使用过程中不竖直扣5分		
2.3	正确读出塔尺上、下丝读数和方向角度	应够利用经纬仪正确读出塔尺上、下丝读数和方向角度	10	每个读数和测量角度不正确扣 2 分/项，扣完为止		
3	交跨距离的计算					
3.1	水平距离计算	利用经纬仪在塔尺上的读数正确计算水平距离	15	公式不正确扣5分； 结果不正确扣但公式正确扣10分		
3.2	垂直交跨距离计算	利用水平距离和方向角度正确计算垂直交跨距离	15	公式不正确扣5分； 结果不正确扣但公式正确扣10分		
4	现场恢复					
4.1	经纬仪装箱	经纬仪松开垂直及水平制动，仪器放置到位，拆卸电池	5	仪器设备未轻拿轻放扣5分		
4.2	三脚架和塔尺恢复	三脚架和塔尺恢复	5	仪器设备未轻拿轻放扣5分		
合计			100			

Jc0002543026 铁塔斜材补装。(100分)

考核知识点：识别图纸、塔材放样、打眼

难易度：难

技能等级评价专业技能考核操作工作任务书

一、任务名称

铁塔斜材补装。

二、适用工种

送电线路工初级工。

三、具体任务

补装铁塔缺失的斜材。

四、工作规范及要求

(1) 正确识别图纸。

(2) 正确塔材放样。

(3) 正确使用打眼机打眼。

五、考核及时间要求

（1）本考核操作时间为30分钟，时间到停止考评。

（2）完成后向考评员汇报结果。

技能等级评价专业技能考核操作评分标准

<table>
<tr><td>工种</td><td colspan="5">送电线路工</td><td>评价等级</td><td>初级工</td></tr>
<tr><td>项目模块</td><td colspan="4">输电线路检修及应急处理—输电线路检修工作</td><td>编号</td><td colspan="2">Jc0002543026</td></tr>
<tr><td>单位</td><td colspan="3"></td><td>准考证号</td><td></td><td>姓名</td><td></td></tr>
<tr><td>考试时限</td><td colspan="2">30分钟</td><td>题型</td><td colspan="2">单项操作</td><td>题分</td><td>100分</td></tr>
<tr><td>成绩</td><td></td><td>考评员</td><td></td><td>考评组长</td><td></td><td>日期</td><td></td></tr>
<tr><td>试题正文</td><td colspan="7">铁塔斜材补装</td></tr>
<tr><td>需要说明的问题和要求</td><td colspan="7">（1）要求2人配合操作，完成斜材的制作。
（2）操作应注意安全，按照标准化作业书的技术安全说明做好安全措施</td></tr>
</table>

序号	项目名称	质量要求	满分	扣分标准	扣分原因	得分
1	工具使用及安全措施					
1.1	各种工器具正确使用	熟练正确使用各种工器具	5	未正确使用一次扣2分		
1.2	相关安全措施的准备	正确佩戴安全帽，穿全套工作服，包括工作服、绝缘鞋、棉手套	5	未正确佩戴安全帽，穿工作服、绝缘鞋、棉手套每项扣2分		
2	图纸的识别					
2.1	选用正确尺寸的角钢	角钢规格正确	10	角钢规格不能正确读出扣10分		
2.2	量出正确尺寸的塔材	塔材尺寸正确； 塔材划线准确	10	塔材尺寸选择错误扣5分； 塔材划线错误扣5分		
2.3	正确使用老虎钳	老虎钳夹角钢平稳、牢固	10	角钢未夹紧、牢固扣10分		
2.4	锯条安装正确	锯条平直不扭曲； 锯齿方向正确； 锯条拉紧合适	10	锯条平直扭曲扣3分； 锯齿方向不正确扣4分； 锯条拉紧不合适扣3分		
3	塔材的切割、打眼操作					
3.1	保证锯断位置准确	定位准确锯出印子不伤镀锌层	10	伤镀锌层扣10分		
3.2	两手握锯子	姿势正确	10	姿势不正确扣10分		
3.3	压力适中	不能断锯条	10	锯断锯条扣10分		
3.4	角钢不落地	快锯断时，应扶住角钢，避免角钢头落地	10	角钢头掉地上扣10分； 快锯断时未放慢速度扣5分		
4	检查					
4.1	长度检查	完成的角钢尺寸正确	4	完成的角钢尺寸不正确扣4分		
4.2	断口检查	断口平直	4	断口不平直扣4分		
5	现场恢复					
5.1	工器具恢复	恢复现场工器具	1	工器具未恢复原状扣1分		
5.2	作业现场恢复	恢复现场场地	1	未进行现场场地环境恢复扣1分		
合计			100			

Jc0002543027　220kV耐张串组装。（100分）

考核知识点：识别图纸、金具组装

难易度：难

技能等级评价专业技能考核操作工作任务书

一、任务名称

220kV 耐张串组装。

二、适用工种

送电线路工初级工。

三、具体任务

现场组装一套 220kV 耐张杆塔双串绝缘子。

四、工作规范及要求

（1）正确识别图纸。

（2）正确识别金具和绝缘子。

（3）正确连接耐张串。

五、考核及时间要求

（1）本考核操作时间为 30 分钟，时间到停止考评。

（2）完成后向考评员汇报结果。

技能等级评价专业技能考核操作评分标准

<table>
<tr><td>工种</td><td colspan="5">送电线路工</td><td>评价等级</td><td>初级工</td></tr>
<tr><td>项目模块</td><td colspan="4">输电线路检修及应急处理—输电线路检修工作</td><td>编号</td><td colspan="2">Jc0002543027</td></tr>
<tr><td>单位</td><td colspan="2"></td><td>准考证号</td><td colspan="2"></td><td>姓名</td><td></td></tr>
<tr><td>考试时限</td><td colspan="2">30 分钟</td><td>题型</td><td colspan="2">单项操作</td><td>题分</td><td>100 分</td></tr>
<tr><td>成绩</td><td></td><td>考评员</td><td></td><td>考评组长</td><td></td><td>日期</td><td></td></tr>
<tr><td>试题正文</td><td colspan="7">220kV 耐张串组装</td></tr>
<tr><td>需要说明的问题和要求</td><td colspan="7">（1）按照图纸完成绝缘子及金具选用。
（2）选取后应逐个完成检查和清理</td></tr>
</table>

序号	项目名称	质量要求	满分	扣分标准	扣分原因	得分
1	工具使用及安全措施					
1.1	各种工器具正确使用	熟练正确使用各种工器具	5	未正确使用一次扣 2 分		
1.2	相关安全措施的准备	正确佩戴安全帽，穿全套工作服，包括工作服、绝缘鞋、棉手套	5	未正确佩戴安全帽，穿工作服、绝缘鞋、棉手套每项扣 2 分		
2	图纸的识别					
2.1	按图选用 U 型挂环	按照图纸标注选用正确	6	不正确扣 6 分		
2.2	按图选用延长环	按照图纸标注选用正确	6	不正确扣 6 分		
2.3	按图选用直角挂板	按照图纸标注选用正确	6	不正确扣 6 分		
2.4	按图选用绝缘子	按照图纸标注选用正确	6	不正确扣 6 分		
2.5	按图选用碗头挂板	按照图纸标注选用正确	6	不正确扣 6 分		
3	检查和清理					
3.1	金具检查	检查金具型号是否正确，镀锌层是否缺锌，弹簧销是否完好	2.5	未检查扣 2.5 分		
3.2	金具清理	金具表面泥土等污物清理干净	2.5	未清理扣 2.5 分		
3.3	绝缘子检查	检查绝缘子型号是否正确，镀锌层是否缺锌	2.5	未检查扣 2.5 分		

续表

序号	项目名称	质量要求	满分	扣分标准	扣分原因	得分
3.4	绝缘子清理	绝缘子表面泥土等污物清理干净	2.5	未清理扣2.5分		
4	组装					
4.1	材料摆放	按照图纸摆放材料	10	未按图纸摆放一处扣2分，扣完为止		
4.2	绝缘子组装	绝缘子组装正确	10	组装不正确扣10分		
4.3	弹簧销安装	弹簧销完全打开	10	弹簧销未完全打开1处扣2分，扣完为止		
4.4	组装顺序	组装顺序和图纸对应	10	组装顺序一处不正确扣2分，扣完为止		
5	其他要求					
5.1	操作动作	熟练顺畅	5	动作不熟练扣1～5分		
5.2	工器具恢复	恢复现场工器具	2.5	工器具未恢复原状扣2.5分		
5.3	作业现场恢复	恢复现场场地	2.5	未进行现场场地环境恢复扣2.5分		
合计			100			

Jc0002541028　用GJ－70型钢绞线制作NUT－2型线夹拉线下把的操作。（100分）

考核知识点：制作拉线下把时的选材及拉线的操作

难易度：易

技能等级评价专业技能考核操作工作任务书

一、任务名称

用GJ－70型钢绞线制作NUT－2型线夹拉线下把的操作。

二、适用工种

送电线路工初级工。

三、具体任务

现场使用GJ－70型钢绞线和NUT－2型线夹完成拉线下把制作。针对此项工作，考生须在20分钟内完成更换处理操作。

四、工作规范及要求

（1）要求单独操作。

（2）拉线上端楔形线夹固定。

（3）要求着装正确（工作服、工作胶鞋、安全帽）。

（4）要求一次性剪断钢绞线。

（5）工具：

1）断线钳、盒尺、木锤、紧线器、钢绞线卡头；

2）Φ12铁丝、GJ－70钢绞线、NUT－2线夹；

3）利用培训线路进行操作。

五、考核及时间要求

（1）本考核操作时间为20分钟，时间到停止考评。

（2）拉线下把制作更换完成后向考评员汇报安装完毕。

技能等级评价专业技能考核操作评分标准

工种	送电线路工			评价等级	初级工
项目模块	送电线路施工		编号	Jc0002541028	
单位		准考证号		姓名	
考试时限	20 分钟	题型	单项操作	题分	100 分
成绩		考评员		考评组长		日期	
试题正文	用 GJ－70 型钢绞线制作 NUT－2 型线夹拉线下把的操作				
需要说明的问题和要求	（1）要求单独操作。 （2）拉线上端楔形线夹固定。 （3）制作的拉线下把应满足工艺要求				

序号	项目名称	质量要求	满分	扣分标准	扣分原因	得分
1	工具材料准备、检查					
1.1	工器具的选用	个人工器具齐全（钢丝钳 1 把、活动扳手 2 把）、专用工具（木锤、断线钳、紧线器）	10	错、漏一项扣 2 分，扣完为止		
1.2	材料的选用	扎钢绞线的铁丝（10－12 号铁丝、18－20 号铁丝）、GJ－70 钢绞线、NUT－2 型线夹（双螺母带平垫圈）	10	错、漏一项扣 2 分； 螺帽垫圈每漏一件扣 1 分； 型号错扣 5 分； 以上扣分，扣完为止		
2	拉线下把的制作					
2.1	画印、断线	量出钢绞线的长度及断线位置进行准确画印和断线	10	不正确酌情扣 1～10 分		
2.2	安装线夹	钢绞线套入线夹方向正确放入楔子后，钢绞线与楔子弯曲处牢固、无缝隙	10	穿向反一次扣 3 分； 视情况扣 1～10 分		
2.3	紧线、调整拉线	安装 NUT 型线夹用紧线器拉紧，按要求调紧拉线，并紧双螺帽	10	安装不上扣 10 分，要求返工继续进行； 拉线及螺母未达到要求各扣 1～4 分，扣完为止		
3	绑扎钢绞线尾线的要求	绑扎方向正确（先顺钢绞线平压一段扎丝，再缠绕压紧该端头）、每圈铁丝绑扎紧密、铁丝两端头及绞头处理合格	20	未按要求绑扎扣 1～3 分； 一圈铁丝绑扎不紧扣 1 分； 两端头未绞紧扣 1～3 分； 绞头为弯进两钢绞线中间或弯进不好扣 2 分； 以上扣分，扣完为止		
4	工艺要求	尾线的位置应在线夹的凸肚侧、尾线露出长度为 300～500mm、钢绞线与线夹舌板半圆结合处不得有空隙、尾线与主线的绑扎长度为 40～50mm、NUT 型线夹双母处丝不得大于丝纹总长的 1/2	20	尾线位置错误扣 10 分； 尾线长度每长或短 10mm 扣 1 分； 钢绞线与舌板半圆结合处不紧密每 1mm 扣 2 分； NUT 型线夹出丝大于丝纹总长的 1/2 扣 5 分； 以上扣分，扣完为止		
5	其他要求	要求着装正确（工作服、工作胶鞋、安全帽）。 操作动作熟练连贯。 工作终结，清理工作现场按照规定时间完成此项目	10	动作不熟练扣 5 分； 不清理工作现场扣 1～2 分； 超时不给分		
合计			100			

Jc0002542029 直线塔结构倾斜检查的操作。（100 分）

考核知识点： 对于仪器的使用及测量

难易度： 中

技能等级评价专业技能考核操作工作任务书

一、任务名称

直线塔结构倾斜检查的操作。

二、适用工种

送电线路工初级工。

三、具体任务

对 110kV 某线路直线塔结构倾斜进行检查。

四、工作规范及要求

（1）1 人操作，1 人配合。

（2）已知铁塔全高。

（3）专用工具：选一座培训用铁塔测量；选用经纬仪或全站仪；钢卷尺。

五、考核及时间要求

（1）本考核操作时间为 20 分钟，时间到停止考评。

（2）测量完成后向考评员汇报安装完毕。

技能等级评价专业技能考核操作评分标准

工种	送电线路工					评价等级	初级工
项目模块	工器具使用与保养				编号	Jc0002542029	
单位			准考证号			姓名	
考试时限	20 分钟	题型		单项操作		题分	100 分
成绩		考评员		考评组长		日期	
试题正文	直线塔结构倾斜检查的操作						
需要说明的问题和要求	（1）铁塔高度已知。 （2）选用经纬仪或全站仪均可						

序号	项目名称	质量要求	满分	扣分标准	扣分原因	得分
1	工具材料准备、检查					
1.1	经纬仪	合格	6	错、漏一项扣 2 分，扣完为止		
1.2	钢卷尺	合格	2	不检查扣 2 分		
2	横向倾斜值的测量					
2.1	仪器站点选择	在顺线路方向中心线上	6	不正确扣 2～6 分		
2.2	距离正确	塔高 2 倍左右	6	不正确扣 2～6 分		
2.3	仪器调平、对光、调焦	操作正确	8	不正确扣 2～8 分		
2.4	测前侧横向倾斜值	首先将望远镜中丝瞄准横担中点，然后俯视铁塔根部，用钢卷尺量取中丝与横向根开中点间的距离即为横向倾斜值	4	不准确扣 2～4 分； 方法不正确不得分		
2.5	同样方法测后侧横向倾斜值	方法正确	4	不准确扣 2～4 分； 方法不正确不得分		
2.6	计算横向倾斜值	计算正确	6	公式不正确扣 6 分； 公式正确结果不正确扣 2 分		

续表

序号	项目名称	质量要求	满分	扣分标准	扣分原因	得分
3	顺向倾斜值的测量					
3.1	仪器站点选择	在铁塔横担方向上	6	不正确扣 2～6 分		
3.2	距离正确	塔高 2 倍左右	6	不正确扣 2～6 分		
3.3	仪器调平对光、调焦	操作正确	8	不正确扣 2～8 分		
3.4	测左侧顺向倾斜值	将望远镜中丝瞄准横担中点，然后俯视铁塔根部，用钢卷尺量取中丝与顺线根开中点间的距离即为横向倾斜值	4	不准确扣 2～4 分； 方法不正确不得分		
3.5	同样方法测右侧倾斜值	方法正确	4	不准确扣 2～4 分； 方法不正确不得分		
3.6	计算顺向倾斜值	计算正确	6	不正确扣 6 分		
4	计算铁塔倾斜率					
4.1	铁塔倾斜值 Z	计算正确	6	错误扣 6 分		
4.2	铁塔倾斜率 η	计算正确	6	错误扣 6 分		
5	其他要求					
5.1	仪器装箱	要求一次成功	6	重复一次扣 2 分，扣完为止		
5.2	操作动作	熟练流畅	6	不熟练扣 1～6 分		
合计			100			

Jc0002543030 角铁桩锚的安装操作。（100 分）

考核知识点：打桩定位和大锤使用技巧

难易度：难

技能等级评价专业技能考核操作工作任务书

一、任务名称

角铁桩锚的安装操作。

二、适用工种

送电线路工初级工。

三、具体任务

使用大锤完成角铁桩锚的安装。针对此项工作，考生须在 30 分钟内完成更换处理操作。

四、工作规范及要求

（1）派 2 人协助，指定受力方向。

（2）着装正确（包括协助人员）（工作服、工作胶鞋、安全帽）。

（3）角铁桩两块，花篮螺栓式联扣一副，大锤一把。

五、考核及时间要求

（1）本考核 1～7 项操作时间为 30 分钟，时间到停止考评。

（2）打桩完成后向考评员汇报安装完毕。

技能等级评价专业技能考核操作评分标准

工种	送电线路工				评价等级	初级工
项目模块	输电线路施工				编号	Jc0002543030
单位			准考证号		姓名	
考试时限	30 分钟	题型		单项操作	题分	100 分
成绩		考评员		考评组长	日期	
试题正文	角铁桩锚的安装操作					
需要说明的问题和要求	该工作由 2 人协助完成，考评员现场指定受力方向					

序号	项目名称	质量要求	满分	扣分标准	扣分原因	得分
1	工作准备					
1.1	工器具摆放	整齐有序，方便操作	5	不正确扣 1～5 分		
1.2	工具检查	认真检查锤把及锤头应安全牢固	5	不检查不得分		
2	安全要求					
2.1	不得戴手套	不戴手套	5	戴手套不得分		
2.2	操作位置与协助人员位置正确	符合安全要求，严禁站在对面	5	不正确不得分		
3	准备打桩					
3.1	定准打桩位置	符合指定要求	5	不正确扣 1～5 分		
3.2	协助人员按负责人要求扶好角钢桩	保证角钢桩受力方向正确	5	不正确扣 1～5 分		
4	操作大锤的要求					
4.1	大锤抢得准	不能打空	2	每打空一锤扣 0.2 分		
4.2	大锤面与角桩顶部平面接触	不得歪斜	3	不正确扣 1～3 分		
4.3	每锤都有力度	力度好	5	不正确不得分		
4.4	按联板扣长度，定出第二角桩位置	位置正确	5	不正确扣 1～5 分		
4.5	重复操作将第二角桩打入土中		5	按第一根评分标准执行		
5	装联扣					
5.1	将花篮螺栓联扣装上	前桩联扣靠顶部，后桩联扣靠根部	5	不正确扣 1～5 分		
5.2	将花篮螺栓式联扣调紧	预受力符合要求	5	不正确扣 1～5 分		
6	技术要求					
6.1	大锤使用	姿势正确，动作熟练流畅	5	不正确扣 1～5 分		
6.2	方向要切实对准	两角桩中心连线与受力方向为一条直线	5	不正确扣 1～5 分		
6.3	两桩角铁的角平分线面	要在同一铅垂平面上对准受力方向	5	不正确扣 1～5 分		
6.4	角桩与地面的夹角	锐角应为 70°～80°，夹角最小方向侧为受力反方向侧	5	不正确扣 1～5 分		

续表

序号	项目名称	质量要求	满分	扣分标准	扣分原因	得分
6.5	两桩平行	两桩平行	2	不正确扣 1～2 分		
6.6	角桩入土深度	一般为角桩长度的 2/3 左右	3	不正确扣 1～3 分		
6.7	花篮螺栓式联扣受力度良好	螺杆必须露出螺纹，花篮螺栓式联扣不能在角桩上滑动	5	不正确扣 1～5 分		
7	其他要求					
7.1	着装正确（包括协助人员）	工作服、工作胶鞋、安全帽	5	每漏一项扣 2 分		
7.2	按时间完成	时间根据土质的酌情增减	5	超过时间不给分； 每超 2 分钟倒扣 1 分		
合计			100			

Jc0002543031　联结十种常用绳扣。（100 分）

考核知识点：绳扣使用

难易度：难

技能等级评价专业技能考核操作工作任务书

一、任务名称

联结十种常用绳扣。

二、适用工种

送电线路工初级工。

三、具体任务

熟练联结十种常用绳扣。

四、工作规范及要求

（1）要求 1 人独立完成，一次成功。

（2）要求着装正确（工作服、工作胶鞋、安全帽）。

（3）工具：

1）一根长约 3m 的尼龙绳头；

2）电工工具一套。

五、考核及时间要求

（1）考核时间共 20 分钟，每超过 1 分钟扣 2 分，到 25 分钟终止考核。

（2）快速、准确地按口令要求完成，重做不得分，听从指挥。

（3）操作过程中作业人员有危及人身、设备安全等情况应停止考核并计 0 分。

技能等级评价专业技能考核操作评分标准

<table>
<tr><td>工种</td><td colspan="5">送电线路工</td><td>评价等级</td><td>初级工</td></tr>
<tr><td>项目模块</td><td colspan="5">输电线路运维—送电线路基本技能</td><td>编号</td><td>Jc0002543031</td></tr>
<tr><td>单位</td><td colspan="3"></td><td>准考证号</td><td></td><td>姓名</td><td></td></tr>
<tr><td>考试时限</td><td colspan="2">20 分钟</td><td>题型</td><td colspan="2">单项操作</td><td>题分</td><td>100 分</td></tr>
<tr><td>成绩</td><td></td><td>考评员</td><td></td><td>考评组长</td><td></td><td>日期</td><td></td></tr>
<tr><td>试题正文</td><td colspan="7">联结十种常用绳扣</td></tr>
</table>

续表

需要说明的问题和要求	（1）该项工作 1 人单独完成。 （2）打结动作应熟练、不卡顿					
序号	项目名称	质量要求	满分	扣分标准	扣分原因	得分
1	工具材料准备、检查					
1.1	检查工器具	检查绳索是否合格和有无损坏	5	未检查扣 5 分		
2	绳扣操作					
2.1	联结十种常用绳扣操作	十种常用绳扣，连续打结	50	连续打结，未完成每种扣 5 分		
		听从命令，按要求依次打结	10	未听从命令联结绳扣，每次扣分 2 分，扣完为止		
3	其他要求					
3.1	操作要求	熟练流畅	20	1 处不熟练、有停顿扣 1～5 分，扣完为止		
4	清理现场					
4.1	清理现场	解开绳结，整理工器具和尼龙绳，恢复操作现场	15	未解开绳结扣 5 分； 未整理尼龙绳扣 10 分		
合计			100			

Jc0002541032　悬式绝缘子绝缘电阻测量。（100 分）

考核知识点：绝缘子绝缘电阻测量

难易度：易

技能等级评价专业技能考核操作工作任务书

一、任务名称

悬式绝缘子绝缘电阻测量。

二、适用工种

送电线路工初级工。

三、具体任务

1 人独立完成悬式绝缘子绝缘电阻测量，并报告测量结论。

四、工作规范及要求

1. 操作要求

（1）要求 1 人独立完成，一次成功。

（2）要求着装正确（工作服、工作胶鞋、安全帽）。

（3）正确使用绝缘电阻测试仪，测量接线及方法应正确。

（4）仪器使用前应进行检查。

（5）测量前检查悬式绝缘子外观，清除表面污秽。

（6）工具：

1）工作服、安全帽。

2）电工工具一套。

3）绝缘电阻测试仪一台，相关导线若干。

2. 安全要求

防止人身触电，正确使用仪器设备、操作方法及接线正确，测量过程中与带电部位保持足够的安全距离。

五、考核及时间要求

（1）考核时间共30分钟，每超过1分钟扣2分，到35分钟终止考核。

（2）按照技能操作记录单的操作要求进行操作，正确记录操作结果等。

（3）操作过程中作业人员有危及人身、设备安全等情况应停止考核并计0分。

技能等级评价专业技能考核操作评分标准

工种	送电线路工					评价等级	初级工
项目模块	工器具使用与保养				编号	Jc0002541032	
单位			准考证号			姓名	
考试时限	30分钟	题型		单项操作		题分	100分
成绩		考评员		考评组长		日期	
试题正文	悬式绝缘子绝缘电阻测量						
需要说明的问题和要求	（1）要求1人独立操作，1人配合记录。 （2）正确使用测量仪表，测量接线及方法应正确						

序号	项目名称	质量要求	满分	扣分标准	扣分原因	得分
1	准备工作					
1.1	测量前准备工作	正确使用工作服、工作胶鞋、安全帽等安全防护用品	5	未正确使用扣5分		
		检查绝缘电阻测量仪是否在有效期内	5	未检查扣5分		
		绝缘电阻表进行开路、短路试验	5	未进行开路、短路试验扣5分		
2	接线及测量					
2.1	正确接线	绝缘电阻测试仪L、G、E与悬式绝缘子正确连接	15	未正确接线，每发现一处扣5分，扣完为止		
2.2	测量操作	检查绝缘子外观，清除表面污秽	5	未检查扣5分		
		使用正确档位，正确操作绝缘电阻测试仪	20	未使用正确档位扣10分； 未正确操作绝缘电阻测试仪扣10分		
		正确记录绝缘电阻值（15s和60s）	5	未正确记录绝缘电阻值5分		
		反复测量5次，求平均值	10	测量次数不足，每少一次扣2分		
3	结果分析	计算吸收比，并报告测量结果	15	计算结果不正确扣10分； 未报告测试结果扣5分		
4	清理现场	拆除测量接线，恢复原来状态	10	未拆除试验接线扣5分； 未恢复试验前状态扣5分		
5	其他	正确使用仪表进行测量	5	有损坏仪表的行为，扣5分		
合计			100			

第二部分
中级工

第三章　送电线路工中级工技能笔答

Jb0001423001　画出牵引绳从定滑轮引出 1～2 滑轮组示意图。（5 分）

考核知识点：滑轮组使用

难易度：难

标准答案：

如图 Jb0001423001 所示。（牵引绳方向不对不得分）

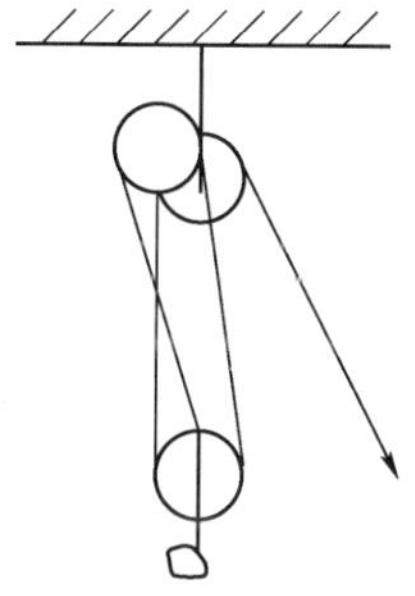

图 Jb0001423001

Jb0001423002　画出牵引绳从动滑轮引出 1～2 滑轮组示意图。（5 分）

考核知识点：滑轮组使用

难易度：难

标准答案：

如图 Jb0001423002 所示。（牵引绳方向不对不得分）

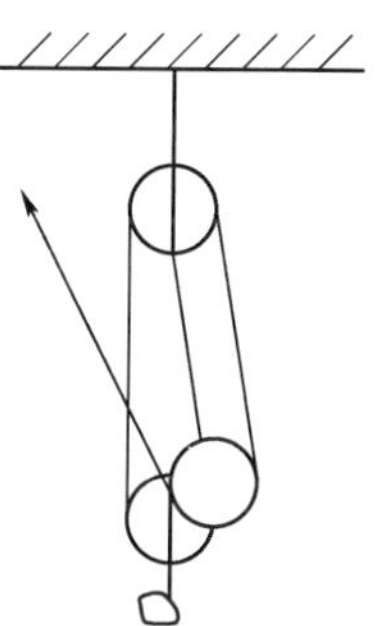

图 Jb0001423002

Jb0001422003　图 Jb0001422003（a）为使用绝缘软梯等电位修补导线的工作状态，*G* 为软梯和人体重力。画出软梯挂点的受力图。（5 分）

考核知识点：软梯作业分析

难易度：中

标准答案：

如图 Jb0001422003（b）所示。（受力分析不对不得分）

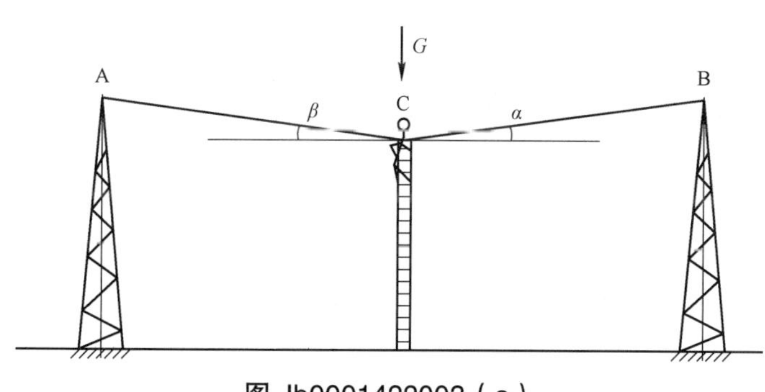

图 Jb0001422003（a）

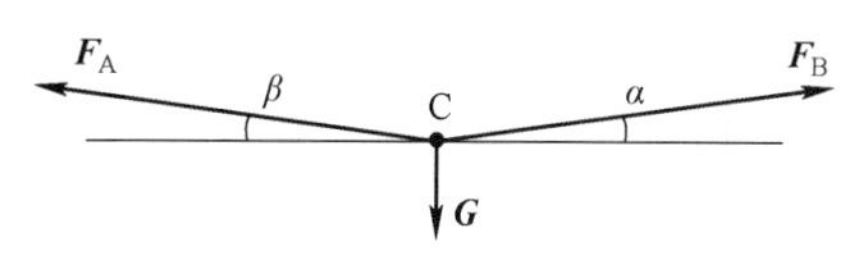

图 Jb0001422003（b）

Jb0001423004　写出图 Jb0001423004（a）中 OPGW 光缆各部分的名称。（5 分）

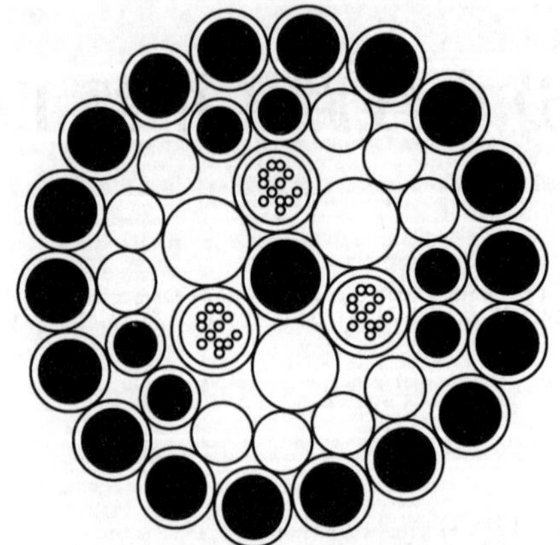

图 Jb0001423004（a）

考核知识点： 光缆材料

难易度： 难

标准答案：

如图 Jb0001423004（b）所示。（写对一个得 2 分，写对 2 个得 3 分，写对 3 个得 4 分，全写对得 5 分）

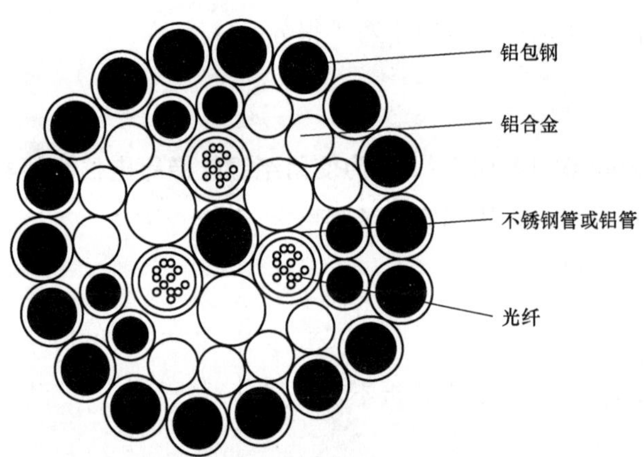

图 Jb0001423004（b）

Jb0001422005　画出输电线路全换位图。（5 分）

考核知识点： 线路换位知识

难易度： 中

标准答案：

如图 Jb0001422005 所示。（画出一半得 3 分，全部画出得 5 分）

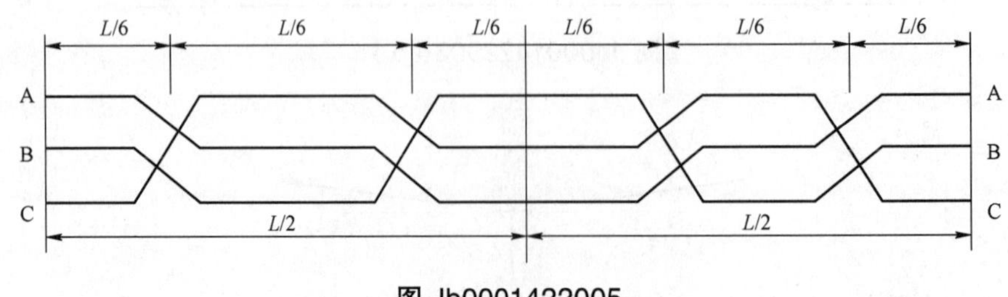

图 Jb0001422005

Jb0001422006　画出线路一个正循环，且两端相序一致的换位示意图。（5分）

考核知识点：线路换位知识

难易度：中

标准答案：

如图 Jb0001422006 所示。（未构成循环不得分）

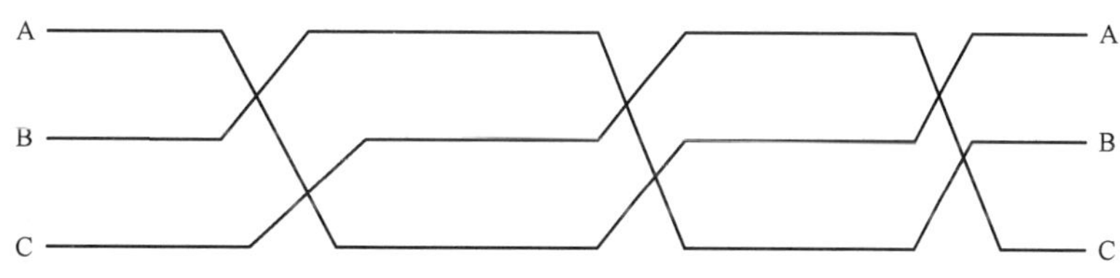

图 Jb0001422006

Jb0001411007　有一横担拉杆结构如图 Jb0001411007 所示，边导线绝缘子串、金具总重量 G=500kg，横拉杆和斜拉杆重量不计，试说明 AC、BC 段各受哪种作用力，大小如何？（5分）

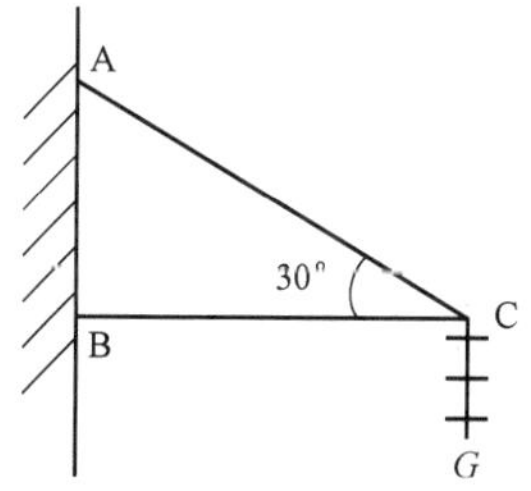

图 Jb0001411007

考核知识点：结构受力分析

难易度：易

标准答案：

解：金属所受总重力 $F=Gg=500\times9.8=4900$（N）

答：AC 斜干受拉力 $F_{AC}=F/\sin30^\circ=4900/\sin30^\circ=9800$（N）

BC 横担受压力 $F_{BC}=F/\tan30^\circ=4900/\tan30^\circ=8487.05$（N）

Jb0001413008　试求在 220kV 线路上带电作业时，可能出现的最大内过电压值是多少？（5分）

考核知识点：带电作业

难易度：难

标准答案：

解：根据 220kV 线路最大内过电压倍数是 3，再考虑 10%的电压升高，所以 220kV 线路可能出现的内过电压最大值为

$$U_m=K_rK_0U_{xg}=(1+10\%)\times3\times220\times\frac{\sqrt{2}}{\sqrt{3}}=592.78\ (\text{kV})$$

答：220kV 线路上可能出现的最大内过电压值为 592.78kV。

Jb0001413009　计算在 110kV 中性点直接接地系统中，作业人员发生单相触电事故后，流经人体的电流值并简述其后果（人体阻抗为 1500Ω。忽略杆塔接地电阻）。（5分）

考核知识点：电流计算

难易度：难

标准答案：

解：当人接触一根导线时，承受相电压，电流经人体、横担、接地引下线、大地和变压器中性点接地等形成回路，电流大小为：

$$I=\frac{U/\sqrt{3}}{R}=\frac{110\times10^3}{\sqrt{3}\times1500}=42.34\ (\text{A})$$

答：流经人体的电流为 42.34A，这个电流将直接导致触电者立即死亡。

Jb0001431010　加强班组管理有哪些重要意义？（5分）

考核知识点：企业管理

难易度：易

标准答案：

（1）能保证企业生产经营目标的实现。

（2）能保证提高企业经济效益。

（3）有利于提高企业管理水平。

（4）有利于职工充分发挥主人翁作用。

（5）有利于培养和输送人才。

Jb0001411011　某低压三相四线供电平衡负载用户，有功功率为 P=1kW，工作电流为 I=7A，则该用户的功率因数是多少？（5分）

考核知识点：电路理论

难易度：易

标准答案：

解：

$$\cos\phi = \frac{P}{S} = \frac{1\times10^3}{3\times220\times7} = 0.216\,5$$

答：该户功率因数0.216 5。

Jb0001411012　图Jb0001411012为一物体在力 P_1、P_2、P 作用下平衡，若已知 P_1=200N，P_2=200N，求力 P 的大小和方向 β。（5分）

考核知识点：力学基础

难易度：易

标准答案：

解：

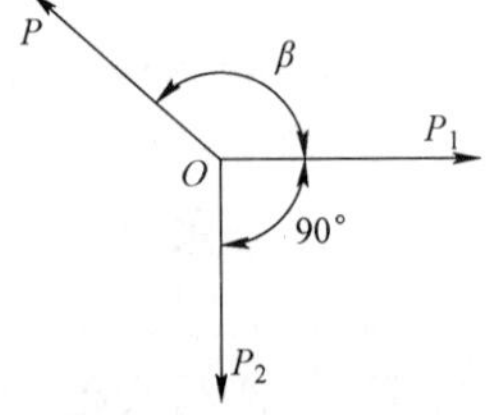

图 Jb0001411012

合力大小为 $P = \sqrt{P_1^2 + P_2^2} = \sqrt{200^2 + 200^2} = 282.8$（N）

合力方向为 $\beta = 90° + \arctan\frac{P_1}{P_2} = 90° + \arctan\frac{200}{200} = 135°$

答：合力的大小为282.8N、方向 β 为135°。

Jb0001413013　已知某电杆长为 L=15m，梢径 d=190mm，壁厚 t=50mm，求电杆的重心距杆根的距离。（5分）

考核知识点：线路参数计算

难易度：难

标准答案：

解：

因为根径 $D = d + \frac{1}{75}\times L = 190\times10^{-3} + \frac{1}{75}\times15 = 0.39$（m）

所以 $H = \frac{L}{3}\times\frac{D+2d-3t}{D+d-2t}$

$$=\frac{15}{3}\times\frac{0.39+2\times190\times10^{-3}-3\times50\times10^{-3}}{0.39+190\times10^{-3}-2\times50\times10^{-3}}\approx6.46$$

答：电杆的重心距杆根的距离为 6.46m。

Jb0001413014　一简易起重如图 Jb0001413014（a）所示，横担长 L_{AB}=6m，其重 G=2000N。A 端用铰链固定，B 端用钢绳拉住，若吊车连同重物共重 P=10000N，在图示位置 a 处 l_1=2m 时，试求钢绳的拉力及支座 A 的反力。（5 分）

考核知识点：线路参数计算

难易度：难

标准答案：

解：以梁为研究对象，作受力图，如图 Jb0001413014（b）所示，此力系为平面一般力系。

列平衡方程，由 $\Sigma mA(P)=0$，得

$T\times\sin30^\circ L_{AB}-G(L_{AB}/2)-P(L_{AB}-a)=0$

$T\times6\times0.5-2000\times(6/2)-10\ 000\times(6-2)=0$

所以 T=15 333（N）

由 $\Sigma X=0$，得

$N_{ax}-T\cos30^\circ=0$

所以 N_{ax}=13 278（N）

由 $\Sigma y=0$，有

$N_{ay}+T\sin30^\circ-G-P=0$

$N_{ay}+15\ 333\times0.5-2000-10\ 000=0$

$N_{ay}=4334$（N）

$N_a=\sqrt{N_{ax}^2+N_{ay}^2}$

$=\sqrt{13\ 278^2+4334^2}=13\ 967.4$（N）

答：钢绳的拉力为 15 333N，支座 A 的反力为 13 967.4N。

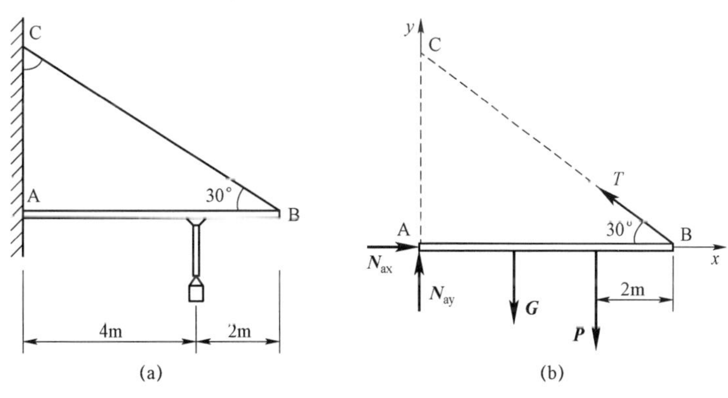

图 Jb0001413014

Jb0001431015　何为低值或零值绝缘子？对正常运行中绝缘子的绝缘电阻有何要求？（5 分）

考核知识点：绝缘子特性

难易度：易

标准答案：

（1）低值或零值绝缘子是指在运行中绝缘子两端的电位分布接近于零或等于零的绝缘子。

（2）运行中绝缘子的绝缘电阻用 5000V 的绝缘电阻表测试时不得小于 500MΩ。

Jb0001411016　常用的复合多股导线有哪几种？（5 分）

考核知识点：导线基本知识

难易度：易

标准答案：

（1）普通钢芯铝绞线。

（2）轻型钢芯铝绞线。

（3）加强型钢芯铝绞线。

（4）铝合金绞线。

（5）稀土铝合金绞线。

Jb0001411017　塔身的组成材料有哪几种？（5 分）

考核知识点：杆塔基本知识

难易度：易

标准答案：

主材、斜材、水平材、横隔材、辅助材。

Jb0001411018　简要说明安全帽能对头部起保护作用的原理。（5 分）

考核知识点：安全生产基本知识

难易度：易

标准答案：

（1）外界冲击荷载由帽传递，并分布在头盖骨的整个面积上，避免了集中打击一点。

（2）头顶与帽之间的空间能吸收能量，起到缓冲作用。

Jb0001411019　指出图 Jb0001411019 是何种金具的示意图，并说明它的用途。（5 分）

考核知识点：金具基本知识

难易度：易

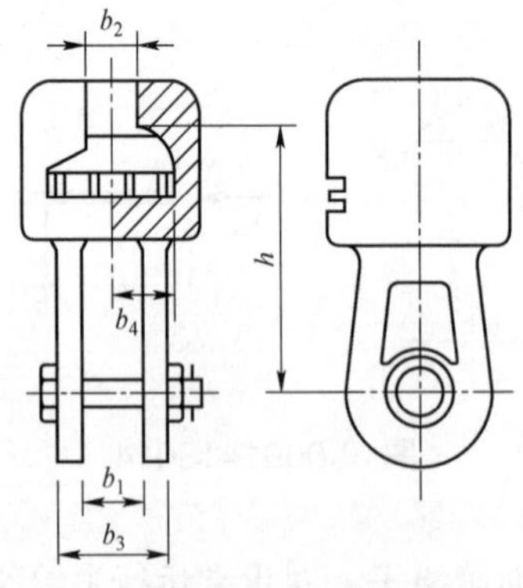

图 Jb0001411019

标准答案：

（1）图 Jb0001411019 为 WS 型双联碗头挂板的金具示意图。

（2）它是连接双串绝缘子和耐张线夹的连接金具。

Jb0001411020　写出下列金具的名称。（5 分）

考核知识点：金具基本知识

难易度：易

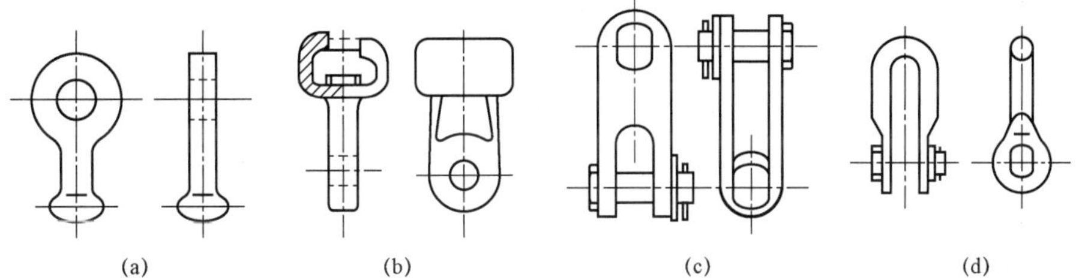

标准答案：

（a）球头挂环；

（b）碗头挂板；

（c）直角挂板；

（d）U 型挂环。

Jb0001411021　画出直线单杆呼称高示意图。（5 分）

考核知识点：杆塔基本知识

难易度：易

标准答案：（画错不得分）

如图 Jb0001411021 所示。

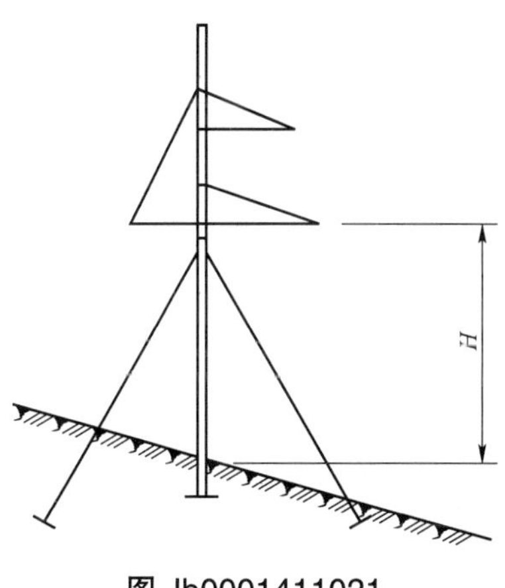

图 Jb0001411021

Jb0002432022　回答送电线路盐密测量时间和周期。（5 分）

考核知识点：盐密测量

难易度：中

标准答案：

测量盐密是为了划分输变电设备的污秽等级，应测量全年最大积污的盐密。根据宁夏地区气候特点，一般都在每年的 3～5 月间测量，此段时间所测的盐密值可代表宁夏在污闪高峰季节时的最大积污的脏污程度。

Jb0002432023　列出送电线路盐密测量防污悬式绝缘子用水量的计算公式。（5 分）

考核知识点：盐密测量

难易度：中

标准答案：

清洗一片防污悬式绝缘子所用蒸馏水量 Q_A，可按下式计算：

$$Q_A = 300 \times \frac{S_{防污}}{S_{普通}} \quad (mL)$$

式中　$S_{防污}$ ——清洗的防污绝缘子的表面积，cm^2；

$S_{普通}$ ——X–4.5 型绝缘子的表面积，cm^2。

Jb0002431024　简述巡线的目的。巡线分哪几种类型？（5 分）

考核知识点：线路巡视基本知识

难易度：易

标准答案：

（1）巡线的目的：线路巡视和检查是为了经常掌握线路的运行状态，及时发现设备缺陷和威胁线路安全运行的情况，预防事故发生，并为检修提供依据，以确保不间断供电。

（2）分类：线路的巡视分为定期巡视、特殊巡视、夜间巡视、故障巡视、登杆塔检查。

Jb0002413025　某 220kV 输电线路，使用 XWP－70 型号绝缘子，有效泄漏距离 L=400mm，线路通过第二级污区，爬电比距 λ=2cm/kV（2.3cm/kV），系统最高工作电压取工作电压的 1.15 倍，运行情况安全系数 K=2.7。问：

（1）单串运行情况能够承受的最大荷载是多少？

（2）工作电压下需要多少片绝缘子？（5 分）

考核知识点：绝缘配置

难易度：难

标准答案：

解：$T_{max}=\dfrac{T}{K}=\dfrac{70}{2.7}=26\text{（kN）}$

$$n=\frac{\lambda U_m}{L}=\frac{2\times1.15\times220}{400\times10^{-1}}=12.65\approx13\text{片}$$

略小于 13 片，故应选择 13 片绝缘子。

答：单串运行情况能承受的最大荷载 26kN。工作电压下需要 13 片绝缘子。

Jb0002433026　某 220kV 线路，试述导线机械物理特性各量对导线运行时的影响，试分析在雷雨大风和冬季覆冰各可能存在什么故障？并简述其故障范围。（5 分）

考核知识点：线路运行分析

难易度：难

标准答案：

（1）220kV 线路，其系统中性点采用直接接地，只有当 C 相发生永久性接地故障，保护才使 C 相跳闸，由于是无时限电流速断动作，所以故障点可能出现在距电源点 80%长的线路范围内。

（2）在雷雨大风天气出现 C 相跳闸，由于是永久性单相接地故障，因此故障点很可能为断线或绝缘子存在零值情况造成整串绝缘子击穿。

（3）在冬季覆冰天气出现 C 相跳闸，线路可能因覆冰使导线弧垂增大造成导线对被交叉跨越物放电产生的永久性单相接地故障或断线接地故障。

Jb0002432027　杆塔及拉线中间验收检查项目包括哪些？（5 分）

考核知识点：线路验收

难易度：中

标准答案：

（1）混凝土电杆焊接后焊接弯曲及焊口焊接质量。

（2）混凝土电杆的根开偏差、迈步及整基对中心桩的位移。

（3）结构倾斜。

（4）双立柱杆塔横担与主柱连接处的高差及立柱弯曲。

（5）各部件规格及组装质量。

（6）螺栓紧固程度、穿入方向、打冲等。

（7）拉线方位、安装质量及初应力情况。
（8）NUT 型线夹螺栓、花篮螺栓的可调范围。
（9）保护帽浇筑情况。
（10）回填土情况。

Jb0002432028　何为剪应力？连接件不被剪断的条件是什么？许用剪应力与许用正应力的关系怎样？（5分）

考核知识点：剪应力
难易度：中
标准答案：
（1）剪应力是剪力与剪切面之比。
（2）连接件不被剪断的条件是剪应力不大于许用剪应力。
（3）材料的许用剪应力小于其许用正应力。

Jb0002431029　架空线路为何需要换位？（5分）

考核知识点：线路基本参数
难易度：易
标准答案：
（1）架空线路三相导线在空间排列往往是不对称的，由此引起三相系统电磁特性不对称。
（2）三相导线电磁特性不对称引起各相电抗不平衡，从而影响三相系统的对称运行。
（3）为保证三相系统能始终保持对称运行，三相导线必须进行换位。

Jb0002433030　何为避雷针的逆闪络？防止逆闪络的措施是什么？（5分）

考核知识点：避雷针的逆闪络
难易度：难
标准答案：
（1）逆闪络：是指受雷击的避雷针对受其保护设备的放电闪络。
（2）防措：① 增大避雷针与被保护设备间的空间距离；② 增大避雷针与被保护设备接地体间的距离；③ 降低避雷针的接地电阻。

Jb0002432031　何为避雷线的保护角？其大小对线路防雷效果有何影响？（5分）

考核知识点：避雷线的保护角
难易度：中
标准答案：
（1）避雷线的保护角：是指导线悬挂点与避雷线悬挂点点连线同铅垂线间的夹角。
（2）影响：保护角越小，避雷线对导线的保护效果越好，通常根据线路电压等级取20°～30°。

Jb0002432032　架空线路杆塔荷载分为几类？直线杆正常情况下主要承受何种荷载？（5分）

考核知识点：杆塔荷载
难易度：中
标准答案：
（1）荷载类型：① 水平荷载；② 垂直荷载；③ 纵向荷载。
（2）直线杆正常运行时承受的荷载：① 水平荷载；② 垂直荷载。

Jb0002431033　何为架空线的弧垂？其大小受哪些因素的影响？（5 分）

考核知识点：弧垂

难易度：易

标准答案：

（1）弧垂：是指架空导线或避雷线上的任意一点至两悬点连线间的竖直距离。

（2）影响因素：① 架空线的档距；② 架空线的应力；③ 架空线所处的环境气象条件。

Jb0002431034　不同风力对架空线的运行有哪些影响？（5 分）

考核知识点：风力对架空线的影响

难易度：易

标准答案：

（1）风速为 0.5～4m/s 时，易引起架空线因振动而断股甚至断线。

（2）风速为 5～20m/s 时，易引起架空线因跳跃而发生碰线故障。

（3）大风引起导线不同期摆动而发生相间闪络。

Jb0002432035　现行线路防污闪事故的措施有哪些？（5 分）

考核知识点：防污闪措施

难易度：中

标准答案：

（1）定期清扫绝缘子。

（2）定期测试和更换不良绝缘子。

（3）采用防污型绝缘子。

（4）增加绝缘子串的片数，提高线路绝缘水平。

（5）采用憎水性涂料。

Jb0002413036　已知某线路弧垂观测档一端视点 A0 与导线悬挂点距离 a 为 1.5m，另一视点 B0 与悬挂点距离为 b=5m，则该观测档弧垂为多少？（5 分）

考核知识点：线路参数计算

难易度：难

标准答案：

解：$f=\frac{1}{4}\left(\sqrt{a}+\sqrt{b}\right)^2$

$$=\frac{1}{4}\left(\sqrt{1.5}+\sqrt{5}\right)^2=2.99\text{（m）}$$

答：该观测档弧垂为 2.99m。

Jb0002413037　设某架空送电线路通过第Ⅱ典型气象区，导线为 LGJ－95/20，其计算截面积 A=113.96mm²，直径 d=13.87mm，则在覆冰厚度 b=5mm 时的冰重比载为多少？（5 分）

考核知识点：线路参数计算

难易度：难

标准答案：

解：

$$g_2=\frac{27.728b(d+b)}{A}\times10^{-3}$$
$$=\frac{27.728\times5\times(13.87+5)}{113.96}\times10^{-3}$$
$$=0.022\ 957\ [\mathrm{N/(m\cdot mm^2)}]$$

答：导线冰重比载为 0.022 957N/（m・mm^2）。

Jb0002432038　架空线路耐张段内交叉跨越档邻档断线对被交叉跨越物有何影响？（5 分）

考核知识点：邻档断线

难易度：中

标准答案：

（1）交叉跨越档邻档断线时，交叉跨越档的应力衰减，弧垂增大。

（2）交叉跨越档因弧垂增大，使导线对被交叉跨越物距离减小，影响被交叉跨越物及线路安全。

（3）对重点交叉跨越物必须进行邻档断线交叉跨越距离校验。

Jb0002431039　送电线路附属设施缺陷指哪几方面的部件？（5 分）

考核知识点：附属设施缺陷

难易度：易

标准答案：

指附加在线路本体上的各类标志牌、警告牌及各种技术监测设备（如雷电监测、绝缘子在线监测设备、外加防雷、防鸟装置等）出现的缺陷。

Jb0002431040　发现输电线路一般缺陷（三类），应如何处理？（5 分）

考核知识点：缺陷管理

难易度：易

标准答案：

一般缺陷：一经查到，如能立即消除，可不作为缺陷对待，如：发现个别螺栓松动，当即用扳手拧紧。如不能立即消除，应作为缺陷将其记录下来，并应填入缺陷记录中履行正常缺陷管理程序。

Jb0002431041　发现输电线路严重缺陷（二类），应如何处理？（5 分）

考核知识点：缺陷管理

难易度：易

标准答案：

严重缺陷：一经发现，运行管理班组应于当天报告给运行管理部门，运行管理部门应立即组织技术人员到现场进行鉴定，如确属“严重缺陷”（二类）应立即安排处理并报生产技术管理部门、安监管理部门。

Jb0002431042　发现输电线路危急缺陷（一类），应如何处理？（5 分）

考核知识点：缺陷管理

难易度：易

标准答案：

危急缺陷：一经发现，应立即报生产技术管理部门和运行管理部门领导，经分析、鉴定，如确属

“危急缺陷”，应确定处理方案或采取临时的安全技术措施，运行管理部门应立即实施并进行处理。

Jb0002431043　简答送电线路严重缺陷（二类缺陷）的判断和消缺要求？（5分）

考核知识点：缺陷管理

难易度：易

标准答案：

严重缺陷是指缺陷对线路安全运行有严重威胁，短期内线路尚可维持运行。此类缺陷应在一周（最多一个月）内消除，消除前应加强监视。

Jb0002431044　送电线路外部隐患指哪几方面的影响？（5分）

考核知识点：缺陷管理

难易度：易

标准答案：

送电线路外部隐患指外部环境变化对线路的安全运行已构成某种潜在性威胁的情况，如在保护区内新建房屋、植树、植竹、堆物、取土、线下作业等对线路造成的影响。

Jb0002431045　设备缺陷按其性质划分为哪几类缺陷进行管理？（5分）

考核知识点：缺陷管理

难易度：易

标准答案：

（1）一般缺陷（三类）。

（2）严重缺陷（二类）。

（3）危急缺陷（一类）。按这三个级别进行管理。

Jb0002431046　设备缺陷按其构成划分为哪三类？（5分）

考核知识点：缺陷管理

难易度：易

标准答案：

设备缺陷分为线路本体、附属设施缺陷和外部隐患三类。

Jb0002432047　导线接头过热情况检测，为避免气温的影响出现误差，一般选择在什么时间进行，使用什么仪器？（5分）

考核知识点：送电线路运行

难易度：中

标准答案：

对导线连接金具和耐张线夹应进行测温检查，测温时宜选在线路负荷较大和环境温度较高时进行，为避免气温的影响出现误差，一般选择在夜间，采用的测温仪器为红外线测温仪和热成像红外线测温仪两种。

Jb0002433048　根据运行经验 110～500kV 杆塔接地电阻值多大时被判定为理想、一般（基本满足）、偏大（需要改造）？（5分）

考核知识点：杆塔接地电阻

难易度：难

标准答案：

对 110～220kV 线路接地电阻以小于 10Ω为理想，小于 15Ω为一般，15Ω以上根据锈蚀情况定为改造对象；500kV 线路接地电阻以小于 15Ω为理想，小于 20Ω为一般，20Ω以上根据锈蚀情况定为改造对象。

Jb0002432049　防鸟害措施有哪些？（5 分）

考核知识点：防鸟设施

难易度：中

标准答案：

（1）鸟害区安装超声波声响驱鸟器。

（2）对绝缘子上方构架空间（鸟易做窝处）采用镀锌薄板封闭。

（3）在绝缘子上方架装鸟刺板。

（4）在靠横档侧绝缘子上方第一片可加装大盘径空气动力型绝缘子或大盘径硅橡胶伞裙（ϕ=40～50mm），以防止鸟粪落下放电。

Jb0002433050　输电线路通过规范化管理考核应达到什么标准值？（5 分）

考核知识点：管理规范

难易度：难

标准答案：

（1）满足必备条件。

（2）公共基础分以上。

（3）线路单元考核标准中指标控制（50 分）、台账资料（50 分）、运行管理（100 分）、检修管理（100 分）、设备管理（100 分）五部分单元考核得分应达到 85%以上，且总分达到 360 分以上。考核标准中基础建设、安全管理、标准制度三部分单元考核得分率应达到 85%以上，且总分达到 260 分。

Jb0002433051　输电线路规范化管理线路单元考核标准由哪几部分组成？各标准分值是多少？（5 分）

考核知识点：管理规范

难易度：难

标准答案：

由指标控制（50 分）、台账资料（50 分）、运行管理（100 分）、检修管理（100 分）、设备管理（100 分）五部分单元考核标准组成，总考核标准分为 400 分。

Jb0002432052　输电线路规范化管理公共基础考核标准由哪几部分组成？各标准分值是多少？（5 分）

考核知识点：管理规范

难易度：中

标准答案：

由基础建设、安全管理、标准制度三部分单元考核标准组成，每单元考核标准分为 100 分。

Jb0002433053　输电线路规范化管理考核的必备条件是什么？（5分）

考核知识点：管理规范

难易度：难

标准答案：

1. 基本必备条件

（1）不发生送电生产人员重伤及以上事故。

（2）不发生线路设备重大事故，杜绝因线路维护不当引起的地区性大面积电网停电事故。

（3）发生人员误登带电杆塔、误挂接地线等严重违章违纪行为。

2. 考评单元线路必备条件

（1）考评线路不发生污闪及其他人为责任的跳闸事故。

（2）考评线路跳闸不得高于2次。

Jb0002432054　架空线路导线常见的排列方式有哪些类型？（5分）

考核知识点：送电线路运行

难易度：中

标准答案：

（1）单回路架空导线：水平排列、三角形排列。

（2）双回路架空导线：鼓型排列、伞型排列、垂直排列和倒伞型排列。

Jb0002412055　某一条220kV线路，已知实测档距 L=400m，耐张段的代表档距 L_{np}=390mm，导线的线膨胀系数 α=19×10^{-6}，实测弧垂 f=7m，测量时气温 t=20℃。求当气温为40℃时的最大弧垂 f_{max} 值。（5分）

考核知识点：线路参数计算

难易度：中

标准答案：

解：

按题意求得

$$f_{\max}=\sqrt{f^2+\frac{3L^4}{8L_{np}^2}(t_{\max}-t)\alpha}$$

$$=\sqrt{7^2+\frac{3\times400^4}{8\times390^2}(40-20)\times19\times10^{-6}}$$

$$=\sqrt{49+23.98}=8.54\ (\mathrm{m})$$

答：当气温为40℃时的最大弧垂为8.54m。

Jb0002431056　输电线路规范化管理考核标准由哪几部分组成？（5分）

考核知识点：管理规范

难易度：易

标准答案：

由必备条件考核、公共基础考核、线路单元考核三部分组成。

Jb0002431057　架空输电线路的结构组成元件有哪些？（5分）

考核知识点：送电线路设备元件构成

难易度：易

标准答案：

架空输电线路的结构元件有：导线、避雷线、杆塔、绝缘子、金具、接地装置及其附件。

Jb0002433058　常用的复合多股导线有哪些种类？（5分）

考核知识点：常用导线种类

难易度：难

标准答案：

（1）普通钢芯铝绞线。

（2）轻型钢芯铝绞线。

（3）加强型钢芯铝绞线。

（4）铝合金绞线。

（5）稀土铝合金绞线。

Jb0002432059　杆塔上螺栓的穿向应符合哪些规定？（5分）

考核知识点：杆塔上螺栓的穿向

难易度：中

标准答案：

（1）对立体结构：① 水平方向由内向外。② 垂直方向由下向上。

（2）对平面结构：① 顺线路方向由送电侧穿入或按统一方向穿入。② 横线路方向两侧由内向外，中间由左向右（面向受电侧）或按统一方向。③ 垂直方向由下向上。

Jb0002432060　安规对单人巡线、夜间巡线、事故巡线工作有何规定？（5分）

考核知识点：安规

难易度：中

标准答案：

（1）单人巡线时，禁止攀登电杆或铁塔。

（2）夜间巡线时应沿线路外侧进行。

（3）事故巡线时应始终认为线路带电，即使明知该线路已停电，亦应认为线路随时有恢复送电的可能。

Jb0002431061　填写接地电阻测量记录主要包括哪些内容？（5分）

考核知识点：接地电阻测量记录填写

难易度：易

标准答案：

接地电阻的测量记录一般须填写时间、线路名称、杆号、接地电阻值（双杆塔分别测两侧接地电阻值）、测量人的姓名等内容。

Jb0003413062　图 Jb0003413062 为某 220kV 输电线路中的一个耐张段，导线型号为 LGJ－300/25，计算重量 G_0 为 1058kg/km，计算截面积为 333.31mm^2，计算直径 d=23.76mm。3号

杆塔的垂直档距为 653.3m。试计算该耐张段中 3 号直线杆塔在带电更换悬垂线夹作业时，提线工具所承受的荷载。（5 分）

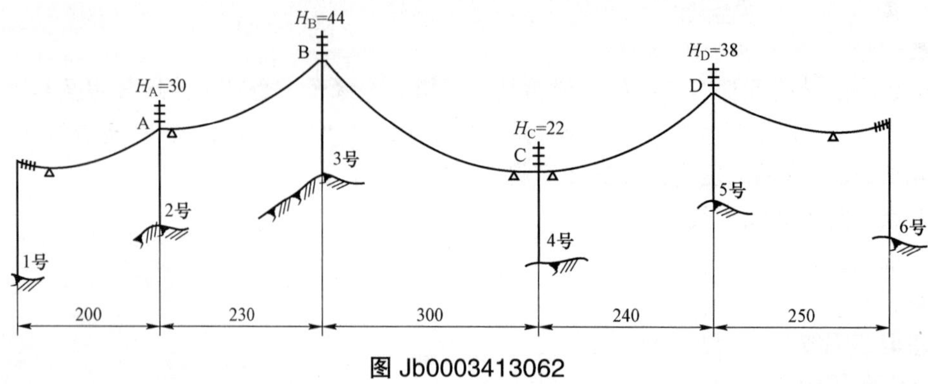

图 Jb0003413062

考核知识点：导线受力计算

难易度：难

标准答案：

解：按题意得 3 号杆塔的垂直荷载

$$\begin{aligned}G&=9.8G_0\times10^{-3}l_v\\&=9.8\times1058\times10^{-3}\times653.3\\&=6773.68\text{（N）}\end{aligned}$$

答：3 号直线杆塔作业时，提线工具所承受的荷载为 6773.68N。

Jb0003413063　在施工现场起吊一 4t 重的重物，用破断力为 48.9kN 的钢丝绳作牵引绳，现场有单滑轮一只、双轮滑轮两只，问：应如何组装滑轮组？画出示意图。（滑轮组综合效率 93%，钢丝绳安全系数 K=4，动荷系数 K_1=1.2，不平衡系数 K_2=1.2）（5 分）

考核知识点：起重作业、受力分析

难易度：难

标准答案：

（1）钢丝绳最大受力

$$T_{\max}=\frac{T}{KK_1K_2}=\frac{48.9}{4\times1.2\times1.2}=8.49\text{（kN）}$$

实际受力

$$T'=\frac{Q}{\eta(n+1)}=\frac{4\times9.8}{93\%\times(4+1)}=8.43\text{（kN）}$$

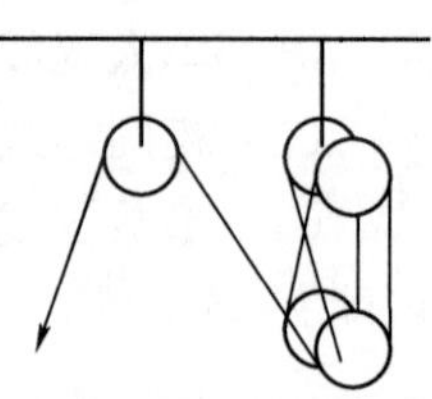

图 Jb0003413063

（2）如图 Jb0003413063 所示。

Jb0003433064　拉线安装后应满足哪些规定？（5 分）

考核知识点：拉线安装

难易度：难

标准答案：

（1）拉线与拉线棒应呈一直线。

（2）X 型拉线的交叉点处应留足够的空隙，避免相互磨碰。

（3）拉线的对地夹角允许偏差应为 1°。

（4）NUT 型线夹带螺母后的螺杆必须露出螺纹，并应留有不小于 1/2 螺杆的可调螺纹长度，以供运行中调整；NUT 型线夹安装后应将双螺母拧紧并应装设防盗罩。

（5）组合拉线的各根拉线应受力均衡。

Jb0003432065 放线过程中，对展放的导线或架空地线应进行外观检查，且应符合哪些规定？（5 分）

考核知识点：架线

难易度：中

标准答案：

（1）导线或架空地线的型号、规格应符合设计。

（2）对于在线盘上设有损伤或断头标志的地方，应查明情况妥善处理。

Jb0003433066 放线滑车的使用应符合哪些规定？（5 分）

考核知识点：架线

难易度：难

标准答案：

（1）轮槽尺寸及所用材料应与导线或架空地线相适应。

（2）导线放线滑车轮槽底部的轮径：应符合 DL/T 685—1999《放线滑轮基本要求、检验规定及测试方法》的规定。展放镀锌钢绞线架空地线时，其滑车轮槽底部的轮径与所放钢绞线直径之比不宜小于 15。

（3）对严重上扬、下压或垂直档距很大处的放线滑车应进行验算，必要时应采用特制的结构。

（4）应采用滚动轴承滑轮，使用前应进行检查并确保转动灵活。

Jb0003432067 导线在同一处的损伤同时符合哪些情况时可不作补修，只将损伤处棱角与毛刺用 0 号砂纸磨光？（5 分）

考核知识点：导线修补

难易度：中

标准答案：

（1）铝、铝合金单股损伤深度小于股直径的 1/2。

（2）钢芯铝绞线及钢芯铝合金绞线损伤截面积为导电部分截面积的 5%及以下，且强度损失小于 4%。

（3）单金属绞线损伤截面积为 4%及以下。

Jb0003432068 导线在同一处损伤需要补修，采用缠绕处理时应符合哪些规定？（5 分）

考核知识点：导线修补

难易度：中

标准答案：

（1）将受伤处线股处理平整。

（2）缠绕材料应为铝单丝，缠绕应紧密，回头应绞紧，处理平整，其中心应位于损伤最严重处，并应将受伤部分全部覆盖。

（3）其长度不得小于 100mm。

Jb0003433069　导线在同一处损伤需要补修，采用缠绕处理时应符合哪些规定？（5 分）

考核知识点：导线修补

难易度：难

标准答案：

（1）将受伤处线股处理平整。

（2）补修预绞丝长度不得小于 3 个节距。

（3）补修预绞丝应与导线接触紧密，其中心应位于损伤最严重处，并应将损伤部位全部覆盖。

Jb0003433070　采用补修管补修时应符合哪些规定？（5 分）

考核知识点：导线修补

难易度：难

标准答案：

（1）将损伤处的线股先恢复原绞制状态。线股处理平整。

（2）补修管的中心应位于损伤最严重处。需补修的范围应位于管内各 20mm。

（3）补修管可采用钳压、液压或爆压，其操作必须符合有关压接的要求。

Jb0003433071　导线在同一处损伤出现哪些情况时，必须将损伤部分全部割去，重新以接续管连接？（5 分）

考核知识点：导线接续

难易度：难

标准答案：

（1）导线损失的强度或损伤的截面积超过本规范有关要求需采用补修管补修的规定时。

（2）连续损伤的截面积或损失的强度都没有超过规范以补修管补修的规定，但其损伤长度已超过补修管的能补修范围。

（3）复合材料的导线钢芯有断股。

（4）金钩、破股已使钢芯或内层铝股形成无法修复的永久变形。

Jb0003431072　一个耐张段内的导地线连接有哪些要求？（5 分）

考核知识点：导线接续

难易度：易

标准答案：

不同金属、不同规格、不同绞制方向的导线或架空地线，严禁在一个耐张段内连接。

Jb0003433073　导线切割及连接应符合哪些规定？（5 分）

考核知识点：导线接续

难易度：难

标准答案：

（1）切割导线铝股时严禁伤及钢芯。

（2）切口应整齐。

（3）导线及架空地线的连接部分不得有线股绞制不良、断股、缺股等缺陷。

（4）连接后管口附近不得有明显的松股现象。

Jb0003433074 接续管及耐张线夹压接后应检查外观质量，应符合哪些规定？（5分）

考核知识点：导线接续

难易度：难

标准答案：

（1）用精度不低于0.02mm的游标卡尺测量压后尺寸，其允许偏差必须符合DL/T 5285《输变电工程架空导线及地线液压压接工艺规程》中的规定。

（2）飞边、毛刺及表面未超过允许的损伤，应锉平并用0号以下细砂纸磨光。

（3）爆压管爆后外观有下列情形之一者，应割断重接：① 管口外线材明显烧伤，断股。② 管体穿孔、裂缝。

（4）弯曲度不得大于2%，有明显弯曲时应校直，校直后的接续管如有裂纹，应割断重接。

（5）钢管压后应进行防腐处理。

Jb0003433075 挂线时对于孤立档、较小耐张段及大跨越的过牵引长度设计无要求时，应符合哪些规定？（5分）

考核知识点：导线挂线

难易度：难

标准答案：

（1）耐张段长度大于300m时过牵引长度不宜超过200mm。

（2）耐张段长度为200～300m时，过牵引长度不宜超过耐张段长度的0.5‰。

（3）耐张段长度为200m以内时，过牵引长度应根据导线的安全系数不小于2的规定进行控制，变电站进出口档除外。

（4）大跨越档的过牵引值由设计验算确定。

Jb0003432076 相分裂导线同相子导线的弧垂其相对偏差应符合哪些规定？（5分）

考核知识点：弧垂偏差

难易度：中

标准答案：

（1）不安装间隔棒的垂直双分裂导线，同相子导线间的弧垂允许偏差为+100mm。

（2）安装间隔棒的其他形式分裂导线同相子导线的弧垂允许偏差应符合下列规定：① 220kV为80mm。② 330～500kV为50mm。

Jb0003432077 铝包带，缠绕时应符合哪些规定？（5分）

考核知识点：架线

难易度：中

标准答案：

（1）铝包带应缠绕紧密，其缠绕方向应与外层铝股的绞制方向一致。

（2）所缠铝包带应露出线夹，但不超过10mm，其端头应回缠绕于线夹内压住。

Jb0003433078 铝制引流连板及并沟线夹的连接面应平整、光洁，安装应符合哪些规定？（5分）

考核知识点：架线

难易度：难

标准答案：

（1）安装前应检查连接面是否平整，耐张线夹引流连板的光洁面必须与引流线夹连板的光洁面接触。

（2）应用汽油洗擦连接面及导线表面污垢，并应涂上一层电力复合脂。用细钢丝刷清除有电力复合脂的表面氧化膜。

（3）保留电力复合脂，并应逐个均匀地拧紧连接螺栓。螺栓的扭矩应符合该产品说明书的要求。

Jb0003433079　光缆盘运到现场后，应进哪些检查和验收？（5分）

考核知识点：光缆盘检查和验收

难易度：难

标准答案：

（1）光缆的品种、型号、规格。

（2）光缆盘号。

（3）光缆长度。

（4）光纤衰减值（由指定的专业人员检测）。

（5）光缆端头密封的防潮封口有无松脱现象。

Jb0003431080　光缆架线施工必须符合哪些规定？（5分）

考核知识点：光缆架线施工规定

难易度：易

标准答案：

（1）光缆架线施工必须采用张力放线方法。

（2）选择放线区段长度应与光缆长度相适应。

Jb0003433081　光纤的熔接应符合哪些规定？（5分）

考核知识点：光纤的熔接

难易度：难

标准答案：

（1）剥离光纤的外层套管、骨架时不得损伤光纤。

（2）防止光纤接线盒内有潮气或水分进入，安装接线盒时螺栓应紧固，橡皮封条必须安装到位。

（3）光纤熔接后应进行接头光纤衰减值测试，不合格者应重接。

（4）雨天、大风、沙尘或空气湿度过大时不应熔接。

Jb0003433082　杆塔整体组立时，人字抱杆的初始角设置多少为好？为什么？（5分）

考核知识点：杆塔整体组立

难易度：难

标准答案：

（1）人字抱杆的初始角设置为60°～65°最佳。

（2）原因：① 初始角设置过大，抱杆受力虽可减小，但此时抱杆失效过早，对立杆不利；② 初始角设置过小，抱杆受力增大，且杆塔起立到足够角度不易脱帽，同样对立杆不利。

Jb0003433083　采用倒落式人字抱杆整体起立分段混凝土杆排杆方法是怎样的？（5分）

考核知识点：送电线路施工

难易度：难

标准答案：

（1）排杆场地应先平整，并在每段杆下垫上道木。

（2）杆根距杆坑中心 0.5m，杆身沿线路方向，转角杆杆身应与内侧角二分线成垂直排列。

（3）杆段钢圈对口间隙随钢圈厚度而变，一般为几毫米。

（4）整基杆塔焊接前各段应平直，并处于同一直线上。

（5）被排用的杆塔不得有明显不合要求的缺陷存在。

Jb0003433084 人工掏挖基坑应注意的事项有哪些？（5分）

考核知识点：人工掏挖基坑

难易度：难

标准答案：

（1）根据土质情况放坡。

（2）坑上、坑下人员应相互配合，以防石块回落伤人。

（3）随时鉴别不同深层的土质状况，防止上层土方坍塌造成事故。

（4）坑挖至一定深度要用梯子上下。

（5）严禁任何人在坑下休息。

Jb0003431085 紧线时，耐张（转角）塔均需打临时拉线，临时拉线的作用及要求各是什么？（5分）

考核知识点：临时拉线的作用及要求

难易度：易

标准答案：

（1）作用：平衡单边挂线后架空线的张力。

（2）要求：① 对地夹角为 30°～45°；② 每根架空线必须在沿线路紧线的反方向打一根临时拉线；③ 转角杆在内侧多增设一根临时拉线；④ 临时拉线上端在不影响挂线的情况下，固定位置离挂线点越近越好。

Jb0003432086 导、地线线轴布置的原则是什么？（5分）

考核知识点：导、地线线轴布置

难易度：中

标准答案：

（1）尽量将长度或重量相同的线轴集中放在各段耐张杆处。

（2）架空线的接头尽量靠近导线最低点。

（3）导线接头避免在不允许有导线接头的档距内出现。

（4）尽量考虑减少放线后的余线。

（5）考虑施工方便，为运输、放线、连接及紧线创造有利条件。

Jb0003432087 跳线安装有何要求？（5分）

考核知识点：跳线安装

难易度：中

标准答案：

（1）悬链线状自然下垂，不得扭曲，空气隙符合设计要求。

（2）铝制引流连板及线夹的连接面应平整、光洁。

（3）螺栓按规程规定要求拧紧。

Jb0003432088　采用楔形线夹连接拉线，安装时有何规定？（5分）

考核知识点：拉线安装

难易度：中

标准答案：

（1）线夹的舌板与拉线应紧密接触，受力后不应滑动；线夹的凸肚在尾线侧，安装时不应使线股受损。

（2）拉线弯曲部分不应有明显的松股，尾线宜露出线夹300～500mm，尾线与本线应扎牢。

（3）同组拉线使用两个线夹时其尾端方向应统一。

Jb0003432089　在连续倾斜档紧线时绝缘子串有何现象？原因是什么？（5分）

考核知识点：连续倾斜档紧线

难易度：中

标准答案：

（1）现象：在连续倾斜档紧线时绝缘子串会出现偏斜现象。

（2）原因：由于各档导线最低点不处于同一水平线上，引起各档导线最低点水平张力不等，从而使绝缘子串出现向导线最低点高的一侧偏斜。

Jb0003431090　杆塔上螺栓的穿向应符合哪些规定？（5分）

考核知识点：螺栓的穿向

难易度：易

标准答案：

（1）对立体结构：① 水平方向由内向外；② 垂直方向由下向上。

（2）对平面结构：① 顺线路方向由送电侧穿入或按统一方向穿入；② 横线路方向两侧由内向外，中间由左向右（面向受电侧）或按统一方向；③ 垂直方向由下向上。

Jb0003432091　采用螺栓连接构件时，有哪些技术规定？（5分）

考核知识点：螺栓连接构件

难易度：中

标准答案：

（1）螺杆应与构件面垂直，螺杆头平面与构件不应有空隙。

（2）螺母拧紧后，螺杆露出螺母长度：对单螺母不应小于两个螺距，对双螺母可与螺杆相平。

（3）必须加垫者时，每端不宜超过两个垫片。

Jb0003431092　输电线路初步设计资料包括哪些内容？（5分）

考核知识点：设计资料

难易度：易

标准答案：

线路初步设计阶段文件内容应包含初步设计说明书及附图。

Jb0003431093 输电线路技术图纸资料包括哪几个部分？（5分）

考核知识点：图纸识别

难易度：易

标准答案：

初步设计资料；施工图设计资料；线路竣工资料等三大部分。

Jb0003433094 输电线路作业项目现场作业指导书应做哪些危险点分析和预控？（5分）

考核知识点：现场作业指导书认识

难易度：难

标准答案：

线路工程项目实施前，必须认真、细致地对工程项目实施全过程的每一个环节，每一个具体步骤逐项查对、分析，提出危险点的所在和应采取的防范措施，以及应注意的安全事项。

（1）检查本工程项目所采用的工作原理是否正确、可行。

（2）检查本工程项目所处现场环境对本工程项目实施的影响因素是否考虑周全。

（3）检查本工程项目的实施所采用的临时安全技术措施是否周到、妥当、可行。

（4）检查本工程项目实施过程的实施步骤是否合理、安全可靠。

（5）检查本工程项目的实施所提出的材料是否符合技术要求。

（6）检查本工程项目的实施所采用的工器具名称、型号、数量是否满足要求。

（7）检查本工程项目的实施所要求的人员数量及其技能等级是否满足要求。

（8）检查本工程项目的任务分工是否合理、可行。

（9）根据本工程项目具体实施的每一个环节的具体步骤，逐项检查每一个步骤的人员、工器具、设备及材料在实施过程中，存在的不安全因素及可能出现的险情。

（10）根据以上的检查、分析情况，对所存在的不安全因素及可能出现的险情，提出相应的防范控制措施以及安全注意事项。

Jb0003433095 输电线路作业项目现场作业指导书应包括哪些内容？（5分）

考核知识点：现场作业指导书认识

难易度：难

标准答案：

在明确工程项目的相关内容及项目实施作业原理的基础上，提出本工程项目实施的具体方案。

（1）提出本工程项目实施的总体方案。

（2）提出本方案的执行过程中，需要相关部门或单位配合的具体事项。

（3）制订本方案在现场环境条件下实施时，需要采取的具体临时安全技术措施方案。

（4）制订本方案在实施时的具体操作步骤。

（5）根据所制定的工程实施方案，列出在工程实施过程中具体所需要的材料名称、型号、数量和用途。

（6）根据所制定的工程实施方案，列出在工程实施过程中具体所需要的工器具名称、型号、数量和用途（包括车辆）。

（7）根据所制定的工程实施方案，提出完成本工程施工任务所需要的人员数量和技能等级。

（8）根据所制定的工程实施方案，对本工程任务进行分工，并明确具体负责人。

Jb0003433096　编制输电线路作业项目现场作业指导书应明确哪些内容？（5分）

考核知识点：现场作业指导书认识

难易度：难

标准答案：

架空输电线路作业项目规范化作业指导书编制前，编制人员必须明确以下相关内容：

（1）明确作业项目内容所包含的对象。

（2）明确作业项目对象在线路结构中所处的位置及与其相联系的元件。

（3）明确作业项目对象及其相联系的元件的工作状态。

（4）明确作业项目所处的现场地形和相关环境情况。

（5）明确作业项目对象及其相联系元件的型号、技术要求和工艺标准。

（6）明确作业项目的实施方案的原理。

（7）明确作业项目的实施需要采取哪些临时安全技术措施。

（8）明确作业项目的实施需要采用的工器具型号和性能。

（9）明确作业项目的实施需要相关部门或单位配合的事项。

Jb0003433097　编制输电线路作业项目现场作业指导书应遵循的指导思想是什么？（5分）

考核知识点：现场作业指导书认识

难易度：难

标准答案：

编制输电线路作业项目现场作业指导书应遵循的指导思想是，必须要有联系的、系统的、全面分析考虑的指导思想。只有这样，才能使所编制的指导书符合工程项目的技术要求、组织严密、安全可靠、合理可行。

Jb0003433098　新设计线路地线保护角如何取值？（5分）

考核知识点：地线保护角

难易度：难

标准答案：

新建杆塔上避雷线对边导线的保护角设计：平原地区110～220kV线路的保护角不应大于15°，500kV线路的保护角一般不大于5°；对于丘陵和山区输电线路应充分考虑杆塔与山坡夹角影响，为防止绕击，110～220kV线路杆塔与山坡夹角不应大于0°，500kV线路保护角一般不小于－5°设计。

Jb0003413099　如图Jb0003413099所示，一地锚的直径为0.25m，长度为1.8m，埋深为1.6m。地锚受力方向与水平方向的夹角 $\alpha=45°$，土壤的计算坑拔角 $\beta=30°$，单位容重 $\gamma=1800kg/m^3$，安全系数 $K=2$。计算地锚的允许抗拔力。（5分）

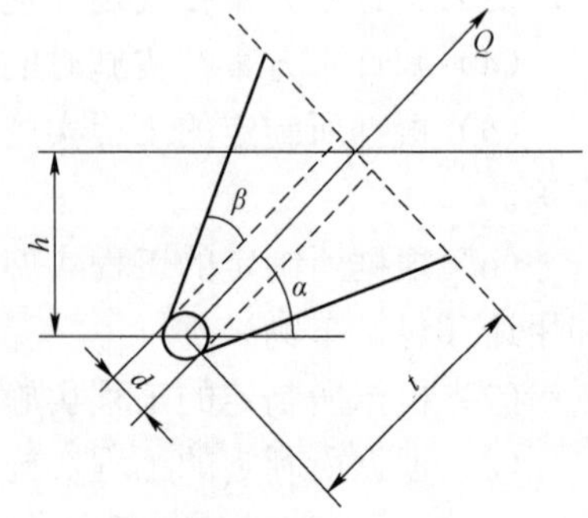

图 Jb0003413099

考核知识点：线路参数计算

难易度：难

标准答案：

解：

已知：$d=0.25m$，$l=1.8m$

$h=1.6m$，$\alpha=45°$

$\beta=30°$，$\gamma=1800kg/m$

$K=2$，$t=h/\sin45°=1.6/0.707=2.263$（m）

因为$Q=\frac{1}{K}\left[dlt+(d+l)t^2\tan\beta+\frac{4}{3}t^3\tan^2\beta\right]\gamma$

所以地锚允许坑拔力为

$$Q=\frac{1}{2}\times[0.25\times1.8\times2.263+(0.25+1.8)\times2.263^2\tan30°+\frac{4}{3}\times2.263^3\times\tan^2 30°]\times1800$$

$$\approx11\ 007.3\text{（kg）}\approx107.87\text{kN}$$

答：地锚的允许坑拔力约为107.87kN。

Jb0003411100　混凝土中水泥的用量是否越多越好？为什么？（5分）

考核知识点：混凝土基本知识

难易度：易

标准答案：

（1）混凝土水泥用量不能过量，应符合配合比设计要求。

（2）混凝土中水泥用量过多会使混凝土在硬化过程中因水分蒸发引起水泥体积过量收缩，造成混凝土开裂、露筋等缺陷，从而影响混凝土的强度。

Jb0003411101　为何拌制混凝土尽可能选用较粗的砂？（5分）

考核知识点：混凝土基本知识

难易度：易

标准答案：

（1）较粗的砂粒，其单位体积的表面积小，易与水泥浆完全胶合。

（2）砂粒表面胶合的水泥浆充分，有利于提高混凝土强度。

（3）有利于降低水泥的用量，减小水灰比。

Jb0004433102　采用水平托瓶架更换耐张绝缘子串时，应注意什么？（5分）

考核知识点：托瓶架更换耐张绝缘子

难易度：难

标准答案：

水平托瓶架用于更换耐张绝缘子串，有整体式和分段式两种。电压越高，绝缘子串越长，宜采用分段式。使用分段式托瓶架时，托瓶架两侧应落入轨道—拉杆，各段托瓶架应保持相应位置，严禁冲击和左右摇摆。利用整段式托瓶架作轨道拖动整串绝缘子至横担侧更换时，应避免擦伤托瓶架。

Jb0004413103　某绝缘板的极限应力 $G_{jx}=300\text{N/mm}^2$，如用这种材料做绝缘拉板，其最大使用荷重 F_{max}=15kN，要求安全系数 *K* 不低于10，问拉板的截面积最小应为多少？（5分）

考核知识点：材料受力计算

难易度：难

标准答案：

解：绝缘板的许用应力$[G]=G_{jx}/K=300/10=30$（N/mm^2）

拉板的面积 $S \geqslant F_{max}/[G] = 15 \times 10^3/30 = 500$（mm²）=5（cm²）

答：拉板的截面积最小应为 5cm²。

Jb0004413104　已知 LGJ－400 型导线的瞬时拉断力 $T_p = 131$kN，计算截面积 $S = 454.60$mm²，导线的安全系数 $K = 2.5$。试求导线的允许应力$[\sigma]$。（5 分）

考核知识点：导线应力计算

难易度：难

标准答案：

解：按题意可求得

$$
\begin{aligned}
[\sigma] &= \frac{T_p}{KS} \\
&= \frac{131 \times 10^3}{454.6 \times 2.5} \\
&\approx 115.3 \text{（MPa）}
\end{aligned}
$$

答：导线的允许应力为 115.3MPa。

Jb0004412105　更换某耐张绝缘子串，导线 LGJ－150 型。试估算一下收紧导线时工具需承受多大的拉力。（已知导线的应力 $\sigma = 98$MPa）（5 分）

考核知识点：工器具安全性计算

难易度：中

标准答案：

解：$F = \sigma \times S$

$= 98 \times 10^4 \times 150 \times 10^{-4} = 14\,700$（N）

答：收紧导线时工具需承受 14 700N 的拉力。

Jb0004413106　如图 Jb0004413106 所示，在检修作业中，需要提升工具或构件。已知滑轮组的综合效率 $\eta_\Sigma = 0.94$，分别计算采用图中两种方法提升重物时，$Q = 100$ kg，所需拉力 P_1、P_2 各为多少？（5 分）

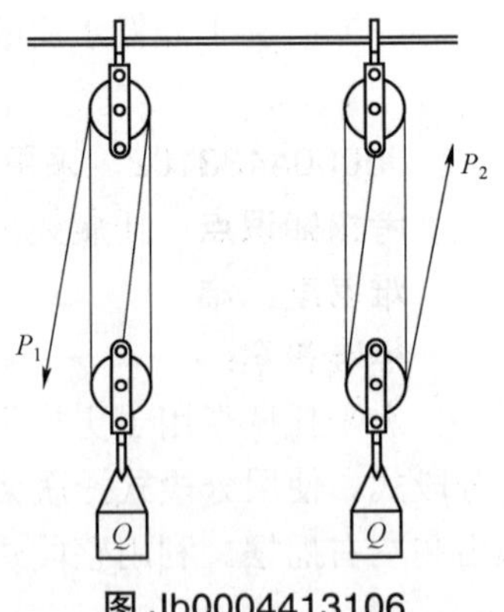

图 Jb0004413106

考核知识点：受力分析

难易度：难

标准答案：

按题意求解。

（1）因为牵引绳由定滑车引出，滑轮数 $n = 3$

所以 $P_1 = \dfrac{Q}{n \times \eta_\Sigma} = \dfrac{100 \times 9.8}{3 \times 0.94} = 0.35$（kN）

（2）因为 P_2 的牵引绳由动滑车引出，滑轮数 $n = 4$

所以 $p_1 = \dfrac{Q}{n \times \eta_\Sigma} = \dfrac{100 \times 9.8}{4 \times 0.94} = 0.26$（kN）

答：按上述方法提升器件时 P_1、P_2 分别用 0.35kN、0.26kN 的力。

Jb0004431107　线路检修的组织措施包括哪些？（5 分）

考核知识点：线路检修的组织措施

难易度：易

标准答案：

（1）根据现场施工的具体情况进行人员分工，指明专责人员。

（2）组织施工人员了解检修内容、停电范围、施工方法、质量标准要求。

（3）制定安全措施，明确作业人员及监护人。

Jb0004431108　保证作业安全的组织措施包括哪些？（5分）

考核知识点：送电线路检修

难易度：易

标准答案：

（1）工作票制度。

（2）工作许可制度。

（3）工作监护制度。

（4）工作间断制度。

（5）工作终结和恢复送电制度。

Jb0004433109　防断、掉线事故哪些情况下需要采用双挂点、双绝缘子串改造？（5分）

考核知识点：送电线路施工

难易度：难

标准答案：

（1）新建线路遇有重要交叉跨越，如跨越铁路、高速公路或高等级公路、110kV及以上电压等级线路、通航河道以及人口密集地区等，应采用具有独立挂点的双绝缘子串结构，档内导地线不允许有接头。

（2）110～500kV线路相邻两塔高差达100m或杆塔水平档距超过700m时，绝缘子均应采用双串独立双挂点。

Jb0004432110　架空导线常用的接续方法有哪些？（5分）

考核知识点：送电线路施工

难易度：中

标准答案：

其常用的接续方法有以下几种。

（1）插接法。

（2）钳压法。

（3）液压法。

（4）爆压法。

（5）并沟线夹连接法。

Jb0004412111　已知运行中悬结点等效孤立档档距为60m，观测弧垂为1.2m，计算弧垂为0.8m。求导线需调整多长才能满足要求？（5分）

考核知识点：线路参数计算

难易度：中

标准答案：

解：

因为
$$\Delta L=\frac{8}{3l}(f_2^2-f_1^2)$$

式中 ΔL——导线调整量；

f_2——设计弧垂；

f_1——观测弧垂；

l——档距。

所以 $\Delta L=\frac{8}{3\times60}(0.8^2-1.2^2)\approx-0.036$（m）

即：为使孤立档弧垂达到设计值，导线应调短 0.036m。

答：导线需调短 0.036m 才能满足要求。

Jb0004413112 已知某悬挂点等高耐张段的导线型号为 LGJ－185，代表档距为 50m，计算弧垂为 0.8m，采用减少弧垂法减少 12%补偿导线的塑性伸长。现在档距为 60m 的距离内进行弧垂观测。求弧垂为多少应停止紧线？（5 分）

考核知识点：线路参数计算

难易度：难

标准答案：

解：按题意得

$$f_1=f_0\left(\frac{l_c}{l_0}\right)^2=0.8\times\left(\frac{60}{50}\right)^2=1.15\text{（m）}$$

因为钢芯铝绞线弧垂减少百分数为 12%，所以

$$f=f_1(1-12\%)=1.15\times0.88=1.01\text{（m）}$$

答：弧垂为 1.01m 时应停止紧线。

Jb0004431113 输电线路检修的目的是什么？（5 分）

考核知识点：检修基本知识

难易度：易

标准答案：

（1）消除线路巡视与检查中发现的各种缺陷。

（2）预防事故发生，确保线路安全供电。

Jb0004431114 挂拆接地线的步骤是怎样的？（5 分）

考核知识点：接地线挂拆

难易度：易

标准答案：

（1）同杆塔架设的多层电力线路挂接地线时，应先挂低压、后挂高压，先挂下层、后挂上层。

（2）挂接地线时，应先接接地端，后接导线端，接地线连接要可靠，不准缠绕。拆接地线时的程序与此相反。

Jb0004432115　带电作业前现场勘察的目的和内容各是什么？（5分）

考核知识点：带电作业现场勘察内容

难易度：中

标准答案：

（1）现场勘察的目的是要根据勘察结果作出能否进行带电作业的判断，确定作业方法和所需工具以及应采取的措施。

（2）应查看停电范围、保留的带电部位、杆塔型式、设备缺陷部位及严重情况、导地线规格、作业现场条件、环境及其他危险点等。

Jb0004432116　防止静电感应伤害的主要措施有哪些？（5分）

考核知识点：防感应电措施

难易度：中

标准答案：

（1）作业人员在塔上或构架上进行间接作业时，要穿用导电鞋。

（2）断开或接通空载线段时，已断开的相或未接通的相，以及变电站（或电厂）中退出运行设备的金属件部分均应良好接地。

（3）接触绝缘架空地线前，应挂接地线。

Jb0004432117　高处作业分级？（5分）

考核知识点：高处作业判断

难易度：中

标准答案：

根据GB/T 3608—2008的规定，高处作业级别可分为四级。

（1）高处作业高度在2～5m，称为一级高处作业。

（2）高处作业高度在5～15m，称为二级高处作业。

（3）高处作业高度在15～30m，称为三级高处作业。

（4）高处作业高度在30m以上，称为特级高处作业。

Jb0005432118　带电作业工具的定期试验有几种？试验周期是多长？（5分）

考核知识点：带电作业工器具试验周期

难易度：中

标准答案：

带电作业工具应定期进行电气试验及机械试验，其试验周期为：

（1）电气试验：预防性试验每年一次，检查性试验每年一次，两次试验间隔半年。

（2）机械试验：绝缘工具每年一次，金属工具两年一次。

Jb0005433119　对安全工器具的保管有什么要求？（5分）

考核知识点：带电作业安全工器具保管

难易度：难

标准答案：

安全工器具宜存放在温度为－15～＋35℃、相对湿度为80%以下、干燥通风的安全工器具室内；安全工器具室内应配备使用的柜、架，并不得存放不合格的安全工器具及其他物品；携带型接地线宜存放在专用架上，架上的号码与接地线的号码应一致；绝缘隔板和绝缘罩应存放在室内干燥、离地面200mm以上的架上或专用的柜内；绝缘工具在储存、运输时不得与酸、碱、油漆和化学药品接触，并要防止阳光直射或雨淋；橡胶绝缘用具应放在避光的柜内，并撒上滑石粉。

Jb0005432120 “电力安全工器具”是指什么？（5分）

考核知识点：安全工器具定义

难易度：中

标准答案：

安全工器具是指为防止触电、灼伤、坠落、摔跌、中毒、窒息、火灾、雷击、淹溺等事故或职业危害，保障工作人员人身安全的个体防护装备、绝缘安全工器具、登高工器具、安全围栏（网）和标识牌等专用工具和器具。

Jb0005432121 哪些安全工器具应进行预防性试验？（5分）

考核知识点：安全工器具试验要求

难易度：中

标准答案：

（1）规程要求进行试验的安全工器具。

（2）新购置和自制安全工器具使用前。

（3）检修后或关键零部件经过更换的安全工器具。

（4）对其机械、绝缘性能有疑问或发现缺陷的安全工器具。

（5）发现质量问题的同批次安全工器具。

Jb0005432122 哪些安全工器具应予以报废？（5分）

考核知识点：安全工器具试验要求

难易度：中

标准答案：

安全工器具符合下列条件之一者，即予以报废：

（1）经试验或检验不符合国家或行业标准的。

（2）超过有效使用期限，不能达到有效防护功能指标的。

（3）外观检查明显损坏影响安全使用的。

Jb0005431123 万用表使用时应注意哪些事项？（5分）

考核知识点：万用表的使用方法

难易度：易

标准答案：

（1）接线正确。

（2）测量档位正确。

（3）使用之前要调零。

（4）严禁测量带电电阻的阻值。

（5）使用完毕，应把转换开关旋至交流电压的最高档。

Jb0005431124 万用表有何特点？（5分）

考核知识点：万用表的使用方法

难易度：易

标准答案：

（1）用途广：万用表可用来测量电流、电压、电阻、电容、电感及晶体管。

（2）量程多：通过其测量线路实现大小多种量程的测量。

（3）使用方便：通过转换开关及测量线路可实现多量程的测量。

Jb0005431125 试述高压验电器的作用及使用要求。（5分）

考核知识点：验电器的使用方法

难易度：易

标准答案：

验电器的作用是验证电气设备或线路等是否有电压。使用要求如下：

（1）验电器的额定电压必须与被验设备的电压等级相适应。

（2）验电器使用前必须在带电设备上试验，以检查验电器是否完好。

（3）对必须接地的指示验电器在末端接地。

（4）进行验电时必须戴绝缘手套，并设立监护人。

Jb0005412126 麻绳的一般起吊作业安全系数通常取 $K=5$，若用直径 $d=20$mm、破断拉力 $\delta=16$kN 的旗鱼牌白麻绳进行一般起吊作业，求该麻绳可允许起吊重物的重量 G 为多少？（5分）

考核知识点：起重计算

难易度：中

标准答案：

解：

$$G \leqslant \delta d/K = 16\times 20/5 = 64\ (\text{kN})$$

答：允许起吊重物为64kN。

Jb0005413127 用丝杠收紧更换双串耐张绝缘子中的一串绝缘子，如导线最大张力为19110N，应选择使用什么规格的丝杠？（安全系数取2.5，不均匀系数取1.2）（5分）

考核知识点：工器具选择

难易度：难

标准答案：

解：一串绝缘子受力大小 $F_1=1/2\times 19\,110=9555$（N）

考虑安全系数和不均匀系数后的丝杆受力 $F=2.5\times 1.2\times F_1=2.5\times 1.2\times 9555=28\,665$（N）；应选择可耐受28 665N的丝杠，即3t规格的丝杠。

Jb0005413128 常规天然纤维绝缘绳索起吊的安全系数为5，断裂强度为8.3kN，允许起吊的重量是17kN，求该绝缘绳的直径至少要多大，规格型号？（5分）

考核知识点：工器具选择

难易度：难

标准答案：

解：$d=GK/\delta=17\times 5/8.3=10.24$（mm）

答：至少采用直径为10mm的TJS－12绝缘绳。

第四章　送电线路工中级工技能操作

Jc0002443001　停电更换110kV耐张串（单串）导线防振锤的操作。（100分）

考核知识点：更换导线防振锤

难易度：难

技能等级评价专业技能考核操作工作任务书

一、任务名称

停电更换110kV耐张串（单串）导线防振锤的操作。

二、适用工种

送电线路工中级工。

三、具体任务

单独操作，完成某线路110kV耐张串（单串）导线防振锤的更换任务。针对此项工作，考生须在25分钟内完成更换处理操作。

四、工作规范及要求

（1）要求单独操作，杆下1人监护，1人配合。

（2）告知安装尺寸。

（3）正确着装（工作服、工作胶鞋、安全帽）。

（4）工具：

1）与导线型号相符的防振锤、铝包带。

2）选用登杆工器具：脚扣、安全带、延长绳、个人保安线、滑车及传递绳、导线防振锤。

3）个人工器具。

4）在培训线路上操作。

五、考核及时间要求

（1）考核时间共25分钟。每超过2分钟扣1分，到30分钟终止考核。

（2）按照技能操作记录单的操作要求进行操作，正确记录操作结果等。

（3）操作过程中作业人员有危及人身、设备安全等情况应停止考核并计0分。

技能等级评价专业技能考核操作评分标准

<table>
<tr><td>工种</td><td colspan="6">送电线路工</td><td>评价等级</td><td>中级工</td></tr>
<tr><td>项目模块</td><td colspan="5">输电线路运维—输电线路事故预防</td><td>编号</td><td colspan="2">Jc0002443001</td></tr>
<tr><td>单位</td><td colspan="3"></td><td>准考证号</td><td colspan="2"></td><td>姓名</td><td></td></tr>
<tr><td>考试时限</td><td colspan="2">25分钟</td><td>题型</td><td colspan="3">单项操作</td><td>题分</td><td>100分</td></tr>
<tr><td>成绩</td><td></td><td>考评员</td><td></td><td>考评组长</td><td colspan="2"></td><td>日期</td><td></td></tr>
<tr><td>试题正文</td><td colspan="8">停电更换110kV耐张串（单串）导线防振锤的操作</td></tr>
<tr><td>需要说明的问题和要求</td><td colspan="8">（1）杆上1人独立完成操作，杆下1人监护，1人配合。
（2）正确使用安全工器具，考评员现场告知防振锤型号</td></tr>
</table>

续表

序号	项目名称	质量要求	满分	扣分标准	扣分原因	得分
1	工具材料准备、检查					
1.1	工器具的选用	（1）脚扣、安全带、延长绳外观检查，进行冲击试验。 （2）个人工器具（两扳一钳、卷尺）。 （3）滑车及传递绳	10	安全带、延长绳未检查做冲击试验不得分； 差一项扣1～3分		
1.2	材料的选用	导线防振锤、铝包带	5	型号不正确不得分； 差一项扣1～3分		
2	登杆					
2.1	登杆	（1）登杆时脚扣不得相碰。 （2）步幅与身体相互协调。 （3）上、下横担时动作规范	18	动作不规范不协调扣1～6分		
3	横担上的工作					
3.1	横担上的工作	安全带、延长绳应系在牢固的构件上，检查扣环闭锁是否扣好	10	未按要求进行10分		
		挂好延长绳及个人保安线	10	未按要求进行扣10分		
		沿绝缘子串进入导线端	10	不正确扣1～10分		
4	导线上安装附件工作					
4.1	画印	（1）挂好滑车及传递绳。 （2）画印并进行铝包带的缠绕，铝包带的绕向长度必须符合要求	20	画印不正确扣10分； 铝包带绕向不正确、不紧密扣1～10分		
4.2	安装防振锤	导线防振锤距离由耐张线夹螺栓处至安装位置，安装时应注意螺栓的穿向	10	防振锤螺栓穿向反一次扣1～5分		
4.3	安装防振锤	导线防振锤必须垂直地面	2	未按要求进行扣1～2分		
5	其他要求					
5.1		（1）要求着装正确（工作服、工作胶鞋、安全帽）。 （2）操作动作熟练。 （3）高空不得落物。 （4）清理工作现场符合文明生产要求。 （5）在规定的时间内完成	5	每项酌情扣1～2分		
合计			100			

Jc0002443002　用闭式卡更换220kV输电线路耐张杆上双耐张串上单片瓷绝缘子的操作。（100分）

考核知识点：单片绝缘子更换

难易度：难

技能等级评价专业技能考核操作工作任务书

一、任务名称

用闭式卡更换220kV输电线路耐张杆上双耐张串上单片瓷绝缘子的操作。

二、适用工种

送电线路工中级工。

三、具体任务

考生使用闭式卡在规定时间内更换220kV双耐张串上单片瓷绝缘子。针对此项工作，考生须在30分钟内完成更换操作。

四、工作规范及要求

（1）要求杆塔上1人单独操作，杆塔下设1监护人员配合。

（2）告知更换的绝缘子为从横担向导线侧数第12片。

（3）正确着装（工作服、工作胶鞋，安全帽）。

（4）工具：

1）利用不带电的培训输电线路操作、配合用换单个绝缘子的卡具。

2）选用登杆工器具：脚扣、安全带、延长绳、个人保安线、滑车及传递绳。

3）个人工器具：换单个绝缘子的卡具。

4）在培训线路上操作。

五、考核及时间要求

（1）考核时间共30分钟。每超过2分钟扣1分，到35分钟终止考核。

（2）按照技能操作记录单的操作要求进行操作，正确记录操作结果等。

（3）操作过程中作业人员有危及人身、设备安全等情况应停止考核并计0分。

技能等级评价专业技能考核操作评分标准

工种	送电线路工				评价等级	中级工
项目模块	输电线路检修及应急处理—输电线路检修工作			编号	Jc0002443002	
单位		准考证号			姓名	
考试时限	30分钟	题型		单项操作	题分	100分
成绩		考评员		考评组长	日期	
试题正文	用闭式卡更换220kV输电线路耐张杆上双耐张串上单片瓷绝缘子的操作					
需要说明的问题和要求	（1）更换的绝缘子为从横担向导线侧数第12片。 （2）高处作业时注意作业安全					

序号	项目名称	质量要求	满分	扣分标准	扣分原因	得分
1	工具材料准备、检查					
1.1	卡具检查	合格适用	2	卡具不合格扣2分		
1.2	检查登杆工具，整理传递绳	操作正确	3	未检查登杆工具扣2分； 未整理传递绳扣1分		
1.3	瓷绝缘子检查	无缺陷、有弹簧销、清扫干净	5	未检查、未清扫干净扣1～3分		
1.4	工具材料摆放	工具材料摆放有序，专用卡具轻拿轻放	5	未按要求摆放扣3分； 未轻拿轻放扣2分		
2	登杆					
2.1	登杆动作	（1）登杆时脚扣不得相碰。 （2）步幅与身体相互协调。 （3）上、下横担时动作规范	10	动作不规范不协调1次扣1～3分		
2.2	上横担	动作安全，上横担后登杆工具放稳当	5	登塔动作不规范，工具掉落，扣5分		
2.3	正确使用安全带	所系部位正确，安全带扣后要检查扣环是否扣牢	5	未检查安全带是否扣牢扣2分		
3	进入工作面					
3.1	从横担进入工作点	方式正确，手扶一串、脚踩一串绝缘子或坐在绝缘子串上移动	10	动作不规范扣2～10分		

续表

序号	项目名称	质量要求	满分	扣分标准	扣分原因	得分
3.2	吊卡具上杆塔	吊上卡具动作熟练正确，绳子尾部不得与卡具缠绕	5	吊卡具动作不熟练或出现绳子尾部与卡具缠绕扣1～5分		
4	拆除旧绝缘子					
4.1	调整卡具丝杠，松开卡具螺栓，将卡具卡住绝缘了	卡住要换的绝缘子，不能卡错	5	卡错绝缘子扣5分		
4.2	取弹簧销	取出要换的绝缘子两端的弹簧销	10	未能顺利取出弹簧销1次扣5分		
4.3	收紧丝杠卡具，取出绝缘子	一次操作到位，顺利取出旧绝缘子	10	多次操作未取出旧绝缘子扣 3～10分		
5	安装新绝缘子					
5.1	旧绝缘子吊下，新绝缘子吊上	绑绝缘子方法正确，操作正确	5	未正确绑绝缘子导致绝缘子掉落扣5分		
5.2	装新绝缘子顺利，装弹簧销、转绝缘子、整理绝缘子弹簧销方向	装新绝缘子顺利，弹簧销方向正确，穿入方向是由上往下	10	弹簧销方向错误扣10分		
5.3	取下卡具吊下	卡具收好，绑牢固再吊下	5	卡具掉落扣5分		
6	其他要求	（1）材料、工具传递。 （2）操作正确。 （3）清理工作现场符合文明生产要求。 （4）在规定的时间内完成	5	每项酌情扣1～2分		
合计			100			

Jc0002443003 编写一份220kV输电线路杆塔工程验收的组织方案。（100分）

考核知识点：工程转序验收

难易度：难

技能等级评价专业技能考核操作工作任务书

一、任务名称

编写一份220kV输电线路杆塔工程验收的组织方案。

二、适用工种

送电线路工中级工。

三、具体任务

某220kV输电线路杆塔工程已经施工完成，根据安排，要对其进行验收。针对此项工作，要求考生编写一份220kV输电线路杆塔工程验收的组织方案。

四、工作规范及要求

该输电线路杆塔工程全部为混凝土杆，按以下要求完成220kV输电线路杆塔验收的组织方案的编写；方案编写在教室内完成。

（1）人员配置分工合理、职责清楚（方案中不得出现真实单位名称及个人姓名）。

（2）工器具清楚。

（3）验收内容清楚。

（4）验收质量标准清楚。

（5）组织、安全、技术措施齐全。

（6）考核时间结束终止考试。

五、考核及时间要求

（1）考核时间共 60 分钟，每超过 2 分钟扣 1 分，到 65 分钟终止考核。

（2）按照技能操作记录单的操作要求进行操作，正确记录操作结果等。

（3）操作过程中作业人员有危及人身、设备安全等情况应停止考核并计 0 分。

技能等级评价专业技能考核操作评分标准

工种	送电线路工				评价等级	中级工
项目模块	输电线路运维—输电线路基本技能			编号	Jc0002443003	
单位		准考证号			姓名	
考试时限	60 分钟	题型	单项操作		题分	100 分
成绩		考评员		考评组长		日期
试题正文	编写一份 220kV 输电线路杆塔工程验收的组织方案					
需要说明的问题和要求	（1）学员集中于教室在 60 分钟内完成方案编写。 （2）方案中施工班组、作业人员不指定，由考生自行填写，但不得出现真实单位名称和个人姓名。 （3）该输电线路杆塔工程全部为混凝土杆。 （4）所用工具、材料由考生根据施工需要进行安排					
序号	项目名称	质量要求	满分	扣分标准	扣分原因	得分
1	整体要求					
1.1	标题	应写清楚输电线路名称、杆号及作业内容	5	少一项扣 2 分		
1.2	工作概况介绍	应对工作概况或该工作的背景进行简单描述	5	没有工程概况介绍扣 5 分		
2	组织措施					
2.1	工作内容	应写清楚工作的输电线路、杆号、工作内容	10	少一项内容扣 3 分		
2.2	工作人员及分工	（1）应写清楚工作班组和人数；或者逐一填写工作人员名字。 （2）单位名称和个人姓名不得使用真实名称。 （3）应有明确分工	5	一项不正确扣 2 分		
2.3	工作时间	应写清楚计划工作时间，计划工作开始及工作结束时间均应以年、月、日、时、分填写清楚	5	没有填写时间扣 5 分； 时间填写不清楚或错误扣 3 分		
3	验收内容					
3.1	表面	应对混凝土杆表面以下方面有明确的要求： （1）焊口锈蚀及技术部件防腐情况（涂刷防锈漆）。 （2）表面纵向裂纹和横向裂纹情况	6	少一项扣 2 分		
3.2	杆身	应对杆身以下方面有明确要求： （1）杆身倾斜、弯曲、迈步、上端封堵及排水孔。 （2）叉梁质量。 （3）横担安装工艺。 （4）拉线安装工艺（交叉拉线摩擦，上下把尾线、扎线工艺、穿向、三油两麻、拉线培土、拉线防盗措施）	10	少一项扣 2 分		

续表

序号	项目名称	质量要求	满分	扣分标准	扣分原因	得分
3.3	基础回填土	有对杆根培土情况的要求	2	少一项扣 2 分		
3.4	资料	应对施工记录进行检查	2	少一项扣 2 分		
4	安全措施					
4.1	登杆检查的安全措施	（1）有防高坠措施。 （2）有防止高空落物伤人的措施	20	无此项内容不得分； 内容不全 1 项扣 1～5 分		
5	技术措施					
5.1	工器具的使用要求	应有测量工器具（经纬仪）的使用有明确的要求	20	无此项内容不得分； 内容不全 1 项扣 1～5 分		
6	工具	应有工具清单，并根据需要对工器具的型号作出一定的要求	10	少一项扣 2 分； 没有型号要求扣 2 分		
合计			100			

Jc0002441004 架空输电线路任务池新建、修改操作。（100 分）

考核知识点：生产管理系统应用

难易度：易

技能等级评价专业技能考核操作工作任务书

一、任务名称

架空输电线路任务池新建、修改操作。

二、适用工种

送电线路工中级工。

三、具体任务

架空输电线路任务池新建、修改，考生须在 10 分钟内完成操作。

四、工作规范及要求

（1）基本要求：此项工作需在教室内完成。

（2）需用工具：可登录 PMS 系统的计算机一台。

五、考核及时间要求

（1）操作考核时间共 10 分钟，每超过 2 分钟扣 1 分，到 15 分钟终止考核。

（2）选择项目过程中，如不能找到该项目，该项目不得分，但不影响其他项目得分。

技能等级评价专业技能考核操作评分标准

<table>
<tr><td>工种</td><td colspan="5">送电线路工</td><td>评价等级</td><td>中级工</td></tr>
<tr><td>项目模块</td><td colspan="4">输电线路运维—输电线路生产管理系统应用</td><td>编号</td><td colspan="2">Jc0002441004</td></tr>
<tr><td>单位</td><td colspan="2"></td><td>准考证号</td><td colspan="2"></td><td>姓名</td><td></td></tr>
<tr><td>考试时限</td><td>10 分钟</td><td>题型</td><td colspan="3">单项操作</td><td>题分</td><td>100 分</td></tr>
<tr><td>成绩</td><td></td><td>考评员</td><td></td><td>考评组长</td><td></td><td>日期</td><td></td></tr>
<tr><td>试题正文</td><td colspan="7">架空输电线路任务池新建、修改操作</td></tr>
<tr><td>需要说明的问题和要求</td><td colspan="7">要求单人操作，在 PMS 系统完成任务池新建、修改操作，时间到终止考试</td></tr>
</table>

续表

序号	项目名称	质量要求	满分	扣分标准	扣分原因	得分
1	检查计算机	运行是否顺畅、稳定	5	不检查扣5分		
2	登录生产管理系统	正确操作顺利打开、进入界面	10	操作错误未进入界面扣10分		
3	通过系统导航找到任务池新建功能	（1）系统导航—运维检修中心—电网运维检修管理—任务池管理—任务池新建 （2）顺利打开、进入界面	15	点击错误一次扣1分； 未打开该项扣15分		
4	任务池新建	顺利打开、进入界面				
4.1	在工具栏上选择新建按钮	选择正确，顺利打开、进入界面	10	选择错误一次扣1分； 未打开扣10分		
4.2	系统弹出项目池维护对话框窗口	选择正确，顺利打开、进入界面	10	选择错误一次扣1分； 未打开扣10分		
4.3	将任务信息维护完整	填写正确	10	填写不正确扣10分		
4.4	单击保存按钮保存任务信息	填写正确	10	填写不正确扣10分		
4.5	单击大修项目按钮，可根据大修项目新建任务	填写正确	10	填写不正确扣10分		
5	修改任务	（1）系统导航—运维检修中心—电网运维检修管理—任务池管理—修改 （2）单击修改按钮，弹出计划的详细信息页面，对计划进行修改，任务池任务在修改时，可对任何字段进行修改	15	单击错误一次扣1分； 未打开该项扣15分		
6	退出系统	关闭计算机，检查电源	5	未关闭扣3分； 不检查电源扣2分		
合计			100			

Jc0002441005　××供电公司110kV新增杆塔在设备中进行变更的操作。（100分）

考核知识点：生产管理系统应用

难易度：易

技能等级评价专业技能考核操作工作任务书

一、任务名称

××供电公司110kV新增杆塔在设备中进行变更的操作。

二、适用工种

送电线路工中级工。

三、具体任务

架空输电线路设备变更的操作，考生须在20分钟内完成操作。

四、工作规范及要求

（1）基本要求：此项工作需在教室内完成。

（2）需用工具：可登录PMS系统的计算机一台。

五、考核及时间要求

（1）操作考核时间共20分钟，时间到即刻终止考试。

（2）选择项目过程中，如不能找到该项目，该项目不得分，但不影响其他项目得分。

技能等级评价专业技能考核操作评分标准

<table>
<tr><td>工种</td><td colspan="4">送电线路工</td><td>评价等级</td><td>中级工</td></tr>
<tr><td>项目模块</td><td colspan="3">输电线路运维—输电线路生产管理系统应用</td><td>编号</td><td colspan="2">Jc0002441005</td></tr>
<tr><td>单位</td><td colspan="2"></td><td>准考证号</td><td></td><td>姓名</td><td></td></tr>
<tr><td>考试时限</td><td>20 分钟</td><td>题型</td><td colspan="2">单项操作</td><td>题分</td><td>100 分</td></tr>
<tr><td>成绩</td><td></td><td>考评员</td><td>考评组长</td><td></td><td>日期</td><td></td></tr>
<tr><td>试题正文</td><td colspan="6">××供电公司 110kV 新增杆塔在设备中进行变更的操作</td></tr>
<tr><td>需要说明的问题和要求</td><td colspan="6">要求单人操作，在 PMS 系统完成设备变更的操作，时间到终止考试</td></tr>
</table>

序号	项目名称	质量要求	满分	扣分标准	扣分原因	得分
1	检查计算机	运行是否顺畅、稳定	3	不检查扣 3 分		
2	登录生产管理系统	操作正确，顺利打开、进入界面	5	单击错误一次扣 1 分； 未打开该项扣 5 分		
3	单击“设备中心”按钮	顺利打开、进入界面	7	单击错误一次扣 1 分； 未打开该项扣 7 分		
4	单击“设备变更（异动）”按钮	顺利打开、进入界面	10	单击错误一次扣 1 分； 未打开该项扣 10 分		
5	单击“输电架空变更（异动）管理”按钮	顺利打开、进入界面	10	单击错误一次扣 1 分； 未打开该项扣 10 分		
6	在界面导航树中选择电压等级、线路名称	选择正确，顺利打开、进入界面	10	选择错误一次扣 1 分； 未打开扣 10 分		
7	单击线路，在右侧显示界面	选择正确，顺利打开、进入界面				
7.1	在线路变更类型下拉菜单中选择“增加杆塔”	选择正确，顺利打开、进入界面	7	选择错误一次扣 1 分； 未打开该项扣 7 分		
7.2	填写“异动时间”	填写正确，顺利打开、进入界面	8	填写错误一次扣 1 分； 未打开扣 8 分		
8	单击“新建”按钮	操作正确，打开界面	5	单击错误一次扣 1 分； 未打开该项扣 5 分		
9	在弹出的对话框中填写“变更时间”	填写正确顺利打开、进入界面	5	填写不正确扣 5 分		
10	单击“增加杆塔”按钮	选择正确，顺利打开、进入界面	5	单击错误一次扣 1 分； 未打开该项扣 5 分		
11	在弹出的对话框中填写信息	填写正确	10	填写不正确扣 10 分		
12	单击“确定”按钮	操作正确	5	单击错误一次扣 1 分； 未打开该项扣 5 分		
13	单击“保存”按钮	操作正确	5	单击错误一次扣 1 分； 未打开该项扣 5 分		
14	退出系统	关闭计算机，检查电源	5	未关闭扣 3 分； 不检查电源扣 2 分		
合计			100			

Jc0002441006 PMS 输电线路临时性工作计划制定与发布操作。（100 分）

考核知识点：生产管理系统应用

难易度：易

技能等级评价专业技能考核操作工作任务书

一、任务名称

PMS 输电线路临时性工作计划制定与发布操作。

二、适用工种

送电线路工中级工。

三、具体任务

在 PMS 系统中新建输电线路临时性工作计划并发布，考生须在 15 分钟内完成操作。

四、工作规范及要求

（1）基本要求：此项工作需在教室内完成。

（2）需用工具：可登录 PMS 系统的计算机一台。

（3）账号要求：需部室检修专责类账号登录。

五、考核及时间要求

（1）操作考核时间共 15 分钟，每超过 2 分钟扣 1 分，到 20 分钟终止考核。

（2）选择项目过程中，如不能找到该项目，该项目不得分，但不影响其他项目得分。

技能等级评价专业技能考核操作评分标准

工种	送电线路工				评价等级	中级工
项目模块	输电线路运维—输电线路生产管理系统应用			编号	Jc0002441006	
单位		准考证号			姓名	
考试时限	10 分钟	题型	单项操作		题分	100 分
成绩	考评员		考评组长		日期	
试题正文	PMS 输电线路临时性工作计划制定与发布操作					
需要说明的问题和要求	要求单人操作，在 PMS 系统完成设备变更的操作，时间到终止考试					

序号	项目名称	质量要求	满分	扣分标准	扣分原因	得分
1	检查计算机	运行是否顺畅、稳定	5	不检查扣 5 分		
2	登录生产管理系统	正确操作顺利打开、进入界面	10	操作错误未进入界面扣 10 分		
3	单击计划任务中心	顺利打开、进入界面	15	单击错误一次扣 1 分； 未打开该项扣 15 分		
3.1	单击主网检修计划管理	顺利打开、进入界面	5	未打开该项扣 5 分		
3.2	选择“输电工作计划制定”	选择正确，顺利打开、进入界面	10	选择错误一次扣 1 分； 未打开扣 10 分		
3.3	选择“计划编制”	选择正确，顺利打开、进入界面	15	选择错误一次扣 2 分； 未打开扣 15 分		
3.4	选择任意一条线路或缺陷并选择“生成计划”	选择正确，顺利打开、进入界面	15	填写不正确扣 15 分		
3.5	填写“计划时间范围”和工作班组	选择正确，填写完整	10	填写不正确扣 10 分		
3.6	勾选后点击界面发送，选择“发布”	选择正确，顺利打开、进入界面	10	填写不正确扣 10 分		
4	退出系统	关闭计算机，检查电源	5	未关闭扣 3 分； 不检查电源扣 2 分		
合计			100			

Jc0002443007 220kV 接地线挂设。（100 分）

考核知识点：登塔、接地线拆装

难易度：难

技能等级评价专业技能考核操作工作任务书

一、任务名称

220kV 接地线挂设。

二、适用工种

送电线路工中级工。

三、具体任务

挂设 1 组 220kV 耐张塔接地线。

四、工作规范及要求

（1）正确使用安全工器具。

（2）正确使用绝缘操作杆。

（3）正确拆装接地线。

五、考核及时间要求

（1）本考核操作时间为 30 分钟，时间到停止考评。

（2）完成后向考评员汇报结果。

技能等级评价专业技能考核操作评分标准

工种	送电线路工				评价等级	中级工
项目模块	输电线路检修及应急处理—输电线路检修工作			编号	Jc0002443007	
单位		准考证号			姓名	
考试时限	30 分钟	题型	单项操作		题分	100 分
成绩		考评员		考评组长	日期	
试题正文	220kV 接地线挂设					
需要说明的问题和要求	（1）要求单人操作。 （2）操作应注意安全，按照标准化作业书的技术安全说明做好安全措施					

序号	项目名称	质量要求	满分	扣分标准	扣分原因	得分
1	工具使用及安全措施					
1.1	相关安全措施的准备	正确佩戴安全帽，穿全套工作服，包括工作服、绝缘鞋、绝缘手套	5	未正确佩戴安全帽，穿工作服、绝缘鞋、绝缘手套每项扣 2 分		
1.2	接地线的选择	选择符合要求的接地线	5	接地线不满足对应电压等级要求扣 5 分		
1.3	绝缘操作杆的选择	选择对应电压等级的操作杆	5	未选择对应电压等级的操作杆扣 5 分		
2	登塔					
2.1	安全工器具使用	正确使用安全带、双钩等安全工器具	10	未正确使用安全带、双钩等安全工器具 1 次扣 1～3 分		
2.2	工作位置选择	与导线保证足够的安全距离	10	不正确扣 1～5 分		
2.3	装拆接地线	动作熟练，正确使用操作杆	20	动作不熟练扣 1～5 分； 依据装接地线过程中操作杆使用不熟练程度扣 1～10 分		
3	技术要求					
3.1	接地线挂设顺序	要求挂的顺序正确，先塔身后导线，先下层导线后上层导线	10	顺序错误不得分		

续表

序号	项目名称	质量要求	满分	扣分标准	扣分原因	得分
3.2	接地线夹具紧握导线	接地线夹具与导线和塔材夹持紧握	10	未夹紧一处扣 1～5 分		
3.3	接地线拆除顺序	要求挂拆顺序正确	10	顺序错误不得分		
4	其他要求					
4.1	工器具恢复	恢复现场工器具	5	工器具未恢复原状扣 1～5 分		
4.2	作业现场恢复	恢复现场场地	5	未进行现场场地环境恢复扣 1～5 分		
4.3	塔上不能掉东西	传递物品绑牢固，使用工具袋	5	每掉一件物品扣 1～2 分		
合计			100			

Jc0002443008　电杆上安装 35kV 单瓷横担（上字型排列）的操作。（100 分）

考核知识点：运用脚扣上下混凝土杆，图纸的识别运用，单瓷横担的安装

难易度：难

技能等级评价专业技能考核操作工作任务书

一、任务名称

电杆上安装 35kV 单瓷横担（上字型排列）的操作。

二、适用工种

送电线路工中级工。

三、具体任务

在 35kV 上字型排列的电杆上安装单瓷横担。针对此项工作，考生须在 60 分钟内完成更换处理操作。

四、工作规范及要求

（1）要求杆上单独操作，杆下设 1 监护人，1 配合人员。

（2）利用培训杆。

（3）要求着装正确（穿工作服、工作胶鞋，戴安全帽，系安全带）。

（4）提供安装图纸。

（5）定出线路供电方向。

五、考核及时间要求

（1）本考核 1～6 项操作时间为 60 分钟，时间到停止考评。

（2）全部安装完成，下杆后向考评员汇报安装完毕。

技能等级评价专业技能考核操作评分标准

<table>
<tr><td>工种</td><td colspan="6">送电线路工</td><td>评价等级</td><td>中级工</td></tr>
<tr><td>项目模块</td><td colspan="5">输电线路检修及应急处理—输电线路检修工作</td><td>编号</td><td colspan="2">Jc0002443008</td></tr>
<tr><td>单位</td><td colspan="3"></td><td>准考证号</td><td colspan="2"></td><td>姓名</td><td></td></tr>
<tr><td>考试时限</td><td colspan="2">60 分钟</td><td>题型</td><td colspan="3">单项操作</td><td>题分</td><td>100 分</td></tr>
<tr><td>成绩</td><td></td><td>考评员</td><td></td><td>考评组长</td><td colspan="2"></td><td>日期</td><td></td></tr>
<tr><td>试题正文</td><td colspan="8">电杆上安装 35kV 单瓷横担（上字型排列）的操作</td></tr>
<tr><td>需要说明的问题和要求</td><td colspan="8">（1）在指定杆上单独完成操作，杆下设 1 监护人，1 配合人员。
（2）考评员提供安装图纸</td></tr>
</table>

续表

序号	项目名称	质量要求	满分	扣分标准	扣分原因	得分
1	工作准备					
1.1	检查工具、材料	工器具材料齐全	4	错、漏一项扣2分		
1.2	工具、材料摆放	材料摆放整齐而有序，瓷横担安装螺栓装在瓷横担安装孔上	4	不正确扣1～3分		
1.3	瓷横担拭擦	干净	2	不干净扣1～2分		
1.4	查看图纸	了解安装尺寸	4	不正确扣1～4分		
2	上杆至工作面					
2.1	登杆动作熟悉，带传递绳头上杆	动作正确	3	不正确1次扣1～2分		
2.2	正确使用安全带	位置正确，系好后检查扣环是否扣牢	4	未正确使用安全带1次扣1～3分		
2.3	杆上站立姿势、位置正确	瓷横担装在受电侧，人站在受电侧	4	不正确扣1～3分		
3	装上支架					
3.1	用钢圈尺量出安装上支架的位置	位置正确	3	不正确扣3分		
3.2	将上支架用传递绳吊上	动作正确	3	不正确扣1～3分		
3.3	安装上支架	要求支架垂直于线路方向	4	不正确扣1～4分		
3.4	安装U形抱箍	不能少垫片，螺母要拧紧，双母并紧	4	漏一件扣2分； 不正确扣1～3分		
4	装上瓷横担					
4.1	瓷横担吊上电杆，将瓷横担头部放在肩上安装部位放在上支架上并用一手扶住安装部位	操作正确	5	不正确扣1～5分		
4.2	将瓷横担螺栓拆开，扶住安装部位的手拿住螺母，另一手将螺杆由上向下穿入安装孔内，拧紧螺母	操作正确	5	不正确扣1～5分		
4.3	将瓷横担从肩上推出，使螺栓孔对齐	操作正确	5	不正确扣1～5分		
4.4	螺栓由上往下穿入并拧紧，解开吊绳	操作正确	4	不正确扣1～4分		
4.5	检查瓷横担是否垂直线路方向，将瓷横担螺栓双帽拧紧	瓷横担垂直线路方向，瓷横担螺栓双帽拧紧	4	不正确扣1～4分		
5	装下支架及下瓷横担					
5.1	下至下支架安装处，量出下支架安装位置	位置正确	4	不正确扣1～4分		
5.2	所站工作位置正确	要求安全带与下支架安装点在同一平面上	4	不正确扣1～4分		
5.3	将下支架用传递绳吊上	先放在安全带上，解开吊绳	5	不正确扣1～5分		
5.4	安装下支架	要求上下支架平等，并且上下支架及瓷横担在同一平面上并垂直于线路方向	5	不正确扣1～5分		
5.5	安装下瓷横担	按上述方法安装另外两支瓷横担	5	不正确扣1～5分		
6	其他要求					

续表

序号	项目名称	质量要求	满分	扣分标准	扣分原因	得分
6.1	操作要求	杆上不能掉东西	4	掉落 1 次扣 2 分		
6.2	着装	着装正确	2	每漏一项扣 1 分		
6.3	动作要求	动作熟练流畅	5	不熟练扣 1～5 分		
6.4	时间要求	按时完成	4	超过时间不给分； 每超过 2 分钟倒扣 1 分		
合计			100			

Jc0002441009　使用 ZC－8 型接地电阻测量仪测量接地电阻的操作。（100 分）

考核知识点：ZC－8 型接地电阻的连线与测量读数

难易度：易

技能等级评价专业技能考核操作工作任务书

一、任务名称

使用 ZC－8 型接地电阻测量仪测量接地电阻的操作。

二、适用工种

送电线路工中级工。

三、具体任务

在规定时间内使用 ZC－8 型接地电阻测量仪完成杆塔接地电阻测量。针对此项工作，考生须在 15 分钟内完成更换处理操作。

四、工作规范及要求

（1）使用国产 ZC－8 型接地电阻测量仪。

（2）只测一组接地体电阻值。

（3）要求着装正确（工作服、工作胶鞋、安全帽）。

（4）工具：

1）ZC－8 型接地电阻的测量测量仪。

2）连接线。

3）接地棒。

4）手锤。

5）在培训线路上操作（个人工器具）。

五、考核及时间要求

（1）本考核操作时间为 15 分钟，每超过 2 分钟扣 1 分，到 20 分钟终止考核。

（2）测量结束后向考评员汇报安装完毕。

（3）操作过程中作业人员如有危及人身、设备安全等情况应停止考核并记 0 分。

技能等级评价专业技能考核操作评分标准

<table>
<tr><td>工种</td><td colspan="5">送电线路工</td><td>评价等级</td><td>中级工</td></tr>
<tr><td>项目模块</td><td colspan="4">工器具使用与保养</td><td>编号</td><td colspan="2">Jc0002441009</td></tr>
<tr><td>单位</td><td colspan="2"></td><td>准考证号</td><td colspan="2"></td><td>姓名</td><td></td></tr>
<tr><td>考试时限</td><td colspan="2">15 分钟</td><td>题型</td><td colspan="2">单项操作</td><td>题分</td><td>100 分</td></tr>
<tr><td>成绩</td><td></td><td>考评员</td><td></td><td>考评组长</td><td></td><td>日期</td><td></td></tr>
</table>

续表

试题正文	使用 ZC－8 型接地电阻测量仪测量接地电阻的操作
需要说明的问题和要求	（1）需使用 ZC－8 型接地电阻测量仪。 （2）只测任意一组接地体电阻值即可

序号	项目名称	质量要求	满分	扣分标准	扣分原因	得分
1	工作准备					
1.1	安全劳动防护用品的准备	正确佩戴安全帽，穿全套工作服，包括工作服、绝缘鞋、绝缘手套	5	未正确佩戴安全帽，穿工作服、绝缘鞋、绝缘手套每项扣 2 分		
1.2	工器具的准备	工器具准备齐全，包括 ZC－8 型接地电阻的测量测量仪、连接线、接地棒、手锤	5	遗漏一项扣 1 分； 发现不合格工器具一项扣 1 分		
2	工作许可					
2.1	许可方式	向考评员示意准备就绪，申请开始工作	5	未向考评员申请许可开始工作，该项不得分		
3	工作步骤及技术要求					
3.1	连接线现场布置及接地探针的连接	（1）两根接地测量导线彼此相距 5m。 （2）按杆塔设计的接地线长度 L，布置测量辅助射线为 2.5L 和 4L，或电压辅助射线应比杆塔接地线长 20m，电流辅助射线比杆塔接地线长 40m。 （3）将接地探针用砂纸擦拭干净，并使接地测量导线与探针接触可靠、良好	15	测量导线距离不符扣 5 分； 辅助线布置错误扣 5 分； 接地针使用有误扣 1～5 分		
3.2	拉线回头加固	探针应紧密不松动地插入土壤中 20cm 以上且应与土壤接触良好	5	探针使用有误扣 1～5 分		
3.3	拆除接地引下线	用扳手将与杆塔连接的所有接地引下线螺栓拆除，并保持接地网与杆塔处于断开状态	10	未拆除接地引下线扣 10 分		
3.4	接线	（1）将接地引下线用砂纸擦拭干净，以确保连接可靠。 （2）将接地测量射线与 E、P、C 正确连接	10	引下线未擦拭干净扣 2～5 分； 接线错误扣 2～5 分		
3.5	调试电阻测量仪	将仪表放置水平，检查检流计是否指在中心线上，否则可用调零器调整指在中心线上	5	无此项内容不得分； 操作错误扣 2～5 分		
3.6	选用适当倍率转动转盘	将倍率标度指在最大倍率上，慢慢摇动发电机摇把，同时拨动测量标度盘使检流计指针指在中心线上	5	无此项内容不得分； 操作错误扣 2～5 分		
3.7	摇动摇把调整读盘	当检流计指针接近平衡时，加大摇把转速，使其达到 120r/min 以上，调整测量标度盘使指针指在中心线上	5	无此项内容不得分； 操作错误扣 2～5 分		
3.8	读数	（1）如测量标度盘的读数小于 1 时，应将倍率标度置于较小标度倍数上。 （2）用测量标度盘的读数乘以倍率标度的倍数即为所测杆塔的工频接地电阻值，按季节系数换算后为本杆塔的实际工频接地电阻值	5	读数错误扣 2～5 分		
4	工作结束					
4.1	恢复连接结束工作	测量结束，拆除绝缘电阻表，恢复接地体与杆塔连接，清除连接体表面的铁锈，并涂抹导电脂。确保所有接地引下线全部复位，并紧固	10	操作不正确不得分		
5	工作终结					

续表

序号	项目名称	质量要求	满分	扣分标准	扣分原因	得分
5.1	工作终结汇报	向考评员报告工作已结束，场地已清理	5	未向考评员报告工作结束，该项不得分		
6	其他要求					
6.1	动作要求	动作熟练顺畅	5	动作不熟练扣 1～5 分		
6.2	安全要求	严格遵守“四不伤害”原则，不得损坏工器具和设备	5	未遵守现场安全要求一次扣 1 分； 损坏工器具和设备一次扣 1 分		
合计			100			

Jc0002443010　组装一套 330kV 输电线路双联瓷绝缘子耐张串（含耐张线夹）。（100 分）

考核知识点：绝缘子组装，图纸的识别

难易度：难

技能等级评价专业技能考核操作工作任务书

一、任务名称

组装一套 330kV 输电线路双联瓷绝缘子耐张串（含耐张线夹）。

二、适用工种

送电线路工中级工。

三、具体任务

使用各类金具及绝缘子，组装一套 330kV 输电线路双联瓷绝缘子耐张串（含耐张线夹）。针对此项工作，考生须在 30 分钟内完成更换操作。

四、工作规范及要求

（1）要求单独操作，地面操作。

（2）所有要用的材料应一次找出，并按次序摆放好。

（3）给出一张组装图纸。

（4）告知导线型号，告知挂线点位置方向，告知线路受电方向。

（5）要求着装正确（穿工作服、工作胶鞋，戴安全帽）。

（6）绝缘子只检查 2 片，要求讲出检查内容。

（7）金具只检查 2 件，要求讲出检查内容。

五、考核及时间要求

（1）本考核操作时间为 30 分钟，每超过 2 分钟扣 1 分，到 35 分钟终止考核。

（2）双联瓷绝缘子耐张串全部组装完成后向考评员汇报安装完毕。

（3）操作过程中作业人员如有危及人身、设备安全等情况应停止考核并记 0 分。

技能等级评价专业技能考核操作评分标准

工种	送电线路工					评价等级	中级工
项目模块	输电线路检修及应急处理—输电线路检修工作				编号	Jc0002443010	
单位			准考证号			姓名	
考试时限	30 分钟		题型	单项操作		题分	100 分
成绩		考评员		考评组长		日期	
试题正文	组装一套 330kV 输电线路双联瓷绝缘子耐张串（含耐张线夹）						

续表

需要说明的问题和要求	(1)该项考试为地面操作，需独立完成。 (2)考生需从摆放的材料中一次找出所需材料，并按次序摆好。 (3)现场提供组装图纸作为参考。 (4)告知导线型号、挂线点位置方向、线路受电方向。 (5)要求讲出金具及绝缘子检查内容					
序号	项目名称	质量要求	满分	扣分标准	扣分原因	得分
1	工作准备					
1.1	安全劳动防护用品的准备	正确佩戴安全帽，穿全套工作服，包括工作服、绝缘鞋、棉手套	5	未正确佩戴安全帽，穿工作服，绝缘鞋、棉手套每项扣2分		
2	工作许可					
2.1	许可方式	向考评员示意准备就绪，申请开始工作	5	未向考评员申请许可开始工作，该项不得分		
3	工作步骤及技术要求					
3.1	材料选择	U型挂环3只、延长环1只、二联板2块、直角挂板2块、球头挂环2个、双联碗头2只、耐张线夹1只，应符合图纸要求	13	漏、错1只（个）扣1分		
3.2	绝缘子选择	悬式瓷绝缘子50片，应符合图纸要求（要求型号、颜色一致）	5	颜色、型号选错1片扣1分		
3.3	工具选择	钢丝钳、扳手等个人工具以及拔销钳、棉纱等专用工具	5	型号错1件、漏1件扣1分		
3.4	金具检查及处理	要求讲出检查及处理内容，检查镀锌层有没有碰损、剥落或缺锌，如有以上现象应更换，选择正确型号	15	未检查扣5分； 如有损坏锌层未处理扣5分； 型号选择错误扣5分		
3.5	绝缘子检查	(1)要求讲出检查内容，进行绝缘子外观检查并将绝缘子逐个表面清扫干净。 (2)检查碗头、球头与弹簧销子之间的间隙，在安装好弹簧销子的情况下球头不得自碗头中脱出	10	未将绝缘子表面逐个清扫干净扣3分； 未进行外观检查扣2分； 间隙检查不到位扣5分		
3.6	材料摆放	整齐有序，绝缘子串方向正确	6	不正确扣1～6分		
3.7	取出弹簧销	正确取出	5	不正确不得分		
3.8	绝缘子组装	绝缘子组装成两串，每串片数按图纸要求组装，正确安装弹簧销	5	绝缘子方向错误扣3分； 排列不齐扣1～3分； 弹簧销安装不正确扣5分		
3.9	顺序正确组装	从横担部分开始向线夹方向组装，依次完成	6	每反复一次扣2分		
4	工作结束					
4.1	拆除瓷绝缘子串，材料运回，整理现场安全工器具	符合文明生产要求	5	不整理不得分		
5	工作终结					
5.1	工作终结汇报	向考评员报告工作已结束，场地已清理	5	未向考评员报告工作结束，该项不得分		
6	其他要求					
6.1	动作要求	动作熟练顺畅	5	动作不熟练扣1～5分		
6.2	安全要求	严格遵守“四不伤害”原则，不得损坏工器具和设备	5	未遵守现场安全要求一次扣1分； 损坏工器具和设备一次扣1分		
合计			100			

Jc0002442011　停电安装 35kV 直线杆附件（安装导线悬垂线夹、防振锤）的操作。（100 分）

考核知识点：登杆，铝包带工艺，附件的安装方向

难易度：中

技能等级评价专业技能考核操作工作任务书

一、任务名称

停电安装 35kV 直线杆附件（安装导线悬垂线夹、防振锤）的操作。

二、适用工种

送电线路工中级工。

三、具体任务

停电安装 35kV 直线杆导线悬垂线夹、防振锤的操作。针对此项工作，考生须在 25 分钟内完成更换处理操作。

四、工作规范及要求

（1）杆上单独 1 人操作，杆下 1 人监护两人配合。

（2）用双钩紧线器提升导线。

（3）要求着装正确（工作服、工作胶鞋、安全帽）。

（4）工具：

1）与导线相符的悬垂线夹、防振锤、铝包带。

2）选用登杆工器具：脚扣、安全带、延长绳、个人保安线、滑车及传递绳、双钩紧线器。

3）在培训线路上操作。

五、考核及时间要求

（1）本考核操作时间为 25 分钟，每超过 2 分钟扣 1 分，到 30 分钟终止考核。

（2）附件全部安装完成，下杆后向考评员汇报安装完毕。

（3）操作过程中作业人员如有危及人身、设备安全等情况应停止考核并记 0 分。

技能等级评价专业技能考核操作评分标准

工种	送电线路工				评价等级	中级工
项目模块	输电线路检修及应急处理—输电线路检修工作			编号	Jc0002442011	
单位		准考证号			姓名	
考试时限	25 分钟	题型	单项操作		题分	100 分
成绩	考评员		考评组长		日期	
试题正文	停电安装 35kV 直线杆附件（安装导线悬垂线夹、防振锤）的操作					
需要说明的问题和要求	（1）考生需在杆上使用双钩紧线器自行提升导线。 （2）出导线前应做好安全保护措施					

序号	项目名称	质量要求	满分	扣分标准	扣分原因	得分
1	工作准备					
1.1	安全劳动防护用品的准备	正确佩戴安全帽，穿全套工作服，包括工作服、绝缘鞋、棉手套	5	未正确佩戴安全帽，穿工作服、绝缘鞋、棉手套每项扣 2 分		
2	工作许可					
2.1	许可方式	向考评员示意准备就绪，申请开始工作	5	未向考评员申请许可开始工作，该项不得分		

续表

序号	项目名称	质量要求	满分	扣分标准	扣分原因	得分
3	工作步骤及技术要求					
3.1	工器具、材料的选用	（1）选用个人工器具（两扳一钳、卷尺）、双钩紧线器、滑车及传递绳，对脚扣、安全带、延长绳进行外观检查及冲击试验。 （2）选取导线线夹、导线防振锤、铝包带	15	工器具选择不正确扣1～5分； 安全带、延长绳未检查或未冲击试验扣5分； 导线线夹、导线防振锤、铝包带型号不正确每项扣5分		
3.2	登杆	（1）登杆时脚扣不得相碰，步幅与身体相互协调，上下横担时动作规范。 （2）正确使用安全带，安全带应系在牢固的构件上，检查扣环闭锁是否扣好	10	脚扣相碰、步幅不协调、动作不规范每项扣1～2分； 未正确使用安全带扣1～4分		
3.3	横担上的工作	挂好滑车及传递绳，调整好双钩紧线器并挂在合适位置，挂好延长绳及个人保安线	10	操作不正确每项扣1～5分		
3.4	提线	沿绝缘子串下至导线侧动作安全，将双钩紧线器勾住导线并提起，检查紧线器受力部件并作相应的冲击试验、取下放线滑轮	10	不符合要求每项扣1～5分		
3.5	画印	画印并进行铝包带的缠绕，铝包带的绕相长度必须符合要求	15	铝包带缠绕长度不符合要求扣1～5分		
3.6	导线上安装附件工作	导线防振锤距离由悬垂线夹U形螺栓处至安装位置，安装时应注意螺栓的穿向	10	穿向反一次扣3分； 安装距离不正确扣1～5分		
3.7	放松紧线器	放松双钩紧线器，用传递绳放置地面。绝缘子线夹与导线防振锤必须垂直地面	10	操作不正确每项扣1～3分； 线夹与导线防振锤未垂直地面，扣1～5分		
4	工作结束					
4.1	下杆完成作业	清理工作现场符合文明生产要求	5	未清理工作现场		
5	工作终结					
5.1	工作终结汇报	向考评员报告工作已结束，场地已清理	5	未向考评员报告工作结束，该项不得分		
6	其他要求					
6.1	安全要求	操作动作熟练、高空不得抛物	10	操作不熟练、超时扣1～5分； 高空落物扣5		
合计			100			

Jc0002443012 编写一份110kV线路基础工程验收的组织方案。（100分）

考核知识点：编写基础工程验收组织方案

难易度：难

技能等级评价专业技能考核操作工作任务书

一、任务名称

编写一份110kV线路基础工程验收的组织方案。

二、适用工种

送电线路工中级工。

三、具体任务

某110kV线路基础工程已经施工完成，根据安排，要对其进行基础验收。针对此项工作，要求考生编写一份 110kV 线路基础工程验收的组织方案。

四、工作规范及要求

按以下要求完成 110kV 线路基础工程验收的组织方案的编写；方案编写在教室内完成。

（1）人员配置分工合理、职责清楚（方案中不得出现真实单位名称及个人姓名）。

（2）工器具清楚。

（3）验收内容清楚。

（4）验收质量标准清楚。

（5）组织、安全、技术措施齐全。

（6）考核时间结束终止考试。

五、考核及时间要求

（1）本考核操作时间为 60 分钟，每超过 2 分钟扣 1 分，到 65 分钟终止考核。

（2）组织方案编写完成后向考评员汇报安装完毕。

技能等级评价专业技能考核操作评分标准

<table>
<tr><td>工种</td><td colspan="5">送电线路工</td><td>评价等级</td><td colspan="2">中级工</td></tr>
<tr><td>项目模块</td><td colspan="4">输电线路施工</td><td>编号</td><td colspan="3">Jc0002443012</td></tr>
<tr><td>单位</td><td colspan="3"></td><td>准考证号</td><td></td><td>姓名</td><td colspan="2"></td></tr>
<tr><td>考试时限</td><td colspan="2">60 分钟</td><td>题型</td><td colspan="2">单项操作</td><td>题分</td><td colspan="2">100 分</td></tr>
<tr><td>成绩</td><td></td><td>考评员</td><td></td><td>考评组长</td><td></td><td>日期</td><td colspan="2"></td></tr>
<tr><td>试题正文</td><td colspan="8">编写一份 110kV 线路基础工程验收的组织方案</td></tr>
<tr><td>需要说明的问题和要求</td><td colspan="8">（1）学员集中于教室在 60 分钟内完成方案编写。
（2）方案中施工班组、作业人员不指定，由考生自行填写，但不得出现真实单位名称和个人姓名。
（3）所用工具、材料由考生根据施工需要进行安排</td></tr>
</table>

序号	项目名称	质量要求	满分	扣分标准	扣分原因	得分
1	整体要求					
1.1	标题	应写清楚线路名称、杆号及作业内容	5	无此项内容不得分； 少一项内容扣 2 分		
1.2	工作概况介绍	应对工作概况或该工作的背景进行简单描述	5	无此项内容不得分		
2	组织措施					
2.1	工作内容	应写清楚工作的线路、杆号、工作内容	10	无此项内容不得分； 少一项内容扣 3 分		
2.2	工作人员及分工	（1）写清楚工作班组和人数或逐一填写工作人员名字、有明确分工。 （2）单位名称和个人姓名不得使用真实名称	5	无此项内容不得分； 一项不正确扣 2 分		
2.3	工作时间	应写清楚计划工作时间，计划工作开始及工作结束时间均应以年、月、日、时、分填写清楚	5	没有填写时间扣 5 分； 有时间但时间填写错误或不清楚的扣 3 分		
3	验收内容					
3.1	表面	应对基础表面有明确的质量要求	4	无相关内容不得分		
3.2	强度	应对基础强度有明确的强度要求	4	无相关内容不得分		
3.3	尺寸	应包括以下方面明确的技术要求： 高差、根开、螺距、保护层厚度、断面尺寸	15	无此项内容不得分； 少一项扣 3 分		
3.4	基础培土	有对基础培土情况的要求	3	无相关内容不得分		

续表

序号	项目名称	质量要求	满分	扣分标准	扣分原因	得分
3.5	资料	应对施工记录进行检查	4	无相关内容不得分		
4	安全措施					
4.1	基础开挖时的安全措施	应对基础开挖时有一定的安全要求	10	无相关内容不得分； 内容不全酌情扣 1～10 分		
5	技术措施					
5.1	工器具的使用要求	应对测量工器具的使用有明确的要求	20	无相关内容不得分； 内容不全酌情扣 1～10 分		
6	工具	应有工具清单，并根据需要对工器具的型号作出一定的要求	10	无此项内容不得分； 少一项扣 2 分； 没有型号要求扣 2 分		
合计			100			

Jc0002443013　编写一份停电更换 220kV 直线塔单串绝缘子的检修方案。（100 分）

考核知识点：编写更换单串瓷瓶检修方案

难易度：难

技能等级评价专业技能考核操作工作任务书

一、任务名称

编写一份停电更换 220kV 直线塔单串绝缘子的检修方案。

二、适用工种

送电线路工中级工。

三、具体任务

220kV 某线 5 号塔（ZM 型）A 相绝缘子串的玻璃绝缘子由于表面脏污，某单位计划将其更换为防污绝缘子串，针对此项工作，考生编写一份停电更换 220kV 直线塔整串绝缘子的检修方案。

四、工作规范及要求

按以下要求完成停电更换 220kV 直线塔单串绝缘子的检修方案；方案编写在教室内完成。

（1）人员配置分工合理（方案中不得出现真实单位名称及个人姓名）。

（2）工器具及材料清楚。

（3）主要作业程序正确。

（4）关键工序工艺质量标准清楚。

（5）组织、安全、技术措施齐全。

（6）考核时间结束终止考试。

五、考核及时间要求

（1）本考核操作时间为 60 分钟，每超过 2 分钟扣 1 分，到 65 分钟终止考核。

（2）检修方案编写完成后向考评员汇报安装完毕。

技能等级评价专业技能考核操作评分标准

<table>
<tr><td>工种</td><td colspan="5">送电线路工</td><td>评价等级</td><td>中级工</td></tr>
<tr><td>项目模块</td><td colspan="4">输电线路检修及应急处理—输电线路检修工作</td><td>编号</td><td colspan="2">Jc0002443013</td></tr>
<tr><td>单位</td><td colspan="2"></td><td>准考证号</td><td colspan="2"></td><td>姓名</td><td></td></tr>
<tr><td>考试时限</td><td colspan="2">60 分钟</td><td>题型</td><td colspan="2">单项操作</td><td>题分</td><td>100 分</td></tr>
<tr><td>成绩</td><td></td><td>考评员</td><td></td><td>考评组长</td><td></td><td>日期</td><td></td></tr>
</table>

续表

试题正文	编写一份停电更换220kV直线塔单串绝缘子的检修方案
需要说明的问题和要求	（1）学员集中于教室在60分钟内完成方案编写。 （2）方案中施工班组、作业人员不指定，由考生自行填写，但不得出现真实单位名称和个人姓名。 （3）导线提升工具可选择丝杠、倒链、手扳葫芦等。 （4）所用工具、材料由考生根据检修需要进行安排

序号	项目名称	质量要求	满分	扣分标准	扣分原因	得分
1	整体要求					
1.1	标题	应写清楚线路名称、杆号及作业内容	5	无此项内容不得分； 少一项扣2分		
1.2	检修工作介绍	应对检修工作概况或该工作的背景进行简单描述	5	无此项内容不得分		
2	组织措施					
2.1	工作内容	应写清楚工作的线路、杆号、工作内容	10	无此项内容不得分； 少一项内容扣3分		
2.2	工作人员及分工	（1）应写清楚工作班组和人数，或者逐一填写工作人员名字，应有明确分工。 （2）单位名称和个人姓名不得使用真实名称	5	无此项内容不得分； 一项不正确扣2.5分		
2.3	工作时间	应写清楚计划工作时间，计划工作开始及工作结束时间均应以年、月、日、时、分填写清楚	5	没有填写时间扣5分； 时间填写不清楚或错误扣3分		
3	作业程序					
3.1	准备工作	（1）安全措施宣讲及落实（作业人员着装正确，戴安全帽，系安全带，停电、验电、挂接地线），人员分工（塔上作业及地面配合人员）。 （2）作业开始前的检查（绝缘子串的表面检查、安全带及延长绳的外观检查和冲击试验、导线提升工具的检查）	10	无此项内容不得分； 少一项扣5分； 填写不完整酌情扣1～3分		
3.2	登塔及更换绝缘子	（1）登塔。 （2）挂吊绳，起吊导线后备保护钢丝绳和提升工具。 （3）挂导线后备保护钢丝绳。 （4）挂好导线提升工具，提升导线。 （5）绑扎绝缘子串，取销子。 （6）落绝缘子串，并起吊新绝缘子串。 （7）安装新绝缘子串及销子。 （8）落导线提升工具和导线后备保护钢丝绳。 （9）下塔，清理现场	10	无此项内容不得分； 少一项扣1分		
4	安全措施					
4.1	防触电措施	（1）核对线路名称。 （2）停电，在作业点两端验电、挂接地线，加装个人保安线	5	无此项内容不得分； 少一项扣2.5分		
4.2	防止高坠措施	（1）安全带及延长绳外观检查及冲击试验。 （2）登杆过程中应全程使用安全带，杆上人员作业过程中不得失去保护	5	无此项内容不得分； 少一项扣2.5分		
4.3	防止高空落物伤人措施	（1）杆上作业人员应将工具放置在牢固的构件上。 （2）上下传递工具材料应使用绳索传递，不得抛掷。 （3）作业人员应正确佩戴安全帽。 （4）作业点下方不得有人逗留或通过	5	无此项内容不得分； 少一项扣1分		

续表

序号	项目名称	质量要求	满分	扣分标准	扣分原因	得分
4.4	防止掉线措施	（1）应使用导线后备保护钢丝绳。 （2）断开绝缘子前应检查导线提升工具	5	无此项内容不得分； 少一项扣 2.5 分		
5	技术措施					
5.1	工器具的使用要求	导线提升工具的使用要求	10	无此项内容不得分； 内容不全酌情扣 1～3 分		
5.2	质量要求	销子安装质量	10	无此项内容不得分； 内容不全酌情扣 1～3 分		
6	工具材料					
6.1	工具	（1）应有工具清单。 （2）应含有导线提升工具、导线后备保护钢丝绳、绳索、滑车等工具，并应根据情况选择适当的型号。 （3）应含有验电器、接地线、安全带、延长绳、脚扣等安全工器具	5	无此项内容不得分； 少一项扣 1 分； 没有型号要求扣 2 分		
6.2	材料	（1）应有材料清单。 （2）应有防污绝缘子、销子等材料，并应根据情况选择适当的型号	5	无此项内容不得分； 少一项扣 2 分； 没有型号要求扣 2 分		
合计			100			

Jc0002443014 编写带电更换 110kV 直线杆单根拉线检修方案。（100 分）

考核知识点：直线杆单根拉线检修

难易度：难

技能等级评价专业技能考核操作工作任务书

一、任务名称

编写带电更换 110kV 直线杆单根拉线检修方案。

二、适用工种

送电线路工中级工。

三、具体任务

110kV 某线 8 号杆（杆型 Z3）A 拉线由于外力破坏造成了断股，某单位计划对该拉线进行更换。针对此项工作，考生编写一份更换 110kV 直线杆单根拉线的检修方案。

四、工作规范及要求

按以下要求完成带电更换 110kV 直线杆单根拉线的检修方案；方案编写在教室内完成。

（1）人员配置分工合理（方案中不得出现真实单位名称及个人姓名）。

（2）工器具及材料清楚。

（3）主要作业程序正确。

（4）关键工序工艺质量标准清楚。

（5）组织、安全、技术措施齐全。

（6）考核时间结束终止考试。

五、考核及时间要求

（1）本考核操作时间为 60 分钟，每超过 2 分钟扣 1 分，到 65 分钟终止考核。

（2）检修方案编写完成后向考评员汇报安装完毕。

技能等级评价专业技能考核操作评分标准

<table>
<tr><td>工种</td><td colspan="4">送电线路工</td><td>评价等级</td><td>中级工</td></tr>
<tr><td>项目模块</td><td colspan="3">输电线路检修及应急处理—输电线路检修工作</td><td>编号</td><td colspan="2">Jc0002443014</td></tr>
<tr><td>单位</td><td colspan="2"></td><td>准考证号</td><td></td><td>姓名</td><td></td></tr>
<tr><td>考试时限</td><td>60 分钟</td><td>题型</td><td colspan="2">单项操作</td><td>题分</td><td>100 分</td></tr>
<tr><td>成绩</td><td></td><td>考评员</td><td>考评组长</td><td></td><td>日期</td><td></td></tr>
<tr><td>试题正文</td><td colspan="6">编写带电更换 110kV 直线杆单根拉线检修方案</td></tr>
<tr><td>需要说明的问题和要求</td><td colspan="6">（1）考生集中于教室在 60 分钟内完成方案编写。
（2）方案中施工班组、作业人员不指定，由考生自行填写，但不得出现真实单位名称和个人姓名。
（3）所用工具、材料由考生根据检修需要进行安排</td></tr>
</table>

序号	项目名称	质量要求	满分	扣分标准	扣分原因	得分
1	整体要求					
1.1	标题	应写清楚线路名称、杆号及作业内容	5	无此项内容不得分； 少一项扣 2 分		
1.2	检修工作介绍	应对检修工作概况或该工作的背景进行简单描述	5	无此项内容不得分		
2	组织措施					
2.1	工作内容	应写清楚工作的线路、杆号、工作内容	10	无此项内容不得分； 少一项内容扣 3 分		
2.2	工作人员及分工	（1）应写清楚工作班组和人数；或者逐一填写工作人员名字，应有明确分工。 （2）单位名称和个人姓名不得使用真实名称	5	无此项内容不得分； 一项不正确扣 2 分		
2.3	工作时间	应写清楚计划工作时间，计划工作开始及工作结束时间均应以年、月、日、时、分填写清楚	5	没有填写时间扣 5 分； 时间填写不清楚或错误扣 3 分		
3	作业程序					
3.1	准备工作	（1）安全措施宣讲及落实（作业人员着装正确，戴安全帽，系安全带）。 （2）人员分工（杆上作业及地面配合人员）。 （3）作业开始前的检查（检查杆身倾斜、杆根培土及拉线松紧情况）	8	无此项内容不得分； 少一项扣 2 分		
3.2	更换拉线	（1）登杆、吊钢丝绳。 （2）装设临时拉线。 （3）拆除旧拉线。 （4）装新拉线。 （5）调整新拉线。 （6）拆除临时拉线	12	无此项内容不得分； 少一项扣 2 分		
4	安全措施					
4.1	防触电措施	作业人员应保持与带电体至少 1.5m 的安全距离	5	无此项内容不得分； 错误扣 3 分		
4.2	防止高坠措施	（1）安全带及延长绳外观检查及冲击试验。 （2）登杆过程中应全程使用安全带。 （3）杆上人员作业过程中不得失去保护	5	无此项内容不得分； 少一项扣 2 分		
4.3	防止高空落物伤人措施	（1）杆上作业人员应将工具放置在牢固的构件上。 （2）上下传递工具材料应使用绳索传递，不得抛掷。 （3）作业人员应正确佩戴安全帽。 （4）作业点下方不得有人逗留或通过	5	无此项内容不得分； 少一项扣 2 分		

续表

序号	项目名称	质量要求	满分	扣分标准	扣分原因	得分
4.4	防止倒杆措施	应设置专责监护人随时检查拉线的松紧情况及杆身倾斜情况	5	无此项内容不得分； 少一项扣2分		
5	技术措施					
5.1	工器具的使用要求	收紧钢绞线的倒链或手扳葫芦的使用要求	8	无此项内容不得分； 内容不全酌情扣1～2分		
5.2	质量要求	（1）拉线的松紧程度。 （2）与交叉拉线的摩擦。 （3）尾线回头长度。 （4）扎线长度及工艺。 （5）尾线穿线的方向	12	无此项内容不得分； 内容不全酌情扣1～2分		
6	工具材料					
6.1	工具	（1）应有工具清单。 （2）应含有钢绞线卡头、套筒、紧线器（倒链、手扳葫芦）、钢丝绳套、绳索、滑车等工具，并应根据情况选择适当的型号。 （3）应含有安全带、延长绳、脚扣等安全工器具	5	无此项内容不得分； 少一项扣2分； 没有型号要求扣2分		
6.2	材料	（1）应有材料清单。 （2）应有楔形线夹、NUT型线夹、铁丝、扎丝等材料，并应根据情况选择适当的型号	5	无此项内容不得分； 少一项扣3分； 没有型号要求扣2分		
合计			100			

Jc0002443015 编写停电更换110kV直线杆防振锤的检修方案。（100分）

考核知识点：熟练直线杆防振锤的检修知识点，编写检修方案

难易度：难

技能等级评价专业技能考核操作工作任务书

一、任务名称

编写停电更换110kV直线杆防振锤的检修方案。

二、适用工种

送电线路工中级工。

三、具体任务

110kV某线8号杆（杆型Z3）A相大号侧防振锤下滑1m，计划对该防振锤进行更换。针对此项工作，考生编写一份更换停电更换110kV直线杆防振锤的检修方案。

四、工作规范及要求

按以下要求完成停电更换110kV直线杆防振锤的检修方案；方案编写在教室内完成。

（1）人员配置分工合理（方案中不得出现真实单位名称及个人姓名）。

（2）工器具及材料清楚。

（3）主要作业程序正确。

（4）关键工序工艺质量标准清楚。

（5）组织、安全、技术措施齐全。

（6）考核时间结束终止考试。

五、考核及时间要求

（1）本考核操作时间为60分钟，每超过2分钟扣1分，到65分钟终止考核。

（2）检修方案编写完成后向考评员汇报安装完毕。

技能等级评价专业技能考核操作评分标准

<table>
<tr><td>工种</td><td colspan="4">送电线路工</td><td>评价等级</td><td>中级工</td></tr>
<tr><td>项目模块</td><td colspan="3">输电线路检修及应急处理—输电线路检修工作</td><td>编号</td><td colspan="2">Jc0002443015</td></tr>
<tr><td>单位</td><td colspan="2"></td><td>准考证号</td><td></td><td>姓名</td><td></td></tr>
<tr><td>考试时限</td><td>30 分钟</td><td>题型</td><td colspan="2">单项操作</td><td>题分</td><td>100 分</td></tr>
<tr><td>成绩</td><td></td><td>考评员</td><td></td><td>考评组长</td><td></td><td>日期</td></tr>
<tr><td>试题正文</td><td colspan="6">编写停电更换 110kV 直线杆防振锤的检修方案</td></tr>
<tr><td>需要说明的问题和要求</td><td colspan="6">（1）考生集中于教室在 60 分钟内完成方案编写。
（2）方案中施工班组、作业人员不指定，由考生自行填写，但不得出现真实单位名称和个人姓名。
（3）所用工具、材料由考生根据检修需要进行安排</td></tr>
</table>

序号	项目名称	质量要求	满分	扣分标准	扣分原因	得分
1	整体要求					
1.1	标题	应写清楚线路名称、杆号及作业内容	5	无此项内容不得分； 少一项扣 2 分		
1.2	检修工作介绍	应对检修工作概况或该工作的背景进行简单描述	5	无此项内容不得分； 没有工程概况介绍扣 5 分		
2	组织措施					
2.1	工作内容	应写清楚工作的线路、杆号、工作内容	10	无此项内容不得分； 少一项内容扣 3 分		
2.2	工作人员及分工	（1）应写清楚工作班组和人数，或者逐一填写工作人员名字，应有明确分工。 （2）单位名称和个人姓名不得使用真实名称	5	无此项内容不得分； 一项不正确扣 2.5 分		
2.3	工作时间	应写清楚计划工作时间，计划工作开始及工作结束时间均应以年、月、日、时、分填写清楚	5	没有填写时间扣 5 分； 时间填写不清楚或错误扣 3 分		
3	作业程序					
3.1	准备工作	（1）安全措施宣讲及落实（作业人员着装正确，戴安全帽，系安全带）。 （2）人员分工（杆上作业及地面配合人员）。 （3）作业开始前的准备（防振锤及螺栓、平、弹垫、铝包带的检查）	8	无此项内容不得分； 少一项扣 2 分		
3.2	更换防振锤	（1）登杆。 （2）沿绝缘子下导线。 （3）出导线。 （4）量出安装位置。 （5）缠绕铝包带。 （6）安装防振锤。 （7）拆除旧防振锤及铝包带。 （8）下杆	12	无此项内容不得分； 少一项扣 1.5 分		
4	安全措施					
4.1	防触电措施	（1）作业前应核对线路双重名称。 （2）停电、在作业点两端验电、挂接地线，加装个人保安线	6	无此项内容不得分； 少一项扣 2 分		
4.2	防止高坠措施	（1）安全带及延长绳外观检查及冲击试验。 （2）登杆过程中应全程使用安全带。 （3）杆上人员作业过程中不得失去保护	7	无此项内容不得分； 少一项扣 2 分		

续表

序号	项目名称	质量要求	满分	扣分标准	扣分原因	得分
4.3	防止高空落物伤人措施	（1）杆上作业人员应将工具放置在牢固的构件上。 （2）上、下传递工具材料应使用绳索传递，不得抛掷。 （3）作业人员应正确佩戴安全帽。 （4）作业点下方不得有人逗留或通过	7	无此项内容不得分； 少一项扣 2 分		
5	技术措施					
5.1	质量要求	（1）铝包带的缠绕方向、出头及质量。 （2）螺栓穿向、防振锤安装位置及质量	10	无此项内容不得分； 内容不全缺一项扣 2 分		
6	工具材料					
6.1	工具	（1）应有工具清单。 （2）应含有安全带、延长绳、脚扣等安全工器具	10	缺少工具清单扣 3 分； 少一项扣 2 分； 没有型号要求扣 2 分		
6.2	材料	（1）应有材料清单。 （2）应有防振锤及配件、铝包带等材料，并应根据情况选择适当的型号	10	缺少材料清单扣 3 分； 少一项扣 3 分； 没有型号要求扣 2 分		
合计			100			

Jc0002441016 经纬仪视距测量的操作。（100 分）

考核知识点：经纬仪的使用

难易度：易

技能等级评价专业技能考核操作工作任务书

一、任务名称

经纬仪视距测量的操作。

二、适用工种

送电线路工中级工。

三、具体任务

使用经纬仪测量水平距离。针对此项工作，考生须在 25 分钟内完成更换处理操作。

四、工作规范及要求

（1）要求单独操作，1 人配合记录，写出计算过程。

（2）工具：

1）选用光学经纬仪，J_2、J_6 型均可。

2）塔尺、钢卷尺、计算器。

3）在培训线路上操作。

五、考核及时间要求

（1）本考核操作时间为 25 分钟，每超过 2 分钟扣 1 分，到 30 分钟终止考核。

（2）测量计算完毕，仪器收拾箱内完成后向考评员汇报安装完毕。

（3）操作过程中作业人员如有危及人身、设备安全等情况应停止考核并记 0 分。

技能等级评价专业技能考核操作评分标准

<table>
<tr><td>工种</td><td colspan="4">送电线路工</td><td>评价等级</td><td colspan="2">中级工</td></tr>
<tr><td>项目模块</td><td colspan="3">工器具使用与保养</td><td>编号</td><td colspan="3">Jc0002441016</td></tr>
<tr><td>单位</td><td colspan="2"></td><td>准考证号</td><td></td><td>姓名</td><td colspan="2"></td></tr>
<tr><td>考试时限</td><td>25 分钟</td><td>题型</td><td colspan="2">单项操作</td><td>题分</td><td colspan="2">100 分</td></tr>
<tr><td>成绩</td><td></td><td>考评员</td><td></td><td>考评组长</td><td></td><td>日期</td><td></td></tr>
<tr><td>试题正文</td><td colspan="7">经纬仪视距测量的操作</td></tr>
<tr><td>需要说明的问题和要求</td><td colspan="7">要求单独操作，2 人配合</td></tr>
</table>

序号	项目名称	质量要求	满分	扣分标准	扣分原因	得分
1	工作准备					
1.1	安全劳动防护用品的准备	正确佩戴安全帽，穿全套工作服，包括工作服、绝缘鞋、棉手套	5	未正确佩戴安全帽，穿工作服、绝缘鞋、棉手套每项扣 2 分		
1.2	工器具的准备	熟练正确使用各种工器具	5	未正确使用一次扣 1 分		
2	工作许可					
2.1	许可方式	向考评员示意准备就绪，申请开始工作	5	未向考评员申请许可开始工作，该项不得分		
3	工作步骤及技术要求					
3.1	正确使用仪器	（1）爱护仪器设备，轻开轻合，双手托举仪器安装在三脚架上。 （2）仪器箱取出和装上仪器后，应关闭完好	10	拆装仪器动作粗放每项扣 2 分； 单手安装三脚架、仪器每次扣 5 分； 仪器箱打开和关闭未妥善处置每项扣 2 分		
3.2	正确使用塔尺。	塔尺应轻拿轻放，应注意塔尺与上方导线的安全距离，塔尺拔出不应过长，塔尺使用过程中应竖直	10	塔尺不轻拿轻放扣 3 分； 塔尺存在与上方导线的安全距离不足、拔出过长危险扣 10 分； 塔尺使用过程中不竖直扣 3 分		
3.3	仪器对中、整平、对光	在观测点位置将仪器对中、整平、对光	10	无此项内容不得分； 未完成其中一步，扣 5 分		
3.4	量取仪高	量取仪高	5	无此项内容不得分		
3.5	测量	（1）将仪器竖盘照明反光镜转动使显微镜中的读数最明亮、清晰。 （2）转动镜筒瞄准塔尺方向锁紧望远镜制动手轮。 （3）转动望远镜微动手轮使上、下横丝对准塔尺上数值	10	每一步操作不正确扣 5 分		
3.6	读数与计算	（1）精确读出上、下横丝在塔尺上的数值（利用上丝－下丝）求出视距间隔值。 （2）根据视距公式 $D=K$（上丝－下丝）计算出水平距离。 高差＝（仪高－中横丝在塔尺上的读数）	15	读数不正确扣 5 分； 水平距离计算不正确扣 5 分； 高差计算结果不正确扣 5 分		
4	工作结束					
4.1	经纬仪装箱	经纬仪松开垂直及水平制动，仪器放置到位，拆卸电池	5	仪器设备未轻拿轻放扣 5 分		
4.2	三脚架和塔尺恢复	三脚架和塔尺恢复	5	仪器设备未轻拿轻放扣 5 分		
5	工作终结					
5.1	工作终结汇报	向考评员报告工作已结束，场地已清理	5	未向考评员报告工作结束，该项不得分		
6	其他要求					

续表

序号	项目名称	质量要求	满分	扣分标准	扣分原因	得分
6.1	动作要求	动作熟练顺畅	5	动作不熟练扣1～5分		
6.2	安全要求	严格遵守“四不伤害”原则，不得损坏工器具和设备	5	未遵守现场安全要求一次扣1分；损坏工器具和设备一次扣1分		
合计			100			

Jc0002441017　测量导线对地距离的操作。（100分）

考核知识点：经纬仪的使用

难易度：易

技能等级评价专业技能考核操作工作任务书

一、任务名称

测量导线对地距离的操作。

二、适用工种

送电线路工中级工。

三、具体任务

使用经纬仪测量导线对地交跨距离。针对此项工作，考生须在25分钟内完成更换处理操作。

四、工作规范及要求

（1）要求单独操作，1人配合。

（2）由考评员随机指定测量点，写出计算过程。

（3）工具：

1）选用光学经纬仪，J_2、J_6型均可。

2）塔尺、钢卷尺、计算器。

3）在培训线路上操作。

五、考核及时间要求

（1）本考核操作时间为25分钟，每超过2分钟扣1分，到30分钟终止考核。

（2）测量计算完毕，仪器收拾箱内完成后向考评员汇报安装完毕。

（3）操作过程中作业人员如有危及人身、设备安全等情况应停止考核并记0分。

技能等级评价专业技能考核操作评分标准

工种	送电线路工					评价等级	中级工
项目模块	工器具使用与保养				编号	Jc0002441017	
单位			准考证号			姓名	
考试时限	25分钟		题型	单项操作		题分	100分
成绩		考评员		考评组长		日期	
试题正文	测量导线对地距离的操作						
需要说明的问题和要求	需选用光学经纬仪完成测量						

序号	项目名称	质量要求	满分	扣分标准	扣分原因	得分
1	工作准备					

续表

序号	项目名称	质量要求	满分	扣分标准	扣分原因	得分
1.1	安全劳动防护用品的准备	正确佩戴安全帽，穿全套工作服，包括工作服、绝缘鞋、棉手套	5	未正确佩戴安全帽，穿工作服、绝缘鞋、棉手套每项扣2分		
1.2	工器具的准备	熟练正确使用各种工器具	5	未正确使用一次扣1分		
2	工作许可					
2.1	许可方式	向考评员示意准备就绪，申请开始工作	5	未向考评员申请许可开始工作，该项不得分		
3	工作步骤及技术要求					
3.1	正确使用仪器	爱护仪器设备，轻开轻合，双手托举仪器安装在三脚架上。 仪器箱取出和装上仪器后，应关闭完好	10	拆装仪器动作粗放，每次扣2分； 单手安装三脚架、仪器每次扣5分； 仪器箱打开和关闭未妥善处置每次扣2分		
3.2	正确使用塔尺	塔尺应轻拿轻放。 应注意塔尺与上方导线的安全距离，塔尺拔出不应过长。 塔尺使用过程中应竖直	10	塔尺不轻拿轻放扣3分； 塔尺存在与上方导线的安全距离不足，拔出过长危险，扣10分； 塔尺使用过程中不竖直扣5分		
3.3	仪器对中、整平、对光、瞄准、精平和读数、水平测距	（1）指挥配合人员将塔尺立在线路交叉点正下方，在观测点位置将仪器整平、对光，量好仪高。 （2）将望远镜视线调至垂直90°，瞄准塔尺，调焦，转动照准部及望远镜锁紧螺旋将其锁紧，转动望远镜微调螺旋使十字丝上下丝与塔尺某一刻度重合。 （3）读出上丝及下丝所夹塔尺刻度利用 L=（上丝－下丝）×100 得出水平距离	20	仪器未能对光、整平，扣5分； 十字丝与刻度未重合5分； 计算结果错误扣10分		
3.4	导线对地距离的测量与计算	（1）松开望远镜锁紧螺旋，将仪器竖盘照明反光镜转动使显微镜中的读数最明亮、清晰。 （2）转动镜筒瞄准导线下边缘锁紧望远镜制动手轮读出读数。 （3）利用公式计算出交叉跨越间的距离 $=L(\tan\beta-\tan 90^\circ)+I$	20	读数不清晰，扣5分； 角度读数错误扣5分； 距离计算错误扣10分		
4	工作结束					
4.1	经纬仪装箱	经纬仪松开垂直及水平制动，仪器放置到位	5	仪器设备未轻拿轻放扣5分		
4.2	三脚架和塔尺恢复	三脚架和塔尺恢复	5	仪器设备未轻拿轻放扣5分		
5	工作终结					
5.1	工作终结汇报	向考评员报告工作已结束，场地已清理	5	未向考评员报告工作结束，该项不得分		
6	其他要求					
6.1	动作要求	动作熟练顺畅	5	动作不熟练扣1～5分		
6.2	安全要求	严格遵守“四不伤害”原则，不得损坏工器具和设备	5	未遵守现场安全要求一次扣1分； 损坏工器具和设备一次扣1分		
	合计		100			

Jc0002441018　用经纬仪钉辅助桩的操作。（100分）

考核知识点：经纬仪的使用

难易度：易

技能等级评价专业技能考核操作工作任务书

一、任务名称

用经纬仪钉辅助桩的操作。

二、适用工种

送电线路工中级工。

三、具体任务

要求考生完成用经纬仪钉出辅助桩的操作。

四、工作规范及要求

（1）要求单独操作，2 人配合。

（2）要求着装正确（工作服、工作胶鞋、安全帽）。

（3）工具：

使用常见的光学经纬仪 J_2、J_6、木桩、花杆、皮尺、手锤、铁钉。

五、考核及时间要求

（1）本考核操作时间为 10 分钟，时间到停止考评。

（2）钉出辅助桩并将仪器放入箱内完成后向考评员汇报安装完毕。

技能等级评价专业技能考核操作评分标准

工种	送电线路工					评价等级	中级工
项目模块	工器具使用与保养				编号	Jc0002441018	
单位			准考证号			姓名	
考试时限	10 分钟		题型	单项操作		题分	100 分
成绩		考评员		考评组长		日期	
试题正文	用经纬仪钉辅助桩的操作						
需要说明的问题和要求	（1）使用光学对点器对中。 （2）在平坦的地面钉一木桩，桩头中心钉一颗小铁钉作为测量站点						

序号	项目名称	质量要求	满分	扣分标准	扣分原因	得分
1	工作准备					
1.1	安全劳动防护用品的准备	正确佩戴安全帽，穿全套工作服，包括工作服、绝缘鞋、棉手套	5	未正确佩戴安全帽，穿工作服、绝缘鞋、棉手套每项扣 2 分		
1.2	工器具的准备	熟练正确使用各种工器具	5	未正确使用一次扣 1 分		
2	工作许可					
2.1	许可方式	向考评员示意准备就绪，申请开始工作	5	未向考评员申请许可开始工作，该项不得分		
3	工作步骤及技术要求					
3.1	正确使用仪器	（1）爱护仪器设备，轻开轻合，双手托举仪器安装在三脚架上。 （2）仪器箱取出和装上仪器后，应关闭完好	10	拆装仪器动作粗放每次扣 2 分； 单手安装三脚架、仪器每次扣 5 分； 仪器箱打开和关闭未妥善处置每次扣 2 分		
3.2	光学对点器对中、整平、对光、调焦	找到杆塔桩桩位，仪器旋转至任何位置水准气泡正确居中泡中，使分划板十字丝清晰明确，使标杆的影像清晰、使分划板十字丝清晰明确	10	操作不正确每一项扣 2～5 分		

续表

序号	项目名称	质量要求	满分	扣分标准	扣分原因	得分
3.3	检查桩位、钉辅助桩	（1）根据前、后杆塔桩检查该桩位的位置是否正确。 （2）沿顺线路方向（A、C）瞄准前后杆塔桩，在视线前后方向钉 A、C 桩（辅助桩），将经纬仪旋转 90° 角在线路垂直方向的两侧钉 B、D 辅助桩	30	未检查桩位位置扣 10 分； AC 或 BD 腿辅助桩设置不正确，每一桩扣 5 分		
3.4	注意事项	如因受地形、地物的影响不能按照以上方法钉辅助桩时，可在顺线路或横线路方向同一侧各钉两个辅助桩，辅助桩与杆塔桩的水平距离应远一些，防止基础开挖时被埋或碰动，辅助桩距杆塔桩的水平距离要用皮尺丈量	10	操作不正确，扣 10 分		
4	工作结束					
4.1	经纬仪装箱	经纬仪松开垂直及水平制动，仪器放置到位	5	未松开垂直及水平制动一项扣 2 分； 仪器放置不到位扣 2 分		
4.2	三脚架恢复	三脚架的恢复	5	三脚架未恢复到位扣 5 分		
5	工作终结					
5.1	工作终结汇报	向考评员报告工作已结束，场地已清理	5	未向考评员报告工作结束，该项不得分		
6	其他要求					
6.1	动作要求	动作熟练顺畅	5	动作不熟练扣 1～5 分		
6.2	安全要求	严格遵守“四不伤害”原则，不得损坏工器具和设备	5	未遵守现场安全要求一次扣 1 分； 损坏工器具和设备一次扣 1 分		
合计			100			

Jc0002443019 停电安装 110kV 直线杆附件（安装导线悬垂线夹、防振锤）的操作。（100 分）

考核知识点：脚扣登杆，工器具的选择，附件的正确安装

难易度：难

技能等级评价专业技能考核操作工作任务书

一、任务名称

停电安装 110kV 直线杆附件（安装导线悬垂线夹、防振锤）的操作。

二、适用工种

送电线路工中级工。

三、具体任务

停电安装 110kV 直线杆导线悬垂线夹、防振锤的操作。针对此项工作，考生须在 25 分钟内完成更换处理操作。

四、工作规范及要求

（1）杆上单独 1 人操作，杆下 1 人监护两人配合。

（2）用双钩紧线器提升导线。

（3）要求着装正确（工作服、工作胶鞋、安全帽）。

（4）工具：

1）与导线相符的悬垂线夹、防振锤、铝包带。

2）选用登杆工器具：脚扣、安全带、延长绳、个人保安线、滑车及传递绳、双钩紧线器。
3）在培训线路上操作。

五、考核及时间要求

（1）本考核操作时间为25分钟，每超过2分钟扣1分，到30分钟终止考核。
（2）附件安装完毕人员撤离杆塔后向考评员汇报安装完毕。
（3）操作过程中作业人员如有危及人身、设备安全等情况应停止考核并记0分。

技能等级评价专业技能考核操作评分标准

工种	送电线路工				评价等级	中级工
项目模块	输电线路检修及应急处理—输电线路检修工作			编号	Jc0002443019	
单位		准考证号			姓名	
考试时限	25分钟	题型	单项操作		题分	100分
成绩		考评员		考评组长	日期	
试题正文	停电安装110kV直线杆附件（安装导线悬垂线夹、防振锤）的操作					
需要说明的问题和要求	（1）考生需在杆上使用双钩紧线器自行提升导线。 （2）出导线前应做好后备保护措施					

序号	项目名称	质量要求	满分	扣分标准	扣分原因	得分
1	工作准备					
1.1	安全劳动防护用品的准备	正确佩戴安全帽，穿全套工作服，包括工作服、绝缘鞋、棉手套	5	未正确佩戴安全帽，穿工作服、绝缘鞋、棉手套每项扣2分		
2	工作许可					
2.1	许可方式	向考评员示意准备就绪，申请开始工作	5	未向考评员申请许可开始工作，该项不得分		
3	工作步骤及技术要求					
3.1	工器具、材料的选用	（1）选用个人工器具（两板一钳、卷尺）、双钩紧线器、滑车及传递绳，对脚扣、安全带、延长绳进行外观检查及冲击试验。 （2）选取导线线夹、导线防振锤、铝包带	15	工器具选择不正确扣1～5分； 安全带、延长绳未检查或未冲击试验扣5分； 导线线夹、导线防振锤、铝包带型号不正确每项扣5分		
3.2	登杆	（1）登杆时脚扣不得相碰，步幅与身体相互协调，上下横担时动作规范。 （2）正确使用安全带，安全带应系在牢固的构件上，检查扣环闭锁是否扣好	10	脚扣相碰、步幅不协调、动作不规范每项扣1～2分； 未正确使用安全带扣1～4分		
3.3	横担上的工作	挂好滑车及传递绳，调整好双钩紧线器并挂在合适位置，挂好延长绳及个人保安线	10	操作不正确每项扣1～5分		
3.4	提线	沿绝缘子串下至导线侧动作安全，将双钩紧线器勾住导线并提起，检查紧线器受力部件并作相应的冲击试验、取下放线滑轮	10	不符合要求每项扣1～5分		
3.5	画印	画印并进行铝包带的缠绕，铝包带的绕相长度必须符合要求	5	铝包带缠绕长度不符合要求扣1～5分		
3.6	导线上安装附件工作	导线防振锤距离由悬垂线夹U形螺栓处至安装位置，安装时应注意螺栓的穿向	10	穿向反一次扣3分； 安装距离不正确扣1～5分		

续表

序号	项目名称	质量要求	满分	扣分标准	扣分原因	得分
3.7	放松紧线器	放松双钩紧线器，用传递绳放置地面。绝缘子线夹与导线防振锤必须垂直地面	10	操作不正确每项扣 1～3 分； 线夹与导线防振锤未垂直地面，扣 1～5 分		
4	工作结束					
4.1	下杆完成作业	清理工作现场符合文明生产要求	5	未清理工作现场扣 5 分		
5	工作终结					
5.1	工作终结汇报	向考评员报告工作已结束，场地已清理	5	未向考评员报告工作结束，该项不得分		
6	其他要求					
6.1	安全要求	操作动作熟练、高空不得抛物、在规定的时间内完成	10	操作不熟练、超时扣 1～5 分； 高空落物扣 5 分		
合计			100			

Jc0002443020　单耐张串绝缘子紧线画印及挂线的操作。（100 分）

考核知识点：紧线画印的测量，挂线点的选择，多人操作的相互配合

难易度：难

技能等级评价专业技能考核操作工作任务书

一、任务名称

单耐张串绝缘子紧线画印及挂线的操作。

二、适用工种

送电线路工中级工。

三、具体任务

完成单耐张串绝缘子画印及挂线任务。针对此项工作，考生须在 50 分钟内完成更换处理操作。

四、工作规范及要求

（1）杆塔上单人操作。

（2）指挥 1 人，监护 1 人，杆塔下配合 2 人。

（3）机动绞磨 1 台（含人员）。

（4）弧垂观测人员。

（5）导线一端已经挂上，桩锚已设好，临时拉线已装好。

（6）可同时鉴定弧垂观测人员及杆塔下配合人员、指挥人员，操作一相导线。

五、考核及时间要求

（1）本考核操作时间为 50 分钟，每超过 2 分钟扣 1 分，到 55 分钟终止考核。

（2）操作完毕人员撤离后向考评员汇报安装完毕。

（3）操作过程中作业人员如有危及人身、设备安全等情况应停止考核并记 0 分。

技能等级评价专业技能考核操作评分标准

<table>
<tr><td>工种</td><td colspan="5">送电线路工</td><td>评价等级</td><td>中级工</td></tr>
<tr><td>项目模块</td><td colspan="4">输电线路检修及应急处理—输电线路检修工作</td><td colspan="2">编号</td><td>Jc0002443020</td></tr>
<tr><td>单位</td><td colspan="2"></td><td colspan="2">准考证号</td><td></td><td>姓名</td><td></td></tr>
<tr><td>考试时限</td><td>50 分钟</td><td>题型</td><td colspan="3">单项操作</td><td>题分</td><td>100 分</td></tr>
<tr><td>成绩</td><td></td><td>考评员</td><td></td><td>考评组长</td><td></td><td>日期</td><td></td></tr>
</table>

续表

试题正文	单耐张串绝缘子紧线画印及挂线的操作					
需要说明的问题和要求	考生在杆塔上完成划印、挂线工作，并保证绝缘子挂设正确					
序号	项目名称	质量要求	满分	扣分标准	扣分原因	得分
1	工作准备					
1.1	安全劳动防护用品的准备	正确佩戴安全帽，穿全套工作服，包括工作服、绝缘鞋、棉手套	5	未正确佩戴安全帽，穿工作服、绝缘鞋、棉手套每项扣2分		
2	工作许可					
2.1	许可方式	向考评员示意准备就绪，申请开始工作	5	未向考评员申请许可开始工作，该项不得分		
3	工作步骤及技术要求					
3.1	登杆	整理吊绳、带吊绳登杆，安全带所系位置应正确可靠，并检查扣环是否扣牢	10	带吊绳登塔作业不正确扣5分； 安全带使用不正确扣10分； 未检查扣环牢靠，扣10分		
3.2	安装紧线工具	（1）站在或坐在横担杆挂线点附近将钢丝绳套吊上电杆。 （2）挂号钢丝绳套，要求牵引钢丝绳在不妨碍挂线情况下，离挂线点越近越好。 （3）将牵引钢丝绳及紧线滑轮车吊上杆塔。 （4）紧线滑车挂在钢丝绳绳套上，要求滑车口离挂线点高差越小越好。 （5）检查滑车开盖切实关好并上保险，检查并整理牵引钢丝绳不得缠绕	20	每一项操作不正确扣4分		
3.3	画印	（1）导线紧到弧垂合格时，听指挥画印，一般用胶带或胶布在牵引钢丝绳上作印记。 （2）看准位置画印，要求从挂线孔中心的铅垂线与横担中心线平行的铅垂面与牵引钢丝绳交点处为印记处，印画好后，通知指挥人员将导线落地，通知语言或手势信号正确	10	未能及时画印，扣3分； 印记标记错误，扣5分； 语言或手势不正确，扣2分		
3.4	地面人员卡耐张线夹挂线	（1）紧线快到位时，一手拉住直角挂板，另一手拿着直角挂板的螺栓，通知再牵引一点，用正确的语言或手势信号指挥牵引。 （2）紧线到位后将直角挂板螺栓孔对齐挂线孔，将螺栓穿上螺栓穿入方向由上向下，拧紧螺母，插上开口销。 （3）转动绝缘子串，检查弹簧销及线夹位置正确，通知松牵引使弹簧销一律由上往下空，线夹位置正确	20	每一项操作错误扣5分		
4	工作结束					
4.1	从导线上取下三角卡线器	用双股吊绳一端挂在碗头处，另一端绑于横担上，人坐在吊绳上，将三角卡线器取下	10	操作不正确不得分		
4.2	拆除临时拉线	人回到横担上，解下吊绳，将杆塔上工用具用吊绳吊下，杆下放松临时拉线，杆上拆除临时拉线吊下	5	操作不正确不得分		
5	工作终结					
5.1	工作终结汇报	向考评员报告工作已结束，场地已清理	5	未向考评员报告工作结束，该项不得分		
6	其他要求					

续表

序号	项目名称	质量要求	满分	扣分标准	扣分原因	得分
6.1	动作要求	动作熟练顺畅	5	动作不熟练扣 1～4 分		
6.2	安全要求	严格遵守“四不伤害”原则，不得损坏工器具和设备	5	未遵守现场安全要求一次扣 1 分；损坏工器具和设备一次扣 1 分		
合计			100			

Jc0002443021　压接引流线并安装的操作。（100 分）

考核知识点：引流线的长度计算，压接工艺，多人操作的相互配合

难易度：难

技能等级评价专业技能考核操作工作任务书

一、任务名称

压接引流线并安装的操作。

二、适用工种

送电线路工中级工。

三、具体任务

压接引流线（耐张跳线、弓子线）并安装的操作。针对此项工作，考生须在 60 分钟内完成更换处理操作。

四、工作规范及要求

（1）杆塔上两人操作，尽量两人同时鉴定，杆塔下一人监护。

（2）引流线长度已知，耐张绝缘子为双串。

（3）要求着装正确（穿工作服、工作胶鞋，戴安全帽）。

（4）准备工具：吊绳及个人工具、油盘、汽油、画线笔等，细钢丝刷、导电胶、卷尺、液压机、断线钳等。

五、考核及时间要求

（1）本考核操作时间为 60 分钟，每超过 2 分钟扣 1 分，到 65 分钟终止考核。

（2）操作完毕人员撤离后向考评员汇报安装完毕。

（3）操作过程中作业人员如有危及人身、设备安全等情况应停止考核并记 0 分。

技能等级评价专业技能考核操作评分标准

<table>
<tr><td>工种</td><td colspan="6">送电线路工</td><td>评价等级</td><td>中级工</td></tr>
<tr><td>项目模块</td><td colspan="5">输电线路检修及应急处理—输电线路检修工作</td><td>编号</td><td colspan="2">Jc0002443021</td></tr>
<tr><td>单位</td><td colspan="3"></td><td>准考证号</td><td colspan="2"></td><td>姓名</td><td></td></tr>
<tr><td>考试时限</td><td colspan="2">60 分钟</td><td>题型</td><td colspan="3">单项操作</td><td>题分</td><td>100 分</td></tr>
<tr><td>成绩</td><td></td><td>考评员</td><td></td><td>考评组长</td><td colspan="2"></td><td>日期</td><td></td></tr>
<tr><td>试题正文</td><td colspan="8">压接引流线并安装的操作</td></tr>
<tr><td>需要说明的问题和要求</td><td colspan="8">（1）杆塔上 2 人操作，尽量 2 人同时鉴定，杆塔下 1 人监护。
（2）高处作业时应使用工具袋。
（3）压接质量应满足工艺质量要求</td></tr>
</table>

续表

序号	项目名称	质量要求	满分	扣分标准	扣分原因	得分
1	工作准备					
1.1	安全劳动防护用品的准备	正确佩戴安全帽，穿全套工作服，包括工作服、绝缘鞋、棉手套	5	未正确佩戴安全帽，穿工作服、绝缘鞋、棉手套每项扣2分		
2	工作许可					
2.1	许可方式	向考评员示意准备就绪，申请开始工作	5	未向考评员申请许可开始工作，该项不得分		
3	工作步骤及技术要求					
3.1	工具、材料的检查	（1）检查钢芯铝绞线符合设计要求，不扭曲。 （2）检查液压引流板符合设计要求，带螺栓及垫圈，无损伤及脏污。 （3）检查液压机性能正常，选用的压模合格	10	未进行检查或检查不到位，每项扣3分		
3.2	压接引流板	（1）用卷尺量出所需钢芯铝绞线，画印应准确。 （2）剪取所需的长度，长度应正确。 （3）清洗引流板及导线压接部分并晾干，清洗部位应正确。 （4）画记号并按记号穿入导线，注意导线自然弧度方向。 （5）引流板方向检查，平面与自然弧度一致（1人拿起一端引流板，让引流线离地进行检查）。 （6）施压前检查印记，检查应正确到位。 （7）由管底向管口连续施压正确使用液压机，按压接规程压接引流板。 （8）检查压后尺寸并回答提问（判定合格的标准），正确使用游标卡尺，判定应正确。 （9）修掉飞边毛刺，应正确使用锉刀	20	每一步操作不正确，扣2分		
3.3	安装引流线	（1）2人分别登杆塔，动作应熟练安全。 （2）坐上绝缘子串上移动或手扶一串，脚踩一串绝缘子移动至线夹侧，动作应正确。 （3）使用安全带所系位置正确，检查扣环扣牢。 （4）2人用两根吊绳，同时吊压接好的引流线，上杆塔操作正确。 （5）拆下螺栓，用钢丝刷沾导电胶，刷线夹与引流板接触面，清除其表面氧化膜，保留导电胶操作正确。 （6）先穿上方侧螺栓，螺栓用手拧紧操作正确。 （7）用脚蹬出引流线，使下方侧螺栓两孔对齐，穿入螺栓（另1人同样操作）操作应正确	25	每一步操作不正确，扣3～4分		
4	工作结束					
4.1	完成工作后下塔	完工工作后确认作业现场无遗留物，2人分别下塔，动作熟练安全	5	存在遗留物扣5分		
5	工作终结					
5.1	工作终结汇报	向考评员报告工作已结束，场地已清理	5	未向考评员报告工作结束，该项不得分		
6	其他要求					
6.1	对螺栓要求	螺栓穿入方向正确、螺母拧紧（边线由内向外，中间由左向右穿）	5	未检查不得分； 检查不正确扣2～3分		

续表

序号	项目名称	质量要求	满分	扣分标准	扣分原因	得分
6.2	对引流线要求	检查且高速引渡线，使之美观；检查引流线至杆塔的电气间隙符合设计要求	10	未检查高速引渡线扣5分； 未检查电气间隙扣5分； 检查不正确扣2～3分		
6.3	动作要求	动作熟练顺畅	5	动作不熟练扣1～4分		
6.4	安全要求	严格遵守“四不伤害”原则，不得损坏工器具和设备	5	未遵守现场安全要求一次扣1分； 损坏工器具和设备一次扣1分		
合计			100			

Jc0002443022　处理损坏间隔棒的操作。（100分）

考核知识点：飞车的使用方法，间隔棒的更换方法

难易度：难

技能等级评价专业技能考核操作工作任务书

一、任务名称

处理损坏间隔棒的操作。

二、适用工种

送电线路工中级工。

三、具体任务

使用飞车更换导线间隔棒。针对此项工作，考生须在60分钟内完成更换处理操作。

四、工作规范及要求

（1）杆塔上单独操作，使用飞车。

（2）杆塔下1人配合，1人监护。

（3）要求着装正确（穿工作服、工作胶鞋、戴安全帽）。

（4）直线杆塔上下飞车。

五、考核及时间要求

（1）本考核操作时间为60分钟，每超过2分钟扣1分，到65分钟终止考核。

（2）更换完毕人员撤离杆塔后向考评员汇报安装完毕。

（3）操作过程中作业人员如有危及人身、设备安全等情况应停止考核并记0分。

技能等级评价专业技能考核操作评分标准

工种	送电线路工					评价等级	中级工
项目模块	输电线路检修及应急处理—输电线路检修工作				编号	Jc0002443022	
单位			准考证号			姓名	
考试时限	60分钟		题型	单项操作		题分	100分
成绩		考评员		考评组长		日期	
试题正文	处理损坏间隔棒的操作						
需要说明的问题和要求	使用飞车出导线时必须认真检查导线、飞车是否符合安全要求						

序号	项目名称	质量要求	满分	扣分标准	扣分原因	得分
1	工作准备					

续表

序号	项目名称	质量要求	满分	扣分标准	扣分原因	得分
1.1	安全劳动防护用品的准备	正确佩戴安全帽，穿全套工作服，包括工作服、绝缘鞋、棉手套	5	未正确佩戴安全帽，穿工作服、绝缘鞋、棉手套每项扣2分		
2	工作许可					
2.1	许可方式	向考评员示意准备就绪，申请开始工作	5	未向考评员申请许可开始工作，该项不得分		
3	工作步骤及技术要求					
3.1	飞车检查	结构牢固、无变形、无裂纹、转动机构灵活，轮子挂胶完好、刹车可靠	15	遗漏一项扣2分； 检查不合格一项扣1分		
3.2	挂飞车	（1）选择直线杆塔上飞车。登杆塔动作熟练动作正确。 （2）正确使用安全带，检查扣环是否扣牢。 （3）吊飞车上杆塔，可挂滑车，由杆下人员拉上，也可以不用滑车，由杆上人员站在横担上，直接将飞车吊上。 （4）打开前后活门，将飞车吊起超过导线高度，从两根导线中间插入。 （5）沿绝缘子串下至导线，检查飞车确实挂好	15	操作方法不正确，每一项扣3分		
3.3	更换间隔棒	（1）慢慢坐上飞车，稳住飞车（必要时用吊绳固定）。 （2）关闭前后活门，系好安全带，安全带系在正确位置上（绕住导线，并且不妨碍飞车运行）。 （3）正确将传递绳带上飞车。 （4）慢慢蹬动飞车用稳定速度行驶。 （5）行至脱落的间隔棒边，拆除旧间隔棒，吊下旧间隔棒，吊上新间隔棒并安装好。 （6）螺栓由线束外侧向内穿入并切实拧紧。 （7）过间隔棒，先拆除，飞车过后再安装。 （8）下飞车，行至悬垂绝缘子边，稳住飞车，抱住绝缘子，人坐至导线上，打开飞车活门。 （9）将飞车从导线上取出吊绳绑好飞车，人站在导线上，安全带系在绝缘子串上将飞车取出。 （10）飞车吊下杆塔，人沿绝缘子串上横担，下杆塔	40	操作方法不正确，每一项扣4分		
4	工作结束					
4.1	工器具整理	整理个人安全工器具、飞车等，放在指定位置	5	工器具未轻拿轻放扣5分		
5	工作终结					
5.1	工作终结汇报	向考评员报告工作已结束，场地已清理	5	未向考评员报告工作结束，该项不得分		
6	其他要求					
6.1	动作要求	动作熟练顺畅	5	动作不熟练扣1～4分		
6.2	安全要求	严格遵守“四不伤害”原则，不得损坏工器具和设备	5	未遵守现场安全要求一次扣1分； 损坏工器具和设备一次扣1分		
合计			100			

Jc0002443023　110kV 输电线路直线杆上单片破损瓷绝缘子的处理。(100 分)

考核知识点： 绝缘子任意片更换

难易度： 难

技能等级评价专业技能考核操作工作任务书

一、任务名称

110kV 输电线路直线杆上单片破损瓷绝缘子的处理。

二、适用工种

送电线路工中级工。

三、具体任务

使用双钩紧线器完成 110kV 输电线路直线杆上单片破损瓷绝缘子的处理。针对此项工作，考生须在 40 分钟内完成更换处理操作。

四、工作规范及要求

1. 操作要求

（1）杆上单独操作，杆下 1 人监护配合。

（2）更换的绝缘子从横担向导线数第 8 片。

（3）要求着装正确（穿工作服、工作胶鞋，戴安全帽）。

2. 安全要求

（1）高处坠落，作业人员上下杆塔应有可靠的防坠落措施。

（2）物体打击，作业点下方不得有人逗留和通过。

（3）高压伤人，作业人员应与带电设备保持足够的安全距离。

五、考核及时间要求

（1）考核时间共 40 分钟，每超过 2 分钟扣 1 分，到 45 分钟终止考核。

（2）按照技能操作记录单的操作要求进行操作，正确记录操作结果等。

（3）操作过程中作业人员有危及人身、设备安全等情况应停止考核并计 0 分。

技能等级评价专业技能考核操作评分标准

<table>
<tr><td>工种</td><td colspan="5">送电线路工</td><td>评价等级</td><td>中级工</td></tr>
<tr><td>项目模块</td><td colspan="4">输电线路检修及应急处理—输电线路检修工作</td><td>编号</td><td colspan="2">Jc0002443023</td></tr>
<tr><td>单位</td><td colspan="2"></td><td>准考证号</td><td colspan="2"></td><td>姓名</td><td></td></tr>
<tr><td>考试时限</td><td colspan="2">40 分钟</td><td>题型</td><td colspan="2">单项操作</td><td>题分</td><td>100 分</td></tr>
<tr><td>成绩</td><td></td><td>考评员</td><td></td><td>考评组长</td><td></td><td>日期</td><td></td></tr>
<tr><td>试题正文</td><td colspan="7">110kV 输电线路直线杆上单片破损瓷绝缘子的处理</td></tr>
<tr><td>需要说明的问题和要求</td><td colspan="7">更换绝缘子时应有防止导线脱落的后备保护措施</td></tr>
</table>

序号	项目名称	质量要求	满分	扣分标准	扣分原因	得分
1	工作准备					
1.1	安全劳动防护用品的准备	正确佩戴安全帽，穿全套工作服，包括工作服、绝缘鞋、棉手套	5	未正确佩戴安全帽，穿工作服、绝缘鞋、棉手套每项扣 2 分		
1.2	工器具的准备	工器具准备齐全，外观检查合格，检查清扫绝缘子	5	遗漏一项扣 1 分； 发现不合格工器具一项扣 1 分		

续表

序号	项目名称	质量要求	满分	扣分标准	扣分原因	得分
2	工作许可					
2.1	许可方式	向考评员示意准备就绪，申请开始工作	5	未向考评员申请许可开始工作，该项不得分		
3	工作步骤及技术要求					
3.1	冲击试验	安全带、升降板等在电杆0.3～0.5m高处人力冲击无问题，无损伤	6	未进行冲击试验不得分		
3.2	登塔	登杆过程体型配合灵活良好，上横担动作安全正确	10	动作不熟练扣5～10分		
3.3	横担上的工作	（1）到位后正确使用安全带，位置正确，检查扣环扣牢。 （2）登杆工具杆上摆放，摆放正确、安全、不掉下。 （3）人坐在横担上用吊绳将工具吊到操作位置。 （4）挂好钢丝绳套。 （5）双钩紧线器调至中间合适位置，挂好双钩紧线器	10	遗漏、操作错误扣2分		
3.4	拆旧绝缘子	（1）沿着绝缘子串下到导线上，坐到导线上，必须具备双重保护，动作正确。 （2）将双钩紧线器下钩钩住导线。 （3）拔除第8片绝缘子上、下弹簧销子。 （4）操作紧线器将导线提起。 （5）导线与绝缘子分离，并拆下第8片绝缘子	20	遗漏、操作错误一项扣4分		
3.5	装新绝缘子	（1）吊下旧绝缘子，吊上新绝缘子，换上新绝缘子。 （2）转动绝缘子，使弹簧销穿入方向正确。 （3）操作双钩紧线器，将导线下放至绝缘子受力。 （4）装弹簧销子到位。 （5）拆除双钩紧线器。 （6）认真进行质量检查	24	遗漏、操作错误一项扣4分		
4	工作结束					
4.1	工器具整理	整理工器具，并放在指定位置	5	工器具未轻拿轻放扣1～5分		
5	工作终结					
5.1	工作终结汇报	向考评员报告工作已结束，场地已清理	5	未向考评员报告工作结束，该项不得分		
6	其他要求					
6.1	安全要求	严格遵守“四不伤害”原则，不得损坏工器具和设备	5	未遵守现场安全要求一次扣1分；损坏工器具和设备一次扣1分		
合计			100			

Jc0002443024 停电制作110kV耐张引流的操作。（100分）

考核知识点： 耐张引流制作

难易度： 难

技能等级评价专业技能考核操作工作任务书

一、任务名称

停电制作 110kV 耐张引流的操作。

二、适用工种

送电线路工中级工。

三、具体任务

在停电线路上完成 110kV 耐张引流的制作。针对此项工作，考生须在 40 分钟内完成更换处理操作。

四、工作规范及要求

1. 操作要求

（1）要求单独操作，杆下 1 人监护，1 人配合。

（2）告知安装尺寸。

（3）要求着装正确（工作服、工作胶鞋、安全帽）。

（4）工具：

1）与导线型号相符的并沟线夹、铝包带。

2）选用登杆工器具：脚扣、安全带、延长绳、个人保安线、滑车及传递绳、断线钳、软梯。

3）个人工器具。

4）在培训输电线路上操作。

2. 安全要求

（1）高处坠落，作业人员上下杆塔应有可靠的防坠落措施。

（2）物体打击，作业点下方不得有人逗留和通过。

（3）高压伤人，作业人员应与带电设备保持足够的安全距离。

五、考核及时间要求

（1）考核时间共 40 分钟，每超过 2 分钟扣 1 分，到 45 分钟终止考核。

（2）按照技能操作记录单的操作要求进行操作，正确记录操作结果等。

（3）操作过程中作业人员有危及人身、设备安全等情况应停止考核并计 0 分。

技能等级评价专业技能考核操作评分标准

工种	送电线路工					评价等级	中级工
项目模块	输电线路检修及应急处理—输电线路检修工作				编号	Jc0002443024	
单位			准考证号			姓名	
考试时限	40 分钟		题型	单项操作		题分	100 分
成绩		考评员		考评组长		日期	
试题正文	停电制作 110kV 耐张引流的操作						
需要说明的问题和要求	引流线制作工艺质量必须符合要求						

序号	项目名称	质量要求	满分	扣分标准	扣分原因	得分
1	工作准备					
1.1	安全劳动防护用品的准备	正确佩戴安全帽，穿全套工作服，包括工作服、绝缘鞋、棉手套	5	未正确佩戴安全帽，穿工作服、绝缘鞋、棉手套每项扣 2 分		

续表

序号	项目名称	质量要求	满分	扣分标准	扣分原因	得分
1.2	工器具的准备	工器具及材料准备齐全，包括个人工器具（两板一钳、卷尺），滑车及传递绳，脚扣、安全带、延长绳外观检查；导线并沟线夹、铝包带等材料的准备	10	遗漏一项扣1分； 发现不合格工器具一项扣1分		
2	工作许可					
2.1	许可方式	向考评员示意准备就绪，申请开始工作	5	未向考评员申请许可开始工作，该项不得分		
3	工作步骤及技术要求					
3.1	上下杆	（1）登杆时脚扣不得相碰。 （2）步幅与身体相互协调。 （3）上、下横担时动作规范	15	动作不规范不协调，扣1～10分； 脚扣相碰扣1～5分		
3.2	横担上的工作	（1）检查扣环、闭锁进入导线端安全带、延长绳应系在牢固的构件上，检查扣环闭锁是否扣好。 （2）挂好延长绳及个人保安线。 （3）沿绝软梯进入导线引流作业点	15	未按照要求进行，一项扣3分		
3.3	导线上引流制作工作	（1）量取引流对横担距离，挂好滑车及传递绳，引流对横担距离1.35～1.45m。 （2）画印并进行铝包带的缠绕，铝包带的绕相长度必须符合要求。 （3）切断多余导线。 （4）安装并沟线夹。 （5）引流并沟线夹安装时应注意螺栓的穿向，两端并沟线夹导线出头10mm。 （6）耐张引流必须自然垂直地面不得变形，并沟线夹螺栓穿向从下往上穿入，弹簧垫片必须压紧	30	遗漏或操作不正确一项扣5分		
4	工作结束					
4.1	工器具整理	整理个人工器具并放在指定位置	5	仪器设备未轻拿轻放扣5分		
5	工作终结					
5.1	工作终结汇报	向考评员报告工作已结束，场地已清理	5	未向考评员报告工作结束，该项不得分		
6	其他要求					
6.1	动作要求	动作熟练顺畅	5	动作不熟练扣1～4分		
6.2	安全要求	严格遵守“四不伤害”原则，不得损坏工器具和设备	5	未遵守现场安全要求一次扣1分； 损坏工器具和设备一次扣1分		
合计			100			

Jc0002443025　闭式卡更换220kV耐张串单片绝缘子的操作。（100分）

考核知识点：绝缘子更换任意片

难易度：难

技能等级评价专业技能考核操作工作任务书

一、任务名称

闭式卡更换220kV耐张串单片绝缘子的操作。

二、适用工种

送电线路工中级工。

三、具体任务

使用闭式卡完成 220kV 耐张串单片绝缘子更换。针对此项工作，考生须在 30 分钟内完成更换处理操作。

四、工作规范及要求

1. 操作要求

（1）要求单独操作，杆下 1 人监护，3 人配合。

（2）更换的绝缘子从横担向线夹数第 7 片。

（3）用闭式卡进行带电更换单片绝缘子。

（4）要求着装正确（全套屏蔽服、安全帽）。

（5）工具：

1）绝缘子及弹簧销。

2）选用登杆工器具：脚扣、安全带、延长绳、个人保安线、滑车及传递绳、绝缘子。

3）个人工器具。

4）在培训输电线路上操作。

2. 安全要求

（1）高处坠落，作业人员上下杆塔应有可靠的防坠落措施。

（2）物体打击，作业点下方不得有人逗留和通过。

（3）高压伤人，作业人员应与带电设备保持足够的安全距离。

五、考核及时间要求

（1）考核时间共 30 分钟，每超过 2 分钟扣 1 分，到 35 分钟终止考核。

（2）按照技能操作记录单的操作要求进行操作，正确记录操作结果等。

（3）操作过程中作业人员有危及人身、设备安全等情况应停止考核并计 0 分。

技能等级评价专业技能考核操作评分标准

工种	送电线路工			评价等级	中级工
项目模块	输电线路检修及应急处理—输电线路检修工作		编号	Jc0002443025	
单位		准考证号		姓名	
考试时限	30 分钟	题型	单项操作	题分	100 分
成绩	考评员		考评组长		日期
试题正文	闭式卡更换 220kV 耐张串单片绝缘子的操作				
需要说明的问题和要求	（1）正确使用各类安全工器具，着装正确。 （2）在模拟带电线路上作业				

序号	项目名称	质量要求	满分	扣分标准	扣分原因	得分
1	工作准备					
1.1	安全劳动防护用品的准备	正确佩戴安全帽，穿全套工作服，包括工作服、绝缘鞋、棉手套	5	未正确佩戴安全帽，穿工作服、绝缘鞋、棉手套每项扣 2 分		
1.2	工器具的准备	脚扣、安全带、绝缘延长绳外观检查，全套屏蔽服是否连接可靠，检查清扫绝缘子	5	遗漏一项扣 1 分； 发现不合格的工器具一项扣 1 分		
2	工作许可					
2.1	许可方式	向考评员示意准备就绪，申请开始工作	5	未向考评员申请许可开始工作，该项不得分		

续表

序号	项目名称	质量要求	满分	扣分标准	扣分原因	得分
3	工作步骤及技术要求					
3.1	登杆	（1）进行安全带、延长绳冲击试验。 （2）登杆时脚扣不得相碰。 （3）步幅与身体相互协调。 （4）上、下横担时动作规范。 （5）正确使用安全带，安全带应系在牢固的构件上，检查扣环闭锁是否扣好	15	登杆动作不协调熟练扣1～10分； 安全带、延长绳闭锁装置未按要求扣好10分		
3.2	横担上的工作	横担上作业时，绝缘延长绳应系在牢固的构件上，检查扣环闭锁是否扣好	10	安全措施不合格不得分		
3.3	安装卡具	（1）卡具吊上安装时应按照卡四取二的方法进行。 （2）将卡具卡住要更换的绝缘子检查卡具是否卡到位，对受力丝杠部件并作相应的冲击试验。 （3）取弹簧销，收紧卡具丝杠，至绝缘子一次取出，不得反复	15	遗漏或操作方法不正确，一项扣5分		
3.4	更换绝缘子	（1）起吊绝缘子时绝缘子绑扎方法应正确。 （2）安装新绝缘子时弹簧销方向应由上往下穿入。 （3）松卡具丝杠时应检查绝缘子各部件连接可靠时方可取下并绑扎牢固放置地面。 （4）作业完成后确认作业地无遗留物后人员返回地面	20	遗漏或操作方法不正确，一项扣5分		
4	工作结束					
4.1	工器具整理	整理个人工器具、材料，并放在指定位置	10	工器具、材料未轻拿轻放扣5分		
5	工作终结					
5.1	工作终结汇报	向考评员报告工作已结束，场地已清理	5	未向考评员报告工作结束，该项不得分		
6	其他要求					
6.1	动作要求	动作熟练顺畅	5	动作不熟练扣1～4分		
6.2	安全要求	严格遵守“四不伤害”原则，不得损坏工器具和设备	5	未遵守现场安全要求一次扣1分； 损坏工器具和设备一次扣1分		
合计			100			

Jc0002442026 测量35kV避雷器接地装置的接地电阻。（100分）

考核知识点：测量避雷器接地装置接地电阻

难易度：中

技能等级评价专业技能考核操作工作任务书

一、任务名称

测量35kV避雷器接地装置的接地电阻。

二、适用工种

送电线路工中级工。

三、具体任务

使用接地摇表和电工工具测量35kV避雷器接地装置的接地电阻。

四、工作规范及要求

1. 操作要求

（1）要求1人操作，1人监护。

（2）地面操作。

（3）正确着装。

2. 安全要求

（1）高处坠落，作业人员上下杆塔应有可靠的防坠落措施。

（2）物体打击，作业点下方不得有人逗留和通过。

（3）高压伤人，作业人员应与带电设备保持足够的安全距离。

五、考核及时间要求

（1）考核时间共20分钟。每超过2分钟扣1分，到25分钟终止考核。

（2）按照技能操作记录单的操作要求进行操作，正确记录操作结果等。

（3）操作过程中作业人员有危及人身、设备安全等情况应停止考核并计0分。

技能等级评价专业技能考核操作评分标准

工种	送电线路工					评价等级	中级工
项目模块	工器具使用与保养				编号	Jc0002442026	
单位			准考证号			姓名	
考试时限	20分钟		题型	单项操作		题分	100分
成绩		考评员		考评组长		日期	
试题正文	测量35kV避雷器接地装置的接地电阻						
需要说明的问题和要求	需使用接地摇表完成电阻测量						

序号	项目名称	质量要求	满分	扣分标准	扣分原因	得分
1	工作准备					
1.1	安全劳动防护用品的准备	正确佩戴安全帽，穿全套工作服，包括工作服、绝缘鞋、棉手套	5	未正确佩戴安全帽，穿工作服、绝缘鞋、棉手套每项扣2分		
1.2	工器具的准备	工器具准备齐全	5	遗漏一项扣1分； 发现不合格工器具扣1分		
2	工作许可					
2.1	许可方式	向考评员示意准备就绪，申请开始工作	5	未向考评员申请许可开始工作，该项不得分		
3	工作步骤及技术要求					
3.1	拆开连接线	（1）拆开接地装置与避雷器之间的连接线。 （2）电流、电位探针与接地体与大地可靠接触，电流、电位探针与接地体应成一直线，相距20m	15	未拆开连接线扣10分； 探针位置不符合要求扣5分		
3.2	接线	电位探针P′位于电流探针C′与接地体E′之间，电流电位探针与仪表接线端钮接线正确	10	无此项内容不得分； 操作方法不正确一项扣1～10分		

续表

序号	项目名称	质量要求	满分	扣分标准	扣分原因	得分
3.3	测量操作	（1）检查检流计指针是否在红线上，否则进行调零，将仪表放平后再检查指针是否归零。 （2）将倍率标度置于最大倍数，转动发电机手柄，同时调节标度盘，使检测计指针指向红线。 （3）加快手摇转速至 120r/min，调整标度盘，使指针指在红线上，并保持平衡	15	无此项内容不得分； 操作方法不正确一项扣 5 分		
3.4	读数	（1）若读数小于 1，则将倍率标度置于较小的倍数，重新测量以得到正确的读数。 （2）标度盘的读数乘以倍率标度。 （3）结果分析，接地电阻值一般不大于 10Ω 为合格	15	读数小于 1 而未重新测量扣 5 分； 读数错误扣 5 分； 结果未分析或分析错误扣 5 分		
3.5	恢复连接线	拆除测量探针和引线，恢复原接地连接线	10	未恢复连接线扣 10 分		
4	工作结束					
4.1	整理工器具	整理现场工器具、材料，并放在指定位置	5	工器具未轻拿轻放扣 5 分		
5	工作终结					
5.1	工作终结汇报	向考评员报告工作已结束，场地已清理	5	未向考评员报告工作结束，该项不得分		
6	其他要求					
6.1	动作要求	动作熟练顺畅	5	动作不熟练扣 1～4 分		
6.2	安全要求	严格遵守“四不伤害”原则，不得损坏工器具和设备	5	未遵守现场安全要求一次扣 1 分； 损坏工器具和设备一次扣 1 分		
合计			100			

第三部分
高级工

第五章　送电线路工高级工技能笔答

Jb0001331001　降低杆塔接地电阻的方法？（5 分）

考核知识点：降低杆塔接地电阻的方法

难易度：易

标准答案：

换土；深孔接地；引外接地；连续延长接地；采用降阻剂。

Jb0001332002　根据线路杆塔的用途，可以将杆塔分为哪几类？（5 分）

考核知识点：杆塔分类

难易度：中

标准答案：

直线塔、直线转角塔、耐张塔、转角杆塔、终端杆塔、分支杆塔、跨越塔、换位杆塔。

Jb0001331003　什么叫杆塔的呼称高度？（5 分）

考核知识点：杆塔呼称高度

难易度：易

标准答案：

杆塔从地面到最低层绝缘子悬挂点的高度，称为杆塔的呼称高度。

Jb0001312004　某电阻上的电压 U=10V、I=5A。求该电阻值、电导值、消耗的电功率和 1 分钟内消耗的电能？（5 分）

考核知识点：基础计算

难易度：中

标准答案：

解：$R=U/I=10/5=2$（Ω），$G=I/U=5/10=0.5$（S），$P=UI=10\times5=50$（W），$W=UIt=10\times5\times60=3000$（J）。

答：电阻值为 2Ω，电导值为 0.5S，消耗的电功率为 50W，1 分钟内消耗电能 3000J。

Jb0001312005　在图 Jb0001312005 中的电路中，U_s=10V，求该独立电压源供出的功率？（5 分）

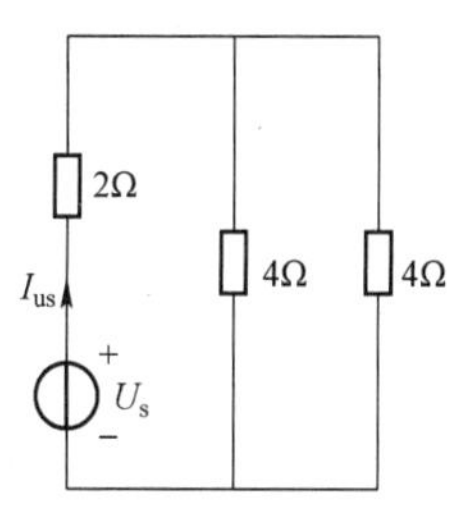

图 Jb0001312005

考核知识点：基础计算

难易度：中

标准答案：

解：依非关联方向设定电压源中的电流 I_{us}，得

$$I_{us}=U_s/(2+4/2)=10/4=2.5\text{（A）}$$

最后得独立电压源供出的功率为：$P_{us}=U_sI_{us}=10\times2.5=25$（W）

答：该独立电源供出功率为 25W。

Jb0001322006　画出图 Jb0001322006（a）所示电路图中 a、b 间的等效电阻。（5 分）

考核知识点：基础画图

难易度：中

标准答案：

由图 Jb0001322006（a）转化为图 Jb0001322006（b），再转化为图 Jb0001322006（c），最终等效电阻如图 Jb0001322006（d）所示。

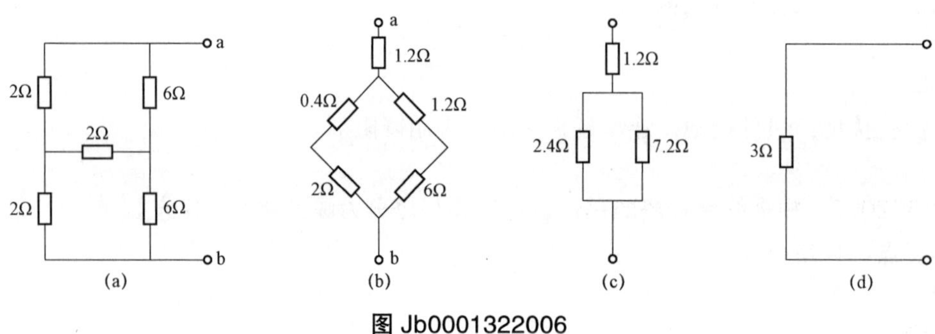

图 Jb0001322006

Jb0001332007　何为小电流接地系统和大电流接地系统？（5 分）

考核知识点：电力系统基础

难易度：中

标准答案：

中性点不接地或经消弧线圈接地的系统称为小电流接地系统，一般用于 35kV 及以下系统。中性点直接接地的系统称为大电流接地系统，一般用于 110kV 及以上系统。所谓中性点是指线路两端所连接的变压器绕组组成星形接线时的中点。

Jb0001333008　根据解析式 $e = E_m \sin(\omega t - 30°)$ 画出它的波形图？（5 分）

考核知识点：电力基础知识

难易度：难

标准答案：

如图 Jb0001333008 所示。

图 Jb0001333008

Jb0001333009　画出两处控制一盏电灯示意图？（5 分）

考核知识点：电路控制基础

难易度：难

标准答案：

如图 Jb0001333009 所示。

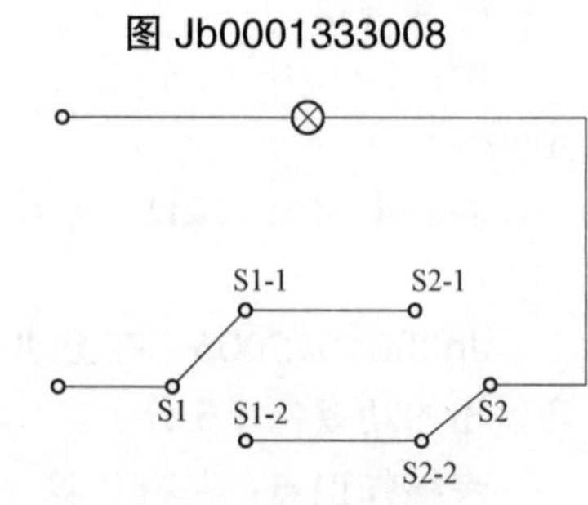

图 Jb0001333009

Jb0001333010　某一正弦交流电流的表达式为 $i = 311\sin(314t + 30°)$A 试写出其最大值、有效值、角频率和初相角各是多少？（5 分）

考核知识点：交流电频率计算

难易度：难

标准答案：

解：已知 $i=311\sin(314t+30^\circ)$

电流最大值 $I_m=311\text{A}$

电流有效值 $I=\dfrac{311}{\sqrt{2}}=219.91$（A）

电流角频率 $\omega=314\text{rad/s}$

电流初相角 $\phi=30^\circ$

答：最大值为311A，有效值、角频率分别为219.91A、314rad/s，初相角为30°。

Jb0001333011　某1－2滑轮组起吊2000kg的重物 Q，牵引绳由定滑轮引出，由人力绞磨牵引。已知单滑轮工作效率为95%，滑轮组的综合效率 $\eta=90\%$ 求提升该重物所需拉力 P。（5分）

考核知识点：受力分析计算

难易度：难

标准答案：

解：已知滑轮数 $n=3$，且钢丝绳由定滑轮引出，所以采用公式为

$$P=\frac{Q\times 9.8}{n\eta}=\frac{2000\times 9.8}{3\times 0.9}=7259.26\text{（N）}$$

答：提升该重物所需拉力为7259.26N。

Jb0001333012　电磁波沿架空输电线路的传播速度为光速，已知光波速度 $v=c=30\times 10^4\text{km/s}$，求工频电流的波长 λ？（5分）

考核知识点：频率波长计算

难易度：难

标准答案：

解：周期 $T=\dfrac{1}{f}=\dfrac{1}{50}=0.02$（s）

则波长 $\lambda=vT$

$=30\times 10^4\times 0.02=6000$（km）

答：工频电流的波长为6000km。

Jb0001331013　直流输电有何特点？（5分）

考核知识点：直流输电基本知识

难易度：易

标准答案：

直流输电电流不产生交变磁场，从而克服了交流输电的一些缺点，运行稳定，输送功率不受稳定限制。电能损失只决定于导线电阻，大为减少，无线电干扰少，沿线电压分布较平稳，便于调节控制。更直观的是直流输电只需一根或两根导线，减少了导线及其他材料，使杆塔结构大为简化，可以长期单线运行，有利于分期建设和运行。同时，线路走廊可以较窄，同样绝缘强度的电缆可以运行于

较高电压，故造价较低。

Jb0001331014　何谓电功率？他的单位是什么？（5分）

考核知识点： 电工基础知识

难易度： 易

标准答案：

电功率是指单位时间内电流所做的功。它的单位是瓦特，简称瓦，符号是W。

Jb0001331015　说明平面力系、汇交力系、平行力系、合力、分力的概念。（5分）

考核知识点： 力学基础知识

难易度： 易

标准答案：

（1）平面力系是指所有力作用线位于同一平面内的力系。

（2）汇交力系是指所有力的作用线汇交于同一点的力系。

（3）平行力系是指所有力的作用线相互平行的力系。

（4）合力是指与某力系作用效应相同的某一力。

（5）分力是指与某力等效应的力系中的各力。

Jb0001331016　材料受力后的变形有哪些形式？（5分）

考核知识点： 力学基础知识

难易度： 易

标准答案：

（1）撤力后能消失的变形称为弹性变形。

（2）永久保留的变形称为塑性变形。

Jb0001331017　什么是力偶？（5分）

考核知识点： 力学基础知识

难易度： 易

标准答案：

作用于一物体上的两个力大小相等，方向相反，但不在同一直线上，这样的对力叫力偶。

Jb0001331018　画出耐张普通拉线示意图。（5分）

考核知识点： 送电线路基础知识

难易度： 易

标准答案：

如图Jb0001331018所示。

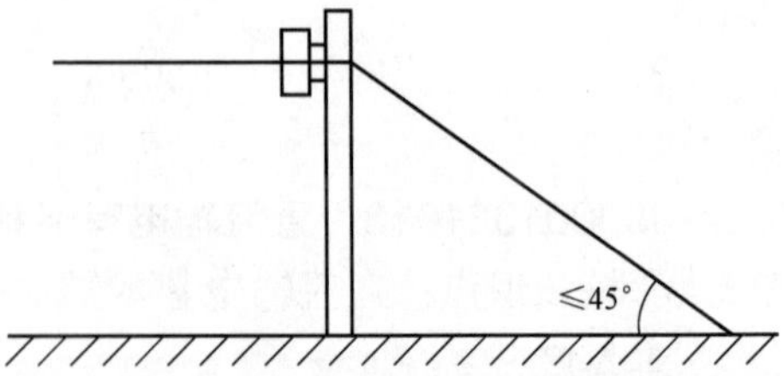

≤45°

图 Jb0001331018

Jb0001333019　输电线路特殊区段如何划分？（5分）

考核知识点： 线路运行

难易度： 难

标准答案：

根据线路状态信息划分特殊区段：包括外破易发区、树竹速长区、偷盗多发区、采动影响区、山火高发区、地质灾害区、鸟害多发区、多雷区、风害区、微风振动区、重污区、重冰区、易舞区、季冻区、水淹（冲刷）区、垂钓区、无人区、重要跨越和大跨越等。

Jb0001332020　输电线路巡视周期分为几类？巡视周期分别是多少？（5分）

考核知识点：线路运行

难易度：中

标准答案：

线路状态巡视周期一般划分为3类，分类标准及相应的巡视周期按以下原则确定。①Ⅰ类线路巡视周期一般为1个月；②Ⅱ类线路巡视周期一般为2个月；③Ⅲ类线路巡视周期一般为3～6个月。

Jb0001333021　输电线路Ⅰ类线路巡视周期的确定标准是什么？（5分）

考核知识点：线路运行

难易度：难

标准答案：

Ⅰ类线路巡视周期一般为1个月。主要包括：① 特高压交直流线路；② 状态评价结果为“注意”“异常”“严重”状态的线路区段；③ 外破易发区、偷盗多发区、采动影响区、水淹（冲刷）区、垂钓区、重要跨越、大跨越等特殊区段；④ 城市（城镇）及近郊区域的线路区段。

Jb0001333022　输电线路检测工作包含哪几项？（5分）

考核知识点：线路检测

难易度：难

标准答案：

线路检测工作主要包括：红外检测、接地电阻检测及地网开挖检测、绝缘子低值零值检测、复合绝缘子劣化检测、盐密及灰密测量、紫外检测、导线弧垂、对地距离和交叉跨越距离测量等。

Jb0001331023　输电线路缺陷按照其严重程度分为哪几类？（5分）

考核知识点：线路运行

难易度：易

标准答案：

线路的各类缺陷按其严重程度分为危急、严重、一般缺陷。

Jb0001332024　什么是输电线路危急缺陷？消除周期是多久？（5分）

考核知识点：线路运行

难易度：中

标准答案：

危急缺陷指缺陷情况已危及线路安全运行，随时可能导致线路发生事故，既危险又紧急的缺陷。危急缺陷消除时间不应超过24h，或临时采取确保线路安全的技术措施进行处理，随后消除。

Jb0001332025　输电线路“六防”管理包含哪六个方面？（5分）

考核知识点：线路运行

难易度：中

标准答案：

输电线路“六防”管理包含：防治雷害、防治污闪、防治冰害、防治风偏、防治外力破坏、防治鸟害。

Jb0001332026　输电线路关于冰区分为哪几类？分类标准是什么？（5分）

考核知识点：线路运行

难易度：中

标准答案：

分为三类，分别为轻冰区、中冰区、重冰区。其分类为：设计覆冰厚度为10mm及以下地区为轻冰区；设计覆冰厚度大于10mm小于20mm地区为中冰区；设计覆冰厚度为20mm及以上地区为重冰区。

Jb0001331027　拉线由哪几部分组成？（5分）

考核知识点：线路运行

难易度：易

标准答案：

架空送电线路的拉线一般由拉线盘，拉线U型挂环，拉线棒，UT型线夹，钢绞线，楔形线夹，拉线包箍七部分组成。

Jb0001332028　不同风力对架空线路有何影响？（5分）

考核知识点：线路运行

难易度：中

标准答案：

（1）在风速为0.5～4m/s时（相当于1～3级风），容易引起导线或地线振动而发生断股甚至断线；

（2）在风速5～20m/s时（相当于4～8级风），导线有时会发生跳跃现象，易引起碰线故障；

（3）在大风时（9级以上风），各导线摆动不一，可能发生碰线事故或线间放电闪络事故。

Jb0001312029　某一110kV架空线路，其一耐张段有五个档距，分别为 $L_1=200$m，$L_2=210$m，$L_3=220$lm，$L_4=230$m，$L_5=250$m（不考虑悬挂点高差的影响），求此耐张段代表档距？（5分）

考核知识点：基础计算

难易度：中

标准答案：

解：该耐张段代表档距为

$$L_0=\sqrt{\frac{\sum L^3}{\sum L}}=\sqrt{\frac{L_1^3+L_2^3+L_3^3+L_4^3+L_5^3}{L_1+L_2+L_3+L_4+L_5}}$$

$$=\sqrt{\frac{200^3+210^3+220^3+230^3+250^3}{200+210+220+230+250}}$$

$$=224\text{（m）}$$

答：此耐张段代表档距224m。

Jb0001332030 简要解释档距、水平档距、垂直档距、代表档距和临界档距的含义。(5分)

考核知识点：线路运行

难易度：中

标准答案：

(1) 档距是指相邻两杆塔中心点之间的水平距离。

(2) 水平档距是指某杆塔两侧档距的算术平均值。

(3) 垂直档距是指某杆塔两侧导线最低点间的水平距离。

(4) 把长短不等的一个多档耐张段，用一个等效的孤立档来代替，达到简化设计的目的。这个能够表达整个耐张段力学规律的假想档距，我们称之为代表档距。

(5) 临界档距是指由一种导线应力控制气象条件过渡到另一种控制气象条件临界点的档距大小。

Jb0001323031 画出输电线路单循环换位示意图。(5分)

考核知识点：杆塔换位

难易度：难

标准答案：

如图 Jb0001323031 所示。

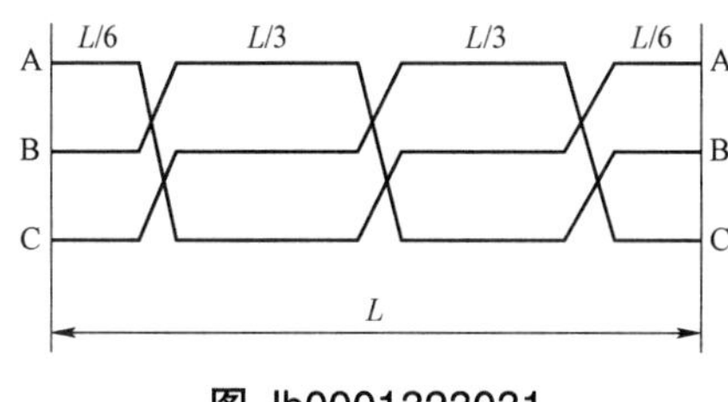

图 Jb0001323031

Jb0001323032 图 Jb0001323032 所示为某线路导线安装曲线，说明图中绘制了哪些内容？(5分)

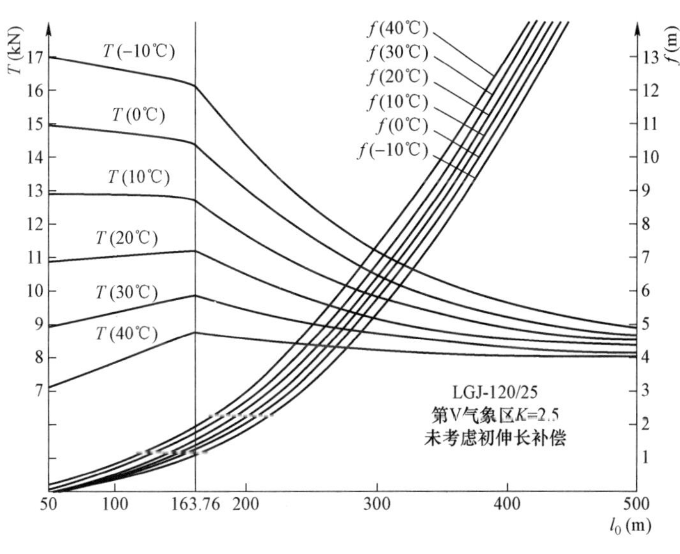

图 Jb0001323032

考核知识点：识图

难易度：难

标准答案：

根据图 Jb0001323032 可知，导线安装曲线图通常绘制了张力和弧垂两种曲线。其横坐标为代表档距，单位为 m；左边的纵坐标为张力，单位为 kN；右坐标为弧垂，单位为 m。图中每一条曲线对应一种安装气象条件。

Jb0001313033　某 U_N 为 220kV 输电线路，位于 0 级污秽区，要求其泄漏比距 S_0=1.6cm/kV。每片 XP－60 型绝缘子的泄漏距离 λ=290mm。试确定悬式绝缘子串的绝缘子片数 n。（5 分）

考核知识点：绝缘配合

难易度：难

标准答案：

解：

由于 $S_0 \leqslant \dfrac{n\lambda}{U_N}$

所以 $n \geqslant \dfrac{S_0 U_N}{\lambda} = \dfrac{1.6\times 220}{290\times 10^{-1}} = 12.14$（片）

实际取 13 片

答：悬式绝缘子串的绝缘子片数为 13 片。

Jb0001331034　杆塔编号一般有何规定？（5 分）

考核知识点：杆塔编号规则

难易度：易

标准答案：

（1）线路杆塔的编号一般以送电端出线杆塔为 1 号，从送电端依次编至受电端杆塔。

（2）完整的杆塔编号应包括表明电压等级、线路名称、杆塔号码。耐张转角换位杆塔应涂相色漆。

（3）用油漆在杆塔上的编号或挂牌，以离地面 2.5～3.0m 为宜，字体不宜过小，面向线路附近巡线通道或大路。

（4）双回路的双杆塔应在每一基杆塔上分别刷印杆上相应线路的名称和杆号。若双回路为单杆或铁塔，则应将线路名称和杆号分别印在同一杆塔的两边外侧或铁塔的两侧塔腿上。

Jb0001331035　为什么要尽可能地降低接地电阻的数值？（5 分）

考核知识点：杆塔接地电阻

难易度：易

标准答案：

因为接地电阻愈小，雷击时引起的过电压愈小，防雷效果就愈好。所以要尽可能地降低接地电阻数值。

Jb0001331036　弧垂的大小对线路的安全运行有何影响？（5 分）

考核知识点：弧垂的大小对线路运行的影响

难易度：易

标准答案：

（1）弧垂过小，导线受力增大，当张力超过导线许可应力时，会造成断线。

（2）弧垂过大，导线对地距离过小而不符合要求，在有剧烈摆动时，可能引起线路短路。

Jb0001312037　一般防污技术措施有哪些？（5 分）

考核知识点：防污的技术措施

难易度：中

标准答案：

（1）做好绝缘子的定期清扫工作，绝缘子清扫周期一般是每年一次，但还应根据绝缘子的脏污情况及对污样分析的结果适当确定清扫次数。清扫的方法有停电清扫，不停电清扫，不停电水冲洗三种方法。

（2）定期测试和及时更换不良绝缘子，线路上如果存在不良绝缘子，线路绝缘水平就要相应地降低，再加上线路周围环境污秽的影响，就更容易发生污秽事故。因此，必须对绝缘子进行定期测试，发现不合格的绝缘子就应及时更换，使线路保持正常的绝缘水平。一般 1～2 年就要进行一次绝缘子测试工作。

（3）提高线路绝缘水平，提高绝缘水平以增加泄漏距离的具体办法是：增加悬垂式绝缘子串的片数；对针式绝缘子，提高一级电压等级。

（4）采用防污绝缘子的方法，采用特制的防污绝缘子或将一般悬式绝缘子表面涂上一层涂料或半导体釉，以达到抗污闪的能力。

Jb0001331038　为防止电缆火灾，可采取哪些安全措施？（5 分）

考核知识点：防止电缆火灾的措施

难易度：易

标准答案：

（1）实施阻燃防护或阻止延燃。

（2）选用具有难燃性的电缆。

（3）实施耐火防护或选用具有耐火性的电缆。

（4）实施防火构造。

Jb0003333039　混凝土基础应表面平整，单腿尺寸应满足哪些规定？（5 分）

考核知识点：基础验收

难易度：难

标准答案：

（1）保护层厚度的负偏差不得大于 5mm。

（2）立柱及各底断面的尺寸负偏差不得大于 1%。

（3）同组地脚螺栓中心或插入式角钢型心对设计值偏移不应大于 10mm。

（4）地脚螺栓露出混凝土面高度允许偏差应为－5mm～＋10mm。

Jb0003333040　混凝土试块的制作有哪些要求？（5 分）

考核知识点：基础试块制作要求

难易度：难

标准答案：

（1）耐张塔和悬垂转角塔基础每基应取一组。

（2）一般线路的悬垂直线塔基础，同一施工队每 5 基或不满 5 基应取一组，单基或连续浇筑混凝土量超过 $100m^3$ 时亦应取一组。

（3）按大跨越设计的直线塔基础及拉线基础，每腿应取一组，但当混凝土量不超过同工程中大转角或终端塔基础时，则每基应取一组。

（4）当原材料发生变化、配合比变更时应另外制作试块。

Jb0003332041　灌注桩基础的试块制作有哪些要求？（5 分）

考核知识点：灌注桩基础试块制作要求

难易度：中

标准答案：

灌注桩应按照设计要求验桩，基础混凝土强度应以试块为依据，试块的制作应每桩取一组，承台及连梁的试块制作数量应每基取一组。

Jb0003333042　基坑土石方施工有哪些要求？（5 分）

考核知识点：基坑开挖

难易度：难

标准答案：

土石方施工应符合设计要求，减少需要开挖以外地面的破坏，合理选择弃土的堆放点，杆塔基础施工基面应以设计图纸为准、按不同的地质条件确定开挖边坡。基面开挖后应无积水，边坡应无坍塌。

Jb0003331043　机械开挖基坑有哪些要求？（5 分）

考核知识点：基坑开挖

难易度：易

标准答案：

采用机械开挖基层，距离设计深度为 300～400mm 时，宜改用人工开挖。

Jb0003332044　机械开挖后的注意事项有哪些？（5 分）

考核知识点：基坑开挖

难易度：中

标准答案：

基坑开挖验槽后，地质条件与设计条件不符时，应提请设计单位处理。杆塔基础的坑深应以设计施工基面为准，拉线基础的坑深应以拉线基础中心的地面标高为准，超深部分应铺石灌浆处理。泥土坑应排除坑内积水后回填夯实。

Jb0003332045　接地沟的开挖有哪些注意事项？（5 分）

考核知识点：接地沟开挖

难易度：中

标准答案：

接地沟开挖的长度和深度应符合设计要求，且不得有负偏差，影响接地体与土壤接触的杂物应清除。在山坡上宜沿等高线开挖接地沟。

Jb0003332046　掏挖式基础的钢筋绑扎有哪些要求？（5 分）

考核知识点：基础施工

难易度：中

标准答案：

允许偏差主筋间距为±10mm，箍筋为±20mm，钢筋骨架直径为±10mm，钢筋骨架长度为±50mm。

Jb0003332047　岩石基础的开挖或钻孔有哪些要求？（5分）

考核知识点：岩石基础

难易度：中

标准答案：

（1）岩石构造的整体性不应被破坏。

（2）孔洞中的石粉、浮土、孔壁松散的活石应清除干净。

（3）软质岩石成孔后应立即安装锚筋或地脚螺栓，并应浇灌混凝土。

Jb0003333048　岩石基础的浇灌有哪些要求？（5分）

考核知识点：岩石基础

难易度：难

标准答案：

（1）浇灌混凝土或砂浆时，应分层浇捣密实，并应按现场浇筑基础混凝土的规定进行养护。

（2）孔洞中浇灌混凝土或砂浆的数量不得少于施工技术设计的规定值。

（3）对浇灌混凝土或砂浆的强度检验应以试块为依据，试块的制作应每基取一组。

（4）对浇灌钻孔式岩石基础，应采取措施减少混凝土收缩量。

Jb0003332049　岩石基础的施工允许偏差有哪些要求？（5分）

考核知识点：岩石基础

难易度：中

标准答案：

（1）成孔深度不应小于设计值。

（2）嵌固式基础的成孔横截面尺寸应大于设计值，且应保证设计锥度，钻孔式基础成孔的孔径允许正偏差应为20mm，不得有负偏差。

Jb0003313050　测量人员对330kV线路转角塔基础进行分坑，已知该转角塔转角度数θ为左转35°41′18″，测量人员在中心桩O点对经纬仪操平后，对准小号侧方向桩M并将经纬仪打倒镜、归零，然后将经纬仪逆时针旋转至大号侧方向桩F，此时经纬仪读数为324°17′20″（如图Jb0003313050所示）。

（1）计算实测转角误差。

（2）计算实际二等分线桩方向N的经纬仪度数。（10分）

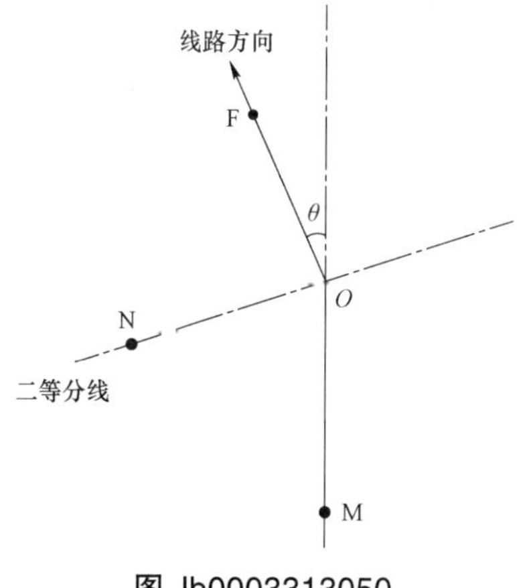

图 Jb0003313050

考核知识点：基础分坑

难易度：难

标准答案：

（1）实测转角度数：

$$360° - 324° 17'20'' = 35° 42'40''$$

实测转角误差：

$$35° 42'40'' - 35° 41'18'' = 0° 1'22''$$

（2）二等分线方向桩N的经纬仪读数：

$$324° 17'20'' - (180° - 35° 42'40'')/2 = 252° 8'40'' \text{或} 180° + (180° - 35° 42'40'')/2 = 252° 8'40''$$

Jb0003313051　现进行某 330kV 线路 22～23 号地线弛度检验（见图 Jb0003313051），测站 22 号，现已知 22 号塔型及呼高为 3A1－ZMC1－30m，最下层导线横担下平面至地线横担下平面的垂直距离为 8100mm，地线横担下平面至地线滑车轮槽垂直距离λ为 350mm，22～23 号的档距 470m，测量时的气温为 25℃，查得 25℃时地线的设计弛度为 14.786m，现测得仪器高为 1.45m，对 23 号地线滑车轮槽的竖直角为$\theta=273°\ 32'22''$，弧垂角$\theta=273°\ 10'27''$，通过计算判断现在的地线弛度是否符合要求。（10 分）

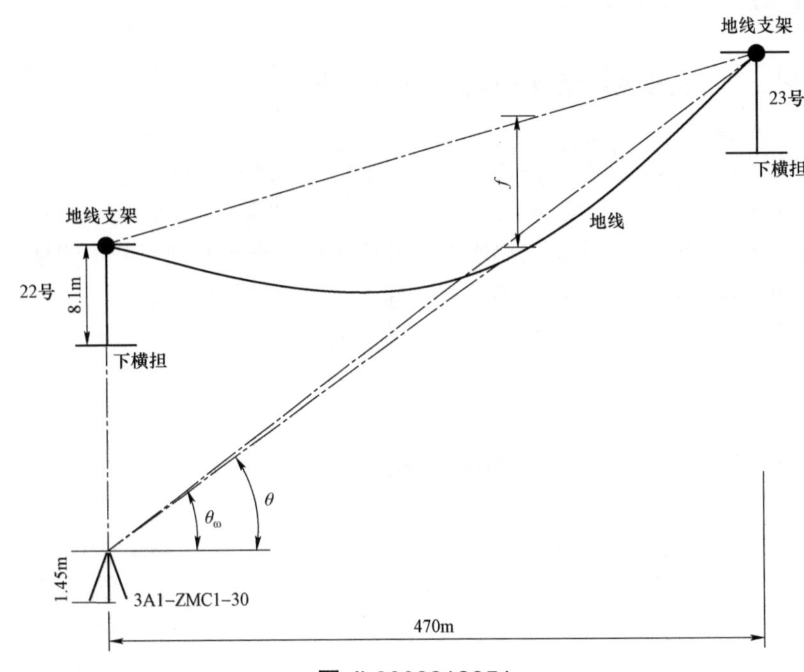

图 Jb0003313051

考核知识点：地线弛度

难易度：难

标准答案：

已知：$\theta=273°\,32'22''$，$i=1.45\text{m},\theta_{\omega}=273°\,10'27''$，$f_{设}=14.786\text{m}$

$H=30\text{m}$，$H_1=8.1\text{m}$，$\lambda=0.35\text{m}$，$L=470\text{m}$。

根据以上资料可得：

$$a=H+H_1-i-\lambda=30+8.1-1.45-0.35=36.3\ (\text{m})$$

根据档端检验公式：$f=\dfrac{1}{4}\left(\sqrt{a}+\sqrt{L(\tan\theta-\tan\theta_{\omega})}\right)^2$

$$f_{实}=\frac{1}{4}\left(\sqrt{36.3}+\sqrt{470\times(\tan 3°32'22''-\tan 3°10'27'')}\right)^2=15.076\ (\text{m})$$

由此得地线弧垂误差为：

$$\varDelta_{左}=\frac{f_{实}-f_{设}}{f_{设}}\times100\%=\frac{15.05-14.786}{14.786}\times100\%=+1.9\%$$

根据《架空输电线路运行规程》要求：220kV 及以上线路弧垂允许偏差范围为＋3%、－2.5%，可判定该地线弧垂符合要求。

Jb0003313052 某技术员对某直线塔基础进行验收，操作过程如下：将经纬仪架设在基础中心桩位置，并对中操平。用钢卷尺量得仪器高（中心桩顶面至镜头中心）为 1.55m，然后测得数据如表 Jb0003313052 所示。

表 Jb0003313052

塔腿编号	A	B	C	D
经纬仪竖直角为 90° 时塔尺中丝度数（mm）	2024	2025	2018	2022

（1）计算基础顶面与中心桩顶面高差（以中心桩顶面高程为 0m）。
（2）计算基础顶面高差（以最低基础为 0m）。（10 分）
考核知识点：基础施工
难易度：难
标准答案：
解：已知仪器高$i=1.55$m，且中心桩顶面高程为 0
基础顶面与中心桩顶面高差分别为：

$$\Delta h_A = 1.55\times10^3 - 2024 = -474\text{（mm）}$$
$$\Delta h_B = 1.55\times10^3 - 2025 = -475\text{（mm）}$$
$$\Delta h_C = 1.55\times10^3 - 2018 = -468\text{（mm）}$$
$$\Delta h_D = 1.55\times10^3 - 2022 = -472\text{（mm）}$$

根据表 Jb0003313052 中参数知最低基础为 B 腿，且设 B 腿高程为 0
则基础顶面高差分别为：

$$\Delta H_A = 2025 - 2024 = 1\text{（mm）}$$
$$\Delta H_B = 2025 - 2025 = 0\text{（mm）}$$
$$\Delta H_C = 2025 - 2018 = 7\text{（mm）}$$
$$\Delta H_D = 2025 - 2022 = 3\text{（mm）}$$

Jb0003313053 某技术员拟对某 330kV 线 60～61 号导线弛度进行检查，技术员将经纬仪架设在 60 号杆塔中心处。经纬仪操平后测得仪器高 i=1.50m，61 号左、右相导线挂点竖直角均为θ_1=272° 30′30″，左、右相弧垂角分别为$\theta_{\omega左}$=271° 45′45″和$\theta_{\omega右}$=271° 46′46″，已知测量时温度为 27℃，60 号铁塔呼高 H=27m，绝缘子串长度λ=3.8m，查阅该线路相关弛度资料（见表 Jb0003313053）。

表 Jb0003313053

塔号	档距（m）	不同温度下的弛度（m）			
		15℃	20℃	25℃	30℃
60～61 号	536	12.892	13.136	13.380	13.623

试通过以上资料核算该档左、右相弛度及相间误差是否符合《架空输电线路运行规程》要求。（10 分）
考核知识点：弛度计算

难易度：难

标准答案：

解：已知：$\theta_1=\theta_2=272°30'30''$，$i=1.50\text{m},\theta_{\omega左}=271°45'45''$，$\theta_{\omega右}=271°46'46''$，$H=27\text{m}$，$\lambda=3.8\text{m}$，$L=536\text{m}$。

根据表中弧垂资料可得27℃时的设计弧垂为：

$$f_{27℃}=\frac{f_{30℃}-f_{25℃}}{5}\times2+f_{25℃}=\frac{13.623-13.380}{5}\times2+13.380=13.477\text{m}\ （1分）$$

$$a=H-i-\lambda=27-1.50-3.8=21.7\ （\text{m}）$$

根据公式：

$$f=\frac{1}{4}\left(\sqrt{a}+\sqrt{L(\tan\theta-\tan\theta_{\omega})}\right)^2$$

$$f_{左}=\frac{1}{4}\left(\sqrt{21.7}+\sqrt{536\times(\tan2°30'30''-\tan1°45'45'')}\right)^2=13.328\ （\text{m}）$$

$$f_{右}=\frac{1}{4}\left(\sqrt{21.7}+\sqrt{536\times(\tan2°30'30''-\tan1°46'46'')}\right)^2=13.218\ （\text{m}）$$

由此得左、右相弧垂误差分别为：

$$\Delta_{左}=\frac{f_{左}-f_{27℃}}{f_{27℃}}\times1000\%=\frac{13.328-13.477}{13.477}\times100\%=-1.1\%$$

$$\Delta_{右}=\frac{f_{右}-f_{27℃}}{f_{27℃}}\times100\%=\frac{13.218-13.477}{13.477}\times100\%=-1.9\%$$

相间误差为：

$$\Delta_{相}=\left|f_{左}-f_{右}\right|=\left|13.328-13.218\right|=0.11\ （\text{m}）=110\text{mm}$$

根据《架空输电线路运行规程》要求：220kV及以上线路弧垂允许偏差范围为+3%、−2.5%，相间误差不超过300mm的要求，可判定该导线左右相弧垂及相间误差均符合要求。

Jb0003313054　某技术员使用经纬仪对330kV直线塔进行杆塔结构倾斜检查（见图Jb0003313054）。

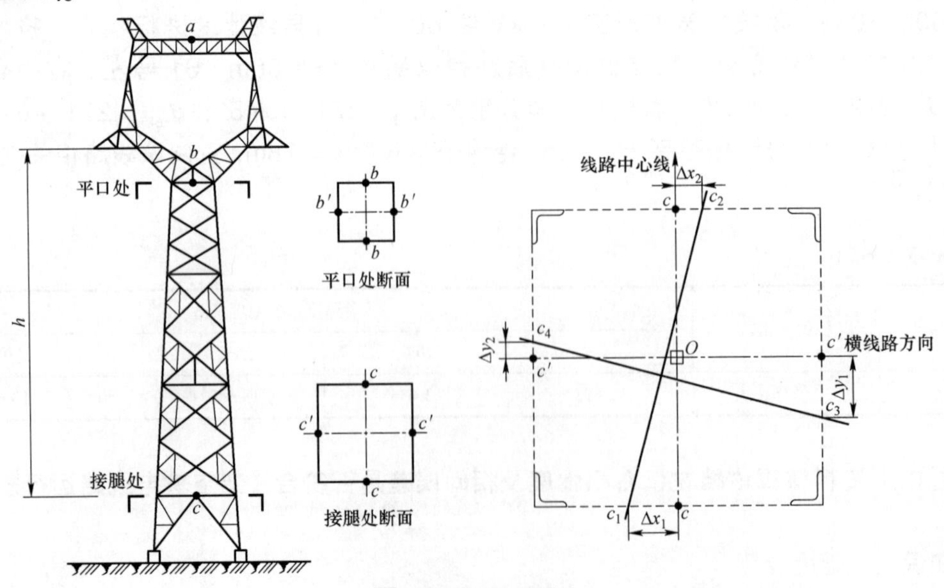

图 Jb0003313054

检查的步骤如下：

（1）将仪器安置在铁塔正面线路中心线上，距铁塔 60～70m 的位置上，使仪器目镜十字丝交点瞄准塔顶横担中点 a，然后将镜头在竖直方向旋转至接腿处水平材中点 c 附近，然后用钢卷尺量得目镜竖丝与 c 点之间的水平距离 $\Delta x_1=50$mm。然后再将经纬仪移至铁塔背面线路中心线上，按以上方法量得 $\Delta x_2=40$mm。

（2）将仪器安置在铁塔横线路中心线上，按同样方法测得 $\Delta y_1=50$mm，$\Delta y_2=30$mm。现已知 a 点到 c 点的垂直距离为 $h=20$m，根据以上数据计算整基铁塔结构倾斜率？（10 分）

考核知识点：铁塔结构倾斜率

难易度：难

标准答案：

解：

$$x=\frac{|\Delta x_1+\Delta x_2|}{2}=\frac{|50+(-40)|}{2}=5\text{（mm）}$$

$$y=\frac{|\Delta y_1+\Delta y_2|}{2}=\frac{|50+(-30)|}{2}=10\text{（mm）}$$

斜率：$\delta=\dfrac{\sqrt{x^2+y^2}}{h}\times1000‰=\dfrac{\sqrt{5^2+10^2}}{20\times10^3}\times1000‰=0.6‰$

答：整基铁塔结构倾斜率为0.6‰。

Jb0003313055 简述使用经纬仪对 330kV 转角塔进行杆塔结构倾斜检查过程是什么？现已知 a 点到 c 点的垂直距离为 h，根据以上数据计算整基铁塔结构倾斜率？（见图 Jb0003313055）（10 分）

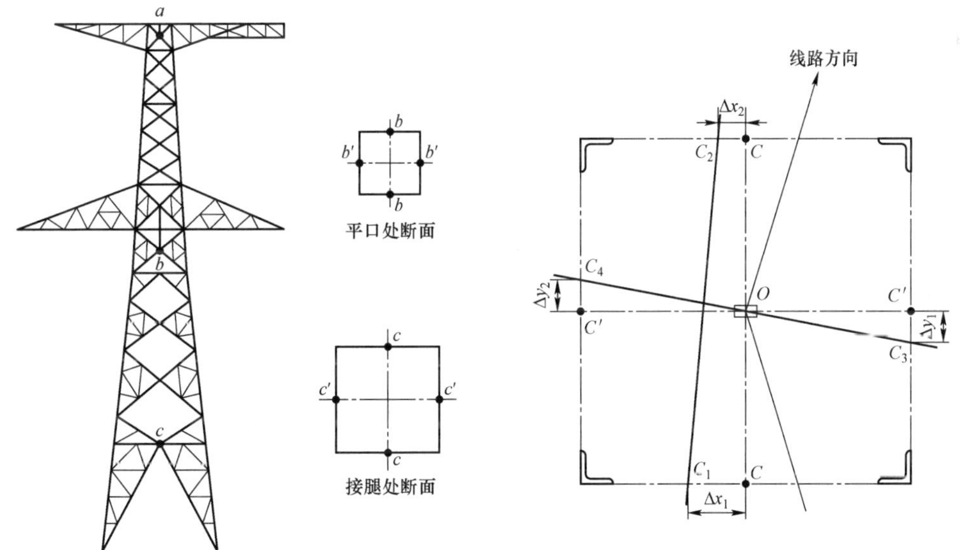

图 Jb0003313055

考核知识点：铁塔结构倾斜率

难易度：难

标准答案：

（1）将仪器安置在铁塔正面（二等分线的垂直方向），距铁塔 60～70m 的位置上，使仪器目镜十字丝交点瞄准塔顶横担中点 a，然后将镜头在竖直方向旋转至接腿处水平材中点 c 附近，然后用钢卷

尺量得目镜竖丝与 c 点之间的水平距离Δx_1。然后再将经纬仪移至铁塔背面，按以上方法量得Δx_2。

（2）将仪器安置在铁塔侧面（二等分线上），按同样方法测得Δy_1、Δy_2。

$$x=\frac{|\Delta x_1+\Delta x_2|}{2}$$

$$y=\frac{|\Delta y_1+\Delta y_2|}{2}$$

斜率：$\delta=\frac{\sqrt{x^2+y^2}}{h}\times 1000‰$

Jb0003313056　某技术员对某直线不等高基础进行验收，已知此直线塔基础顶面至中心桩高差及基础平面布置图如 Jb0003313056 所示。

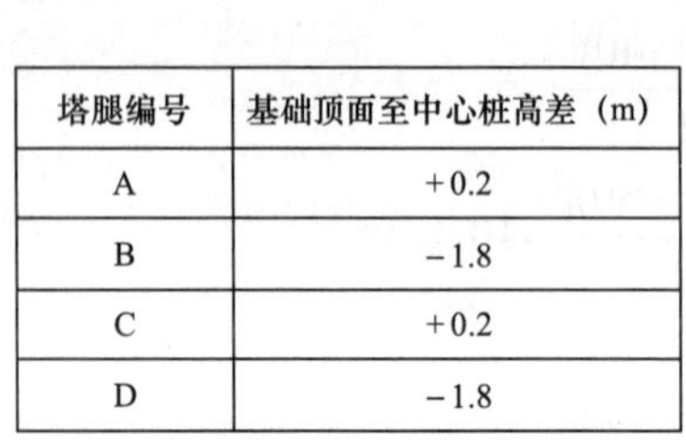

塔腿编号	基础顶面至中心桩高差（m）
A	+0.2
B	−1.8
C	+0.2
D	−1.8

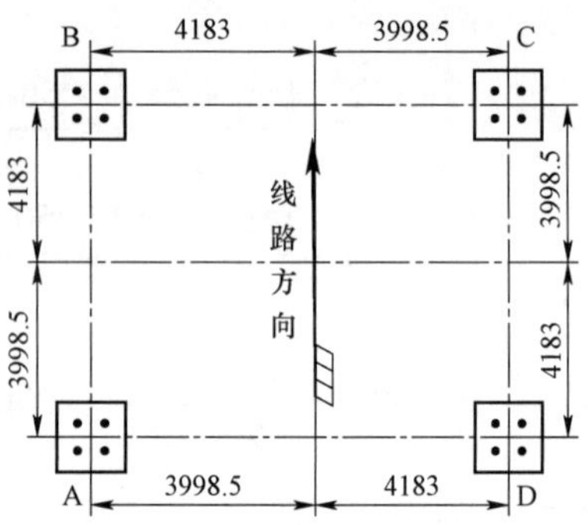

图 Jb0003313056

操作过程如下：

（1）将经纬仪架设在基础中心桩位置，并对中操平。

（2）用钢卷尺量、经纬仪测得数据见表 Jb0003313056。

表 Jb0003313056

塔腿编号	A	B	C	D
经纬仪镜头中心至同组地脚螺栓中心斜距 s（mm）	5801	6771	5796	6784
基础中心竖直角α（°）	102°58′00″	119°13′00″	102°58′00″	119°11′00″

现根据以上数据计算：基础半对角线误差（计算结果取整）（10 分）

考核知识点：基础施工

难易度：难

标准答案：

解：由图得 ABCD 基础半对角线设计值为

$$l_{\text{A设}}=l_{\text{C设}}=3998.5\times\sqrt{2}=5655\text{（mm）}$$

$$l_{\text{B设}}=l_{\text{D设}}=4183\times\sqrt{2}=5916\text{（mm）}$$

根据所测数据可得 ABCD 基础半对角线实测值为

$$l_{\text{A实}}=5801\times\sin 102°58'00''=5653\text{（mm）}$$

$$l_{\text{B实}}=6771\times\sin 119°13'00''=5910\text{（mm）}$$

$$l_{\text{C实}}=5796\times\sin 102°58'00''=5648\text{（mm）}$$

$$l_{\text{D实}}=6784\times\sin 119°11'00''=5923\text{（mm）}$$

由此得ABCD基础半对角线误差值为

$$\Delta_A = l_{A实} - l_{A设} = 5653 - 5655 = -2\text{（mm）}$$
$$\Delta_B = l_{B实} - l_{B设} = 5910 - 5916 = -6\text{（mm）}$$
$$\Delta_C = l_{C实} - l_{C设} = 5648 - 5655 = -7\text{（mm）}$$
$$\Delta_D = l_{D实} - l_{D设} = 5923 - 5916 = 7\text{（mm）}$$

Jb0003313057　现档外法进行某330kV线路23～24号导线弛度检验，测站22号，22～23号的档距355m，23～24号的档距390m，测量时的气温为25℃，查得25℃时导线的设计弛度为7.416m，对23号导线线夹的竖直角为θ_1=275° 16′40″，对24号导线线夹的竖直角为θ_2=273° 10′26″，对23～24号导线弧垂点的弧垂角$\theta_{弧}$=272° 56′57″，通过计算判断现在的导线弛度是否符合求（见图Jb0003313057）。（10分）

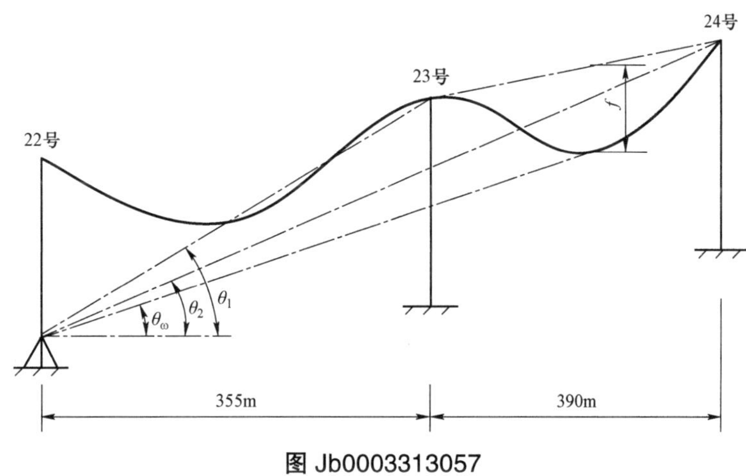

图 Jb0003313057

考核知识点：弛度计算

难易度：难

标准答案：

解：已知$l_1 = 355\text{m}, l = 390\text{m}, f_{设} = 7.416\text{m}, \theta_1 = 275°16'40'', \theta_2 = 273°10'26''$，$\theta_{弧} = 272°56'57''$

根据弧垂档外检查公式：$f = \frac{1}{4}\left(\sqrt{l_1(\tan\theta_1 - \tan\theta_{弧})} + \sqrt{(l_1 + l)(\tan\theta_2 - \tan\theta_{弧})}\right)^2$

得实测导线弧垂为：

$$f_{实} = \frac{1}{4}\left(\sqrt{355\times(\tan 5°16'40'' - \tan 2°56'57'')} + \sqrt{(355+390)\times(\tan 3°10'26'' - \tan 2°56'57'')}\right)^2$$
$$= 7.618\text{（m）}$$

弧垂误差为：$\Delta = \frac{f_{实} - f_{设}}{f_{设}}\times 100\% = \frac{7.618 - 7.416}{7.416}\times 100\% = +2.72\%$

答：根据《架空输电线路运行规程》规定：220kV及以上线路弧垂允许偏差为+3.0%、−2.5%的规定，可判定该导线弧垂为+2.72%符合要求。

Jb0003313058　现进行某330kV线路22～23号地线弛度观测，测站22号，现已知22号塔型及呼高为3A1－ZMC1－30m，最下层导线横担下平面至地线横担下平面的垂直距离为8100mm，地

线横担下平面至地线滑车轮槽垂直距离为 350mm，22～23 号的档距 470m，测量时的气温为 25℃，查得 25℃时地线的设计弛度为 14.386m，现测得仪器高为 1.450m，对 23 号地线滑车轮槽的竖直角为θ_1=273° 26′20″（见图 Jb0003313058），通过以上数据，计算弧垂角$\theta_{弧}$？（10 分）

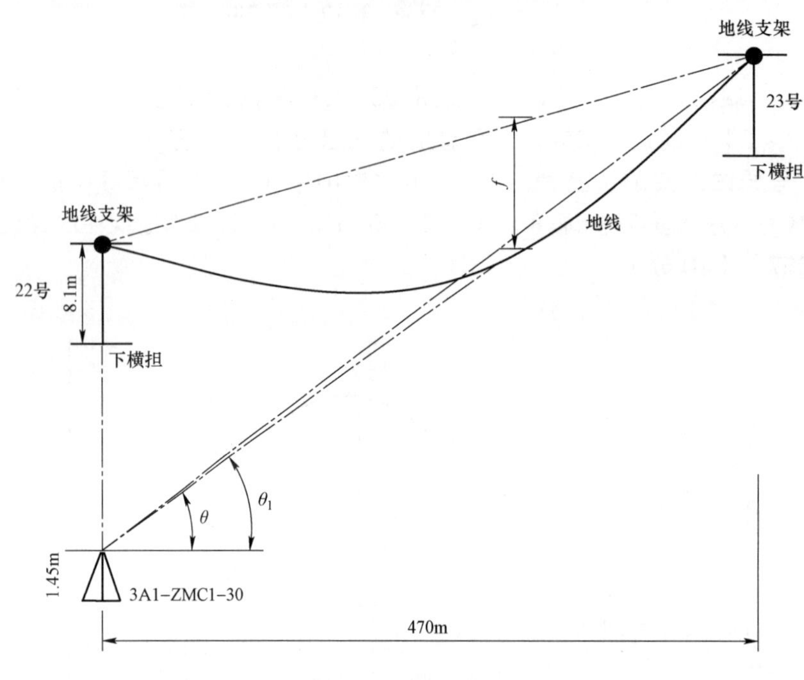

图 Jb0003313058

考核知识点：弧垂角计算

难易度：难

标准答案：

解：已知：$i = 1.45\text{m}, f_{设} = 14.386\text{m}, H = 30\text{m}, H_1 = 8.1\text{m}, \lambda = 350\text{mm}, L = 470\text{m}$

由题得：$a = H + H_1 - \lambda - i = 30 + 8.1 - 0.35 - 1.45 = 36.3$（m）

挂点高差：$h = L \cdot \tan\theta_1 - a = 470 \times \tan 3°26'20'' - 36.3 = -8.056$（m）

由公式得弧垂角

$$\theta_{弧} = \arctan\left(\frac{\pm h - 4f_{设} + 4\sqrt{af_{设}}}{L}\right)$$

$$= \arctan\left(\frac{-8.056 - 4\times14.386 + 4\times\sqrt{36.3\times14.386}}{470}\right)$$

$$= \arctan 0.054\,910\,246\,5$$

$$= 3°08'35''$$

答：弧垂角 $\theta_{弧}$ 为 $3°08'35''$。

Jb0003313059　某运维站技术人员对×× 330kV 线路π接工程 3～4 号进行弧垂检验，档距 524m，且该段设计弧垂值必须根据现有图纸查阅计算获得，查阅相关图纸，数据见表 Jb0003313059（按降温 20℃考虑），计算 10℃的导线弧垂值（高差角为 0）（5 分）

表 Jb0003313059

耐张段	导线规格	代表档距（m）	导线在不同温度下的百米弧垂值（m）				
			10℃	15℃	20℃	25℃	30℃
1～10 号	LGJ－300/40	419	0.580	0.594	0.608	0.622	0.635

考核知识点：导线弧垂值

难易度：难

标准答案：

解：已知高差角为 0，则$\cos B=1$，由10℃时的百米弧垂 $f_{(100)}=0.580\text{m}$，3～4 号的档距$l_x=524\text{m}$

根据公式得10℃时 3～4 号的导线弧垂为：

$$f_x=\frac{f_{(100)}}{\cos B}\bullet\left(\frac{l_x}{100}\right)^2=0.580\times\left(\frac{524}{100}\right)^2=15.925\text{（m）}$$

答：导线弧垂值 15.92m。

Jb0003332060 采用楔形线夹连接的拉线，安装时应符合哪些规定？（5 分）

考核知识点：拉线安装

难易度：中

标准答案：

（1）线夹的舌板与拉线应紧密接触，受力后不应滑动。线夹的凸肚应在尾线侧，安装时不应使线股损伤。

（2）拉线弯曲部分不应有明显松股，断头侧应采取防止散股的有效措施。线夹尾线宜露出 300～500mm，尾线与本线应用镀锌铁线绑扎或压牢。拉线断口及绑扎线应涂漆防腐。

（3）同组及同基拉线的各个线夹，尾线端方向应力求统一。

Jb0003332061 拉线安装后应符合哪些要求？（5 分）

考核知识点：拉线安装

难易度：中

标准答案：

（1）拉线与拉线棒应呈一直线。

（2）X 形拉线的交叉点处应留有空隙，避免相互磨碰。

（3）拉线的对地水平夹角允许偏差应为±1°。

（4）NUT 型线夹带螺母后的螺杆应露出螺纹，螺纹在装好双螺母及防卸装置后宜露出丝 3～5 道。

（5）组合拉线的各根拉线应受力均衡。

Jb0003332062 起吊重物前工作负责人应做哪些工作？（5 分）

考核知识点：起重安全

难易度：中

标准答案：

起吊重物前，应由工作负责人检查悬吊情况及所吊物件的捆绑情况，认为可靠后方准试行起吊。

起吊重物稍一离地（或支持物），应再检查悬吊及捆绑情况，认为可靠后方准继续起吊。

Jb0003333063　使用流动式起重机组立钢管塔的操作要点有哪些？（5分）

考核知识点：线路检修

难易度：难

标准答案：

（1）立塔施工前，施工人员应明确塔片吊装顺序、每吊重量、吊点位置及补强方法。

（2）起重机操作人员与高处作业人员应密切配合，统一指挥信号。

（3）起重机支腿应支撑在坚实的地面上。

（4）吊件的吊点位置应位于吊件的重心上方且绑扎牢固。

Jb0003332064　铁塔基础符合哪些规定时可以组立铁塔？（5分）

考核知识点：线路验收

难易度：中

标准答案：

（1）经中间检查验收合格。

（2）分解组里铁塔时，混凝土的抗压强度应达到设计强度的70%。

（3）整体立塔时，混凝土的抗压强度应达到设计强度的100%，当立塔操作采取有效防止基础承受水平推力的措施时，混凝土的抗压强度允许不低于设计强度的70%。

Jb0003331065　架空线连接前后应做哪些检查？（5分）

考核知识点：线路施工

难易度：易

标准答案：

（1）被连接的架空线绞向是否一致。

（2）连接部位有无线股绞制不良、断股、缺股现象。

（3）切割铝股时严禁伤及钢芯。

（4）连接后管口附近不得有明显松股现象。

Jb0003323066　画出直线正方形铁塔基础分坑图，根开6.400m，坑口2.000m？（5分）

考核知识点：基础分坑

难易度：难

标准答案：

如图Jb0003323066所示。

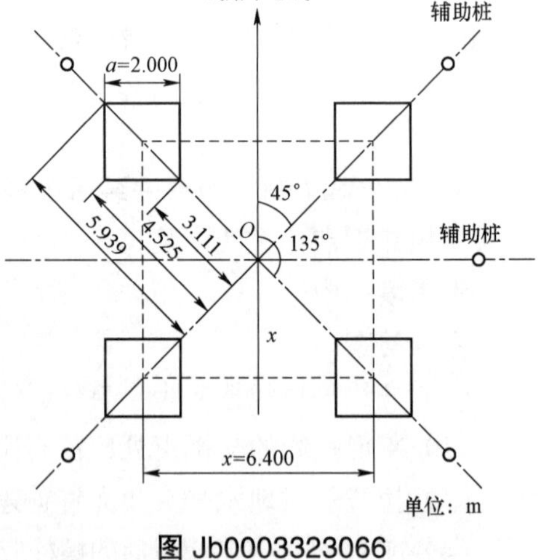

图 Jb0003323066

Jb0003313067　某施工现场，需用撬杠把重物移动，已知撬杠支点到重物距离 $L_1=0.2$m，撬杠支点到施力距离 $L_2=1.8$m。试问人对撬杠施加多大的力 F 时，才能把 $G=200$kg 的重物撬起来？（5分）

考核知识点：受力分析计算

难易度：难

标准答案：

解：根据力矩平衡原理

$GL_1=FL_2$

$F=\dfrac{GL_1}{L_2}=\dfrac{200\times9.8\times0.2}{1.8}$

$=217.8$（N）

答：至少需要 217.8N 的力才能把 200kg 的重物撬起来。

Jb0003313068　计算 M16 螺栓允许剪切力 τ。（5 分）

（1）求丝扣进剪切面的允许剪切力。

（2）求丝扣未进剪切面的允许剪切力。

提示 M16 螺栓的毛面积 S_1=2cm²，净面积 S_2=1.47cm²，允许剪应力[σ]=10 000N/cm²

考核知识点：受力分析计算

难易度：难

标准答案：

解：

（1）丝扣进剪切面允许剪切力

$$\tau_1=[\sigma]S_2=10\,000\times1.47=14\,700\text{（N）}$$

（2）丝扣未进剪切面允许剪切力

$$\tau_2=[\sigma]S_1=10\,000\times2=20\,000\text{（N）}$$

答：丝扣进剪切面允许剪切力为 14 700N，丝扣未进剪切面允许剪切力为 20 000N。

Jb0003313069　某一线路耐张段，有四个档距，分别为 l_1=190m、l_2=200m、l_3=210m、l_4=220m。求此耐张段代表档距 l_0。（5 分）

考核知识点：施工计算

难易度：难

标准答案：

解：此耐张段代表档距为

$$l_0=\sqrt{\frac{\Sigma l_i^3}{\Sigma l_i}}=\sqrt{\frac{l_1^3+l_2^3+l_3^3+l_4^3}{l_1+l_2+l_3+l_4}}$$

$$=\sqrt{\frac{190^3+200^3+210^3+220^3}{190+200+210+220}}=205.9\text{（m）}$$

答：此耐张段代表档距为 205.9m。

Jb0003333070　某基础现场浇制所用水、砂、石、水泥的重量分别为 35、120、215kg 和 50kg。试计算该基础的配合比。（5 分）

考核知识点：施工计算

难易度：难

标准答案：

解：由题意可得

$$\frac{35}{50}:\frac{120}{50}:\frac{215}{50}=0.7:2.4:4.3$$

答：该基础的配合比为 1:0.7:2.4:4.3。

Jb0003331071　整体起立杆塔有何优、缺点？（5分）

考核知识点：送电线路施工基础知识

难易度：易

标准答案：

优点：① 高空作业量小。② 施工比较方便。③ 适合流水作业。

缺点：① 整体分量重，工器具需相应配备。② 施工占地面积大。

Jb0003331072　紧线时耐张（转角）塔均需打临时拉线，临时拉线的作用及要求各是什么？（5分）

考核知识点：临时拉线的作用及要求

难易度：易

标准答案：

（1）作用：平衡单边挂线后架空线的张力。

（2）要求：① 对地夹角为30°～45°。② 每根架空线必须在沿线路紧线的反方向打一根临时拉线。③ 转角杆在内侧多增设一根临时拉线。④ 临时拉线上端在不影响挂线的情况下，固定位置离挂线点越近越好。

Jb0003332073　钢筋混凝土杆地面组装工艺包括哪些方面？（5分）

考核知识点：钢筋混凝土杆组装

难易度：中

标准答案：

（1）组装横担：可将横担两端稍微翘起10～20mm，以便悬挂后保持水平。

（2）组装叉梁：先安装四个叉梁抱箍，将叉梁交叉点垫高，其中心与叉梁抱箍保持水平，再装上、下叉梁。

（3）部分螺栓连接构件不宜过紧，以防起吊时损坏构件。

（4）绝缘子组装后在杆顶离地时再挂在横担上，以防绝缘子碰伤。

（5）金具、拉线、爬梯等尽量地面组装，减少高空作业。安装完毕后，进行各部分全面检查。

Jb0003332074　怎样用异长法观测并计算运行线路的弧垂？（5分）

考核知识点：弧垂观测和计算

难易度：中

标准答案：

（1）在观测档的任一杆塔的导线悬垂线夹下方选取一垂直距离a，绑一弛度板。

（2）另一人持另一块弛度板登观测档的另一杆塔，观测该档弧垂。

（3）上下试凑，使两弛度板与弧垂点恰成一直线，此时绑好第二块弛度板，量取至该导线悬垂线夹的距离b。

（4）由弧垂计算公式计算出导线的弧垂f。

Jb0003332075　使用线材时应做哪些检查？（5分）

考核知识点：导线外观检查

难易度：中

标准答案：

线材的技术特征、制造规范应符合国家标准，在取得合格证和出厂证明后尚需进行下列外观检查：

（1）不得有松股、交叉、折叠、硬弯、断裂及破损等缺陷。

（2）铝线不得有严重腐蚀现象。

（3）钢线表面应镀锌良好，不得锈蚀。

（4）绞股线的绞制方向是否一致。

Jb0003332076　制动钢丝绳受力情况是怎样变化的？如何有效防止制动钢丝绳受力过大？（5分）

考核知识点：制动钢丝绳受力分析

难易度：中

标准答案：

（1）制动钢绳在杆塔起立开始时受力收紧。

（2）随着杆塔起立角度增加，抱杆的支撑力逐渐减小，制动绳索的受力逐渐增大。

（3）当抱杆失效时，抱杆的支撑力消失，制动绳的受力最大。

（4）为防止制动钢绳受力过大，在抱杆失效前，应调整制动绳长度，使杆根坐入底盘。

Jb0003332077　使用倒落式抱杆整体组立杆塔时如何控制反向临时拉线？（5分）

考核知识点：倒落式抱杆整体组立杆塔

难易度：中

标准答案：

（1）随着杆塔起立角度的增大，抱杆受力渐渐减小。

（2）在抱杆失效前，必须带上反面临时拉线。

（3）反面临时拉线随杆塔起立角度增加进行长度控制。

（4）当杆塔起立到70°时，应放慢牵引速度。

（5）当杆塔起立到80°时，停止牵引，用临时拉线调直杆身。

Jb0003333078　拉线在水泥杆上的固定应符合哪些规定？（5分）

考核知识点：拉线的安装

难易度：难

标准答案：

（1）楔形线夹和UT型线夹卡其舌板与拉线应接触紧密，在拉线正常受力情况下应无滑动现象，钢绞线的端头应装在受力面的一侧。

（2）钢绞线断头露出规定：上端头应为300mm，可用不小于2.0mm的单股镀锌铁线绑扎。下端头露出应为500mm，且用不小于3.2mm的单股镀锌铁线绑扎。上下端绑扎一般为50mm。

（3）拉线的交叉处不得互相摩擦。

（4）拉线调好后，楔形线夹和UT型线夹露出的丝扣长度应为10～30mm。

（5）拉线包箍距杆顶200mm。

（6）水平拉线在跨越公路及其他交通道路时，其对地距离一般不小于6m。

（7）在居民区若拉线高于带电导线时，应加装拉线绝缘子，且必须使拉线绝缘子位于带电部位以下。一般情况下，拉线绝缘子安装在距拉线上端 1～3m 处。

Jb0003311079 试述不带拉线的直线单杆的分坑的步骤。（5 分）

考核知识点：直线单杆的分坑

难易度：易

标准答案：

定位：用经纬仪定出直线单杆的杆位。将经纬仪摆在主桩位上，沿线路方向定出前、后的副桩。分坑：以主桩为中心，根据杆坑的大小画一圆形或方形的坑口线。

Jb0003331080 简述导线截面的基本选择和校验方法。（5 分）

考核知识点：导线截面的选择和校验

难易度：易

标准答案：

（1）按允许电压损耗选择导线截面。

（2）按经济电流密度选择导线截面。

（3）按发热条件校验导线截面。

（4）按机械强度校验导线截面。

（5）按电晕条件校验导线截面。

Jb0003331081 在紧线施工中，对工作人员的要求有哪些？（5 分）

考核知识点：紧线施工

难易度：易

标准答案：

（1）不得在悬空的架空线下方停留。

（2）被牵引离地的架空线不得横跨。

（3）展放余线时护线人员不得站在线圈内或线弯内侧。

（4）在未取得指挥员同意之前不得离开岗位。

Jb0003331082 什么是混凝土的和易性？和易性对混凝土构件质量有何影响？（5 分）

考核知识点：混凝土特性

难易度：易

标准答案：

（1）定义：混凝土的和易性是指混凝土经搅拌后，在施工过程中干稀均匀的合适程度。

（2）质量影响：① 和易性差的混凝土影响构件内部的密实性。② 和易性差的混凝土影响构件表面的质量。③ 和易性差的混凝土影响构件棱角的质量。

Jb0003331083 什么是混凝土的坍落度？坍落度主要评价混凝土的指标什么？（5 分）

考核知识点：混凝土特性

难易度：易

标准答案：

（1）混凝土的坍落度是指将拌和好的混凝土按要求装入测试容器后，容器取出时混凝土自行坍落下的高度。

（2）坍落度是评价混凝土和易性及混凝土稀稠程度的指标。

Jb0003331084 施工测量时应对哪些地形标高进行重点复核？（5分）

考核知识点： 施工测量

难易度： 易

标准答案：

（1）地形变化较大，导线对地距离有可能不够的地形凸起点的标高。

（2）杆塔位间被跨越物的标高。

（3）相邻杆塔位的相对标高。

Jb0003331085 什么叫悬臂抱杆组立铁塔？（5分）

考核知识点： 悬臂抱杆组立铁塔

难易度： 易

标准答案：

所谓悬臂抱杆组塔，就是利用安装在主抱杆上部与水平面成90°的四个悬臂梁来吊装铁塔。悬臂可根据安装的需要绕其支座上下运行，因此悬臂抱杆又叫摇臂抱杆，根据支座方式的不同，本工艺又分悬浮式和落地式两种。每种吊式又有单片、双片吊立之别，人们通常把落地式摇臂抱杆叫作通天摇臂抱杆。

Jb0004333086 输电设备状态检修应遵循什么原则？（5分）

考核知识点： 输电设备状态检修

难易度： 难

标准答案：

（1）“安全第一”原则。

（2）“标准先行”原则。

（3）“应修必修”原则。

（4）“过程管控”原则。

（5）“持续完善”原则。

Jb0004333087 输电线路检修分为几类？怎么划分？（5分）

考核知识点： 线路检修

难易度： 难

标准答案：

（1）A类检修：指对线路主要单元（如杆塔和导地线等）进行大量的整体性更换、改造等。

（2）B类检修：指对线路主要单元进行少量的整体性更换及加装，线路其他单元的批量更换及加装。

（3）C类检修：综合性检修及试验。

（4）D类检修：指在地电位上进行的不停电检查、检测、维护或更换。

（5）E类检修：指等电位带电检修、维护或更换。

Jb0004331088 输电线路抢修应遵循什么原则？（5分）

考核知识点： 线路检修

难易度：易

标准答案：

故障抢修管理遵循“分级组织，分层管理”的原则。

Jb0004332089 停电清扫不同污秽绝缘子的操作方法是怎样的？（5分）

考核知识点：线路检修

难易度：中

标准答案：

（1）一般污秽：用抹布擦净绝缘子表面。

（2）含有机物的污秽：用浸有溶剂（汽油、酒精、煤油）的抹布擦净绝缘子表面，并用干净抹布最后将溶剂擦干净。

（3）黏结牢固的污秽：用刷子刷去污秽层后用抹布擦净绝缘子表面。

（4）黏结层严重的污秽：绝缘子可更换新绝缘子。

Jb0004331090 维修线路工作的内容包括哪些？（5分）

考核知识点：输电线路检修

难易度：易

标准答案：

（1）杆塔、拉线基础培土。

（2）修理巡线小道，砍伐影响线路安全运行的树、竹。

（3）添补少量螺栓、脚钉、塔材。

（4）紧固螺栓，调整拉线、涂刷设备标志。

（5）消除杆塔上的鸟巢及其他杂物。

Jb0004331091 巡视发现某110kV线路一直线杆的绝缘子串顺线路方向加号侧偏移300mm。该如何处理？（5分）

考核知识点：绝缘子倾斜处理

难易度：易

标准答案：

需对整个耐张段的杆塔和导线进行检查，找出绝缘子串偏移的原因，再制定处理方案。如果因为杆塔变形或倾斜引起，需对杆塔进行处理；如果是因为导线滑出耐张线夹造成的，需对导线进行调紧并紧固好耐张线夹；如果因为热胀冷缩悬垂线夹滑移后无法复位或原来就有所偏移而由于天气温度变化而加剧，则调整并紧固好悬垂线夹。

Jb0004331092 对电缆接头有哪些要求？（5分）

考核知识点：电缆接头的制作要求

难易度：易

标准答案：

（1）良好的导电性，要与电缆本体一样，能久稳定地传输允许载流量规定的电流，且不引起局部发热。

（2）满足在各种状况下具有良好的绝缘结构。

（3）优良的防护结构，要求具有耐气候性和防腐蚀性，以及良好的密封性和足够的机械强度。

Jb0005333093 白棕绳的最小破断拉力 T_P 为 31200N，其安全系数 K 为 3.12。试求白棕绳的允许使用拉力 T 为多少？（5 分）

考核知识点：受力分析计算

难易度：难

标准答案：

解：白棕绳的允许使用拉力

$$T=\frac{T_P}{K}=\frac{31\,200}{3.12}=10\,000\text{（N）}$$

答：白棕绳的允许使用拉力为 10 000N。

Jb0005331094 使用飞车应注意哪些事项？（5 分）

考核知识点：飞车使用

难易度：易

标准答案：

（1）使用前应对飞车进行全面检查，以保证使用安全。

（2）使用中行驶速度不宜过快，以免刹车困难。

（3）使用后平时注意保养。

Jb0005331095 钢丝绳直径与滑轮直径如何配合？（5 分）

考核知识点：钢丝绳直径与滑轮的选取

难易度：易

标准答案：

缠绕钢丝绳的滑轮，磨芯或滚筒，除特殊规定外，其最小直径与钢丝绳直径之比应满足下列要求：

（1）对起重滑轮的槽底不应小于 10～11 倍。

（2）对人推绞磨和机动绞磨的磨芯应不小于 9～10 倍。

Jb0005331096 对起重钢丝绳的安全系数有何规定？（5 分）

考核知识点：钢丝绳的使用

难易度：易

标准答案：

（1）用于固定起重设备为 3.5。

（2）用于人力起重为 4.5。

（3）用于机动起重为 5～6。

（4）用于绑扎起重物为 10。

（5）用于供人升降用为 14。

Jb0005331097 钢丝绳在什么情况下应报废或截除？（5 分）

考核知识点：钢丝绳的使用

难易度：易

标准答案：

钢丝绳有下列情况之一者应报废或截除。

（1）在一个节距内（每股钢丝绳绕捻一周的长度）断丝根数超过有关规定的。
（2）钢丝绳有断股的。
（3）钢丝绳磨损或腐蚀深度达到原直径的40%以上者或本身受过严重的烧伤或局部电弧烧伤者。
（4）压扁变形或表面毛刺者。
（5）断丝数量虽不多，但断丝增加很快者。

Jb0005331098　滑轮组在使用时，对不同的牵引力，其相互间距离有什么要求？（5分）

考核知识点：滑轮组的使用

难易度：易

标准答案：

（1）30kN以下的滑轮组之间的距离为0.5m。
（2）100kN以下的滑轮组之间的距离为0.7m。
（3）250kN以下的滑轮组之间的距离为0.8m。

Jb0005331099　常用电气仪表有哪几种？功率表的结构特点是什么？（5分）

考核知识点：常用电气仪表种类及功率表的特点

难易度：易

标准答案：

（1）常用电气仪表有交直流电压表、电流表，单相、三相功率表，功率因数表，万用表，钳型表，绝缘电阻表，接地摇表，测量精密度高的单、双臂电桥，直流电位差计等仪表仪器。

（2）功率表又叫瓦特表，它有两个线圈，一个是与电路串联的电流线圈，另一个是和电路并联的电压线圈，它不仅可测量有功功率，而且改换连接方法也可测量无功功率。它的电流线圈的电源端（标有“*”号）必须与电源连接，另一端与负载连接。电压支路标有“*”号的电源端可与电流线圈的任一端连接，另一端则跨接到被测负载的另一端。

Jb0005332100　放线滑车的选用有哪些要求？（5分）

考核知识点：导地线展放

难易度：中

标准答案：

（1）导线放线滑车应符合现行DL/T 371《架空输电线路放线滑车》的规定。展放镀锌钢绞线架空地线时，滑车轮槽底部的轮径与所放钢绞线直径之比不宜小于15。

（2）轮槽尺寸及所用材料应与导线或架空地线相适应。
（3）对于严重上扬、下压或垂直档距很大处的放线滑车应进行验算。
（4）放线滑车使用前应进行检查并确保转动灵活。

Jb0005332101　使用火花间隙检测器检测110kV线路绝缘子时，应遵守什么规定？（5分）

考核知识点：线路检测

难易度：中

标准答案：

检测前，应对检测器进行检测，保证操作灵活，测量准确。当发现同一串中的零值绝缘子片数达到3片时，应立即停止检测。

第六章 送电线路工高级工技能操作

Jc0002343001 防鸟拉线的制作。（100 分）

考核知识点：防鸟拉线制作时拉线的放线、制作两端 UT 线夹

难易度：难

技能等级评价专业技能考核操作工作任务书

一、任务名称

防鸟拉线的制作。

二、适用工种

送电线路工高级工。

三、具体任务

制作 220kV 单回路直线猫头塔防鸟拉线 1 根，并完成安装。

四、工作规范及要求

（1）工器具使用及安全措施。

（2）按要求裁剪合适长度的拉线。

（3）制作两端拉线下把。

（4）进行防鸟拉线安装固定。

五、考核及时间要求

（1）本考核 1～4 项操作时间为 60 分钟，时间到停止考评。

（2）防鸟拉线全部安装完成后向考评员汇报安装完毕。

技能等级评价专业技能考核操作评分标准

工种	送电线路工					评价等级	高级工
项目模块	输电线路运维—输电线路事故预防				编号	Jc0002343001	
单位			准考证号			姓名	
考试时限	60 分钟		题型	单项操作		题分	100 分
成绩		考评员		考评组长		日期	
试题正文	防鸟拉线的制作						
需要说明的问题和要求	（1）要求 2 人配合操作，完成防鸟拉线的制作和安装。 （2）操作应注意安全，按照标准化作业书的技术安全说明做好安全措施						

序号	项目名称	质量要求	满分	扣分标准	扣分原因	得分
1	工作准备					
1.1	安全劳动防护用品的准备	正确佩戴安全帽，穿全套工作服，包括工作服、绝缘鞋、棉手套	5	未正确佩戴安全帽，穿工作服、绝缘鞋、棉手套每项扣 2 分		
1.2	工器具的准备	熟练正确使用各种工器具	5	未正确使用一次扣 1 分		
2	工作许可					

续表

序号	项目名称	质量要求	满分	扣分标准	扣分原因	得分
2.1	许可方式	向考评员示意准备就绪，申请开始工作	5	未向考评员申请许可开始工作，该项不得分		
3	工作步骤及技术要求					
3.1	制作拉线	（1）使用软质锤制作拉线下把。 （2）UT 耐张线夹舌头和拉线应紧密贴合	20	使用铁锤扣 10 分； UT 耐张线夹舌头和拉线未压紧扣 10 分		
3.2	拉线回头加固	（1）拉线头应使用黑胶带缠绕。 （2）回头使用麻股丝，麻股长度不得小于拉线直径的 20 倍。 （3）回头采用元宝卡子进行加固	10	拉线头未使用黑胶带缠绕避免散股扣 2 分； 回头麻股长度不够扣 5 分； 回头未采用元宝卡子进行加固扣 2 分		
3.3	制作好的拉线固定	制作好的拉线进行盘圆，直径为 0.5～1m，使用麻股丝进行两道对称绑扎	10	盘圆过大扣 5 分； 未使用麻股丝进行两道对称绑扎扣 5 分		
3.4	测量拉线安装高度	进行拉线安装高度测量，高度 0.3～0.5m	10	安装高度不满足要求扣 5 分； 未进行安装高度测量扣 5 分		
3.5	进行拉线安装	登塔进行拉线安装，夹具螺栓进行紧固	10	夹具未紧固扣 2 分； 下把朝向不一致、安装不美观扣 5 分		
3.6	塔上防鸟刺等设施恢复	恢复塔上防鸟刺等防鸟设施	5	防鸟刺等设施未恢复原状扣 5 分		
4	工作结束					
4.1	工器具整理	整理现场工器具及材料，并放在指定位置	5	工器具未轻拿轻放扣 1～3 分； 未放在指定位置扣 1～3 分		
5	工作终结					
5.1	工作终结汇报	向考评员报告工作已结束，场地已清理	5	未向考评员报告工作结束，该项不得分		
6	其他要求					
6.1	动作要求	动作熟练顺畅	5	动作不熟练扣 1～5 分		
6.2	安全要求	严格遵守“四不伤害”原则，不得损坏工器具和设备	5	未遵守现场安全要求一次扣 1 分； 损坏工器具和设备一次扣 1 分		
合计			100			

Jc0002341002　激光测距仪进行高差、水平距离、垂直距离测量。（100 分）

考核知识点：激光测距仪的使用

难易度：易

技能等级评价专业技能考核操作工作任务书

一、任务名称

激光测距仪进行高差、水平距离、垂直距离测量。

二、适用工种

送电线路工高级工。

三、具体任务

正确使用激光测距仪完成导线对地、对交跨物垂直交跨距离、水平交跨距离、斜距测量。

四、工作规范及要求

（1）工器具使用及安全措施。

（2）正确使用激光测距仪器，对测量单位进行切换，以 m 为单位。

（3）能够正确测量交跨物与导线的水平距离、垂直距离以及导线的对地距离。

五、考核及时间要求

（1）本考核操作时间为 30 分钟，时间到停止考评。

（2）完成全部测量任务后向考评员汇报工作完毕。

技能等级评价专业技能考核操作评分标准

工种	送电线路工					评价等级	高级工
项目模块	工器具使用与保养				编号	Jc0002341002	
单位			准考证号			姓名	
考试时限	30 分钟		题型	单项操作		题分	100 分
成绩		考评员		考评组长		日期	
试题正文	激光测距仪进行高差、水平距离、垂直距离测量						
需要说明的问题和要求	（1）要求单人操作，完成全部测量任务。 （2）操作应注意安全，按照标准化作业书的技术安全说明做好安全措施						

序号	项目名称	质量要求	满分	扣分标准	扣分原因	得分
1	工作准备					
1.1	安全劳动防护用品的准备	正确佩戴安全帽，穿全套工作服，包括工作服、绝缘鞋、棉手套	5	未正确佩戴安全帽，穿工作服、绝缘鞋、棉手套每项扣 2 分		
1.2	工器具的准备	熟练正确使用各种工器具	5	未正确使用一次扣 1 分		
2	工作许可					
2.1	许可方式	向考评员示意准备就绪，申请开始工作	5	未向考评员申请许可开始工作，该项不得分		
3	工作步骤及技术要求					
3.1	测量单位的切换	熟悉仪器设备的操作，熟练进行英制和国际标准单位切换	10	不会切换扣 10 分； 在英制和国际标准单位间不会互相切换扣 5 分		
3.2	垂直交跨距离测量	熟练测量导线对地垂直交跨距离	10	测量数据不正确扣 10 分		
3.3	垂直交跨距离测量	熟练测量导线对交跨物垂直交跨距离	10	测量数据不正确扣 10 分		
3.4	水平交跨距离测量	熟练测量导线对交跨物水平交跨距离	10	测量数据不正确扣 10 分		
3.5	斜距测量	熟练测量导线对交跨物斜距	10	测量数据不正确扣 10 分		
3.6	填写相关记录	进行导线对地、对交跨物垂直交跨距离、水平交跨距离、斜距测量记录填写	15	每有一项填写不规范一项扣 5 分		
4	工作结束					
4.1	仪器装箱	将现场仪器整理放回指定位置	5	设备未轻拿轻放扣 5 分		
5	工作终结					
5.1	工作终结汇报	向考评员报告工作已结束，场地已清理	5	未向考评员报告工作结束，该项不得分		
6	其他要求					
6.1	动作要求	动作熟练顺畅	5	动作不熟练扣 1～5 分		
6.2	安全要求	严格遵守“四不伤害”原则，不得损坏工器具和设备	5	未遵守现场安全要求一次扣 1 分，损坏工器具和设备一次扣 1 分		
合计			100			

Jc0002341003　分析输电线路故障发生的原因。(100 分)

考核知识点：送电线路运维

难易度：易

技能等级评价专业技能考核操作工作任务书

一、任务名称

分析输电线路故障发生的原因。

二、适用工种

送电线路工高级工。

三、具体任务

某输电线路发生故障，请分析故障的原因。

四、工作规范及要求

1. 操作要求

(1) 勘察现场。

(2) 分析线路外力破坏的故障。

(3) 分析由于导线舞动造成的故障。

(4) 分析由于雷害造成的线路故障。

(5) 分析由于污染造成的线路故障。

(6) 分析由于电缆故障造成的线路故障。

2. 安全要求

防止人身触电，操作人员要与带电设备保持足够的安全距离，同时严格按照操作规程作业。

五、考核及时间要求

(1) 考核时间共 15 分钟，准备时间 1 分钟，到 15 分钟终止考核。

(2) 按照技能操作记录单的操作要求进行操作，正确记录操作结果等。

(3) 操作过程中作业人员有危及人身、设备安全等情况应停止考核并计 0 分。

技能等级评价专业技能考核操作评分标准

<table>
<tr><td>工种</td><td colspan="5">送电线路工</td><td>评价等级</td><td>高级工</td></tr>
<tr><td>项目模块</td><td colspan="4">输电线路运维—输电线路基本技能</td><td>编号</td><td colspan="2">Jc0002341003</td></tr>
<tr><td>单位</td><td colspan="2"></td><td>准考证号</td><td colspan="2"></td><td>姓名</td><td></td></tr>
<tr><td>考试时限</td><td colspan="2">15 分钟</td><td>题型</td><td colspan="2">单项操作</td><td>题分</td><td>100 分</td></tr>
<tr><td>成绩</td><td></td><td>考评员</td><td></td><td>考评组长</td><td></td><td>日期</td><td></td></tr>
<tr><td>试题正文</td><td colspan="7">分析输电线路故障发生的原因</td></tr>
<tr><td>需要说明的问题和要求</td><td colspan="7">(1) 要求单人操作，完成全部分析任务。
(2) 操作应注意安全，按照标准化作业书的技术安全说明做好安全措施</td></tr>
</table>

序号	项目名称	质量要求	满分	扣分标准	扣分原因	得分
1	准备工作					
1.1	故障线路信息	收集故障线路巡视记录与缺陷记录，查清故障线路保护动作情况，根据线路保护动作情况分析判断故障大概位置，查找故障点	4	未进行一项扣 1 分		
2	工作许可					

续表

序号	项目名称	质量要求	满分	扣分标准	扣分原因	得分
2.1	许可方式	向考评员示意准备就绪，申请开始工作	3	未向考评员申请许可开始工作，该项不得分		
3	工作步骤及技术要求					
3.1	分析输电线路因导线覆冰	分析准确，合理，必要时提供照片等佐证材料	7	未分析输电线路因导线覆冰原因扣 7 分		
3.2	分析杆塔倾斜、沉降造成	分析准确，合理，必要时提供照片等佐证材料	7	未分析杆塔倾斜扣 4 分； 未分析沉降扣 3 分		
3.3	分析杆塔拉线、角钢被盗	分析准确，合理，必要时提供照片等佐证材料	7	未分析杆塔拉线扣 4 分； 角钢被盗扣 3 分		
3.4	分析树木原因	分析准确，合理，必要时提供照片等佐证材料	6	未分析树木原因扣 6 分		
3.5	分析防护区障碍物	分析准确，合理，必要时提供照片等佐证材料	7	未分析防护区障碍物扣 7 分		
3.6	分析吊车等设备刮碰	分析准确，合理，必要时提供照片等佐证材料	7	未分析吊车等设备刮碰扣 7 分		
3.7	分析大雪造成导线舞动	分析准确，合理，必要时提供照片等佐证材料	6	未分析大雪造成导线舞动扣 6 分		
3.8	分析大风天气造成导线舞动	分析准确，合理，必要时提供照片等佐证材料	7	未分析大风天气造成导线舞动扣 7 分		
3.9	分析雷击	分析准确，合理，必要时提供照片等佐证材料	7	未分析雷击扣 7 分		
3.10	分析污染原因	分析准确，合理，必要时提供照片等佐证材料	7	未分析污染原因扣 7 分		
3.11	分析鸟害造成故障原因	分析准确，合理，必要时提供照片等佐证材料	7	未分析鸟害造成故障原因扣 7 分		
3.12	分析电缆故障	分析准确，合理，必要时提供照片等佐证材料	7	未分析电缆故障扣 7 分		
4	工作结束					
4.1	材料整理	整理材料照片等物品，放在指定位置	3	未整理扣 3 分		
5	工作终结报告					
5.1	工作终结汇报	向考评员报告工作已结束，场地已清理	3	未向考评员报告工作结束，该项不得分		
6	其他要求					
6.1	分析准确	分析要符合逻辑	5	不符合逻辑扣 1～5 分		
合计			100			

Jc0002342004　测量导线对交叉跨越物距离的操作。（100 分）

考核知识点：经纬仪的使用

难易度：中

技能等级评价专业技能考核操作工作任务书

一、任务名称

测量导线对交叉跨越物距离的操作。

二、适用工种

送电线路工高级工。

三、具体任务

利用经纬仪测量交叉跨越物距离。

四、工作规范及要求

1. 操作要求

（1）准备工作：工器具检查。

（2）选定仪器站点。

（3）仪器调平、对光、调焦。

（4）测距离。

（5）测角度准备工作。

（6）侧垂直角。

（7）计算。

（8）清理现场。

2. 安全要求

防止人身触电，操作人员要与带电设备保持足够的安全距离，同时严格按照操作规程作业。

五、考核及时间要求

（1）考核时间共 15 分钟，准备时间 1 分钟，到 15 分钟终止考核。

（2）按照技能操作记录单的操作要求进行操作，正确记录操作结果等。

（3）操作过程中作业人员有危及人身、设备安全等情况应停止考核并计 0 分。

技能等级评价专业技能考核操作评分标准

工种	送电线路工					评价等级	高级工
项目模块	工器具使用与保养				编号	Jc0002342004	
单位			准考证号			姓名	
考试时限	15 分钟	题型		单项操作		题分	100 分
成绩		考评员		考评组长		日期	
试题正文	测量导线对交叉跨越物距离的操作						
需要说明的问题和要求	（1）要求两人配合操作，完成测量交叉跨越物距离。 （2）操作应注意安全，按照标准化作业书的技术安全说明做好安全措施						

序号	项目名称	质量要求	满分	扣分标准	扣分原因	得分
1	工作准备					
1.1	经纬仪、塔尺、钢卷尺	选择合适的工器具	3	少准备一件扣 1 分		
1.2	相关安全措施的准备	正确佩戴安全帽，穿全套工作服，包括工作服、绝缘鞋、棉手套	5	未正确佩戴安全帽，穿工作服、绝缘鞋、棉手套每项扣 1 分		
2	工作许可					
2.1	许可方式	向考评员示意准备就绪，申请开始工作	3	未向考评员申请许可开始工作，该项不得分		
3	工作步骤及技术要求					

续表

序号	项目名称	质量要求	满分	扣分标准	扣分原因	得分
3.1	仪器站点选择合适	（1）站点位置在线路交叉角的平分线上，四个位置任选1个。 （2）站点距离交叉点约20～40m处	8	角度选错扣4分； 距离选错扣4分		
3.2	立塔尺	配合人员在线路交叉点正下方竖一塔尺	4	塔尺不竖直扣4分		
3.3	经纬仪调平、对光、调焦	经纬仪调平、对光、调焦，使塔尺瞄准	10	调平错误扣2分； 对光错误扣2分； 未对准塔尺扣2分； 调焦不清晰扣2分		
3.4	经纬仪测量	（1）将照准部锁紧螺旋、望远镜锁紧。 （2）转动照准部微动螺旋，使十字线上下丝能夹住塔尺。 （3）转动望远镜微动螺旋使十字丝上与塔尺上某一起始刻度重合	15	未锁紧螺旋扣5分； 未能夹住塔尺扣5分； 操作错误扣5分		
3.5	读数	读出上丝及下丝所夹塔尺可读长度乘100的距离A，视距时，镜筒应保持水平	10	未保持水平扣5分； 读数错误扣5分		
3.6	调整	松开望远镜锁紧螺旋，将换向手轮转至竖直位置，换向测角手轮标记白线为垂直位置，打开仪器竖盘照明反光镜并转动或调整张开角度，使显微镜中读数最亮，转动显微镜目镜，使读数最清晰。 将镜筒瞄准上层导线（也可以瞄准下层导线或被跨越物），锁紧望远镜制动手轮使十字丝与导线精确相切	20	未松开望远镜螺旋扣5分； 位置错误扣4分； 调整错误扣3分； 读数不正确扣3分； 操作错误扣5分； 未精准相切扣5分		
3.7	测垂	旋动竖盘指示微动手轮，使观察直角凌镜内看到竖盘水准器水泡精准，转动测微手轮，使读数显微镜内见到上下两部分影像相对移动，直到上下格线精确符合为止，读出度、分、秒得β，用同样方法读出下层线得垂直角α，计算出交叉跨越间的距离$A=\tan\beta-\tan\alpha$	10	未达到要求扣10分		
4	工作结束					
4.1	工器具整理	整理安全工器具、仪器放在指定位置	3	工器具、仪器未整理、未轻拿轻放扣3分		
5	工作终结报告					
5.1	工作终结汇报	向考评员报告工作已结束，场地已清理	3	未向考评员报告工作结束，该项不得分		
6	其他要求					
6.1	动作要求	动作熟练顺畅	3	动作不熟练扣1～3分		
6.2	安全要求	严格遵守“四不伤害”原则，不得损坏工器具和设备	3	未遵守现场安全要求一次扣1分； 损坏工器具和设备一次扣1分		
合计			100			

Jc0002342005 用旗语指挥放线。（100分）

考核知识点：旗语

难易度：中

技能等级评价专业技能考核操作工作任务书

一、任务名称

用旗语指挥放线。

二、适用工种

送电线路工高级工。

三、具体任务

某线路某档导线需完成放线，请利用旗语指挥完成任务。

四、工作规范及要求

1. 操作要求

（1）准备工作。

（2）指挥。

（3）清理现场。

2. 安全要求

防止人身触电，操作人员要与带电设备保持足够的安全距离，同时严格按照操作规程作业。

五、考核及时间要求

（1）考核时间共 10 分钟，准备时间 1 分钟，到 10 分钟终止考核。

（2）按照技能操作记录单的操作要求进行操作，正确记录操作结果等。

（3）操作过程中作业人员有危及人身、设备安全等情况应停止考核并计 0 分。

技能等级评价专业技能考核操作评分标准

工种	送电线路工				评价等级	高级工
项目模块	送电线路施工			编号	Jc0002342005	
单位		准考证号			姓名	
考试时限	10 分钟	题型	单项操作		题分	100 分
成绩		考评员		考评组长		日期
试题正文	用旗语指挥放线					
需要说明的问题和要求	（1）要求单人操作，完成用旗语指挥放线。 （2）操作应注意安全，按照标准化作业书的技术安全说明做好安全措施					
序号	项目名称	质量要求	满分	扣分标准	扣分原因	得分
1	工具准备					
1.1	红旗、白旗	准备一面红旗，白旗一面	4	少准备一旗扣 2 分		
2	工作许可					
2.1	许可方式	向考评员示意准备就绪，申请开始工作	3	未向考评员申请许可开始工作，该项不得分		
3	工作步骤及技术要求					
3.1	高举一面红旗	表示有危险，立即停止	8	举旗错误扣 8 分		
3.2	高举一面白旗	表示正常，可以继续进行	8	举旗错误扣 8 分		
3.3	同时高举红白旗，并在头顶交叉挥动	表示线已到了指定位置，或接头已接好	8	未将两手红、白旗高举扣 4 分； 未交叉挥动扣 4 分		
3.4	一手同时举红、白旗，在空中画圆圈	表示工作已经结束，全部停止、收工	8	在空中画圆只举一面旗扣 4 分； 未在空中画圆圈扣 4 分		
3.5	指挥人身体转向侧面，两手旗同向一边平举，两面红、白旗上下交叉挥动，慢慢挥旗	表示线要放松，绞车要倒退；慢慢挥旗表示慢慢放松	8	两手旗未同向一边平举扣 3 分； 两面旗未上下交叉挥动扣 4 分； 未慢慢挥旗扣 3 分		

续表

序号	项目名称	质量要求	满分	扣分标准	扣分原因	得分
3.6	同时放两线，一边的线需要停止拖动	以两手伸开平举，停止的一边为红旗，另一边为白旗	10	两手未伸开平举扣5分； 举旗错误扣5分		
3.7	三线同时拖动时，以左、右及顶上方代表三根线的部位	若一边线停止，则三线同时拖动时，平举红旗，手要停止的一边不动，另一分边和头顶则连续挥动白旗；若中线要停止时，举红旗在头顶上方不动，连续向左右两边平挥白旗；每次变换旗号均应吹哨示意，并需见到对方变换了同样旗号为止，否则必须继续吹哨与挥动旗号	26	动作错误扣6分； 未吹哨示意扣6分； 未见对方变换了同样旗号停止吹哨与挥动旗号扣6分		
4	工作结束					
4.1	清理	清理现场	5	未清理现场从总分中扣5分		
5	工作终结报告					
5.1	工作终结汇报	向考评员报告工作已结束，场地已清理	3	未向考评员报告工作结束，该项不得分		
6	其他要求					
6.1	动作要求	动作熟练顺畅	5	动作不熟练扣1～5分		
6.2	安全要求	严格遵守“四不伤害”原则，不得损坏工器具和设备	4	未遵守现场安全要求一次扣1分； 损坏工器具和设备一次扣1分		
合计			100			

Jc0002341006　中级工技能培训方案的编写。（100分）

考核知识点：培训方案编写

难易度：易

技能等级评价专业技能考核操作工作任务书

一、任务名称

中级工技能培训方案的编写。

二、适用工种

送电线路工高级工。

三、具体任务

某单位有张三等15名输电线路中级工需进行技能培训。针对此项工作，考生编写一份中级工技能培训方案。

四、工作规范及要求

1. 操作要求

结合培训任务按照以下要求完成技能培训方案的编写。

（1）培训项目为实操项目。

（2）培训相关内容由考生自行组织。

2. 安全要求

防止人身触电，操作人员要与带电设备保持足够的安全距离，同时严格按照操作规程作业。

五、考核及时间要求

（1）考核时间共40分钟，到40分钟终止考核。

（2）按照技能操作记录单的操作要求进行操作，正确记录操作结果等。

（3）操作过程中作业人员有危及人身、设备安全等情况应停止考核并计0分。

技能等级评价专业技能考核操作评分标准

工种	送电线路工				评价等级	高级工
项目模块	培训与指导			编号	Jc0002341006	
单位		准考证号			姓名	
考试时限	40分钟	题型	单项操作		题分	100分
成绩		考评员		考评组长		日期	
试题正文	中级工技能培训方案的编写					
需要说明的问题和要求	（1）培训内容应为技能实操项目。 （2）内容不作限制，由考生自行组织					

序号	项目名称	质量要求	满分	扣分标准	扣分原因	得分
1	工作准备					
1.1	材料准备	相关材料准备齐全	3	遗漏一项扣1分		
2	工作许可					
2.1	许可方式	向考评员示意准备就绪，申请开始工作	3	未向考评员申请许可开始工作，该项不得分		
3	工作步骤及技术要求					
3.1	培训目标	应有明确的培训目标	8	缺少扣8分		
3.2	培训人	应有明确的授课人	8	缺少扣8分		
3.3	培训对象	应明确培训对象	8	缺少扣8分		
3.4	培训内容	（1）应有具体的培训项目名称。 （2）应有项目的具体内容	20	缺少一项扣10分		
3.5	培训方式	应有明确的培训方式，培训方式为实操	8	缺少扣8分		
3.6	培训时间与地点	应明确培训时间，培训地点	16	缺少一项扣8分		
3.7	培训考核方式	应明确培训的考核方式，考核方式为实操	8	缺少扣8分		
3.8	其他相关事宜	其他相关的培训事宜，如奖惩方式、劳动纪律等要求	8	缺少扣8分		
4	工作结束					
4.1	材料整理	整理相关材料放在指定位置	3	未整理扣3分		
5	工作终结报告					
5.1	工作终结汇报	向考评员报告工作已结束，场地已清理	3	未向考评员报告工作结束，该项不得分		
6	其他要求					
6.1	逻辑要求	逻辑正确	4	逻辑不正确扣1～4分		
合计			100			

Jc0002342007　110kV输电线路直线杆上安装导线防振锤的操作。（100分）

考核知识点：导线防振锤的安装

难易度：中

技能等级评价专业技能考核操作工作任务书

一、任务名称

110kV 输电线路直线杆上安装导线防振锤的操作。

二、适用工种

送电线路工高级工。

三、具体任务

某 110kV 输电线路直线杆上中相导线防振锤掉落，请完成防振锤补装操作。针对此项工作，考生须在 30 分钟内完成更换处理操作。

四、工作规范及要求

1. 操作要求

（1）杆上单独操作，杆下 1 人监护，1 人配合。

（2）安装中相一侧防振锤。

（3）要求着装正确（穿工作服、工作胶鞋、戴安全帽）。

2. 安全要求

防止人身触电，操作人员要与带电设备保持足够的安全距离，同时严格按照操作规程作业。

五、考核及时间要求

（1）考核时间共 30 分钟，每超过 2 分钟扣 1 分，到 35 分钟终止考核。

（2）按照技能操作记录单的操作要求进行操作，正确记录操作结果等。

（3）操作过程中作业人员有危及人身、设备安全等情况应停止考核并计 0 分。

技能等级评价专业技能考核操作评分标准

工种	送电线路工					评价等级	高级工
项目模块	输电线路检修及应急处理—输电线路检修工作				编号	Jc0002342007	
单位			准考证号			姓名	
考试时限	30 分钟		题型	单项操作		题分	100 分
成绩		考评员		考评组长		日期	
试题正文	110kV 输电线路直线杆上安装导线防振锤的操作						
需要说明的问题和要求	（1）现场考评员告知安装尺寸。 （2）使用升降板（或脚扣）登杆。 （3）考生在杆上独立完成作业						

序号	项目名称	质量要求	满分	扣分标准	扣分原因	得分
1	工作准备					
1.1	升降板（或脚扣）外观检查	无缺陷	4	不正确扣 1～4 分		
1.2	升降板（或脚扣）、安全带进行人体冲击试验	在电杆 0.3～0.5m 高处人力冲击无问题，无损伤	4	没冲击试验扣 4 分		
1.3	材料选择	导线防振锤（含螺栓平垫圈、弹簧垫圈）铝包带	4	每错、漏一项扣 1 分		
2	工作许可					
2.1	许可方式	向考评员示意准备就绪，申请开始工作	3	未向考评员申请许可开始工作，该项不得分		

续表

序号	项目名称	质量要求	满分	扣分标准	扣分原因	得分
3	工作步骤及技术要求					
3.1	挂板、上板、挂上板（升降板登杆）	一脚绷紧升降板绳子挂上板	4	不正确扣1～4分		
3.2	上上板(升降板登杆)	一手抓紧上板两根绳子,另一手压紧踩板头部上板	3	不正确扣1～3分		
3.3	板倒挂(升降板登杆)	升降板靠近大腿,一膝肘部挂紧升降板绳子	3	不正确扣1～3分		
3.4	侧身脱钩取板（升降板登杆）	动作正确	3	不正确扣1～3分		
3.5	调整脚扣皮带（脚扣登杆）	脚扣皮带调整正确	2	不正确扣1～2分		
3.6	脚扣扣在杆上（脚扣登杆）	位置正确	2	不正确扣1～2分		
3.7	手扶电杆，重心稍向后（脚扣登杆）	姿势正确	2	不正确扣1～2分		
3.8	一步一步升高（脚扣登杆）	每步升高高度正确	4	不正确扣1～4分		
3.9	体型协调	灵活、轻巧	3	不正确扣1～3分		
3.10	上横担动作安全正确	动作正确	2	不正确扣1～2分		
3.11	登杆工具杆上摆放	摆放正确，安全，不掉下	2	不正确扣1～2分		
3.12	正确使用安全带	符合《国家电网公司电力安全工作规程》要求	2	不正确扣1～2分		
3.13	人体沿绝缘子下至导线	动作正确	4	不正确扣1～4分		
3.14	出导线至工作点	动作正确	2	不正确扣1～2分		
3.15	量出安装尺寸，做好印记	尺寸正确	2	不正确扣1～2分		
3.16	缠绕铝包带	按规范要求	3	不正确不给分		
3.17	吊材料上杆动作熟练	操作正确	2	不正确扣1～2分		
3.18	安装防振锤	操作正确	2	不正确扣1～2分		
3.19	按规定拧紧螺栓	操作正确	2	不正确扣1～2分		
3.20	铝包带应紧密缠绕，其方向应与外层铝股的绞制方向一致	达到技术要求	5	不正确不给分		
3.21	所缠铝包带可以露出夹口，但不应超过10mm，其端头应回夹于夹内压住	达到技术要求	5	不正确扣1～5分		
3.22	螺栓穿向：两边线由内向外穿，中线由左向右穿	达到技术要求	3	不正确不给分		
3.23	安装距离偏差不应大于±30mm	达到技术要求	3	有偏差扣1～3分		
3.24	防振锤应与地面垂直	达到技术要求	2	不正确扣2分		

续表

序号	项目名称	质量要求	满分	扣分标准	扣分原因	得分
4	工作结束					
4.1	工器具整理	整理个人安全工器具、材料放在指定位置	5	工器具、材料未整理、未轻拿轻放扣5分		
5	工作终结报告					
5.1	工作终结汇报	向考评员报告工作已结束，场地已清理	3	未向考评员报告工作结束，该项不得分		
6	其他要求					
6.1	动作要求	动作熟练顺畅	5	动作不熟练扣1～5分		
6.2	安全要求	严格遵守"四不伤害"原则，不得损坏工器具和设备	5	未遵守现场安全要求一次扣1分； 损坏工器具和设备一次扣1分		
合计			100			

Jc0002341008　通过具体案例阐述个人在工器具的创新或改进方面的能力。(100分)

考核知识点：阐述工器具的创新

难易度：易

技能等级评价专业技能考核操作工作任务书

一、任务名称

通过具体案例阐述个人在工器具的创新或改进方面的能力。

二、适用工种

送电线路工高级工。

三、具体任务

通过具体案例阐述个人在工器具的创新工作或改进思路。

四、工作规范及要求

1. 操作要求

(1) 工器具创新工作的背景。

(2) 存在的问题描述。

(3) 问题原因的分析。

(4) 工器具创新解决思路。

(5) 工器具创新的具体做法。

(6) 工器具创新取得的效果及推广应用情况。

(7) 考核时间结束终止考试。

2. 安全要求

防止人身触电，操作人员要与带电设备保持足够的安全距离，同时严格按照操作规程作业。

五、考核及时间要求

(1) 考核时间共60分钟，每超过2分钟扣1分，到65分钟终止考核。

(2) 按照技能操作记录单的操作要求进行操作，正确记录操作结果等。

(3) 操作过程中作业人员有危及人身、设备安全等情况应停止考核并计0分。

技能等级评价专业技能考核操作评分标准

工种	送电线路工					评价等级	高级工
项目模块	工器具使用与保养				编号	Jc0002341008	
单位			准考证号			姓名	
考试时限	60分钟		题型	单项操作		题分	100分
成绩		考评员		考评组长		日期	
试题正文	通过具体案例阐述个人在工器具的创新或改进方面的能力						
需要说明的问题和要求	（1）60分钟内考生在教室完成个人创新能力的阐述。 （2）案例应为考生参与并已经实施完毕的真实案例。 （3）案例阐述应逻辑清晰，有理有据						

序号	项目名称	质量要求	满分	扣分标准	扣分原因	得分
1	工作准备					
1.1	安全劳动防护用品的准备	正确佩戴安全帽，穿全套工作服，包括工作服、绝缘鞋	3	未正确佩戴安全帽，穿工作服、绝缘鞋每项扣1分		
2	工作许可					
2.1	许可方式	向考评员示意准备就绪，申请开始工作	3	未向考评员申请许可开始工作，该项不得分		
3	工作步骤及技术要求					
3.1	背景	应对工器具创新工作的背景做简要介绍	7	没有背景介绍扣7分； 介绍不清楚酌情扣分		
3.2	提出问题	应对工器具在工作中存在的问题或不足之处进行描述	7	没有问题描述扣7分； 介绍不清楚酌情扣分		
3.2.1	原因分析	（1）应将存在的问题原因进行分析，应逻辑清晰，有理有据。 （2）必要时附图表或计算公式说明	17	没有原因分析不得分； 分析不清楚酌情扣分		
3.2.2	提出解决问题的思路	（1）提出解决问题的思路，并通过理论分析证明思路的可行性。 （2）必要时附图表或计算公式说明。 （3）思路清晰，逻辑严谨，有理有据	18	漏一项扣6分		
3.2.3	解决问题的措施	（1）措施要具体，步骤应清楚。 （2）必要时附图表或计算公式说明	17	漏一项扣8分		
3.3	取得的效果和推广应用情况	（1）对工具创新取得效果进行说明，如经济效益、安全效益等。 （2）对推广应用情况进行介绍	17	漏一项扣8分		
4	工作结束					
4.1	整理	整理个人材料放在指定位置	3	未整理扣3分		
5	工作终结报告					
5.1	工作终结汇报	向考评员报告工作已结束，场地已清理	3	未向考评员报告工作结束，该项不得分		
6	其他要求					
6.1	逻辑要求	逻辑正确	5	逻辑不正确扣1～5分		
合计			100			

Jc0002341009　通过具体案例阐述个人在利用创新的方法解决检修工作中难题的能力。（100分）

考核知识点：工作方法创新

难易度：易

技能等级评价专业技能考核操作工作任务书

一、任务名称

通过具体案例阐述个人在利用创新的方法解决检修工作中难题的能力。

二、适用工种

送电线路工高级工。

三、具体任务

通过具体案例阐述个人在利用创新的方法解决检修工作中难题的过程。

四、工作规范及要求

1. 操作要求

（1）创新工作的背景。

（2）存在的问题描述。

（3）问题原因的分析。

（4）解决思路。

（5）具体做法。

（6）取得的效果及推广应用情况。

（7）考核时间结束终止考试。

2. 安全要求

防止人身触电，操作人员要与带电设备保持足够的安全距离，同时严格按照操作规程作业。

五、考核及时间要求

（1）考核时间共 60 分钟，每超过 2 分钟扣 1 分，到 65 分钟终止考核。

（2）按照技能操作记录单的操作要求进行操作，正确记录操作结果等。

（3）操作过程中作业人员有危及人身、设备安全等情况应停止考核并计 0 分。

技能等级评价专业技能考核操作评分标准

<table>
<tr><td>工种</td><td colspan="5">送电线路工</td><td>评价等级</td><td>高级工</td></tr>
<tr><td>项目模块</td><td colspan="4">工器具使用与保养</td><td>编号</td><td colspan="2">Jc0002341009</td></tr>
<tr><td>单位</td><td colspan="2"></td><td>准考证号</td><td colspan="2"></td><td>姓名</td><td></td></tr>
<tr><td>考试时限</td><td colspan="2">60 分钟</td><td>题型</td><td colspan="2">单项操作</td><td>题分</td><td>100 分</td></tr>
<tr><td>成绩</td><td></td><td>考评员</td><td></td><td>考评组长</td><td></td><td>日期</td><td></td></tr>
<tr><td>试题正文</td><td colspan="7">通过具体案例阐述个人在利用创新的方法解决检修工作中难题的能力</td></tr>
<tr><td>需要说明的问题和要求</td><td colspan="7">（1）60 分钟内考生在教室完成个人创新能力的阐述。
（2）案例应为考生参与并已经实施完毕的真实案例。
（3）案例阐述应逻辑清晰，有理有据</td></tr>
</table>

序号	项目名称	质量要求	满分	扣分标准	扣分原因	得分
1	工作准备					
1.1	安全劳动防护用品的准备	正确佩戴安全帽，穿全套工作服，包括工作服、绝缘鞋	3	未正确佩戴安全帽，穿工作服、绝缘鞋每项扣 1 分		
2	工作许可					
2.1	许可方式	向考评员示意准备就绪，申请开始工作	3	未向考评员申请许可开始工作，该项不得分		

续表

序号	项目名称	质量要求	满分	扣分标准	扣分原因	得分
3	工作步骤及技术要求					
3.1	背景	应对创新方法产生的背景做简要介绍	7	没有背景介绍扣 7 分； 介绍不清楚酌情扣分		
3.2	提出问题	应对检修工作中存在的问题或不足之处进行描述	7	没有问题描述扣 7 分； 介绍不清楚酌情扣分		
3.3	原因分析	（1）应将存在的问题原因进行分析，应逻辑清晰，有理有据。 （2）必要时附图表或计算公式说明	17	没有原因分析不得分； 分析不清楚酌情扣分		
3.4	提出解决问题的思路	（1）提出解决问题的思路，并通过理论分析证明思路的可行性。 （2）必要时附图表或计算公式说明。 （3）思路清晰，逻辑严谨，有理有据	18	漏一项扣 6 分		
3.5	解决问题的措施	（1）措施要具体，步骤应清楚。 （2）必要时附图表或计算公式说明	17	漏一项扣 8 分		
3.6	取得的效果和推广应用情况	（1）对创新方法取得效果进行说明，如经济效益、安全效益等。 （2）对推广应用情况进行介绍	17	漏一项扣 8 分		
4	工作结束					
4.1	整理	整理个人材料，放在指定位置	3	未整理扣 3 分		
5	工作终结报告					
5.1	工作终结汇报	向考评员报告工作已结束，场地已清理	3	未向考评员报告工作结束，该项不得分		
6	其他要求					
6.1	逻辑要求	逻辑正确	5	逻辑不正确扣 1～5 分		
合计			100			

Jc0002342010　软梯法停电修补导线（麻股线）的操作。（100 分）

考核知识点：导线修补

难易度：中

技能等级评价专业技能考核操作工作任务书

一、任务名称

软梯法停电修补导线（麻股线）的操作。

二、适用工种

送电线路工高级工。

三、具体任务

某导线因断股需要修补，请利用软梯进入作业点使用麻股线完成修补。针对此项工作，考生须在 25 分钟内完成更换处理操作。

四、工作规范及要求

1. 操作要求

（1）要求单独操作，杆下 1 人监护，1 人配合。

（2）利用软梯进入作业点。

（3）要求着装正确（工作服、工作胶鞋、安全帽）。

（4）工具、材料准备。
1）相应导线单根线径的铝丝（铝单丝）；
2）选用登杆工器具安全带、滑车及无极绳、软梯头、软梯、防坠器；
3）个人工器具；
4）在培训线路上操作。
2. 安全要求
防止人身触电，操作人员要与带电设备保持足够的安全距离，同时严格按照操作规程作业。

五、考核及时间要求

（1）考核时间共 25 分钟，每超过 2 分钟扣 1 分，到 30 分钟终止考核。
（2）按照技能操作记录单的操作要求进行操作，正确记录操作结果等。
（3）操作过程中作业人员有危及人身、设备安全等情况应停止考核并计 0 分。

技能等级评价专业技能考核操作评分标准

<table>
<tr><td>工种</td><td colspan="5">送电线路工</td><td>评价等级</td><td>高级工</td></tr>
<tr><td>项目模块</td><td colspan="4">输电线路检修及应急处理—输电线路检修工作</td><td>编号</td><td colspan="2">Jc0002342010</td></tr>
<tr><td>单位</td><td colspan="2"></td><td>准考证号</td><td colspan="2"></td><td>姓名</td><td></td></tr>
<tr><td>考试时限</td><td colspan="2">25 分钟</td><td>题型</td><td colspan="2">单项操作</td><td>题分</td><td>100 分</td></tr>
<tr><td>成绩</td><td></td><td>考评员</td><td></td><td>考评组长</td><td></td><td>日期</td><td></td></tr>
<tr><td>试题正文</td><td colspan="7">软梯法停电修补导线（麻股线）的操作</td></tr>
<tr><td>需要说明的问题和要求</td><td colspan="7">（1）使用软梯前检查软梯各部位连接是否牢固。
（2）到达作业点后安全带应系在导线上</td></tr>
</table>

序号	项目名称	质量要求	满分	扣分标准	扣分原因	得分
1	工作准备					
1.1	工器具的选用	（1）脚扣、安全带、延长绳外观检查，进行冲击试验。 （2）个人工器具、安全带检查，进行冲击试验。 （3）软梯头、软梯各连接部位合格	10	安全带、延长绳未检查做冲击试验不得分		
1.2	材料的选用	铝单丝绕成直径约 15cm 的线圈，保持平滑弧度	5	视情况扣 1～5 分		
2	工作许可					
2.1	许可方式	向考评员示意准备就绪，申请开始工作	3	未向考评员申请许可开始工作，该项不得分		
3	工作步骤及技术要求					
3.1	上下软梯	上软梯前先对软梯进行冲击试验，上下软梯步幅与身体相互协调不得失去安全保护	10	动作不熟练扣 1～10 分； 未采取后备保护该项扣 10 分		
3.2	一次性到达作业地点	规范正确	8	未一次性到达作业点扣 1～8 分		
3.3	安全保护	正确使用安全带应系在导线上检查扣环闭锁是否扣好	3	不正确扣 1～3 分		
3.4	顺导线方向平压一段单丝	位置正确	8	不正确不得分		
3.5	缠绕、绑扎	导线损伤部位应位于绑扎中间位置，缠绕长度不得小于 100cm	9	位置不正确扣 1～9 分		

续表

序号	项目名称	质量要求	满分	扣分标准	扣分原因	得分
3.6	缠绕、绑扎	绑线缠绕应平滑、紧密与外层铝股绞制方向一致	9	与外层铝股绞制方向不一致不得分		
		工作时不能伤及绑线	9	工作时伤及绑线扣1～9分		
		绑线小辫应拧3圈后拍平紧靠导线	8	绑线未紧靠导线不得分		
4	工作结束					
4.1	工器具整理	整理个人安全工器具、脚扣、安全带、延长绳、软梯头、软梯放在指定位置	5	工器具未整理、未轻拿轻放扣5分		
5	工作终结报告					
5.1	工作终结汇报	向考评员报告工作已结束，场地已清理	3	未向考评员报告工作结束，该项不得分		
6	其他要求					
6.1	行为要求	（1）要求着装正确（工作服、工作胶鞋、安全帽）。 （2）操作动作熟练。 （3）高空不得落物。 （4）清理工作现场符合文明生产要求	5	每项酌情扣1～2分； 高空落物不得分		
6.2	安全要求	严格遵守“四不伤害”原则，不得损坏工器具和设备	5	未遵守现场安全要求一次扣1分； 损坏工器具和设备一次扣1分		
合计			100			

Jc0002341011 用GJ－35型钢绞线及NX－1型楔形线夹制作拉线上把的操作。（100分）

考核知识点：拉线制作

难易度：易

技能等级评价专业技能考核操作工作任务书

一、任务名称

用GJ－35型钢绞线及NX－1型楔形线夹制作拉线上把的操作。

二、适用工种

送电线路工高级工。

三、具体任务

使用GJ－35型钢绞线及NX－1型楔形线夹完成拉线上把制作。针对此项工作，考生须在15分钟内完成操作。

四、工作规范及要求

1．操作要求

（1）单独操作。

（2）着装正确（穿工作服、工作胶鞋，戴安全帽）。

（3）一次性剪断钢绞线。

（4）工具：

1）断线钳、盒尺、木锤、紧线器、钢绞线卡头；

2）Φ12 铁丝、GJ－35 型钢绞线、NX－1 型楔形线夹；

3）在培训线路上操作。

2. 安全要求

防止人身触电，操作人员要与带电设备保持足够的安全距离，同时严格按照操作规程作业。

五、考核及时间要求

（1）考核时间共 15 分钟，每超过 2 分钟扣 1 分，到 20 分钟终止考核。

（2）按照技能操作记录单的操作要求进行操作，正确记录操作结果等。

（3）操作过程中作业人员有危及人身、设备安全等情况应停止考核并计 0 分。

技能等级评价专业技能考核操作评分标准

工种	送电线路工					评价等级	高级工
项目模块	输电线路检修及应急处理—输电线路检修工作				编号	Jc0002341011	
单位			准考证号			姓名	
考试时限	15 分钟		题型	单项操作		题分	100 分
成绩		考评员		考评组长		日期	
试题正文	用 GJ－35 型钢绞线及 NX－1 型楔形线夹制作拉线上把的操作						
需要说明的问题和要求	（1）严格遵守“四不伤害”原则，不得损坏工器具和设备。 （2）单独完成拉线上把制作，工艺流程应符合要求						

序号	项目名称	质量要求	满分	扣分标准	扣分原因	得分
1	工作准备					
1.1	个人工具	钢丝钳、活动扳手等	4	漏 1 项扣 2 分		
1.2	专用工具	木锤、断线钳	4	漏 1 项扣 2 分		
1.3	扎钢绞线的铁丝	10～12 号铁丝、18～20 号铁丝	2	错 1 项扣 2 分		
1.4	钢绞线	GJ－35 型	2	错 1 项扣 2 分		
1.5	楔形线夹	NX－1 型（注意带螺栓、销钉）	4	漏螺栓、销钉各扣 2 分； 型号错扣 3 分		
2	工作许可					
2.1	许可方式	向考评员示意准备就绪，申请开始工作	5	未向考评员申请许可开始工作，该项不得分		
3	工作步骤及技术要求					
3.1	用细铁丝在钢绞线剪断处两侧扎紧	切实扎紧，细铁丝不能拧断	4	视情况扣 2～4 分		
3.2	剪断钢绞线	操作正确，一次剪断	3	视情况扣 2～3 分		
3.3	将线夹套筒套入钢绞线	正确套入	3	套反 1 次扣 2 分； 不正确不得分		
3.4	量出弯曲部位	按尺寸要求	3	视情况扣 2～3 分		
3.5	弯曲钢绞线	用脚踩住主线，一手拉住钢绞线头，另一手控制钢绞线弯曲部位	5	视情况扣 2～5 分		
3.6	用膝盖顶住弯钢绞线	将钢绞线线尾及主线弯成张开的开口销模样	5	视情况扣 2～5 分		
3.7	放入楔子	方向正确并拉紧	4	视情况扣 2～4 分		

续表

序号	项目名称	质量要求	满分	扣分标准	扣分原因	得分
3.8	用木锤敲冲牢固	制作紧凑无缝隙	4	每空 1mm 扣 2 分		
3.9	按要求绑扎钢绞线短头	（1）每圈线丝都扎紧。 （2）铁丝两端头绞紧。 （3）铁丝绞头弯进两钢绞线中间	5	1 圈不紧扣 1 分； 不正确不得分		
3.10	尾线位置	钢绞线短头出线应在线夹凸肚侧	5	短头出线错误扣 4 分		
3.11	尾线长度	短头留取长度为 300～500mm	5	每长或短 2mm 扣 1 分		
3.12	结合部检查	钢绞线与楔子半圆弯曲结合处不得有死角和空隙	3	视情况扣 1～3 分		
3.13	绑扎长度	短头绑扎尺寸 40～50mm	3	每少 10mm 扣 2 分		
4	工作结束					
4.1	工器具整理	整理个人安全工器具、材料放在指定位置	5	工器具、材料未整理扣 5 分		
5	工作终结报告					
5.1	工作终结汇报	向考评员报告工作已结束，场地已清理	3	未向考评员报告工作结束，该项不得分		
6	其他要求					
6.1	操作动作	熟练连贯	5	视情况扣 1～5 分		
6.2	着装正确	应穿工作衣、工作胶鞋，戴安全帽	4	每漏一项扣 1 分		
6.3	在规定时间完成	按要求完成	5	超过时间不得分，每延长 2 分钟倒扣 1 分		
6.4	安全要求	严格遵守“四不伤害”原则，不得损坏工器具和设备	5	未遵守现场安全要求，一次扣 1 分； 损坏工器具和设备，一次扣 1 分		
合计			100			

Jc0002341012　编写 110kV 耐张塔瓷瓶串涂刷 PRTV 涂料检修方案。（100 分）

考核知识点：涂刷 PRTV 涂料

难易度：易

技能等级评价专业技能考核操作工作任务书

一、任务名称

编写 110kV 耐张塔瓷瓶串涂刷 PRTV 涂料检修方案。

二、适用工种

送电线路工高级工。

三、具体任务

110kV 某线 7 号塔（塔型 JG1）绝缘子型号为 XP－7，为了提高线路绝缘子的防污能力，计划对塔绝缘子串涂刷 PRTV 涂料。针对此项工作，考生编写一份 110kV 耐张塔绝缘子串喷涂 PRTV 涂料的检修方案。

四、工作规范及要求

1. 操作要求

（1）人员配置分工合理（方案中不得出现真实单位名称及个人姓名）。

（2）工器具及材料清楚。

（3）主要作业程序正确。

（4）关键工序工艺质量标准清楚。

（5）组织、安全、技术措施齐全。

（6）考核时间结束终止考试。

2. 安全要求

防止人身触电，操作人员要与带电设备保持足够的安全距离，同时严格按照操作规程作业。

五、考核及时间要求

（1）考核时间共60分钟，到60分钟终止考核。

（2）按照技能操作记录单的操作要求进行操作，正确记录操作结果等。

（3）操作过程中作业人员有危及人身、设备安全等情况应停止考核并计0分。

技能等级评价专业技能考核操作评分标准

工种	送电线路工					评价等级	高级工
项目模块	输电线路运维—输电线路基本技能				编号	Jc0002341012	
单位			准考证号			姓名	
考试时限	60分钟		题型	单项操作		题分	100分
成绩		考评员		考评组长		日期	
试题正文	编写110kV耐张塔瓷瓶串涂刷PRTV涂料检修方案						
需要说明的问题和要求	（1）考生集中于教室在60分钟内完成方案编写。 （2）方案中施工班组、作业人员不指定，由考生自行填写，但不得出现真实单位名称和个人姓名。 （3）所用工具、材料由考生根据检修需要进行安排						

序号	项目名称	质量要求	满分	扣分标准	扣分原因	得分
1	工作准备					
1.1	安全劳动防护用品的准备	正确佩戴安全帽，穿全套工作服，包括工作服、绝缘鞋	3	未正确佩戴安全帽，穿工作服、绝缘鞋每项扣1分		
2	工作许可					
2.1	许可方式	向考评员示意准备就绪，申请开始工作	3	未向考评员申请许可开始工作，该项不得分		
3	工作步骤及技术要求					
3.1	标题	应写清楚线路名称、杆号及作业内容	4	少一项扣2分		
3.2	检修工作介绍	应对检修工作概况或该工作的背景进行简单描述	4	没有工程概况介绍扣4分		
3.3	工作内容	应写清楚工作的线路、杆号、工作内容	6	少一项内容扣3分		
3.4	工作人员及分工	（1）应写清楚工作班组和人数；或者逐一填写工作人员名字。 （2）单位名称和个人姓名不得使用真实名称。 （3）应有明确分工	5	一项不正确扣2分		
3.5	工作时间	应写清楚计划工作时间，计划工作开始及工作结束时间均应以年、月、日、时、分填写清楚	4	没有填写时间扣4分； 时间填写不清楚或错误扣2分		
3.6	准备工作	（1）安全措施宣讲及落实（作业人员着装正确，戴安全帽，系安全带）。 （2）人员分工（杆上作业及地面配合人员）。 （3）作业开始前的准备（喷枪调试等）	7	少一项扣2分		

续表

序号	项目名称	质量要求	满分	扣分标准	扣分原因	得分
3.7	喷涂 PRTV 涂料	（1）登塔。 （2）挂滑车及绳索。 （3）起吊喷涂设备及涂料。 （4）出绝缘子串至导线侧。 （5）涂料喷涂。 （6）自导线侧边喷涂边后退至横担侧。 （7）吊落喷涂设备。 （8）下塔	11	少一项扣 1～2 分		
3.8	防触电措施	作业前应核对线路双重名称。 停电、在作业点两端验电、挂接地线	5	少一项扣 2 分		
3.9	防止高坠措施	安全带及延长绳外观检查及冲击试验。 登杆过程中应全程使用安全带。 杆上人员作业过程中不得失去保护	6	少一项扣 2 分		
3.10	防止高空落物伤人措施	（1）杆上作业人员应将工具放置在牢固的构件上。 （2）上下传递工具材料应使用绳索传递，不得抛掷。 （3）作业人员应正确佩戴安全帽。 （4）作业点下方不得有人逗留或通过	6	少一项扣 1～2 分		
3.11	质量要求	（1）PRTV 涂料的厚度要求。 （2）涂料的表面覆盖效果	15	无此项内容不得分； 内容不全酌情扣 1～2 分		
3.12	工具	（1）应有工具清单。 （2）应含有安全带、延长绳等安全工器具。 （3）应有喷涂 PRTV 涂料的设备，滑车、绳索等，并根据要求选择合适的型号	5	少一项扣 2 分； 没有型号要求扣 2 分		
3.13	材料	（1）应有材料清单。 （2）应有 PRTV 涂料的数量和型号	5	少一项扣 3 分； 没有型号要求扣 2 分		
4	工作结束					
4.1	整理	整理个人材料放在指定位置	3	未整理扣 3 分		
5	工作终结报告					
5.1	工作终结汇报	向考评员报告工作已结束，场地已清理	3	未向考评员报告工作结束，该项不得分		
6	其他要求					
6.1	逻辑要求	逻辑正确	5	逻辑不正确扣 1～5 分		
合计			100			

Jc0002341013　110kV 某线 15 号杆塔安装金具查询操作。（100 分）

考核知识点：生产管理系统应用

难易度：易

技能等级评价专业技能考核操作工作任务书

一、任务名称

110kV 某线 15 号杆塔安装金具查询操作。

二、适用工种

送电线路工高级工。

三、具体任务

110kV 某线杆塔安装金具的查询，考生须在 20 分钟内完成操作。

四、工作规范及要求

基本要求：此项工作需在教室内完成。

需用工具：可登录 PMS 系统的计算机一台。

安全要求：严格遵循网络安全规定。

五、考核及时间要求

（1）考核时间共 20 分钟，到 20 分钟终止考核。

（2）按照技能操作记录单的操作要求进行操作，正确记录操作结果等。

（3）操作过程中作业人员有危及人身、设备安全等情况应停止考核并计 0 分。

技能等级评价专业技能考核操作评分标准

工种	送电线路工					评价等级	高级工
项目模块	输电线路运维—输电线路基本技能				编号	Jc0002341013	
单位				准考证号		姓名	
考试时限	20 分钟		题型	单项操作		题分	100 分
成绩		考评员		考评组长		日期	
试题正文	110kV 某线 15 号杆安装金具查询操作						
需要说明的问题和要求	要求单人操作，在 PMS 系统完成线路杆塔金具的查询操作，时间到终止考试						

序号	项目名称	质量要求	满分	扣分标准	扣分原因	得分
1	工作准备					
1.1	检查计算机	运行是否顺畅、稳定	5	不检查扣 1 分		
2	工作许可					
2.1	许可方式	向考评员示意准备就绪，申请开始工作	5	未向考评员申请许可开始工作，该项不得分		
3	工作步骤及技术要求					
3.1	登录生产管理系统	熟练打开、进入界面	12	未正确打开一次扣 1 分； 未打开进入界面，本项不得分		
3.2	单击“设备中心”按钮	选择正确打开、进入界面	12	单击错误一次扣 1 分； 未打开该项扣 12 分		
3.3	单击“设备台账”按钮	选择正确打开、进入界面	13	单击错误一次扣 1 分； 未打开该项扣 13 分		
3.4	单击“杆塔台账维护”按钮	顺利打开、进入界面	13	单击错误一次扣 1 分； 未打开该项扣 13 分		
3.5	在导航树中选择线路名称、杆塔号	打开界面，选择正确	12	每选择错误一次扣 1 分； 未打开该项扣 12 分		
3.6	单击“金具信息”按钮	选择正确打开、进入界面	13	单击错误一次扣 1 分； 未打开该项扣 13 分		
4	工作结束					
4.1	退出系统	关闭计算机，检查电源	5	未关闭扣 3 分； 不检查电源扣 2 分		
5	工作终结报告					
5.1	工作终结汇报	向考评员报告工作已结束，场地已清理	5	未向考评员报告工作结束，该项不得分		

续表

序号	项目名称	质量要求	满分	扣分标准	扣分原因	得分
6	其他要求					
6.1	操作要求	系统操作熟练顺畅	5	动作不熟练扣1～5分		
合计			100			

Jc0002342014　双杆X形拉线分坑的操作。(100分)

考核知识点：双杆X形拉线分坑

难易度：中

技能等级评价专业技能考核操作工作任务书

一、任务名称

双杆X形拉线分坑的操作。

二、适用工种

送电线路工高级工。

三、具体任务

某新建双杆需安装X形拉线，考生在规定时间内完成拉线分坑操作。针对此项工作，考生须在40分钟内完成更换处理操作。

四、工作规范及要求

1. 操作要求

(1) 要求1人单独操作，2人配合记录。

(2) 确定杆位中心桩及线路方向桩。

(3) 确定杆塔呼称高为18m，拉线对地夹角为60°，拉线与线路方向成45°，拉线棒埋深2m。

(4) 画出分坑图、写出计算过程。

(5) 工具：

1) 选用光学经纬仪，J_2、J_6型均可；

2) 皮尺、计算器、木桩、手锤；

3) 选空旷场地。

2. 安全要求

防止人身触电，操作人员要与带电设备保持足够的安全距离，同时严格按照操作规程作业。

五、考核及时间要求

(1) 考核时间共40分钟，每超过2分钟扣1分，到45分钟终止考核。

(2) 按照技能操作记录单的操作要求进行操作，正确记录操作结果等。

(3) 操作过程中作业人员有危及人身、设备安全等情况应停止考核并计0分。

技能等级评价专业技能考核操作评分标准

工种	送电线路工					评价等级	高级工
项目模块	输电线路施工				编号	Jc0002342014	
单位			准考证号			姓名	
考试时限	40分钟		题型	单项操作		题分	100分
成绩		考评员		考评组长		日期	

续表

试题正文	双杆 X 形拉线分坑的操作
需要说明的问题和要求	（1）使用经纬仪完成操作。 （2）单人独立完成操作，并画出分坑图，写出计算过程

序号	项目名称	质量要求	满分	扣分标准	扣分原因	得分
1	工作准备					
1.1	工器具	经纬仪、计算器、木桩、手锤、皮尺	5	差一项不得分		
2	工作许可					
2.1	许可方式	向考评员示意准备就绪，申请开始工作	5	未向考评员申请许可开始工作，该项不得分		
3	工作步骤及技术要求					
3.1	选定仪器的测量点	将仪器置于指定中心桩位置	5	不正确扣 5 分		
		确定线路方向桩位置	5	不正确扣 5 分		
3.2	仪器对中、整平、对光	在观测点位置将仪器对中、整平、对光	8	不正确扣 1～8 分		
3.3	观测顺线路方向桩确定横线路主杆位及横线路方向桩，根据主杆位计算出拉线棒开挖桩及拉线棒出土桩距离	将仪器竖盘照明反光镜转动使显微镜中的读数最明亮、清晰	8	不正确扣 1～8 分		
		将仪器置于中心桩 O 点上顺线路前视辅助桩 A，水平读盘置零旋转 90° 定出主杆坑 O_1，打倒镜定出 O_2	8	在杆位左右方向 5m 处各定一副桩作为定杆位用不正确不得分		
3.4		将经纬仪置于 O_1 点上，瞄准 O 或 O_2 点，水平读盘置零，按反时针方向水平旋转 φ 角，在拉线方向量出 l 及 l_1 定出 N_1 及 E_1 点 $l=Hl_1$, $l_1=(H+h)\tan\beta$	17	一项不正确扣 1～3 分		
		将水平读盘按顺时针方向水平旋转 2φ 角，在拉线方向量出 l 及 l_1 用同样的方法定出 N_4 及 E_4	8	一项不正确扣 1～3 分		
		将经纬仪置于 O_2 点上用同样的方法定出 N_2 及 E_2，N_3 及 E_3 拉线坑位	8	一项不正确扣 1～2 分		
		为避免电杆同一侧的两根拉线交叉点叠压，在分坑时应将电杆同一侧的一个拉线棒出土点距杆坑的距离减少或增加一段距离	8	未减少或增加距离一处扣 2 分		
4	工作结束					
4.1	工器具整理	整理个人安全工器具、仪器，放在指定位置	5	工器具、仪器未整理扣 5 分		
5	工作终结报告					
5.1	工作终结汇报	向考评员报告工作已结束，场地已清理	5	未向考评员报告工作结束，该项不得分		
6	其他要求	（1）要求着装正确（工作服、工作胶鞋、安全帽）。 （2）操作动作熟练。 （3）将仪器一次性装箱成功。 （4）清理工作现场符合文明生产要求。 （5）在规定的时间内完成	5	每项酌情扣 1～2 分		
合计			100			

Jc0002342015　预制 Z3 双杆底盘安装质量检查的操作。（100 分）

考核知识点：双杆底盘安装

难易度：中

技能等级评价专业技能考核操作工作任务书

一、任务名称

预制 Z3 双杆底盘安装质量检查的操作。

二、适用工种

送电线路工高级工。

三、具体任务

现场检查预制 Z3 型双杆底盘安装质量。

四、工作规范及要求

1. 操作要求

（1）要求 1 人操作，1 人配合。

（2）工具：皮尺、吊线锤、钢卷尺、花杆、经纬仪。

2. 安全要求

防止人身触电，操作人员要与带电设备保持足够的安全距离，同时严格按照操作规程作业。

五、考核及时间要求

（1）考核时间共 40 分钟，每超过 2 分钟扣 1 分，到 45 分钟终止考核。

（2）按照技能操作记录单的操作要求进行操作，正确记录操作结果等。

（3）操作过程中作业人员有危及人身、设备安全等情况应停止考核并计 0 分。

技能等级评价专业技能考核操作评分标准

工种	送电线路工				评价等级	高级工
项目模块	输电线路施工			编号	Jc0002342015	
单位		准考证号			姓名	
考试时限	40 分钟	题型	单项操作		题分	100 分
成绩		考评员		考评组长	日期	
试题正文	预制 Z3 双杆底盘安装质量检查的操作					
需要说明的问题和要求	（1）根开尺寸 4.5m、线路方向桩、线路中心桩。 （2）要求正确使用工器具					

序号	项目名称	质量要求	满分	扣分标准	扣分原因	得分
1	工作准备					
1.1	个人工具	钢卷尺	5	工器具缺失扣 5 分		
1.2	专用工具	吊线锤	5	工器具缺失扣 5 分		
		花杆	5	工器具缺失扣 5 分		
		经纬仪	5	工器具缺失扣 5 分		
2	工作许可					
2.1	许可方式	向考评员示意准备就绪，申请开始工作	5	未向考评员申请许可开始工作，该项不得分		
3	工作步骤及技术要求					
3.1	中心桩的位置	检查桩位是否有移动、破坏	5	不正确每项扣 1～5 分		
3.2	方向桩的位置	检查桩位是否有移动、破坏	5	不正确每项扣 1～5 分		

续表

序号	项目名称	质量要求	满分	扣分标准	扣分原因	得分
3.3	仪器对中、整平、对光	在观测点位置将仪器对中、整平、对光	4	不正确每项扣1～4分		
3.4	将卡尺置于2杆坑地盘中心点位置	测得两杆埋身距离是否一致	4	位置错误扣2分； 距离计算错误扣1～2分		
3.5	将经纬仪置于杆位中心桩顺线路方向复测线路方向桩有无偏差	检查线路方向桩是否有移动	7	位置错误扣2分； 检查结果错误扣1～5分		
3.6	将经纬仪目镜横线路转90°复测杆位方向桩	杆位方向桩是否有移动	7	目镜转动不到位扣2分； 检查结果错误扣5分		
3.7	细棉绳两端置于杆位方向桩并进行固定	检查细棉绳是否通过杆位中心桩	7	细棉绳使用不正确扣3分； 检查结果错误扣4分		
3.8	用钢卷尺从线路方向桩量取1.25m的棉线绳处做记号，确定一杆位中心桩，用同样的方式确定另一杆位中心桩	量取距离正确	7	量取距离不正确扣3分； 杆位中心桩确定错误每处扣2分		
3.9	在坑位中心棉线绳做记号位置用吊线锤，检查底盘中心	检查底盘是否在中心	7	检查方法不正确扣3分； 结果不正确扣4分		
3.10	检查底盘	底盘四周回填土是否夯实	7	未检查底盘回填土扣7分		
4	工作结束					
4.1	工器具整理	整理个人安全工器具、喷壶、照相机放在指定位置	5	工器具未整理、未轻拿轻放扣5分		
5	工作终结报告					
5.1	工作终结汇报	向考评员报告工作已结束，场地已清理	5	未向考评员报告工作结束，该项不得分		
6	其他要求					
6.1	动作要求	动作熟练顺畅	5	动作不熟练扣1～5分		
合计			100			

Jc0002342016 紧线前耐张杆横担安装一根临时补强拉线的操作。(100分)

考核知识点：临时拉线安装

难易度：中

技能等级评价专业技能考核操作工作任务书

一、任务名称

紧线前耐张杆横担安装一根临时补强拉线的操作。

二、适用工种

送电线路工高级工。

三、具体任务

因某耐张杆需要完成紧线操作，考生需在规定时间内在杆塔横担安装一根临时补强拉线。针对此项工作，考生须在40分钟内完成更换操作。

四、工作规范及要求

（1）杆上1人，杆下1人均单独操作，设监护人1名。

（2）或两人一组，杆上、杆下交叉考核。

（3）要求着装正确（穿工作服、工作胶鞋、戴安全帽）。

五、安全要求

防止人身触电，操作人员要与带电设备保持足够的安全距离，同时严格按照操作规程作业。

六、考核及时间要求

（1）考核时间共40分钟，每超过2分钟扣1分，到45分钟终止考核。

（2）按照技能操作记录单的操作要求进行操作，正确记录操作结果等。

（3）操作过程中作业人员有危及人身、设备安全等情况应停止考核并计0分。

技能等级评价专业技能考核操作评分标准

工种	送电线路工					评价等级	高级工
项目模块	输电线路施工				编号	Jc0002342016	
单位			准考证号			姓名	
考试时限	40分钟		题型	单项操作		题分	100分
成绩		考评员		考评组长		日期	
试题正文	紧线前耐张杆横担安装一根临时补强拉线的操作						
需要说明的问题和要求	（1）作业人员上下杆、在杆上作业时注意作业安全。 （2）下方人员严禁站在作业地点正下方						

序号	项目名称	质量要求	满分	扣分标准	扣分原因	得分
1	工作准备					
1.1	登杆工具、安全带检查	外观检查无缺陷	1	错、漏该项扣1分		
1.2	登杆工具、安全带冲击试验	在电杆0.3～0.5m高处人力冲击无问题	1	错、漏该项扣1分		
1.3	钢丝绳1根，传递绳1根	直径10～12.5mm，长度足够	1	错、漏该项扣1分		
1.4	紧线器	双钩、棘轮紧线器均可，再配合用夹钢丝绳的钢丝绳卡头	1	错、漏该项扣1分		
1.5	U型挂环或卸口2只	60～100kN	1	错、漏该项扣1分		
1.6	扎钢丝绳的铁丝	10号铁丝	1	错、漏该项扣1分		
2	工作许可					
2.1	许可方式	向考评员示意准备就绪，申请开始工作	5	未向考评员申请许可开始工作，该项不得分		
3	工作步骤及技术要求					
3.1	登杆动作	登杆动作熟练，带吊绳上杆	4	不熟练扣1～3分； 吊绳携带不牢固扣1分		
3.2	上横担动作	上横担时动作安全正确	3	出现危险动作扣3分		
3.3	登杆工具放置	上横担后将登杆工具放稳当	3	登杆工具放置不当扣1～3分		
3.4	正确使用安全带	安全带系好后应检查扣环是否扣牢	3	未检查扣2分； 未扣牢扣3分		

续表

序号	项目名称	质量要求	满分	扣分标准	扣分原因	得分
3.5	工作位置选择正确	不来回移动	3	不正确扣3分		
3.6	将钢丝绳一端头吊至杆上	动作熟练，吊绳与钢丝绳不缠绕	4	不正确扣4分		
3.7	钢丝绳缠绕横担头	缠绕正确，自上而下成8字形缠绕	4	不正确扣4分		
3.8	位置要求	钢丝绳不妨碍挂线	4	妨碍挂线扣4分		
3.9	临时拉线位置	临时拉线靠近挂线点	4	不正确扣4分		
3.10	临时拉线方向	方向正确（拉线在紧线挂线点反方向）	4	不正确不给分		
3.11	用钢丝绳卡头夹紧钢丝绳	夹紧	4	钢丝绳滑动不给分		
3.12	用双钩紧线器或棘轮紧线器收紧钢丝绳	使临时拉线受力正常	4	受力过紧或过松扣2～4分		
3.13	紧线器使用	操作熟练正确	4	不正确扣4分		
3.14	钢丝绳尾在锚桩上或拉棒上绑扎正确	绳尾在钢丝绳上最少要折回两次	3	绳尾折回次数不足扣3分		
3.15	钢丝绳绑扎时要拉紧	临时拉线受力合适	3	钢丝绳绑扎时改变受力，视严重程度扣1～3分		
3.16	钢丝绳绑扎	钢丝绳尾绳从折环中穿出	3	钢丝绳尾绳未穿出折环扣3分		
3.17	钢丝绳尾用扎丝扎牢或用钢丝绳卡子卡住	扎丝不得小于10号、缠扎长度不小于50mm，钢丝绳卡子不少于3只	3	扎丝型号、长度、钢丝绳卡数量选取错误每项扣1分		
3.18	拆除紧线工具	动作正确	3	紧线工具拆除不完全扣3分； 动作不正确扣2分		
4	工作结束					
4.1	工器具整理	整理工器具放在指定位置	5	工器具未整理、未轻拿轻放扣5分		
5	工作终结报告					
5.1	工作终结汇报	向考评员报告工作已结束，场地已清理	5	未向考评员报告工作结束，该项不得分		
6	其他要求					
6.1	工具用吊绳传递	杆上不能掉东西	2	每掉一件倒扣2分		
6.2	着装正确	应穿工作服、工作胶鞋，戴安全帽	4	每漏一项扣2分		
6.3	操作动作	动作熟练流畅	5	动作不熟练扣1～5分		
6.4	按时完成	按要求完成	5	超过时间不给分； 每超过2分钟倒扣1分		
合计			100			

Jc0004352017　输电线路停电清扫绝缘子。（100分）

考核知识点：送电线路检修

难易度：中

技能等级评价专业技能考核操作工作任务书

一、任务名称

输电线路停电清扫绝缘子。

二、适用工种

送电线路工高级工。

三、具体任务

×× 330kV 线路绝缘子积污，需停电清扫。

四、工作规范及要求

1. 操作要求

（1）工作线路已完成验电、封闭接地线的装设，要求单独操作。

（2）杆塔上实际操作。

（3）要求着装整齐。

（4）操作熟练。

2. 安全要求

（1）防止人身触电，操作人员接触导线前应使用个人保安线，所使用的所有工器具与带电体均应保持足够的安全距离。

（2）正确使用个人防护装备。

（3）作业人员应戴好安全帽，严禁在作业点下方逗留。

五、考核及时间要求

（1）考核时间共 40 分钟，每超过 2 分钟扣 1 分，到 45 分钟终止考核。

（2）按照技能操作记录单的操作要求进行操作，正确记录操作结果等。

（3）操作过程中作业人员有危及人身、设备安全等情况应停止考核并计 0 分。

技能等级评价专业技能考核操作评分标准

工种	送电线路工				评价等级	高级工
项目模块	输电线路检修及应急处理—输电线路检修工作			编号	Jc0004352017	
单位		准考证号			姓名	
考试时限	40 分钟	题型	单项操作		题分	100 分
成绩		考评员		考评组长	日期	
试题正文	输电线路停电清扫绝缘子					
需要说明的问题和要求	（1）现场需要工具材料：个人工器具。 （2）本次操作在培训线路上或停电线路上					

序号	项目名称	质量要求	满分	扣分标准	扣分原因	得分
1	工作准备					
1.1	安全劳动防护用品的准备	正确佩戴安全帽，穿全套工作服，包括工作服、绝缘鞋、棉手套、安全带、延长绳	5	未正确佩戴安全帽，穿工作服、绝缘鞋、棉手套，每项扣 2 分		
1.2	工器具穿戴	安全带、防坠装置穿戴正确，锁扣自如	5	穿戴不熟练扣 2 分； 穿戴不正确扣 3 分		
2	工作许可					
2.1	许可方式	向考评员示意准备就绪，申请开始工作	5	未向考评员申请许可开始工作，该项不得分		
3	登塔					
3.1	核对线路名称及杆号	线路名称及杆号正确	5	未核对扣 5 分		

续表

序号	项目名称	质量要求	满分	扣分标准	扣分原因	得分
3.2	安全带试验	在塔脚进行冲击性试验冲击无异常	5	未进行安全带冲击试验扣 5 分		
3.3	登塔	登塔动作熟练、安全带、防坠装置使用正确	10	登塔不熟练扣 5 分； 安全带使用不正确扣 3 分； 转位过程中失去保护扣 2 分		
4	绝缘子清扫					
4.1	检查绝缘子、金具、销子	线路绝缘子串、金具、销子完好，并汇报检查结果	15	未检查扣 10 分，检查完未汇报扣 5 分		
4.2	清扫	（1）动作正确熟练。 （2）在杆塔上移位时不得失去安全带的保护。 （3）绝缘子清扫干净	30	绝缘子未清扫干净扣 15 分； 有不安全的行为的，每次扣 10 分； 动作不熟练扣 5 分		
5	下塔	动作熟练，不磕碰，不发生不安全行为	10	动作不熟练扣 3 分； 发生不安全行为每次扣 2 分		
6	工作终结报告					
6.1	工作终结汇报	向考评员报告工作已结束，场地已清理	5	未向考评员报告工作结束，该项不得分		
7	其他要求					
7.1	动作要求	动作熟练顺畅	2	动作不熟练扣 1～2 分		
7.2	安全要求	严格遵守“四不伤害”原则，不得损坏工器具和设备	3	未遵守现场安全要求一次扣 1 分； 损坏工器具和设备一次扣 1 分		
合计			100			

第四部分 技师

第七章 送电线路工技师技能笔答

Jb0001231001 什么是临界档距？（5分）

考核知识点：临界档距

难易度：易

标准答案：

有这样一个档距，当耐张段的代表档距小于它时，最大应力出现在气象条件Ⅰ下；当大于它时，其出现在气象条件Ⅱ下；等于它时，在两种条件下均出现最大应力，那么我们把这个档距称为气象条件Ⅰ和Ⅱ下的临界档距。

Jb0001232002 架空线路的弧垂与导线截面、导线承受的拉力、档距有什么关系？弧垂过大或过小有什么危害？（5分）

考核知识点：弧垂计算

难易度：中

标准答案：

弧垂与导线截面、导线承受的拉力、档距的关系可用下式表示

$$f=\frac{gl^2}{8TS}$$

式中：f为弧垂，m；g为相应的比载，N/（m·mm^2）；T为导线最低点的拉力，N；S为导线截面积，mm^2；l为档距，m。弧垂过大和过小都会影响线路的安全运行，弧垂过大可能在大风时或故障时，使线路摆动过大碰线而发生短路事故，同时弧垂过大也使导线对其下方交义跨越的线路、管道及其他设施的距离减小，容易发生事故；弧垂过小，则使导线应力过大，发生断线等事故的可能性增大。

Jb0001231003 野外识别滑坡的主要根据是什么？（5分）

考核知识点：滑坡的特征

难易度：易

标准答案：

（1）根据滑坡所特有的地貌形态看是否存在深谷、变位阶地、滑坡裂隙等。

（2）根据滑坡上地物特征加以判断，看树木歪斜、建筑物变形、泉水露头等。

（3）根据地层岩性及水文地质条件进行鉴别，看倾斜岩中含水层存在并与山坡方向一致时，则极易形成滑坡，软弱夹层及破碎带也往往造成滑坡体。

Jb0001231004 国家电网公司标准化建设成果应用目录中线路通用设计的应用原则有哪些？（5分）

考核知识点：线路设计

难易度：易

标准答案：

（1）要结合工程具体情况，选择经济、合理的通用设计模块，尽量避免“以大代小”的使用情况。

（2）具体工程设计中，可以在不同的模块中，选择满足使用条件的各种模块方案。

（3）当通用设计中没有相同使用条件的模块时，可选用适合的模块经过校验代用，或重新设计并提供专题论证报告，经评审通过后使用。

（4）严禁未经验算而超条件使用通用设计模块。

Jb0001232005　工程设计质量全过程管控主要内容包括哪七个环节？其中建设管理单位负责哪几个环节的质量评价？（5 分）

考核知识点：质量全过程管控

难易度：中

标准答案：

工程设计质量全过程管控主要内容包括设计策划、初步设计、初步设计评审、施工图设计、现场服务、设计变更和竣工图设计等，建设管理单位负责施工图设计、现场服务、设计变更和竣工图设计4 个环节的质量评价。

Jb0001231006　什么叫掏挖基础？（5 分）

考核知识点：基础施工

难易度：易

标准答案：

利用机械或人工在天然岩土中直接钻（挖）成所需要的基坑，将钢筋骨架支立于土胎内直接浇筑混凝土而成的原状土基础。

Jb0001231007　根据 Q/GDW 166.1—2007《国家电网公司输变电工程初步设计内容深度规定　第 1 部分：架空输电线路》要求，110kV 线路工程初步设计杆塔选型包含哪些内容？（5 分）

考核知识点：送电线路设计

难易度：易

标准答案：

（1）比选杆塔形式。

（2）说明杆塔构件的材质和截面类型。

（3）杆塔防腐措施、登塔设施、螺栓的防卸、防松。

（4）提出全线杆塔汇总表，包含杆塔使用条件、呼称高及材料用量。

（5）需做试验的杆塔，应给予说明，并提出专项立项报告。

Jb0001231008　全面质量管理的特点是什么？（5 分）

考核知识点：全面质量管理

难易度：易

标准答案：

（1）全面性是指全面质量管理的对象，是企业生产经营的全过程。

（2）全员性是指全面质量管理要依靠全体职工。

（3）预防性是指全面质量管理应具有高度的预防性。

（4）服务性是指主要表现在企业以自己的产品或劳务满足用户的需要，为用户服务。

（5）科学性是指质量管理必须科学化，必须更加自觉地利用现代科学技术和先进的科学管理方法。

Jb0001233009 气象资料包括哪些内容？（5分）

考核知识点：气象知识

难易度：难

标准答案：

（1）历年的最高、最低、平均气温。

（2）历年的最低气温月的日最低气温平均值。

（3）历年的最低气温日的平均气温。

（4）历年的最大风速及最大风速月的平均气温。

（5）地区最多风向及其出现的频率。

（6）电线覆冰厚度、地区雷电日数、冻土深度。

（7）常年洪水位及最高航行水位气温。

Jb0001231010 什么叫气象条件的组合？线路正常运行情况下的气象条件如何组合？（5分）

考核知识点：气象条件

难易度：易

标准答案：

（1）将工程所在地的风速、覆冰厚度、大气温度三者按照规定的要求进行组合，称为气象条件的组合。

（2）正常运行情况下的气象组合分为以下四种：

1）最大风速、无冰、相应的气温（最大风月份的平均气温）。

2）覆冰、相应风速、气温为℃。

3）最低气温、无冰、无风。

4）年平均气温、无冰、无风。

Jb0001232011 影响架空送电线路运行的主要气象因素是什么？各有什么影响？（5分）

考核知识点：气象条件

难易度：中

标准答案：

（1）影响送电线路运行的主要因素有风速、覆冰厚度、大气温度。

（2）气象因素对架空送电线路的影响如下。

1）风速。影响导线及杆塔的机械荷载；可能使导线产生高频振动，并使导线内产生附加应力；可能使导线舞动，产生碰线或是断线事故，并对杆塔产生冲击力。

2）覆冰厚度。增加导线的机械荷载；导线脱冰时，会使导线上下跳动，可能产生碰线，并对杆塔产生破坏性不平衡的张力。

3）大气温度。当气温降低时，会因导线收紧而增加导线的应力；当气温升高时，导线伸长，应力降低，弧垂增大，使导线对地或对被跨越物的距离差减小。

Jb0001232012 对架空线应力有直接影响的设计气象条件的三要素是什么？设计中应考虑的组合气象条件有哪些？（5分）

考核知识点：气象条件

难易度：中

标准答案：

（1）设计气象条件三要素：风速、覆冰厚度和气温。

（2）组合气象条件：① 最高气温；② 最低气温；③ 年平均气温；④ 最大风速；⑤ 最大覆冰；⑥ 外过电压；⑦ 内过电压；⑧ 事故断线；⑨ 施工安装。

Jb0001231013　选择山区架空送电线路路径的技术要求是什么？（5 分）

考核知识点：送电线路设计

难易度：易

标准答案：

（1）尽可能避开陡坡、悬崖、滑坡、崩塌、不稳定岩堆、泥石流、喀斯特溶洞等不良地质段。

（2）线路与山脊交叉，从山鞍经过；线路沿山麓经过时，注意排水沟的位置，应尽量一档跨过，不宜山坡走向，以免增加高杆的杆位。

（3）避免沿山区干河沟架线，必要时杆塔位应设在最高洪水位以上不受冲刷的地方。

（4）特别注意覆冰和交通问题、施工和运行维护长期条件。

Jb0001232014　新建电力线路投产前为什么要进行几次空载合闸冲击？（5 分）

考核知识点：送电线路投运

难易度：中

标准答案：

空载冲击的目的是用切合空载线路的操作过电压，来鉴定线路的绝缘能否满足安全运行的需要。由于切合空载线路的过电压，并非一个数值，它与合闸的相位有关，所以一般均要操作 3～5 次，以使线路经受较大过电压的考验。

Jb0001232015　何谓架空线的应力？其值过大或过小对架空线路有何影响？（5 分）

考核知识点：架空线的应力

难易度：中

标准答案：

（1）架空线的应力：是指架空线受力时其单位横截面上的内力。

（2）影响：① 架空线应力过大，易在最大应力气象条件下超过架空线的强度而发生断线事故，难以保证线路安全运行；② 架空线应力过小，会使架空线弧垂过大，要保证架空导线对地具备足够的安全距离，必然因增高杆塔而增大投资，造成浪费。

Jb0001232016　确定杆塔外形尺寸的基本要求是什么？（5 分）

考核知识点：送电线路设计

难易度：中

标准答案：

（1）杆塔高度的确定应满足导线对地或对被交叉跨越物之间的安全距离要求。

（2）架空线之间的水平和垂直距离应满足档距中央接近距离的要求。

（3）导线与杆塔的空气间隙应满足内过电压、外过电压和运行电压情况下电气绝缘的要求。

（4）导线与杆塔的空气间隙应满足带电作业安全距离的要求。

（5）避雷线对导线的保护角应满足防雷保护的要求。

Jb0001232017 三相交流电力系统中的电源中性点有哪些运行方式？（5分）

考核知识点：基础知识

难易度：中

标准答案：

在三相交流电力系统中，作为供电电源的发电机和变压器的中性点有三种运行方式：

（1）电源中性点不接地。

（2）中性点经阻抗接地。

（3）中性点直接接地。前两种称为小接地电流系统，也称中性点非直接接地系统或中性点非有效接地系统；后一种中性点直接接地系统，称为搭接地短路电流系统，也称中性点有效接地系统。

Jb0001233018 对于接地电流不超过10A的35kV电力系统，应采用何种接地方式，为什么？（5分）

考核知识点：基础知识

难易度：难

标准答案：

对于接地电流不超过10A的35kV电力系统，可采用中性点不接地方式，原因如下：

（1）35kV 线路每相对地间隙较小，容易发生接地故障。采用中性点不接地方式，绝缘水平是按线电压考虑的，有利于自动消除瞬时接地故障，减少停电次数。

（2）接地电流不超过10A，不易产生间歇电弧，不需要装设消弧线圈。

（3）若采用中性点直接接地方式，绝缘水平按相电压考虑，从而降低设备费用，效果已不甚显著，但对接地故障引起的停电次数，却会显著增加。

Jb0001233019 对于接地电流超过10A的35kV电力系统，应采用何种接地方式，为什么？（5分）

考核知识点：基础知识

难易度：难

标准答案：

对于接地电流超过10A的35kV电力系统，应采用中性点经消弧线圈接地方式。因为接地电流超过10A时，容易产生间歇电弧，引起内过电压，危及线路和电气设备的绝缘，采用消弧线圈就能将故障点电流大大减少，便于消弧。

Jb0001231020 导线温度升高，有何危害？（2分）

考核知识点：基础知识

难易度：易

标准答案：

导线中通过电流产生损耗，使导线温度升高，温度上升会使导线在接头处氧化，电阻发热增加，如此反复会导致接头处烧断，同时温度升高会使导线弛度增大，造成交叉跨越距离不够而放电。

Jb0001231021 线路在运行一段时间为什么会出现导线弧垂增大的现象？（5分）

考核知识点：基础知识

难易度：易

标准答案：

（1）由导线的初伸长引起的。

（2）检修时加长了绝缘子串的长度所引起的。

（3）相邻档距的荷重不平衡，导线在悬垂线夹处滑动位移，致使荷重大的一档弧垂增加。

（4）杆塔倾斜引起弧垂增大。

Jb0001233022　三视图指的是什么？各表示什么？（5 分）

考核知识点：线路画图

难易度：难

标准答案：

（1）主视图。表示从形体前面向后看的形状和长度，高度方向的尺寸及左右、上下方的位置。

（2）俯视图。表示从形体上面向下俯视的形状和长度、宽度方向的尺寸以及左右、前后方的位置。

（3）左视图。表示从形体左面向右看的形状的宽度、高度方向的尺寸及前后、上下方的位置。

Jb0001221023　画出三相交流电电动势的相量图。（5 分）

考核知识点：电工基础

难易度：易

标准答案：

如图 Jb0001221023 所示。

$\dot{E}_A$　120°　120°　$\dot{E}_B$　120°　$\dot{E}_C$

图 Jb0001221023

Jb0001221024　绘出接触器控制正转启动异步电动机控制电路图。（5 分）

考核知识点：电工基础

难易度：易

标准答案：

如图 Jb0001221024 所示。

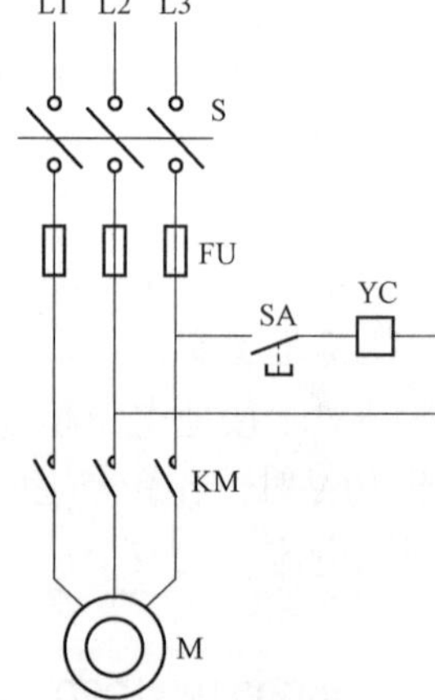

图 Jb0001221024

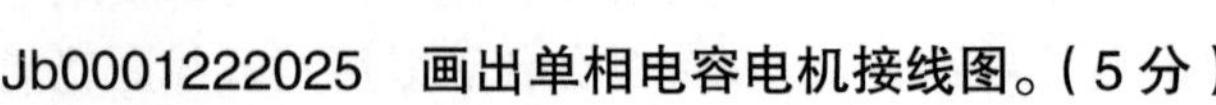

Jb0001222025　画出单相电容电机接线图。（5 分）

考核知识点：电工基础

难易度：中

标准答案：

如图 Jb0001222025 所示。

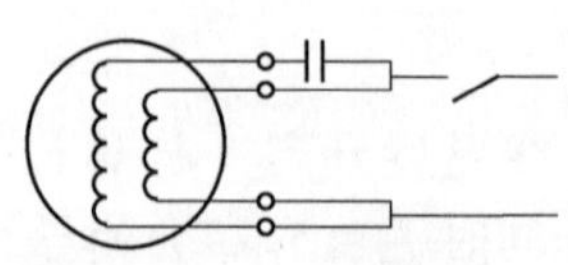

图 Jb0001222025

Jb0002232026　某 220kV 线路，无时限电流速断保护动作使 C 相断路器跳闸，试分析在雷雨大风和冬季覆冰各可能存在什么故障？并简述其故障范围。（5 分）

考核知识点：故障原因分析

难易度：中

标准答案：

（1）220kV 线路，其系统中性点采用直接接地，只有当 C 相发生永久性接地故障，保护才使 C 相跳闸，由于是无时限电流速断动作，所以故障点可能出现在距电源点 80%长的线路范围内。

（2）在雷雨大风天气出现 C 相跳闸，由于是永久性单相接地故障，因此故障点很可能为断线或绝缘子存在零值情况造成整串绝缘子击穿。

（3）在冬季覆冰天气出现 C 相跳闸，线路可能因覆冰使导线弧垂增大造成导线对被交叉跨越物放电产生的永久性单相接地故障或断线接地故障。

Jb0002232027　在线路运行管理工作中，防雷的主要内容包括哪些？（5 分）

考核知识点：输电线路防雷

难易度：中

标准答案：

（1）落实防雷保护措施。

（2）完成防雷工作的新技术和科研课题及应用。

（3）测量接地电阻，对不合格者进行处理。

（4）完成雷电流观测的准备工作，如更换测雷参数的装置。

（5）增设测雷电装置，提出明年防雷措施工作计划。

Jb0002232028　如何确定某连续档耐张段观测档弧垂大小？（5 分）

考核知识点：弧垂测量

难易度：中

标准答案：

（1）从线路平断面图中查出紧线耐张段的代表档距 l_0 或根据耐张段各档档距，由 $l_0=\sqrt{\dfrac{\sum l_i^3}{\sum l_i}}$ 计算代表档距。

（2）根据紧线耐张段代表档距大小，从安装曲线查出紧线环境温度对应的弧垂 f_0（若新架线路应考虑导线初伸长补偿）。

（3）根据观测档档距 l_g 、l_0 和 f_0，由 $f_g=f_0\left(\dfrac{l_g}{l_0}\right)^2$ 计算出观测档弧垂。

Jb0002232029　对线路故障预测应从哪些方面进行？（5 分）

考核知识点：故障原因分析

难易度：中

标准答案：

（1）根据系统中性点接地方式以及故障后出现的跳闸或某相电压降低现象确定故障相和故障线路。

（2）根据重合闸装置的动作情况确定故障性质，即为永久性故障还是瞬时故障。

（3）根据保护装置的动作情况确定故障点的大致范围。

（4）结合故障时的天气状况分析可能引起线路故障的原因。

Jb0002232030　防止导线舞动有哪些措施？（5分）

考核知识点：线路运行

难易度：中

标准答案：

防止舞动可以从避舞、抗舞和抑舞三个方面采取措施，一般可根据运行经验采取以下措施：

（1）加大线间距离和导线、架空地线间的水平位移。

（2）加大金具绝缘子的机械安全系数，加强抗疲劳强度。

（3）安装相间间隔棒，阻止导线之间闪络。

（4）在经常舞动的地段，增加杆塔缩小档距。这样，不但减小导线、架空地线弧垂而且减轻了杆塔的荷载，提高了安全可靠性。

（5）安装防舞装置，如双摆防舞器、偏心重锤。

Jb0002232031　导线风振动是如何产生的？（5分）

考核知识点：线路运行

难易度：中

标准答案：

引起风振动的原因是当稳定微风吹过架空导线时，在导线的背风面产生上下交替变化的气流旋涡从而使架空导线受到上下交变的脉冲力，当这个脉冲力的频率与架空导线的固有自振频率相等或者接近时，导线就在垂直平面内产生谐振即为风振动。

Jb0002231032　影响导线振动的主要因素有哪些？（5分）

考核知识点：线路运行

难易度：易

标准答案：

影响导线振动的主要因素有：风速、风向、档距与悬挂点的高度、地形、地物以及导线应力。

Jb0002233033　杆塔的荷载按作用在杆塔上的方向可分为哪几类、分别包括哪些荷载？（5分）

考核知识点：杆塔荷载

难易度：难

标准答案：

（1）按荷载作用在杆塔上的方向可分为横向荷载、纵向荷载和垂直荷载。

（2）横向荷载、纵向荷载、垂直荷载分别包括：

1）横向荷载是指沿横担方向的荷载。包括杆塔上导线、地线的风压，转角杆塔的导线、地线张力产生的横向水平分力，杆塔自身的分压等。

2）纵向荷载指垂直于横担方向的荷载。包括导线、地线张力在垂直横担方向的分力量，斜向风在导线及地线产生风荷载的纵向分量，杆塔本身纵向风压荷载，架空地线的不平衡张力，断线时导线断线张力及架空地线的支持力，安装检修时锚线及牵引荷载等。

3）垂直荷载是垂直地面方向的荷载。包括导线及架空地线的自重、冰重、杆塔自重、冰重及绝缘子串、重锤及其他固定设备的重力，拉线杆塔的拉线拉力产生的垂直分力，安装检修时操作人员及工器具、附件的重力等。

Jb0002233034 导线初伸长产生的原因是什么？有何危害？处理的方法是什么？（5分）

考核知识点：线路运行

难易度：难

标准答案：

多股绞线绞合挤压受拉产生永久性增长，称为紧压增长，一般在架线观测过程中已经放出，对运行应力和弧垂无影响，但是导线长期运行中一直处于受拉状态，还会产生所谓的“塑性伸长及蠕变”现象，这种现象简称为初伸长。这种增长在导线投运前释放不出，在线路运行中逐步放出。增加了档内线长，致使弧垂增大，导线对地及其他建筑物安全距离缩小。所以在架线施工及运行中必须进行补偿，其法有三：一是预拉法，可以在架线时或导线出厂时预先加大拉力，将初伸长拉出，二是增加架线应力系数法，在施工时适当减少导线安装弧垂，对地间隙留有裕度，使其在运行中由于导线增长而给予补偿，三是在运行中定期对弧垂进行观测，并及时调整。

Jb0002212035 某220kV线路中一孤立档档距为500m，导线采用JL/G1A－400/35－48/7型钢芯铝绞线，设计安全系数为2.5，温度在摄氏零度的弧垂为9.1m，求孤立档中导线的长度。（5分）

考核知识点：线路计算

难易度：中

标准答案：

解：

$$L = l + \frac{8f^2}{3l} = 500 + \frac{8\times 9.1^2}{3\times 500} = 500.442\text{（m）}$$

答：孤立档中导线的长度为500.442m。

Jb0002213036 某110kV线路的跨越档，其档距 l=360m，交叉点距离杆塔100m，代表档距 l_o=350m，在气温 20℃时测得上导线弧垂 f=5m，导线对被跨越线的距离为6m，导线热膨胀系数 $\alpha = 19\times 10^{-6}$，问气温在40℃时，交叉距离是否满足要求。（5分）

考核知识点：线路计算

难易度：难

标准答案：

解：（1）当气温在40℃时的最大弧垂为

$$\begin{aligned} f_{\max} &= \sqrt{f^2 + \frac{3l^4}{8l_o^2}(t_{\max} - t)\alpha} \\ &= \sqrt{5^2 + \frac{3\times 360^4}{8\times 350^2}(40-24)\times 19\times 10^{-6}} \\ &= 6.67\text{（m）} \end{aligned}$$

（2）计算交叉跨越点的增量

$$\Delta f = \frac{4X}{L}\left(1 - \frac{X}{L}\right)(f_{\max} - f) = \frac{4\times 100}{360}\left(1 - \frac{100}{360}\right)\times(6.37-5) = 1.1\text{（m）}$$

（3）计算 40℃时导线对被跨越线路的垂直距离 $H=h-\Delta f=6-1.1=4.9$（m）

答：交叉跨越距离为 4.9m，大于规定的最小净空距离 3m，满足要求。

Jb0002212037　已知某 35kV 线路，采用 LGJ－70 型导线，其瞬时拉电力 T_P=20 888N，安全系数 K=2.5，计算截面 S=79.3mm²，求导线的最大使用应力。（5 分）

考核知识点：线路运行

难易度：中

标准答案：

解：

$$\sigma=\frac{T_P}{KS}=\frac{20\,888}{2.5\times79.3}=105.36\text{（MPa）}$$

答：导线最大使用应力为 105.36MPa。

Jb0002233038　中性点不接地的电力系统中发生单相完全接地时，三相的电压发生什么变化？什么是因雷电造成的线路反击？（5 分）

考核知识点：线路运行

难易度：难

标准答案：

在中性点不接地系统中，当发生一相完全接地时，故障相对地电压为零，非故障相对地电压较正常运行时升高 $\sqrt{3}$ 倍成为线电压，而三相相间电压保持不变。接地电流为正常运行时一相对地电容电流的 3 倍。如果发生的故障是不完全接地，则故障相对地电压大于零小于相电压，非故障相对地电压大于相电压，而小于线电压。当雷电落于架空地线之后，雷电流要经过接地体流入大地，由于雷电流数值很大，形成的电压降也很高，所以，有可能使线路绝缘被击穿，这个过程就是雷电造成的线路反击。

Jb0002232039　试述导线机械物理特性各量对导线运行时的影响。（5 分）

考核知识点：导线机械物理特性

难易度：中

标准答案：

（1）导线的瞬时破坏应力：其大小决定了导线本身的强度，瞬时破坏应力大的导线适用在大跨越、重冰区的架空线路；在运行中能较好防止出现断线事故。

（2）导线的弹性系数：导线在张力作用下将产生弹性伸长，导线的弹性伸长引起线长增加、弧垂增大，影响导线对地的安全距离，弹性系数越大的导线在相同受力时其相对弹性伸长量越小。

（3）导线的温度膨胀系数：随着线路运行温度变化，其线长随之变化，从而影响线路运行应力及弧垂。

（4）导线的质量：导线单位长度质量的变化使导线的垂直荷载发生变化，从而直接影响导线的应力及弧垂。

Jb0002221040　画出异长法观测弛度示意图。（5 分）

考核知识点：弧垂测量

难易度：易

标准答案：

如图 Jb0002221040 所示。

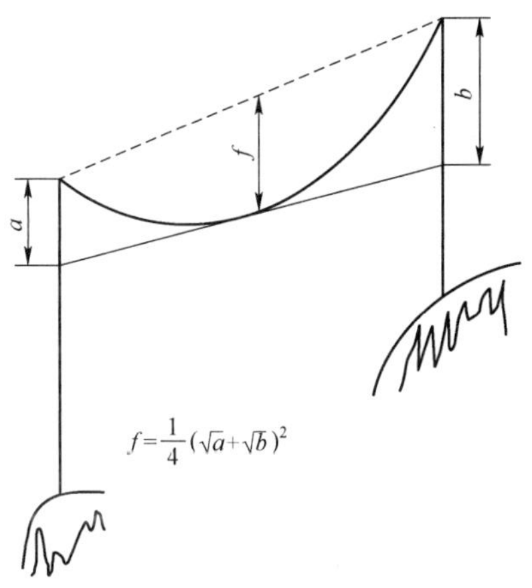

图 Jb0002221040

Jb0002222041 画出用档端角度法观测弧垂示意图。（5 分）

考核知识点：弧垂测量

难易度：中

标准答案：

仪器置于较高一侧观测如图 Jb0002222041 所示。

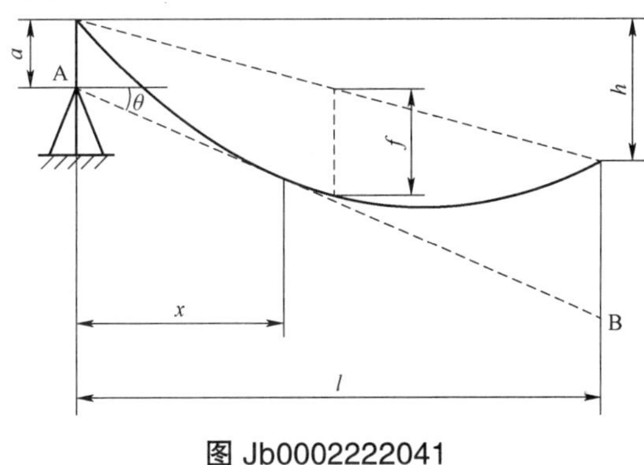

图 Jb0002222041

Jb0002222042 画出用档外角度法观测弧垂示意图。（5 分）

考核知识点：弧垂测量

难易度：中

标准答案：

如图 Jb0002222042 所示。

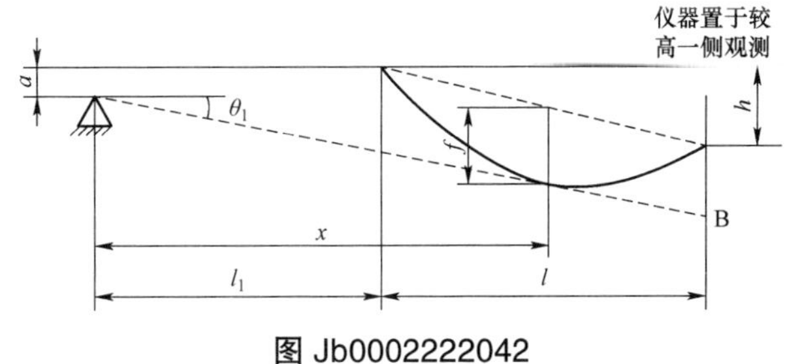

图 Jb0002222042

Jb0002221043 画出转角双杆排杆示意图。（5 分）

考核知识点：电工基础

难易度：易

标准答案：

如图 Jb0002221043 所示。

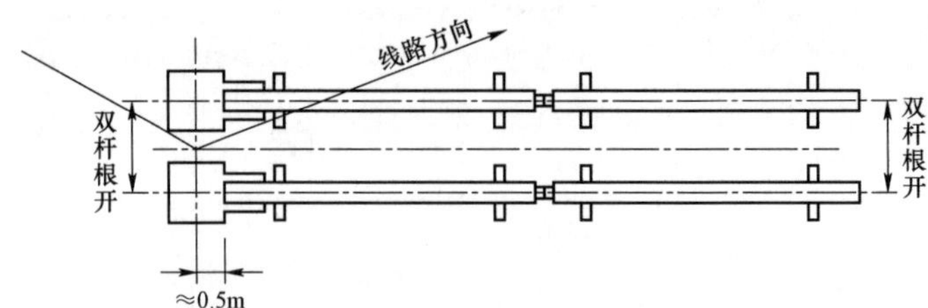

图 Jb0002221043

Jb0002211044 某地区中性点非直接接地 35kV 线路，长为 18km，其中有避雷线的线路长为 10km。如果等电位作业时将一相接地，估算流过人体的电容电流 I 是多少？（设人体电阻 $R_1=1500\Omega$，屏蔽服电阻 $R_2=10\Omega$；35kV 单相电容电流，无地线 0.1A/km，有地线 0.13A/km）（5 分）

考核知识点：电工基础

难易度：易

标准答案：

解：按题意求解，得

$$I_C=(18-10)\times0.1+10\times0.13=2.1\text{（A）}$$

$$I=\frac{R_2}{R_1}\times I_C=\frac{10}{1500}\times2.1=0.014\text{（A）}$$

答：流过人体的电容电流是 0.014A。

Jb0002211045 有两等截面积的木梁，一个为正方形，另一个为圆形。判断哪一个的抗弯性能好些，为多少倍？（5 分）

考核知识点：力学知识

难易度：易

标准答案：

解：设正方形边长为 a，圆形直径为 d，其截面积相等且均为 S。

由：$S=a^2=\pi\left(\frac{d}{2}\right)^2$

得：$a=\sqrt{S}$

$$d=2\times\sqrt{\frac{S}{\pi}}$$

由材料力学知识得

正方形截面矩 $W_1=\frac{a^3}{6}=\frac{\sqrt{S}^3}{6}$

圆形截面矩 $W_2=\frac{\pi d^3}{32}$

$$=\pi\left(2\times\sqrt{\frac{S}{\pi}}\right)^3\div32$$

$$=\frac{8(\sqrt{S})^3}{32\sqrt{\pi}}$$

$$=\frac{\sqrt{S}^3}{7.08}$$

$$\frac{W_1}{W_2}=\frac{7.08}{6}=1.18$$

答：正方形木梁抗弯性能好些，为圆木的 1.18 倍。

Jb0002211046 某 10kV 专用线线路长为 5km，最大负荷为 3000kVA，最大负荷利用小时数 $T_{max}=4400h$，导线单位长度的电阻为 $R_0=0.16\Omega/km$。求每年消耗在导线上的电能？（5 分）

考核知识点：电工基础

难易度：易

标准答案：

解：

因为 $S=\sqrt{3}UI$

所以 $I=\frac{S}{\sqrt{3}U}=\frac{3000}{\sqrt{3}\times 10}=173.2$（A）

$R=R_0L=0.16\times 5=0.80$（Ω）

所以 $\Delta W=3I^2RT$

$=3\times 173.2^2\times 0.8\times 4400$

$=316\ 781$（kWh）

答：一年消耗在导线上的电能为 316 781kWh。

Jb0002211047 某 10kV 线路所采用的 P－15T 型绝缘子，其泄漏距离不小于 300mm。求其最大泄漏比距是多少？（5 分）

考核知识点：电工基础

难易度：易

标准答案：

解：按题意，得

$$S=\frac{\lambda}{U_N}$$

$$=\frac{300}{10}=30\text{（mm/kV）}=3\text{（cm/kV）}$$

答：最大泄漏比距为 3cm/kV。

Jb0112233048 架空线路为什么会覆冰？线路覆冰有哪些危害？（5 分）

考核知识点：送电线路基本技能

难易度：难

标准答案：

（1）架空线路的覆冰是在初冬和初春时节（气温在－5℃左右）或者是在降雪或雨雪交加的天气里，在架空线路的导线、避雷线、绝缘子串等处均会有雨、霜和湿雪形成的冰层。这是一层结实而又紧密的透明或半透明的冰层，形成覆冰层的原因是在自然界物体上附着水滴，当气温下降时，这些水滴便凝结成冰，而且越结越厚。

（2）线路覆冰的危害：① 覆冰后的导线使杆塔受到过大的荷重，会造成倒杆或倒塔事故。导线和避雷线上的覆冰有局部脱落时，因各导线的荷重不均匀，会使导线发生跳跃、碰撞现象。② 覆冰会使导线严重下垂，使导线对离地面距离减小，易发生短路、接地等事故。覆冰降低了绝缘子串的绝缘水平，会引起闪络接地事故。

Jb0002232049　导线的初伸长是如何产生的？对线路有什么影响？常用的处理方法有哪几种？（5分）

考核知识点：杆塔荷载

难易度：中

标准答案：

（1）产生的原因：① 塑性伸长。塑性伸长是材料本身的特点，在长期承受外力的情况下，将产生永久变形。② 蠕变伸长。蠕变伸长是导线受拉后股与股间靠得很紧，且各股线长未变，但整根导线却伸长了。

（2）对线路的影响：初伸长引起应力减小，弧垂增大是导线对地或被跨越物安全距离不够。

（3）常用的处理方法：① 预拉法——消除初伸长。② 减弧垂法——补偿初伸长。③ 恒定降温法。

Jb0002231050　防止风偏闪络事故运行阶段应注意的问题有哪些？（5分）

考核知识点：风偏闪络

难易度：易

标准答案：

（1）运行单位应加强山区线路大档距的边坡及新增交叉跨越的排查，对影响线路安全运行的隐患及时治理。

（2）线路风偏故障后，应检查导线、金具、铁塔等受损情况并及时处理。

（3）更换不同型式的悬垂绝缘子串后，应对导线风偏角重新校核。

Jb0002231051　防止外力破坏事故运行阶段应注意的问题有哪些？（5分）

考核知识点：防外力破坏

难易度：易

标准答案：

（1）应建立完善的群众护线制度，积极配合当地公安机关及司法部门严厉打击破坏、盗窃、收购线路器材的违法犯罪活动。

（2）加强巡视和宣传，及时制止线路附近的烧荒、烧秸秆、放风筝、开山炸石、爆破作业等行为。

（3）应在线路保护区或附近的公路、铁路、水利、市政施工现场等可能引起误碰线的区段设立限高警示牌或采取其他有效措施，防止吊车等施工机械碰线。

（4）及时清理线路通道内的树障、堆积物等，严防因树木、堆积物与电力线路距离不够引起放电事故。

（5）对易遭外力碰撞的线路杆塔，应设置防撞墩并涂刷醒目标志漆。

Jb0002231052　防止鸟害闪络事故运行阶段应注意哪些问题？（5分）

考核知识点：鸟害闪络

难易度：易

标准答案：

（1）鸟害多发区线路应及时安装防鸟装置，如防鸟刺、防鸟挡板、悬垂串第一片绝缘子采用大盘径绝缘子、复合绝缘子横担侧采用防鸟型均压环等。对已安装的防鸟装置应加强检查和维护，及时更换失效防鸟装置。

（2）及时拆除线路绝缘子上方的鸟巢，并及时清扫鸟粪污染的绝缘子。

Jb0002231053 杆塔拉线有哪些作用？（5 分）

考核知识点： 拉线的作用

难易度： 易

标准答案：

拉线是为了稳定杆塔而设置的。拉线可平衡杆塔各方向的拉力，使杆塔不产生弯曲和倾倒。

拉线有以下几个作用：

（1）用来平衡导线、架空地线的不平衡张力，这种拉线称为导拉线和地拉线。

（2）用来平衡导（地）线和塔身受风吹而构成的风压力，这种拉线称为抗风拉线。

（3）用来实现杆塔稳定性的，称为稳定拉线。

（4）施工中为了防止杆塔部件发生变形和倾斜而设置的临时拉线。

Jb0002231054 输电线路的拉线有哪几种？（5 分）

考核知识点： 拉线分类

难易度： 易

标准答案：

（1）普通拉线。应用在终端杆、角度杆、分支杆及耐张杆等处，主要作用是用来平衡固定性不平衡荷载。

（2）人字形拉线。由两把普通拉线组成，装在线路垂直方向电杆的两侧，用来加强电杆防风倾倒的能力。

（3）X 形拉线。门形杆塔、A 形杆塔常采用 X 形拉线。此种拉线占地不大，适用于机耕地区。

（4）V 形拉线。主要用在电杆较高、横担较多、架设多条导线，因而受力不均匀的杆塔。

Jb0002231055 如何预防倒杆塔事故？（5 分）

考核知识点： 防倒杆塔

难易度： 易

标准答案：

（1）加强设计、基建和验收等前期管理。

（2）加强特殊区域巡视和危险点管理。

（3）加强老设备升级改造。

Jb0002231056 防止输电线路污闪事故的措施？（5 分）

考核知识点： 防污闪

难易度： 易

标准答案：

（1）有针对性地做好线路巡视。

（2）定期测试和及时更换不良绝缘子。

（3）做好重污区段绝缘子的及时清扫。

Jb0002231057　输电线路污闪事故的影响因素？（5分）

考核知识点：污闪影响因素

难易度：易

标准答案：

（1）大气污染。

（2）鸟粪污染。

（3）海拔的影响。

（4）绝缘爬距、结构、材料的影响。

（5）绝缘子串长度（有效泄漏距离）的影响。

Jb0002231058　复合绝缘子基本特性是什么？（5分）

考核知识点：绝缘子

难易度：易

标准答案：

（1）机械性能优越。

（2）抗污闪性能好。

（3）耐电蚀性优异。

（4）结构稳定性好。

（5）线路运行效率高。

（6）质量轻。

Jb0002231059　复合绝缘子的运行特点是什么？（5分）

考核知识点：绝缘子

难易度：易

标准答案：

（1）复合绝缘子具有良好电气性能。

（2）复合绝缘子具有良好机械性能。

（3）复合绝缘子具有良好抗老化性能。

Jb0002233060　玻璃绝缘子具有哪些特点？（5分）

考核知识点：线路运行

难易度：难

标准答案：

（1）机械强度高，比瓷绝缘子的机械强度高1～2倍。

（2）性能稳定不易老化，电气性能高于瓷绝缘子。

（3）生产工序少，生产周期短，便于机械化、自动化生产，生产效率高。

（4）由于玻璃绝缘子的透明性，在进行外部检查时很容易发现细小的裂缝及各种内部缺陷或损伤。

（5）绝缘子的玻璃本体如有各种缺陷时，玻璃本体会自动破碎，称为“自破”。绝缘子自破后，铁帽残锤仍然保持一定的机械强度悬挂在线路上，线路仍然可以继续运行。当巡线人员巡视线路时，很容易发现自破绝缘子，并及时更换新的绝缘子。由于玻璃绝缘子具有这种“自破”的特点，所以在线路运行过程中，不必对绝缘子进行预防性试验，从而给运行带来很大方便。

（6）玻璃绝缘子的重量轻。

（7）由于制造工艺等原因，玻璃绝缘子的“自破”率较高，这是玻璃绝缘子的致命缺点。

Jb0002231061　线路上哪些地方需要接地？（5分）

考核知识点：线路接地

难易度：易

标准答案：

（1）有架空地线的杆塔和小接地电流系统在居民区的无架空地线杆塔应接地。

（2）铁塔的混凝土基础，应利用钢筋或接地引下线短路接地。

（3）钢筋混凝土电杆的横担、架空地线在杆塔上的悬挂点应有可靠的电气连接及接地。

（4）安装于线路上的管型避雷器及保护间隙应接地。

Jb0002232062　输电线路的防雷保护主要应从哪几个方面进行？（5分）

考核知识点：防雷

难易度：中

标准答案：

一般来说，线路的防雷应从4个方面进行，即防雷四道防线。

（1）保护线路导线不遭受直接雷击，为此可采用避雷针、避雷线或将架空线改为地下电缆。

（2）当杆塔或避雷线遭受雷击后不使线路绝缘子发生闪络，为此需改善避雷线的接地，或适当加强线路绝缘。

（3）既是绝缘受冲击而至发生闪络，也不使它转变为两相短路故障或不导致线路跳闸，为此可将系统中性点采用非直接接地方式。

（4）即使线路跳闸也不致中断供电，为此可采用重合闸装置。

Jb0002233063　杆塔倾斜后首先应采取什么措施？（5分）

考核知识点：杆塔倾斜措施

难易度：难

标准答案：

（1）释放导地线张力。杆塔倾斜后，为防止架空地线断裂、地线横担受损或导地线短路，应首先打开直线杆塔导地线悬垂线夹，使两侧导地线应力平衡。

（2）调整塔脚板。当铁塔出现倾斜后，通过调整塔脚板高度的方法是最简单的扶正铁塔方法。

（3）更换塔脚板。如未采用加长地脚螺栓或地脚螺栓不足以调平塔腿，可以采用更换塔脚板的办法扶正铁塔。

（4）调整基础。在根开变化及杆塔倾斜值较小时，也采用调整基础根开河垫高基础的方法调平基础和恢复根开。

（5）更换杆塔。如通过上述方法无法修正，或杆塔变形严重，超过允许变形值，则需要更换杆塔。

Jb0002231064　采空对输电线路有哪些危害？（5分）

考核知识点：采空的危害

难易度：易

标准答案：

（1）地下矿层采空后形成的空间称为采空区。

（2）采空区发生塌陷，其对地表的影响首先是不均匀沉降，有的地方下沉值大，有的地方下沉值小。

（3）架设在不均匀沉降区的杆塔基础或拉线基础会随之出现不均匀沉降。

（4）就会发生杆塔倾斜、断线、倒杆塔等采空区塌陷事故。

Jb0002213065　某杆塔的接地装置采用水平接地网，圆钢接地体总长为 20m，直径 d = 10mm，土壤电阻率ρ = 150Ω · m。试计算该接地装置的工频接地电阻（忽略形状系数），并判断是否符合要求？（计算时，埋深取 h = 0.6m 及以上时，且接地电阻不大于 15Ω，视为符合要求）（5 分）

考核知识点：线路运行

难易度：难

标准答案：

解：按题意求得，$R=\dfrac{\rho}{2\pi L}\ln\dfrac{L^2}{hd}=\dfrac{150}{2\times3.14\times20}\ln\dfrac{20^2}{0.6\times0.01}=13.3$（Ω）

答：由于 13.3Ω＜15Ω，该装置的接地电阻符合要求。

Jb0002233066　为什么 110kV 及以上电压级电网一般都采用中性点直接接地方式？（5 分）

考核知识点：线路运行

难易度：难

标准答案：

中性点直接接地系统所产生的内过电压幅值要比中性点不接地系统低 20%～30%，因此，设备绝缘水平可以降低 20%左右；由于额定电压越高，提高绝缘水平所需的费用也越大，且 110kV 及以上电力线路的耐雷水平高、导线对地距离大，不容易发生单相永久性接地故障；对于瞬时性接地故障，可装设自动重合闸，自动恢复供电。所以，110kV 及以上电力线路一般都采用中性点直接接地方式。

Jb0002231067　交联聚乙烯绝缘电缆内半导体屏蔽层有何作用？（5 分）

考核知识点：交联聚乙烯电缆构造

难易度：易

标准答案：

（1）线芯表面采用半导体屏蔽层可以均匀线芯表面不均匀电场的作用。

（2）防止了内屏蔽与绝缘层间接触不紧而产生气隙，提高电缆起始放电电压。

（3）抑制电树或水树生长。

（4）通过半导体屏蔽层热阻的分温作用，使主绝缘温升下降，起到热屏蔽作用。

Jb0003233068　非张力放线跨越架搭设有哪些要求？（5 分）

考核知识点：送电线路施工

难易度：难

标准答案：

（1）根据被跨越物的种类，选择所搭跨越架的结构形式，其宽度应大于施工线路杆塔横担的宽度，跨越架的两端应搭设“羊角”，以防所放架空线滑落到跨越架之外。

（2）如跨越架搭设得较为高大，应由技术部门验算后提出搭设方案，必要时可请专业架子工进行搭设。在搭设过程中应设专人监护。

（3）在搭设跨越铁路、公路、高压电力线路的跨越架时，应先与有关部门联系，请被跨越物的产权单位在搭架、施工及拆架时，派人员监督检查。

（4）跨越架的搭设，应由下而上进行搭设，并有专人负责传递木杠或竹竿等材料。拆除时，应由上而下地进行，不得抛掷，更不得将架子一次推倒。

（5）对搭设好的跨越架，应进行强度检查，确认牢固后方可进行放线工作。对比较重要的跨越架，应派专人监护看守，一方面提醒来往行人和车辆注意，另一方面监视导线、避雷线的通过情况。

（6）跨越架的长度，可按下式计算

$$L=\frac{D+3}{\sin\theta}$$

式中 L——跨越架应搭设长度（m）；
D——施工线路两边线间距离（m）；
θ——施工线路与被跨越物的交角。

Jb0003232069 对固定杆塔的临时拉线有什么要求？（5分）

考核知识点：临时拉线要求

难易度：中

标准答案：

（1）应使用钢丝绳，不得使用白棕绳、麻绳和8号铁丝。

（2）在未全部固定之前，严禁登高作业。

（3）绑扎工作必须由技工担任。

（4）单杆、V形杆、有叉梁的双杆拉线不得少于4根，双叉梁的拉线不得少于6根。

（5）组立杆塔的临时拉线不得过夜，如需过夜，必须采取加强措施。

（6）同一临时地锚上最多不得超过2根拉线。

（7）在永久拉线装好、构件装齐，回填土填满，施工负责人同意后方可拆除临时拉线。

Jb0003233070 施工图的作用有哪些？（5分）

考核知识点：施工图的作用

难易度：难

标准答案：

（1）设计单位根据施工的平、断面图确定杆塔的位置、型号、高度、基础型式、基础施工的基面以及需开方的工作量。

（2）施工图的主要作用是作为施工的技术资料和依据。施工时可根据平断面图确定放线、紧线位置，观测弧垂的观测档；按照交叉跨越处所的垂直距离，对照现场情况，确定放、紧线过程中应采取的保护措施；对施工中工地布置、运输和器材堆放起明显的指导作用。

（3）根据杆塔基础施工图、杆塔组装图、绝缘子金具组装图以及接地施工图等图纸编制材料加工、供购计划，是编制施工工艺流程、施工组织设计的技术标准和依据。

（4）施工图是线路验收检查的依据，并是线路投运后日常运行的资料和原始依据。

Jb0003231071 施工图交底的要求有哪些？（5分）

考核知识点：施工图交底

难易度：易

标准答案：

（1）对施工图进行全面的技术交底。

（2）对特殊区段的设计情况进行详细介绍，并对施工技术和安全生产进行技术交底。

（3）对于施工时的注意事项逐个进行技术和安全交底。

Jb0003231072　线路施工放线前的准备工作有哪些？（5分）

考核知识点：施工放线

难易度：易

标准答案：

（1）检查杆塔是否倾斜，拉线是否牢靠。

（2）根据放线轴上的导地线长度、档距间的交叉跨越物、现场地形及线路方向，选择放线轴的放置位置。

（3）清除放线通道内可能损伤导地线的障碍物或采取可靠的防护措施。

（4）跨越电力线路、通信线、铁路、公路等应和有关单位联系，取得配合，并搭设安全牢固的跨越架。

（5）在居民区、道口、交叉跨越等合理布置护线人员。

（6）明确通信联络方式。

Jb0003212073　已知一施工线路两边线的距离 D=5m，与被跨线路的交叉角 $\theta=30°$，电力机车轨顶距搭设跨越架施工基面的高度 h_1=5m。试求出跨越架的高度及搭设宽度？（5分）

考核知识点：线路计算

难易度：中

标准答案：

解：已知 $D=5\text{m}$，$\theta=30°$，安全距离 $h=7.0\text{m}$，且要求跨越架应比施工两边线路各伸出1.5m，则

$$L=\frac{D+3}{\sin\theta}=\frac{5+3}{\sin 30°}=16\text{（m）}$$

$$H=h+h_1=7+5=12\text{（m）}$$

答：跨越架的高度12m及搭设宽度16m。

Jb0003231074　电缆穿管敷设方式的选择应符合哪些规定？（5分）

考核知识点：电缆穿管敷设方式选择

难易度：易

标准答案：

（1）在有爆炸危险场所明敷的电缆，露出地坪上需加以保护的电缆，地下电缆与公路、铁道交叉时，应采用穿管。

（2）地下电缆通过房屋、广场的区段，电缆敷设在规划将作为道路的地段，宜用穿管。

（3）在地下管网较密的工厂区、城市道路狭窄且交通繁忙或挖掘困难的通道等电缆数量较多的情况下，可用穿管敷。

Jb0003231075　起立杆塔的基本施工方法有哪几种？它们各有何优缺点？（5分）

考核知识点：起立杆塔的方法

难易度：易

标准答案：

（1）起立杆塔的施工方法基本上有整体起立和分解起立两种方式。

（2）整体起立和分解起立的优缺点如下。

1）整体起立杆塔的优点是绝大部分组装工作可在地面进行，高空作业量小，施工比较安全方便，适合流水作业，进度快。其缺点是整体分量较重，工器具均需相应配合重型的，施工时占地面积较大。

2）分解组立杆塔的优点是工器具比较简单，施工地形基本不受限制。其缺点是进度较慢高空作业工作量大，从安全角度看比较差些。因此在施工条件允许的情况下，一般均尽可能采用整体起立杆塔。

Jb0003232076 利用人字抱杆起吊杆塔，抱杆坐落位置及初始角的大小对起吊工作有何影响？（5分）

考核知识点：线路运行

难易度：中

标准答案：

利用人字抱杆起吊杆塔时，若抱杆坐落过前，初始角过大，在起吊过程中，易造成拖杆脱帽过早，增大主牵引绳的牵力，并且起吊过程中稳定性差。抱杆坐落过后，初始角小，起吊过程中易造成抱杆脱帽晚。这种情况初始时主牵引力和抱杆受垂直下压力都会增大，特别是在抱杆强度不足的情况下，会造成抱杆变形破坏，对起吊工作是不利的。所以，在施工中抱杆的初始角和坐落位置一定要按施工设计进行。

Jb0003223077 画出三点起吊 30m（ϕ400）等径水泥双杆布置示意图。（5分）

考核知识点：送电线路施工

难易度：难

标准答案：

如图 Jb0003223077 所示。

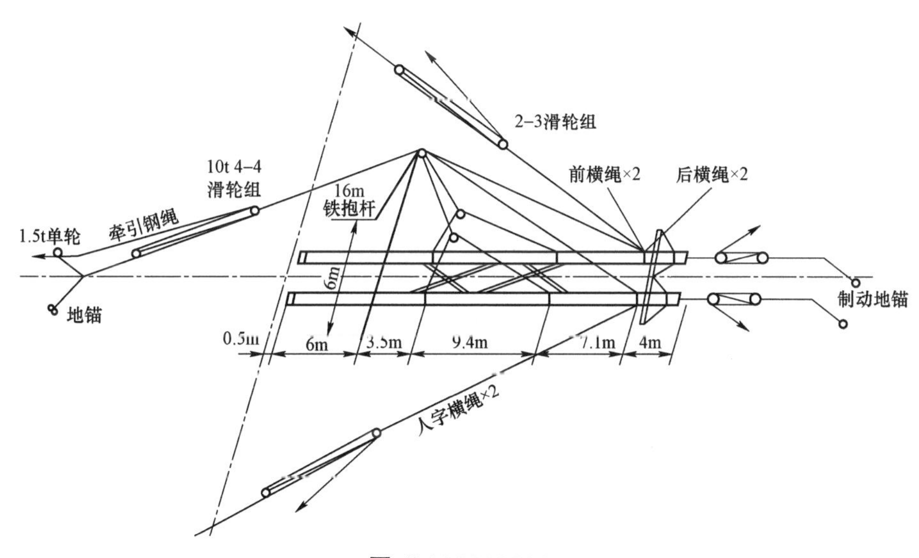

图 Jb0003223077

Jb0003223078 画出三点起吊 24m（ϕ400）等径水泥单杆布置示意图。（5分）

考核知识点：送电线路施工

难易度：难

标准答案：

如图 Jb0003223078 所示。

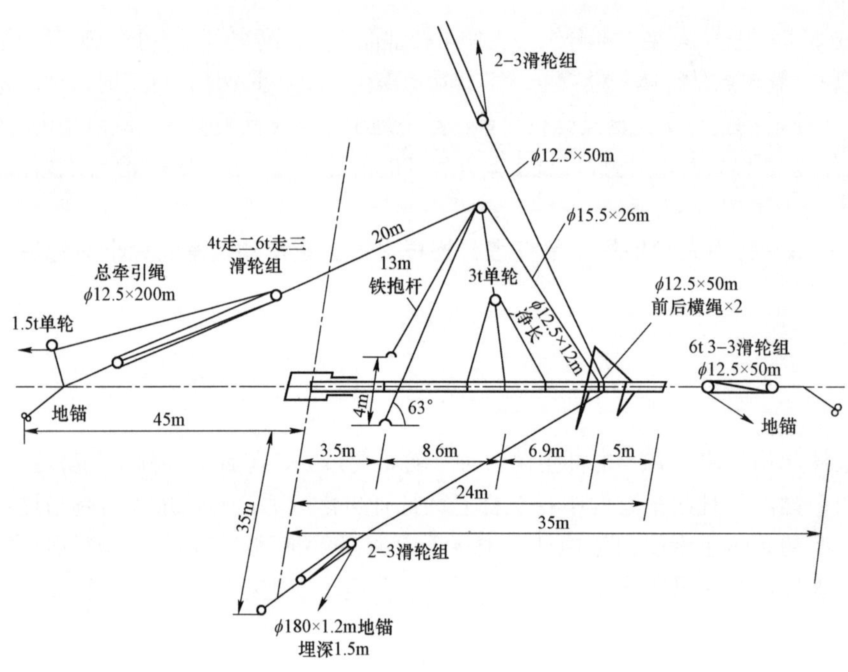

图 Jb0003223078

Jb0003213079　某 110kV 线路，已知导线采用 JL/G1A–120/25–7/7 型钢芯铝绞线，其直径 d=15.7mm，自重比载 $g_1=35.136\times10^{-3}$N/（m·mm²），悬挂点高度为 12m，风速上限 v_m=4m/s，风速下限 v_n=0.5m/s，该线路某耐张端代表档距 l_0=300m，其最高温度时的应力 σ_n=44.1MPa，最低气温时的应力 σ_m=60.64MPa，求防振锤的安装距离？（5 分）

考核知识点：线路运行

难易度：难

标准答案：

最大半波长 $\dfrac{\lambda_m}{2}=\dfrac{d}{400v_n}\sqrt{\dfrac{9.81\sigma_m}{g_1}}=\dfrac{15.7}{400\times0.5}\times\sqrt{\dfrac{9.81\times60.64}{35.16\times10^{-3}}}=10.21$（m）

最小半波长 $\dfrac{\lambda_n}{2}=\dfrac{d}{400v_m}\sqrt{\dfrac{9.81\sigma_n}{g_1}}=\dfrac{15.7}{400\times4}\times\sqrt{\dfrac{9.81\times44.1}{35.136\times10^{-3}}}=1.09$（m）

安装距离 $s=\dfrac{10.21\times1.09}{10.21+1.09}=0.985$（m）

Jb0002232080　电力电缆管道非开挖施工的安全措施有哪些？（5 分）

考核知识点：线路施工

难易度：中

标准答案：

（1）采用非开挖技术施工前，应首先探明地下各种管线及设施的相对位置。

（2）非开挖的通道，应离开地下各种管线及设施足够的安全距离。

（3）通道形成的同时，应及时对施工的区域进行灌浆等措施，防止路基的沉降。

Jb0002232081　张力放线过程中应遵守哪些安全要求？（5 分）

考核知识点：线路施工

难易度：中

标准答案：

在邻近或跨越带电线路采取张力放线时，牵引机、张力机本体、牵引绳、导地线滑车、被跨越电力线路两侧的放线滑车必须接地。邻近 750kV 及以上电压等级线路放线时操作人员应站在特制的金属网上，金属网必须接地。雷雨天不得进行放线作业。在张力放线的全过程中，人员不得在牵引绳、导引绳、导线下方通过或逗留。放线作业前检查导线与牵引绳连接应可靠牢固。

Jb0004233082 对于有限空间作业应符合哪些规定？（5 分）

考核知识点：十八项反措

难易度：难

标准答案：

（1）对于有限空间作业，必须严格执行作业审批制度，有限空间作业的现场负责人、监护人员、作业人员和应急救援人员应经专项培训。

（2）监护人员应持有限空间作业证上岗；作业人员应遵循先通风、再检测、后作业的原则。

（3）作业现场应配备应急救援装备，严禁盲目施救。

Jb0004233083 对于高处作业应符合哪些规定？（5 分）

考核知识点：十八项反措

难易度：难

标准答案：

（1）对于高处作业，应搭设脚手架、使用高空作业车、升降平台、绝缘梯、防护网，并按要求使用安全带、安全绳等个体防护装备，个体防护装备应检验合格并在有效期内。

（2）严禁在无安全保护的情况下进行高处作业。

（3）高处作业人员应持证上岗，凡身体不适合从事高处作业的人员，不得从事高处作业。

Jb0004232084 对于邻近带电体作业应符合哪些规定？（5 分）

考核知识点：十八项反措

难易度：中

标准答案：

（1）对于近电作业，要注意保持安全距离，落实防感应电触电措施。

（2）对低压电气带电作业工具裸露的导电部位，应做好绝缘包缠，正确佩戴手套、护目镜等个体防护装备。

Jb0004231085 导地线断股、损伤检修的一般方法有哪些？（5 分）

考核知识点：检修方法

难易度：易

标准答案：

（1）修光棱角、毛刺。

（2）缠绕补强法预绞丝补修法。

（3）预绞丝补修法。

（4）补修管补法。

（5）切断重接。

Jb0004212086　已知某输电线路的代表档距为 250m，最大振动半波长$\lambda_{max}/2=13.55m$，最小振动半波长$\lambda_{min}/2=1.21m$。试问决定安装第一防振锤距离是多少？（5 分）

考核知识点：线路计算

难易度：中

标准答案：

解：

安装距离 $S=\dfrac{(\lambda_{max}/2)\times(\lambda_{min}/2)}{\lambda_{max}/2+\lambda_{min}/2}=\dfrac{13.55\times1.21}{13.55+1.21}=1.11$（m）

答：第一个防振锤安装距离为 1.11m。

Jb0004233087　安装悬垂绝缘子串有哪些要求？（5 分）

考核知识点：线路检修

难易度：难

标准答案：

（1）绝缘子的规格和片数应符合设计规定，单片绝缘子良好。

（2）绝缘子串应与地面垂直，个别情况下，顺线路方向的倾斜度一般不应超过 5°，最大偏移值不应超过 200mm。

（3）绝缘子串上的穿钉和弹簧销子的穿入方向为：悬垂串，两边线由内向外穿；中线由左向右穿；分裂导线上的穿钉、螺栓，一律由线束外侧向内穿。

（4）穿钉开口销子必须开口 60°～90°，销子开口后不得有折断、裂纹等现象，禁止用线材代替开口销子；穿钉呈水平方向时，开口销子的开口应向下。

Jb0004233088　如何填写“工作任务”栏？（5 分）

考核知识点：线路运行

难易度：难

标准答案：

工作任务栏的填写是：填明工作地段的线路电压等级、名称和起止杆号及其对应的主要工作内容（如更换导线、绝缘子或其他部件等）。干线不停电，工作地段为分、支线路上的部分地段时，应填明分、支线路电压等级、名称及工作地段的起止杆号。

Jb0004233089　简述工作票“许可开始工作的命令”及“工作结束的报告”两栏的填写和办理。（5 分）

考核知识点：线路运行

难易度：难

标准答案：

许可方式是电话还是当面许可或是派人送达的方式填上，问清许可的时间及许可人是谁，填上许可人名，签好工作负责人名。

在工作结束报告前，应先经确认杆塔上一切设备恢复正常、杆上没有遗留物及工作人员已撤离杆塔后下令撤除接地线，并把接地线撤几组填上，方能向许可人汇报工作票终结，工作票终结后应即认为线路带电，不准任何人再行登杆进行工作。如发现新的问题必须登杆处理，必须重新填写工作票，并履行工作许可手续，做好安全措施后方可登杆处理。

如多个小组工作，工作负责人应得到所有小组负责人工作结束的汇报后方可终结工作票。

涉及非本单位配合停电的工作，应由配合停电线路的运行部门（调度部门）许可。工作结束时，应相应向配合停电线路的运行部门汇报。

Jb0005232090 简述扁钢、圆管、槽钢、薄板、深缝的锯割方法。（5分）

考核知识点：工器具使用

难易度：中

标准答案：

（1）扁钢：从扁钢较宽的面下锯，这样可使锯缝的深度较浅而整齐，锯条不致卡住。

（2）圆管：直径较大的圆管，不可一次从上到下锯断，应在管壁被锯透时，将圆管向推锯方向转动，边锯边转，直至锯断。

（3）槽钢：槽钢与扁钢、角钢的锯割方法相同。

（4）薄板：锯割3mm以下的薄板时，薄板两侧应用木板夹住锯割，以防卡住锯齿，损坏锯条。

（5）深缝：锯割深缝时，应将锯条在锯弓上转动90°角，操作时使锯弓放平，平握锯柄，进行推锯。

Jb0005232091 简述射钉接杆的使用要求。（5分）

考核知识点：工器具使用

难易度：中

标准答案：

（1）射钉连接是利用射钉枪触发子弹爆炸，产生强大推力，将射钉穿透钢圈而锚固，因此要合理选择药量，对8～10mm厚钢板A3的M10射钉，装药量为1.5g。

（2）钉与钉、钉与钢圈边距要保证2.5*d*（*d*为射钉身部直径），操作前应在钢圈上划好印记。

（3）操作者要佩戴防护镜，以防灰尘溅入眼内，并要求周围无人逗留。

（4）射钉操作后应刷油漆防腐。

Jb0005233092 矩形基础分坑有什么特点？如何进行分坑？（5分）

考核知识点：工器具使用

难易度：难

标准答案：

矩形基础分坑的特点就是利用矩形基础横线根开 *A* 和顺线根开 *B* 大小不等，但是基础仍然是正方形断面的特点，通过几个辅助桩把矩形分坑转化为以顺线路根开 *B* 为根开的正方形基础分坑。如图Jb0005233092所示，其具体方法为：

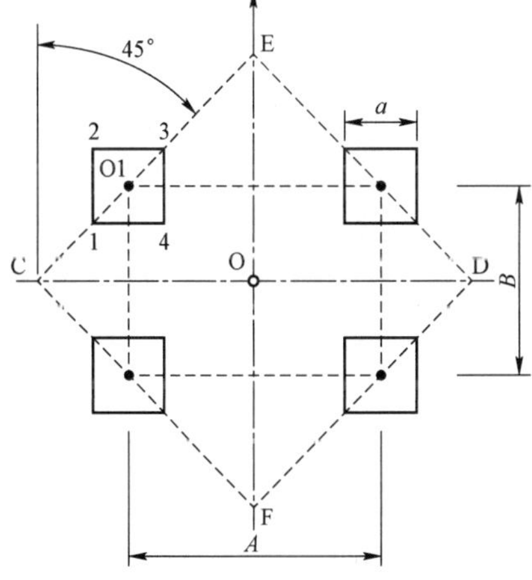

图 Jb0005233092

将仪器支在中心桩O处，在顺线路方向和横线路方向上，距O点（*A*+*B*）/2的地方，钉出C、D、E、F四个辅助桩。

将仪器搬至C，以C为中心桩，*B* 为根开，按正方形基础分坑法划出左侧两坑口；再将仪器搬至D，勾画出右侧两坑口界线。分坑时应特别注意，仪器不要误支在E、F两桩上，否则将会把矩形转90°，造成错误。

Jb0005232093 安全工具使用前的检查应注意什么？（5分）

考核知识点：安全工器具使用

难易度：中

标准答案：

（1）工器具保管良好，外观清洁、干燥。无损伤痕迹和变形，无挪作他用的现象。

（2）安全工具的电压等级应与运行设备的电压等级相符，并在试验合格的有效期间内。

（3）使用安全工具时应严格执行规程规定。基本安全工具必须借助于辅助安全工具的配合，才可实施操作。

（4）检查发现安全工具存在损伤，绝缘性能降低时，应予澄清。否则，应进行可靠性试验证明。

Jb0005233094　使用经纬仪的注重事项有哪些？（5分）

考核知识点：经纬仪

难易度：难

标准答案：

（1）在仪器出箱前要记清仪器原来是怎样装箱的，用后按原样装回箱内。

（2）仪器出箱时要用手托轴座或度盘，不能用手提望远镜。

（3）三脚架支稳后，安上仪器，并立即拧紧三脚架与仪器的连接螺栓。

（4）仪器的各个制动螺栓不能拧得太紧或太松，应该松紧适度。

（5）转动仪器时，应手扶支架或度盘，平稳转动，不得用手持望远镜左右旋转。

（6）严禁用手、粗布或硬纸擦拭仪器，应用软毛刷轻轻地掸去灰尘。

（7）仪器避免在强烈日光下照射，以防水准管破裂及气泡偏移。

（8）仪器短距离移动时，应先旋紧各部螺栓，但不可太紧，长距离搬运须装箱，坐汽车要把仪器抱在身上防震。

（9）仪器使用一定阶段要进行擦拭、加油或进行检修。

（10）仪器用完后要除去灰尘（如被雨雪淋湿等），要用软布擦去水珠，晾干后装箱。

（11）仪器应放在清洁干燥且温度变化不大的地方保管。

Jb0005232095　在连续档距的导、地线上挂梯（或飞车）时，其导、地线的截面积有什么规定？（5分）

考核知识点：线路检修

难易度：中

标准答案：

在连续档距的导、地线上挂梯（或飞车）时，其导、地线的截面积不准小于：

（1）钢芯铝绞线和铝合金绞线 $120mm^2$。

（2）钢绞线 $50mm^2$（等同 OPGW 光缆和配套的 LGJ－70/40 导线）。

Jb0005232096　应如何正确使用绝缘操作杆、验电器和测量杆？（5分）

考核知识点：线路检修

难易度：中

标准答案：

允许使用电压应与设备电压等级相符。使用时，作业人员手不准越过护环或手持部分的界限。雨天在户外操作电气设备时，操作杆的绝缘部分应有防雨罩或使用带绝缘子的操作杆。使用时人体应与带电设备保持安全距离，并注意防止绝缘杆被人体或设备短接，以保持有效的绝缘长度。

Jb0005232097 潜水泵使用前应重点检查哪些项目且应符合要求？（5分）

考核知识点：线路检修

难易度：中

标准答案：

（1）外壳不准有裂缝、破损。

（2）电源开关动作应正常、灵活。

（3）机械防护装置应完好。

（4）电气保护装置应良好。

（5）校对电源的相位，通电检查空载运转，防止反转。

第八章　送电线路工技师技能操作

Jc0002263001　指挥更换 110kV 线路孤立档导线的操作。（100 分）

考核知识点： 110kV 线路孤立档导线更换

难易度： 难

技能等级评价专业技能考核操作工作任务书

一、任务名称

指挥更换 110kV 线路孤立档导线的操作。

二、适用工种

送电线路工技师。

三、具体任务

指挥更换 110kV 线路孤立档导线。

四、工作规范及要求

1. 操作要求

（1）工器具使用及安全措施。

（2）按要求进行人员分工。

（3）按照现场实际情况宣讲安全措施。

（4）指挥现场布置及操作。

（5）工作终结报告。

2. 安全要求

防止人身触电，操作人员要与带电设备保持足够的安全距离，同时严格按照操作规程作业。

五、考核及时间要求

（1）考核时间共 120 分钟，每超过 2 分钟扣 1 分，到 130 分钟终止考核。

（2）按照技能操作记录单的操作要求进行操作，正确记录操作结果等。

（3）操作过程中作业人员有危及人身、设备安全等情况应停止考核并计 0 分。

技能等级评价专业技能考核操作评分标准

<table>
<tr><td>工种</td><td colspan="6">送电线路工</td><td>评价等级</td><td>技师</td></tr>
<tr><td>项目模块</td><td colspan="4">输电线路施工</td><td colspan="2">编号</td><td colspan="2">Jc0002263001</td></tr>
<tr><td>单位</td><td colspan="3"></td><td>准考证号</td><td colspan="2"></td><td>姓名</td><td></td></tr>
<tr><td>考试时限</td><td colspan="2">120 分钟</td><td>题型</td><td colspan="3">综合操作</td><td>题分</td><td>100 分</td></tr>
<tr><td>成绩</td><td>考评员</td><td></td><td colspan="2">考评组长</td><td colspan="2"></td><td>日期</td><td></td></tr>
<tr><td>试题正文</td><td colspan="8">指挥更换 110kV 线路孤立档导线的操作</td></tr>
<tr><td>需要说明的问题和要求</td><td colspan="8">（1）操作时只更换一相导线。
（2）操作应注意安全，按照标准化作业书的技术安全说明做好安全措施。
（3）引流线（跳线、弓子线）并沟线夹连接。
（4）耐张绝缘子为单串。
（5）熟练工作人员配合</td></tr>
</table>

续表

序号	项目名称	质量要求	满分	扣分标准	扣分原因	得分
1	工作准备					
1.1	检查材料齐备情况	指定专人检查并亲自抽查	2	不正确扣1～2分		
1.2	检查材料规格型号及质量	指定专人检查并亲自抽查	3	不正确扣1～3分		
1.3	检查工具齐备情况	指定专人检查并亲自抽查	3	不正确扣1～3分		
1.4	检查工具规格型号、质量及符合安全要求	指定专人检查并亲自抽查	3	不正确扣1～3分		
1.5	检查验电笔是否正常	指定专人试验检查	2	不正确扣1～2分		
1.6	检查机动绞磨	指定专人检查并启动试验	3	不正确扣1～3分		
1.7	办理停电手续，领取工作票	手续正确	2	不正确扣1～2分		
1.8	着装要求	正确着装，不影响操作	2	不正确扣2分		
2	工作许可					
2.1	许可方式	向考评员示意准备就绪，申请开始工作	3	未向考评员申请许可开始工作，该项不得分		
3	工作步骤及技术要求					
3.1	专责安全员	设置专责安全员1人	1	不正确不给分		
3.2	杆上人员	1号杆1～2人，2号杆2人	1	不正确扣0.5～1分		
3.3	杆下人员	1号杆3人（含作业组负责人1人），2号杆3人（含作业组负责人1人）（指定做临时拉线人员）	1	不正确扣0.5～1分		
3.4	操作绞磨人员	2人（指定机手及拉尾绳人）	2	不正确扣1～2分		
3.5	放线盘管理人员	2人（指定一人负责）	1	不正确扣0.5～1分		
3.6	拖线人员	足够（指定一人负责）	1	不正确扣1分		
3.7	做好验电、挂接地线工作	指定专人操作并指定专人监护	1	错、漏该项扣1分		
3.8	所使用的起重用具必须严格检查，严禁超载使用	指定专人操作	1	错、漏该项扣1分		
3.9	松线前要认真检查杆根及拉线，必要时调整或更换拉线	指定专人负责	1	错、漏该项扣1分		
3.10	只有安装好可靠的临时拉线后方可松线	指定专人负责	1	错、漏该项扣1分		
3.11	工作中要统一指挥，保持通信良好	现场检查通信设备	1	错、漏该项扣1分		
3.12	杆上工作人员要使用合格的安全带，现场人员应戴好安全帽	指定安全员检查	1	错、漏该项扣1分		
3.13	牵引绳在绞磨芯上缠绕3～5圈	指定专人负责	1	错、漏该项扣1分		
3.14	任何人不得跨越受力钢丝绳（导线）或停留在受力钢丝绳（导线）侧	相互提醒	1	错、漏该项扣1分		
3.15	受力时要认真检查受力装备	指定专人负责	1	错、漏该项扣1分		

续表

序号	项目名称	质量要求	满分	扣分标准	扣分原因	得分
3.16	安全措施应根据具体情况增加	安全员、工作人员发言	1	错、漏该项扣1分		
3.17	1号杆挂线，2号杆放紧线	布置正确、清楚、全面	2	错、漏该项扣1～2分		
3.18	放线盘（架）布置	放至2号杆杆根附近	1	错、漏该项扣1分		
3.19	绞磨布置	放至2号杆适当位置松、紧线	1	错、漏该项扣1分		
3.20	磨绳导向滑轮布置	固定于专用锚桩上	2	错、漏该项扣1～2分		
3.21	指挥展放新导线	展放导线时三根线要切实分开，不得相互压住，并尽量在两挂点间的直线上	2	不正确扣1～2分		
3.22	检查电杆及拉线，必要时调整或更换拉线	注意检查，能发现问题，指挥决定正确	2	不正确扣1～2分		
3.23	验电、挂接地线	指挥正确	2	一项不正确扣1～2分		
3.24	指挥杆上人员拆开引流线(跳线、弓子线)	指挥正确	2	一项不正确扣1～2分		
3.25	松、紧线用滑车和用钢丝绳套固定于横担挂线点附近，并不得妨碍松紧线工作	指挥正确	2	一项不正确扣1～2分		
3.26	牵引钢丝绳及紧线钳吊上杆塔并安装好	指挥正确	2	一项不正确扣1～2分		
3.27	将紧线钳卡在线夹与防振锤之间，绝缘子串和牵引钢丝绳绑扎在一起，绑扎不少于两点	指挥正确	2	一项不正确扣1～2分		
3.28	指挥绞磨收紧牵引钢丝绳，使绝缘子串不再受拉力	指挥正确	2	一项不正确扣1～2分		
3.29	拆下绝缘子串，指挥绞磨放下旧导线	指挥正确	2	一项不正确扣1～2分		
3.30	拆下1号杆的绝缘子串，放下旧导线（放下的旧导线要及时回收，以免妨碍新线紧线）	指挥正确	2	一项不正确扣1～2分		
3.31	1号杆挂上新导线和新绝缘子	指挥正确，操作也正确	2	一项不正确扣1～2分		
3.32	紧新线并观测弧垂，画印	指挥正确，操作也正确	2	一项不正确扣1～2分		
3.33	将新导线和新绝缘子串挂上2号杆挂点	指挥正确，操作也正确	2	一项不正确扣1～2分		
3.34	搭接引流线（跳线，弓子线）	指挥正确，操作也正确	2	一项不正确扣1～2分		
3.35	检查施工现场，拆除接地线	清理现场，仔细检查确无问题，撤离工作现场	2	一项不正确扣1～2分		

续表

序号	项目名称	质量要求	满分	扣分标准	扣分原因	得分
4	工作结束					
4.1	工器具整理	整理个人安全工器具、材料放在指定位置	5	工器具、材料未整理、未轻拿轻放扣5分		
5	工作终结报告					
5.1	工作终结汇报	向考评员报告工作已结束，场地已清理	3	未向考评员报告工作结束，该项不得分		
6	其他要求					
6.1	指挥熟练	指挥熟悉、果断、正确	5	视情况酌情扣1～5分		
6.2	处理问题	处理问题快捷、正确	5	视情况酌情扣1～5分		
6.3	工作终结恢复送电	报告工作终结、恢复送电	1	未办理终结扣1分		
6.4	考核时间	按时完成	5	每超时2分钟扣1分		
合计			100			

Jc0002263002 指挥更换110kV耐张塔塔头的操作。(100分)

考核知识点：110kV耐张塔塔头的更换

难易度：难

技能等级评价专业技能考核操作工作任务书

一、任务名称

指挥更换110kV耐张塔塔头的操作。

二、适用工种

送电线路工技师。

三、具体任务

进行110kV耐张塔塔头更换。

四、工作规范及要求

1. 操作要求

(1) 工器具使用及安全措施。

(2) 按要求进行人员分工。

(3) 按照现场实际情况宣讲安全措施。

(4) 指挥作业人员安装工器具。

(5) 更换原理口述。

(6) 工作终结报告。

2. 安全要求

防止人身触电，操作人员要与带电设备保持足够的安全距离，同时严格按照操作规程作业。

五、考核及时间要求

(1) 考核时间共100分钟，到100分钟终止考核。

(2) 按照技能操作记录单的操作要求进行操作，正确记录操作结果等。

(3) 操作过程中作业人员有危及人身、设备安全等情况应停止考核并计0分。

技能等级评价专业技能考核操作评分标准

工种	送电线路工					评价等级	技师
项目模块	输电线路施工				编号	Jc0002263002	
单位				准考证号		姓名	
考试时限	100 分钟		题型	综合操作		题分	100 分
成绩		考评员		考评组长		日期	
试题正文	指挥更换 110kV 耐张塔塔头的操作						
需要说明的问题和要求	（1）模拟塔头更换的工作，工作容包括工器具准备、安全措施、危险点控制、技术措施及技术交底、人员分工、现场布置及操作。 （2）模拟指挥：按照更换要求指挥相关人员到达工作位置，并将所需的工器具安装到位，并将更换作业方法及流程口述。 （3）线路已完成验电挂接地线流程。 （4）耐张绝缘子为单串						

序号	项目名称	质量要求	满分	扣分标准	扣分原因	得分
1	工作准备					
1.1	办理工作许可手续	作业人员向考评员履行工作许可手续	1	未办理工作许可手续扣 1 分		
1.2	正确佩戴个人安全防护用具	安全防护用具大小合适、不影响操作	2	不合格，扣 2 分		
1.3	检查工器具规格型号、数量及质量	规格型号、数量及质量满足工作要求	7	不满足，1 项扣 2 分		
2	工作许可					
2.1	许可方式	向考评员示意准备就绪，申请开始工作	5	未向考评员申请许可开始工作，该项不得分		
3	工作步骤及技术要求					
3.1	专责监护 1 人	人员安排正确	1	人员安排不正确，1 项扣 1 分		
3.2	安全员 1 人		1	人员安排不正确，1 项扣 1 分		
3.3	机动绞磨 4 人		1	人员安排不正确，1 项扣 1 分		
3.4	塔上 3 人		1	人员安排不正确，1 项扣 1 分		
3.5	地面辅助人员 3～5 人		1	人员安排不正确，1 项扣 1 分		
3.6	根据现场情况交代危险点情况及需要的控制措施	交代完整、清晰、正确	4	每漏一项，扣 1 分		
3.7	现场交代更换作业方法及作业流程	交代完整、清晰、正确	4	每漏一项，扣 1 分		
3.8	指挥人员安装固定机动绞磨的地锚及安装绞磨	安装正确，符合安规要求	8	不正确，扣 5～8 分		
3.9	指挥人员安装固定转向滑轮的地锚及安装转向滑轮	安装正确，符合安规要求	8	不正确，扣 5～8 分		
3.10	指挥人员安装固定临时拉线的地锚及安装临时拉线	安装正确，符合安规要求	4	不正确，扣 1～4 分		
3.11	指挥地面人员展放紧线钢丝绳	安装正确，符合安规要求	4	不正确，扣 1～4 分		
3.12	指挥塔上人员安装起重滑轮及紧线器的安装	安装正确，符合安规要求	4	不正确，扣 1～4 分		
3.13	指挥塔上人员选择导、地线固定位置	选择固定位置正确、方便操作	4	不正确，扣 1～4 分		
3.14	指挥作业人员配合完成导、地线的固定	选择固定位置正确、方便操作	4	不正确，扣 1～4 分		
3.15	指挥塔上人员更换塔头塔材	指挥正确	4	不正确，扣 1～4 分		

续表

序号	项目名称	质量要求	满分	扣分标准	扣分原因	得分
3.16	指挥作业人员配合恢复导地线	指挥正确	4	不正确，扣1～4分		
3.17	提问：描述更换原理及组装图识别	回答正确	4	不正确，扣1～4分		
3.18	提问：作业过程中的力学知识	回答正确	4	不正确，扣1～4分		
4	工作结束					
4.1	工器具整理	整理个人安全工器具，喷壶、照相机放在指定位置	5	工器具未整理、未轻拿轻放扣5分		
5	工作终结报告					
5.1	工作终结汇报	向考评员报告工作已结束，场地已清理	5	未向考评员报告工作结束，该项不得分		
6	其他要求					
6.1	指挥能力	指挥熟悉、果断、正确	5	不正确，扣1～5分		
6.2	按时完成	按时完成	3	每超1分钟扣1分		
6.3	检查现场、清理工器具	符合文明生产要求，现场不遗留物品	1	现场有遗留物品的，扣1分		
6.4	办理工作终结手续	清晰、正确汇报工作终结	1	未向考评员办理工作终结手续，扣1分		
合计			100			

Jc0002262003 110kV 直线塔损伤主材更换的操作。（100 分）

考核知识点：主材更换

难易度：中

技能等级评价专业技能考核操作工作任务书

一、任务名称

110kV 直线塔损伤主材更换的操作。

二、适用工种

送电线路工技师。

三、具体任务

进行 110kV 直线塔损伤主材更换。

四、工作规范及要求

1. 操作要求

（1）工器具使用及安全措施。

（2）按照现场实际情况宣讲安全措施。

（3）现场模拟指挥（或在白板上作图讲解过程）。

（4）工作终结报告。

2. 安全要求

防止人身触电，操作人员要与带电设备保持足够的安全距离，同时严格按照操作规程作业。

五、考核及时间要求

（1）考核时间共 100 分钟，每超过 2 分钟扣 1 分。

（2）按照技能操作记录单的操作要求进行操作，正确记录操作结果等。

（3）操作过程中作业人员有危及人身、设备安全等情况应停止考核并计 0 分。

技能等级评价专业技能考核操作评分标准

工种	送电线路工				评价等级	技师
项目模块	输电线路施工			编号	Jc0002262003	
单位		准考证号			姓名	
考试时限	100 分钟	题型	多项操作		题分	100 分
成绩		考评员		考评组长		日期	
试题正文	110kV 直线塔损伤主材更换的操作					
需要说明的问题和要求	（1）模拟更换工作，工作容包括工器具准备、安全措施、技术要求、技术交底、人员分工、现场布置。 （2）现场模拟指挥（或在白板上作图讲解过程）。 （3）线路已完成验电挂接地线流程					

序号	项目名称	质量要求	满分	扣分标准	扣分原因	得分
1	准备工作					
1.1	办理许可手续	正确办理	1	不正确扣 1 分		
1.2	工器具准备	数量、规格、品种齐备	2	错误一项扣 1 分		
1.3	人员分工	各工作点人员分工合理	3	不合理 1 处扣 1 分		
1.4	讲解安全注意事项、措施	安全措施可靠、清晰	5	不正确扣 1～5 分		
1.5	着装要求	正确着装，不影响操作	2	不正确扣 1～2 分		
2	工作许可					
2.1	许可方式	向考评员示意准备就绪，申请开始工作	5	未向考评员申请许可开始工作，该项不得分		
3	工作步骤及技术要求					
3.1	更换原理、技术要求讲解	根据现场情况讲解更换原理、技术要求	7	不正确扣 1～7 分		
3.2	抱杆组立	抱杆排放位置正确	4	不正确扣 1～4 分		
		抱杆根开在 1/3～1/4	4	不正确扣 1～4 分		
		抱杆组立方式正确	4	不正确扣 1～4 分		
3.3	抱杆临时拉线固定	拉线方向正确	4	不正确扣 1～4 分		
		固定位置正确	4	不正确扣 1～4 分		
3.4	吊点选择固定	抱杆上吊点选择正确	2	不正确扣 1～2 分		
		铁塔吊点选择正确	2	不正确扣 1～2 分		
3.5	葫芦选择安装	吨位选择正确	2	不正确扣 1～2 分		
		安装正确	2	不正确扣 1～2 分		
3.6	指挥收紧葫芦	指挥正确	4	不正确扣 1～4 分		
3.7	受力情况检查	抱杆受力情况检查	3	不正确扣 1～3 分		
		抱杆拉线受力情况检查	3	不正确扣 1～3 分		
		吊点受力情况检查	3	不正确扣 1～3 分		
		葫芦受力情况检查	3	不正确扣 1～3 分		
3.8	主材拆除	正确拆除主材	2	不正确扣 1～2 分		

续表

序号	项目名称	质量要求	满分	扣分标准	扣分原因	得分
3.9	主材安装	正确安装主材	2	不正确扣 1～2 分		
		正确紧固螺栓	2	不正确扣 1～2 分		
3.10	安装情况检查	更换后做全面的检查	1	未检查扣 1 分		
3.11	抱杆拆除	正确拆除	4	不正确扣 1～4 分		
4	工作结束					
4.1	工器具整理	整理个人安全工器具，喷壶、照相机放在指定位置	5	工器具未整理、未轻拿轻放扣 5 分		
5	工作终结报告					
5.1	工作终结汇报	向考评员报告工作已结束，场地已清理	5	未向考评员报告工作结束，该项不得分		
6	其他要求					
6.1	按时完成	不超时	5	每超 1 分钟扣 2 分		
6.2	考评员提问	正确回答	5	回答错误扣 5 分； 不完整扣 1～3 分		
合计			100			

Jc0002262004 螺栓式耐张线夹制作及配合单耐张绝缘子串挂线的操作。(100 分)

考核知识点：螺栓式耐张线夹的使用

难易度：中

技能等级评价专业技能考核操作工作任务书

一、任务名称

螺栓式耐张线夹制作及配合单耐张绝缘子串挂线的操作。

二、适用工种

送电线路工技师。

三、具体任务

进行螺栓式耐张线夹制作及配合单耐张绝缘子串挂线。

四、工作规范及要求

1. 操作要求

（1）工器具使用及安全措施。

（2）按照现场实际情况宣讲安全措施。

（3）工作终结报告。

2. 安全要求

防止人身触电，操作人员要与带电设备保持足够的安全距离，同时严格按照操作规程作业。

五、考核及时间要求

（1）考核时间共 60 分钟，每超过 2 分钟扣 1 分。

（2）按照技能操作记录单的操作要求进行操作，正确记录操作结果等。

（3）操作过程中作业人员有危及人身、设备安全等情况应停止考核并计 0 分。

技能等级评价专业技能考核操作评分标准

工种	送电线路工					评价等级	技师
项目模块	输电线路检修及应急处理				编号	Jc0002262004	
单位			准考证号			姓名	
考试时限	60 分钟		题型	多项操作		题分	100 分
成绩		考评员		考评组长		日期	
试题正文	螺栓式耐张线夹制作及配合单耐张绝缘子串挂线的操作						
需要说明的问题和要求	（1）杆塔上单人操作，指挥 1 人，监护 1 人；杆塔下单人操作，派 2 人配合。 （2）机动绞磨一台、弧垂观测人员 1 人；导线一端已经挂上、桩锚已设好，临时拉线已装好；可同时鉴定。 （3）弧垂观测及机动绞磨操作人员、杆上操作人员；操作一相导线；螺栓式线夹可以重复使用						

序号	项目名称	质量要求	满分	扣分标准	扣分原因	得分
1	工作准备					
1.1	办理工作许可手续	作业人员向考评员履行工作许可手续	1	未办理工作许可手续扣 1 分		
1.2	所有工器具及材料认真检查	摆放整齐有序	5	不正确扣 1～5 分		
1.3	劳动保护用品	佩戴正确，符合操作要求	2	不正确扣 1～2 分		
2	工作许可					
2.1	许可方式	向考评员示意准备就绪，申请开始工作	3	未向考评员申请许可开始工作，该项不得分		
3	工作步骤及技术要求					
3.1	登杆前检查杆根拉线	检查正确，全面	2	不正确扣 1～2 分		
3.2	安全工器具冲击试验	试验正确	2	不正确扣 1～2 分		
3.3	所选工作面正确	处于画印点正投影处	1	不正确扣 1 分		
3.4	测量绝缘子绝缘情况	正确测量	2	不正确扣 2 分		
3.5	组装耐张绝缘子串	绝缘子串排列方向正确	2	不正确扣 1～2 分		
3.6	装绝缘子弹簧销	绝缘子弹簧销插入方向一致	2	不正确扣 1～2 分		
3.7	测量耐张绝缘子串的实际长度	从直角挂板孔中心量至耐张线夹导线拐弯处，尺寸准确	3	不正确扣 1～3 分		
3.8	拖动紧线滑轮上的牵引钢丝绳至工作面，在绳套头上装上紧线器	操作正确	6	不正确扣 1～6 分		
3.9	将卡线器卡在导线的适当位置，并紧线	导线紧到弧垂合格后，卡线器离紧线滑车距离不妨碍画印情况下越近越好，不能返工	4	不正确扣 1～4 分； 返工一次扣 1 分		
3.10	画印后放下导线，不能动卡线器，拉紧导线和钢丝绳，用双手同时捏紧导线和牵引钢丝绳比至画印点	将钢丝绳上印记比在导线上，并消除钢丝绳上的印记，以利于下次紧线	4	不正确扣 1～4 分		
3.11	确定耐张线夹安装位置并画印	尺寸准确	6	不正确扣 1～6 分		
3.12	量出耐张线夹需要缠绕铝包带的位置并画印	位置准确	4	不正确扣 1～4 分		
3.13	留出引流线（耐跳线）的长度，剪断导线	留出引流线的长度符合设计要求	4	不正确扣 1～4 分		
3.14	缠绕铝包带	应紧密缠绕，其缠绕方向应与外层铝股绞制方向一致，从中间画印处开始向两边缠绕	6	不准确扣 1～6 分		

续表

序号	项目名称	质量要求	满分	扣分标准	扣分原因	得分
3.15	将导线上的印记转移到铝包带上，铝包带端头应压回线夹	所缠铝包带可露出夹口，但不应超过10mm，端头应压回线夹	4	不准确扣1～4分		
3.16	耐张线夹导线拐弯处，对准导线上的印记，安装耐张线夹	耐张线夹安装方向正确，倒装式线夹、U形螺栓在引流线上	6	不准确扣1～6分		
3.17	注意留下作引流线的导线的自然弧度	要与引流线弧度方向一致	3	不准确扣1～3分		
3.18	将卡线器卡于耐张线夹前侧	操作正确	2	不正确扣1～2分		
3.19	用单股铝线将绝缘子串固定在牵引钢丝绳上或用专用托架将绝缘子串固定在牵引钢丝绳上	操作正确	4	不正确扣1～4分		
3.20	收紧导线，并挂线	操作正确	4	不正确扣1～4分		
4	工作结束					
4.1	工器具、材料整理	整理个人安全工器具，材料放在指定位置	5	工器具、材料未整理、未轻拿轻放扣5分		
5	工作终结报告					
5.1	工作终结汇报	向考评员报告工作已结束，场地已清理	3	未向考评员报告工作结束，该项不得分		
6	其他要求					
6.1	动作要求	动作熟练流畅	5	不熟练扣1～5分		
6.2	安全要求	严格遵守“四不伤害”原则，不得损坏工器具和设备	5	未遵守现场安全要求一次扣1分；损坏工器具和设备一次扣1分		
合计			100			

Jc0002262005 大截面钢芯铝绞线直线管液压接续的操作。（100分）

考核知识点：导线压接

难易度：中

技能等级评价专业技能考核操作工作任务书

一、任务名称

大截面钢芯铝绞线直线管液压接续的操作。

二、适用工种

送电线路工技师。

三、具体任务

进行大截面钢芯铝绞线直线管液压接续。

（1）工作状态为地面操作，工作内容为大截面钢芯铝绞线直线管液压接续。

（2）工作任务：完成大截面钢芯铝绞线直线管液压接续工作。

四、工作规范及要求

1. 操作要求

（1）工器具使用及安全措施。

（2）按要求进行操作。

（3）工作终结报告。

2. 安全要求

防止人身触电，操作人员要与带电设备保持足够的安全距离，同时严格按照操作规程作业。

五、考核及时间要求

（1）考核时间共50分钟，每超过1分钟扣1分。

（2）按照技能操作记录单的操作要求进行操作，正确记录操作结果等。

（3）操作过程中作业人员有危及人身、设备安全等情况应停止考核并计0分。

技能等级评价专业技能考核操作评分标准

工种	送电线路工					评价等级	技师
项目模块	输电线路施工				编号		Jc0002262005
单位			准考证号			姓名	
考试时限	50分钟		题型	多项操作		题分	100分
成绩		考评员		考评组长		日期	
试题正文	大截面钢芯铝绞线直线管液压接续的操作						
需要说明的问题和要求	（1）两人配合；平地上操作。 （2）严格按照规程要求进行制作。 （3）工作结束后向考评员办理工作终结手续						

序号	项目名称	质量要求	满分	扣分标准	扣分原因	得分
1	准备工作					
1.1	正确佩戴个人安全防护用具	安全防护用具大小合适、锁扣自如	2	不合格扣2分		
1.2	检查液压机、压模及液压管	规格型号、数量及质量满足工作要求	3	不满足扣1～3分		
2	工作许可					
2.1	办理工作许可手续	作业人员向考评员履行工作许可手续，申请开始工作	5	未向考评员申请许可开始工作，该项不得分		
3	工作步骤及技术要求					
3.1	检查并正确连接液压机	液压机的缸体应垂直地平面，并放置平稳	2	不正确扣1～2分		
3.2	选择并安装压模	选择的钢模应与被压管配套，钢模安装正确	3	不正确扣1～3分		
3.3	将被压接的导线掰直，两端头用绑线扎好	防止散股，切割整齐并与轴线垂直	3	不正确扣1～3分		
3.4	导线两端头清洗	清洗长度不短于管长的1.5倍	2	不正确扣1～2分		
3.5	在管两端部各量出钢管长度的1/2加20mm处加绑扎线	尺寸准确	2	不正确扣1～2分		
3.6	在距绑扎线5～8mm处，用割线器或钢锯割去铝股部分	在切割层铝股时，只割到每股直径的3/4处，然后将铝股逐股掰断	5	伤及钢芯扣5分； 不正确扣1～3分		
3.7	检查两端部割线尺寸	正确	2	不正确扣1～2分		
3.8	用汽油或其他清洗剂清洗露出的钢芯	擦净并使其干燥	3	不正确扣1～3分		

续表

序号	项目名称	质量要求	满分	扣分标准	扣分原因	得分
3.9	在钢管中心及钢芯的1/2 钢管长度画一印记后，将导线的钢芯穿入钢管中	画印记后应立即检查印记位置是否正确	3	不正确扣 1～3 分		
3.10	检查两钢芯的端头在钢管中心相碰	位置正确	3	不正确扣 1～3 分		
3.11	握住钢绞线两端头并控制钢管	使钢绞线不能窜动	3	不正确扣 1～3 分		
3.12	检查定位印记是否在指定位置。先在钢管中心压第一模	被压管放入下钢模时位置正确，定位印记在指定位置	3	不正确扣 1～3 分		
3.13	第一模压好后应检查压后对边距尺寸	用游标卡尺检查压后尺寸，合格后再继续工作	4	不正确扣 1～4 分		
3.14	然后向一端进行施压，相邻两模至少应重叠 5mm	液压机的操作必须使每一模都达到规定压力	4	不正确扣 1～4 分		
3.15	压完一端后再压另一端	操作正确	2	不正确扣 1～2 分		
3.16	钢管全部压完后检查合格	外观检查，尺寸检查，弯曲度检查	3	不正确扣 1～3 分		
3.17	以钢管中心为准，在两端导线上各量 1/2 铝管长度画两个印记。在两个印记外侧 50mm 处各画一个印记	操作正确	3	不正确扣 1～3 分		
3.18	画印记后应立即检查印记位置是否正确	尺寸准确	3	不正确扣 1～3 分		
3.19	管长两印记的导线表面涂导电脂。先将导电脂薄薄的均匀涂上一层，以将外层铝股覆盖住，再用钢丝刷沿钢芯铝绞线轴线方向进行擦刷	操作正确，使液压后能与铝管接触的铝股表面全部刷到	3	不正确扣 1～3 分		
3.20	以钢管中心为准，向两侧各量 1/2 钢管长度在铝管上画两个印记并认真检查印记准确	印记位置准确	3	不正确扣 1～3 分		
3.21	将铝管移至两导线所画的印记，使钢管中心和铝管中心重合	操作正确，位置准确	3	中心每偏差 1mm，扣 1 分		
3.22	在钢管印记外 10mm 处对准压模边压第一模，然后朝铝管口方向侧压第二模	操作正确，钢管及钢管内端各 10mm 不压，每一模都达到压力	3	不正确扣 1～3 分		
3.23	从第二模开始，相邻两模至少应重叠 5mm	压完一侧后压另一侧	2	不正确扣 1～2 分		
3.24	压接完成后，进行压接尺寸检查，锉去飞边毛刺	操作正确	3	不正确扣 1～3 分		
3.25	对有弯曲的压接管在规程允许范围进行校直	操作正确	3	不正确扣 1～3 分		
4	工作结束					

续表

序号	项目名称	质量要求	满分	扣分标准	扣分原因	得分
4.1	工器具整理	整理个人安全工器具，喷壶、照相机放在指定位置	4	工器具未整理、未轻拿轻放扣4分		
5	工作终结报告					
5.1	工作终结汇报	向考评员报告工作已结束，场地已清理	5	未向考评员报告工作结束，该项不得分		
6	其他要求					
6.1	动作要求	动作熟练流畅	3	不熟练扣1～3分		
6.2	安全要求	操作人员头部应在液压机侧面并避开钢模，防止钢模压碎飞出伤人	3	不正确不得分		
6.3	计算要求	计算压后对边距尺寸S准确$S=0.866\times 0.993D+0.2$mm，D是压接管外径尺寸	2	不正确不得分		
合计			100			

Jc0002242006　预绞式全力接续条接续导线的操作。(100分)

考核知识点：导线接续

难易度：中

技能等级评价专业技能考核操作工作任务书

一、任务名称

预绞式全力接续条接续导线的操作。

二、适用工种

送电线路工技师。

三、具体任务

运用预绞式全力接续条完成导线接续。

（1）工作状态为地面操作，工作内容为使用预绞式全力接续条对导线完成接续操作。

（2）工作任务：使用预绞式全力接续条完成导线接续。

四、工作规范及要求

1. 操作要求

（1）工器具使用及安全措施。

（2）按要求进行操作。

（3）工作终结报告。

2. 安全要求

防止人身触电，操作人员要与带电设备保持足够的安全距离，同时严格按照操作规程作业。

五、考核及时间要求

（1）考核时间共30分钟，每超过1分钟扣1分。

（2）按照技能操作记录单的操作要求进行操作，正确记录操作结果等。

（3）操作过程中作业人员有危及人身、设备安全等情况应停止考核并计0分。

技能等级评价专业技能考核操作评分标准

工种	送电线路工					评价等级	技师
项目模块	输电线路检修及应急处理				编号	Jc0002242006	
单位			准考证号			姓名	
考试时限	30 分钟	题型		多项操作		题分	100 分
成绩		考评员		考评组长		日期	
试题正文	预绞式全力接续条接续导线的操作						
需要说明的问题和要求	（1）2 人配合；平地上操作。 （2）严格按照规程要求进行制作。 （3）工作结束后向考评员办理工作终结手续						

序号	项目名称	质量要求	满分	扣分标准	扣分原因	得分
1	准备工作					
1.1	办理工作许可手续	作业人员向考评员履行工作许可手续	1	未办理工作许可手续扣 1 分		
1.2	工器具准备	工器具合格，配套	5	不合格一项扣 2 分； 不配套一项扣 3 分		
1.3	着装要求	安全防护用具大小合适、不影响操作	2	不合格一项扣 2 分		
1.4	材料准备	规格配置正确、数量齐全	8	数量不够一项扣 4 分； 规格错误一项扣 4 分		
2	工作许可					
2.1	许可方式	向考评员示意准备就绪，申请开始工作	5	未向考评员申请许可开始工作，该项不得分		
3	工作步骤及技术要求					
3.1	清理线材杂物	清理干净	4	不合格扣 4 分		
3.2	量出尺寸	正确画印	4	不正确扣 4 分		
3.3	导线切割	正确切割	4	不正确扣 4 分		
3.4	导线剥层	导线不得受损、不得飞线	4	不合格扣 4 分		
3.5	钢绞线接续条的安装	正确缠绕钢芯接续条	16	缠绕不紧密扣 4 分； 缠绕方向错误扣 4 分； 两边出头不够一项扣 4 分； 两边回缠不够一项扣 4 分		
3.6	填充接续条的安装	正确安装填充接续条	16	缠绕不紧密扣 4 分； 缠绕方向错误扣 4 分； 两边出头不够一项扣 4 分； 两边回缠不够一项扣 4 分		
3.7	外层全力接续条的安装	正确安装外层接续条	9	和导线绕制不一致，扣 9 分； 接续条头部不齐，扣 3 分； 接续条根数不够，扣 3 分		
3.8	接续条安装检查	符合安装规定	7	导线损伤修理不平、不美观，扣 3 分； 接续条与导线接触不好扣 3 分； 导线损伤一处扣 2 分		
4	工作结束					
4.1	工器具、材料整理	整理个人安全工器具、材料放在指定位置	5	工器具、材料未整理、未轻拿轻放扣 5 分		
5	工作终结报告					
5.1	工作终结汇报	向考评员报告工作已结束，场地已清理	5	未向考评员报告工作结束，该项不得分		

续表

序号	项目名称	质量要求	满分	扣分标准	扣分原因	得分
6	其他要求					
6.1	动作要求	动作熟练顺畅	5	动作不熟练扣 1～5 分		
	合计		100			

Jc0002241007　全站仪档端法测量输电线路导线弧垂的操作。（100 分）

考核知识点：导线弧垂测量

难易度：易

技能等级评价专业技能考核操作工作任务书

一、任务名称

全站仪档端法测量输电线路导线弧垂的操作。

二、适用工种

送电线路工技师。

三、具体任务

（1）工作地点为地面，工作内容为使用全站仪利用档端法对输电线路完成导线弧垂测量。

（2）工作任务：使用全站仪利用档端法对输电线路完成导线弧垂测量。

四、工作规范及要求

（1）工器具使用及安全措施。

（2）按要求进行操作。

（3）工作终结报告。

五、考核及时间要求

（1）本考核 1～3 项操作时间为 30 分钟，每超时 1 分钟扣 1 分。

（2）工作完成后向考评员汇报工作完毕。

技能等级评价专业技能考核操作评分标准

<table>
<tr><td>工种</td><td colspan="5">送电线路工</td><td>评价等级</td><td>技师</td></tr>
<tr><td>项目模块</td><td colspan="4">工器具使用与保养—工器具使用</td><td>编号</td><td colspan="2">Jc0002241007</td></tr>
<tr><td>单位</td><td colspan="2"></td><td>准考证号</td><td colspan="2"></td><td>姓名</td><td></td></tr>
<tr><td>考试时限</td><td colspan="2">30 分钟</td><td>题型</td><td colspan="2">单项操作</td><td>题分</td><td>100 分</td></tr>
<tr><td>成绩</td><td></td><td>考评员</td><td></td><td>考评组长</td><td></td><td>日期</td><td></td></tr>
<tr><td>试题正文</td><td colspan="7">全站仪档端法测量输电线路导线弧垂的操作</td></tr>
<tr><td>需要说明的问题和要求</td><td colspan="7">（1）要求单独操作，其中有 1 名指定工作人员配合。
（2）严格按照操作要求进行操作。
（3）工作结束后向考评员办理工作终结手续</td></tr>
</table>

序号	项目名称	质量要求	满分	扣分标准	扣分原因	得分
1	工作准备					
1.1	测量设备	测量设备齐全	5	测量设备准备不齐全，少一件扣 2 分		
2	工作许可					
2.1	办理工作许可手续	作业人员向考评员履行工作许可手续	5	未办理工作许可手续扣 5 分		

续表

序号	项目名称	质量要求	满分	扣分标准	扣分原因	得分
3	工作步骤及技术要求					
3.1	查看地形及仪器架设的位置	测量方式符合现场要求；保证视线不受到阻挡	5	测量方法及仪器架设位置不正确扣5分		
3.2	仪器架设及整平	仪器在导线悬挂点正下方	5	不符合要求扣5分		
		仪器稳固，水平	5	仪器不水平扣5分		
3.3	测量仪器高度 i 值	仪器中心点对地面至仪器望远镜中点	5	测量方式不正确扣5分		
3.4	架设花杆及瞄准反射镜	指挥配合人员架设花杆及瞄准反射镜，指令清晰；花杆架设在对侧杆塔导线悬挂点正下方	5	指令不清晰扣3分； 架设位置不正确扣2分		
3.5	测量水平档距	用全站仪测量水平档距，全站仪测量程序正确。操作熟练	5	测量程序错误扣5分； 操作不熟练扣1分		
3.6	悬高测量	用全站仪悬高测量程序：测量对侧杆塔导线悬点至地面的高度 h_1 值，全站仪测量程序正确。操作熟练	10	测量程序错误扣5分； 操作不熟练扣1～5分		
3.7	测量相切时至地面的高度 h_2	调整仪器使仪器与导线相切测量相切时至地面的高度 h_2，全站仪测量程序正确。操作熟练	10	操作不熟练扣1～5分； 测量程序错误扣5分		
3.8	测量仪器架设侧杆塔导线悬点至地面的高度 h_3	用全站仪悬高测量程序：测量仪器架设侧杆塔导线悬点至地面的高度 h_3，全站仪测量程序正确。操作熟练	10	操作不熟练扣1～5分； 测量程序错误扣5分		
3.9	计算弧垂	计算公式： $a=h_3\sim i$ $b=h_1\sim h_2$	10	计算过程不清楚扣2分； 计算结果错误扣2分		
4	工作结束					
4.1	清理测试设备	符合文明生产要求，现场不遗留物品	5	现场有遗留物品的扣5分		
5	工作终结报告					
5.1	办理工作终结手续	向考评员办理工作终结手续	5	未向考评员办理工作终结手续扣5分		
6	其他要求					
6.1	按时完成	按时完成	5	每超1分钟扣5分		
合计			100			

Jc0002263008 110kV 直线杆边相绝缘子掉串（导线严重损伤）的处理。（100 分）

考核知识点：绝缘子更换

难易度：难

技能等级评价专业技能考核操作工作任务书

一、任务名称

110kV 直线杆边相绝缘子掉串（导线严重损伤）的处理。

二、适用工种

送电线路工技师。

三、具体任务

在不带电的培训线路上模拟操作，工作内容为完成 110kV 直线杆边相绝缘子掉串（导线严重损伤）的处理。

四、工作规范及要求

（1）工器具使用及安全措施。

（2）按要求进行操作。

（3）工作终结报告。

五、考核及时间要求

（1）本考核操作时间为100分钟，每超时2分钟扣1分。

（2）工作完成后向考评员汇报工作完毕。

技能等级评价专业技能考核操作评分标准

工种	送电线路工				评价等级	技师
项目模块	输电线路检修及应急处理			编号	Jc0002263008	
单位		准考证号			姓名	
考试时限	100分钟	题型	综合操作		题分	100分
成绩		考评员		考评组长	日期	
试题正文	110kV直线杆边相绝缘子掉串（导线严重损伤）的处理					
需要说明的问题和要求	（1）直线杆边相绝缘子掉串。 （2）边相导线脱落后，距悬垂线夹1.5m外有约30cm损伤严重，需用预绞丝修补条进行修补。 （3）导线修补1人操作，起吊导线阶段派机动绞磨操作人员2名、弧垂观测人员2名，杆上操作1人配合。 （4）紧线工具在杆上已安装好					

序号	项目名称	质量要求	满分	扣分标准	扣分原因	得分
1	工作准备					
1.1	选择预绞丝修补条	预绞丝型号和导线规格相对应	3	选用预绞丝不正确不得分		
1.2	清洗预绞丝修补条	预绞丝修补条干净并干燥	2	未清洗扣1分		
1.3	损伤导线处理	断股的铝股处理平整	3	不平整扣3分		
1.4	判断导线损伤最严重处	检查导线断股情况，正确找出断股最严重处	3	断股位置判断不正确不得分		
1.5	用钢卷尺量预绞丝修补条	量取长度正确	3	量取长度不正确不得分		
1.6	确定预绞丝修补条在导线上的位置	使用预绞丝标记缠绕起始位置正确	3	标记不正确不得分		
1.7	用记号笔在导线上画出预绞丝修补条端头位置	标记端头位置正确	3	端头位置标记不正确不得分		
2	工作许可					
2.1	许可方式	向考评员示意准备就绪，申请开始工作	5	未向考评员申请许可开始工作，该项不得分		
3	工作步骤及技术要求					
3.1	安装预绞丝修补条					
3.1.1	将预绞丝修补条逐根安装上	安装流畅	6	安装不流畅一次扣2分		
3.1.2	用钢丝钳轻敲预绞丝修补条头部	不能擦伤导线及损伤预绞丝	3	出现明显损伤一处扣1分		
3.2	技术要求					
3.2.1	补修预绞丝修补条中心	应位于损伤最严重处	3	修补条中心不正确不得分		

续表

序号	项目名称	质量要求	满分	扣分标准	扣分原因	得分
3.2.2	预绞丝修补条不能变形	应与导线接触紧密，预绞丝不能出现严重的变形	3	变形一根不得分		
3.2.3	预绞丝修补条端头	应对平齐	3	不平齐不得分		
3.2.4	预绞丝修补条位置	应将损伤部位全部覆盖，不应外露损伤位置	3	损伤导线外露不得分		
3.3	安装绝缘子					
3.3.1	登杆及工器具准备	符合登杆技术要求	6	不符合要求一次扣 2 分		
3.3.2	安装悬垂绝缘子	安装操作正确	8	操作不正确一次扣 2 分		
3.4	机动绞磨安装位置的选择					
3.4.1	有操作场所、现场开阔、视线好	地势较平坦，能看见指挥信号和起吊过程	3	位置选择不正确扣 3 分		
3.4.2	符合安全规定的要求	全面考虑操作人员的安全	4	违反安规要求一次扣 2 分		
3.4.3	符合现场工作的要求	尽量不妨碍其他项目的操作，布置时要考虑一点多用，尽力不发生一个工作现场转移绞磨的工作	3	现场布置不正确扣 3 分		
3.5	起吊及挂线					
3.5.1	起吊系统布置	操作正确，拖动紧线滑轮上的牵引钢丝绳至工作面、将钢丝绳与滑轮连接、利用滑轮起吊	3	布置不适合扣 3 分		
3.5.2	起吊导线	操作正确，导线起至指定位置后，利用葫芦及紧线器将其固定	5	操作不正确扣 1～5 分		
3.5.3	安装悬垂线夹、挂线	操作正确	8	操作不正确扣 4 分		
4	工作结束					
4.1	清理工作现场	符合文明生产要求，现场不遗留物品	4	现场有遗留物品的扣 4 分		
5	工作终结报告					
5.1	工作终结汇报	向考评员报告工作已结束，场地已清理	4	未向考评员报告工作结束，该项不得分		
6	其他要求					
6.1	动作要求	动作熟练流畅	2	不熟练扣 2 分		
6.2	着装要求	应穿工作服、工作胶鞋，戴安全帽	2	漏一项扣 2 分		
6.3	时间要求	按时完成	2	每超过 2 分钟扣 1 分		
合计			100			

Jc0002242009　部分损伤导线更换处理的操作。（100 分）

考核知识点：导线更换

难易度：中

技能等级评价专业技能考核操作工作任务书

一、任务名称

部分损伤导线更换处理的操作。

二、适用工种

送电线路工技师。

三、具体任务

（1）在不带电的培训线路上模拟操作，工作内容为完成部分损伤导线的更换处理。

（2）工作任务：完成部分损伤导线的更换处理。

四、工作规范及要求

（1）工器具使用及安全措施。

（2）按要求进行操作。

（3）工作终结报告。

五、考核及时间要求

（1）本考核操作时间为100分钟，每超时2分钟扣1分。

（2）工作完成后向考评员汇报工作完毕。

技能等级评价专业技能考核操作评分标准

工种	送电线路工				评价等级	技师
项目模块	输电线路检修及应急处理			编号	Jc0002242009	
单位			准考证号		姓名	
考试时限	100分钟	题型	单项操作		题分	100分
成绩		考评员		考评组长	日期	
试题正文	部分损伤导线更换处理的操作					
需要说明的问题和要求	（1）连续档距中导线损伤严重，需更换导线LGJ－85/30约70m。 （2）1人操作，派2人配合。 （3）受损导线已放至地面。 （4）全力预绞丝接续					

序号	项目名称	质量要求	满分	扣分标准	扣分原因	得分
1	工作准备					
1.1	检查所有紧线工具	外观无缺陷，规格正确，检查认真，合格适用	2	遗漏1项扣1分		
1.2	检查所有金具	外观无缺陷，规格正确	1	未检查扣1分		
1.3	检查接续条	规格正确	2	未检查扣1分		
2	工作许可					
2.1	许可方式	向考评员示意准备就绪，申请开始工作	5	未向考评员申请许可开始工作，该项不得分		
3	工作步骤及技术要求					
3.1	距离要求	距悬垂线夹大于5m，距耐张线夹距离大于15m	2	距离不正确扣2分		
3.2	数量要求	一档不许有两处接续	2	超过两处扣2分		
3.3	处理受损导线	受损导线要求全部换下	2	未全部换下扣2分		
3.4	挪移导线	将导线抬至两接续点之间位置，操作正确	2	放置位置不正确扣2分		
3.5	导线展开	由中间向两边滚动到线圈，将导线展开	2	未按要求操作扣2分		
3.6	选择位置	尽力靠近需要更换的旧导线但不能压住旧导线	1	不正确扣1分		
3.7	量出开断长度	量出新旧导线需要开断的长度	1	不正确扣1分		

续表

序号	项目名称	质量要求	满分	扣分标准	扣分原因	得分
3.8	金具连接	将钢丝绳用两只紧线器及 U 型挂环连在一起	3	连接不正确扣 3 分		
3.9	紧线器连接	将两只紧线器分别卡过导线损伤部位，需预留接续的长度	3	长度不正确扣 3 分		
3.10	冲击检查	操作正确，使旧导线的拉力慢慢转移到钢丝绳上	3	操作不正确扣 3 分		
3.11	开断旧导线	操作正确	1	操作不正确扣 1 分		
3.12	清理线材杂物	清理干净	5	未清理干净扣 5 分		
3.13	量出尺寸	正确画印	5	画印不正确扣 5 分		
3.14	导线切割	正确切割	5	不正确扣 5 分		
3.15	导线剥层	导线不得受损、不得飞线	5	不合格扣 5 分		
3.16	钢绞线接续条的安装	正确缠绕钢芯接续条	5	缠绕不紧密扣 1 分； 缠绕方向错误扣 2 分； 两边出头不够一项扣 1 分； 两边回缠不够一项扣 1 分		
3.17	填充接续条的安装	正确安装填充接续条	5	缠绕不紧密扣 1 分； 缠绕方向错误扣 2 分； 两边出头不够一项扣 1 分； 两边回缠不够一项扣 1 分		
3.18	外层全力接续条的安装	正确安装外层接续条	5	和导线绕制不一致，扣 2 分； 接续条头部不齐，扣 1 分； 接续条根数不够，扣 2 分		
3.19	清理线材杂物	清理干净	1	不合格扣 1 分		
3.20	量出尺寸	正确画印	3	画印不正确扣 3 分		
3.21	导线切割	正确切割	3	切割不正确扣 3 分		
3.22	导线剥层	导线不得受损、不得飞线	3	不合格扣 3 分		
3.23	钢绞线接续条的安装	正确缠绕钢芯接续条	3	缠绕不紧密扣 1 分； 缠绕方向错误扣 1 分； 两边出头不够一项扣 1 分； 两边回缠不够一项扣 1 分		
3.24	填充接续条的安装	正确安装填充接续条	3	缠绕不紧密扣 1 分； 缠绕方向错误扣 1 分； 两边出头不够一项扣 1 分； 两边回缠不够一项扣 1 分		
3.25	外层全力接续条的安装	正确安装外层接续条	3	和导线绕制不一致，扣 2 分； 接续条头部不齐，扣 1 分； 接续条根数不够，扣 2 分		
3.26	工器具松开	松开双钩或手拉葫芦，取下两把紧线器及钢丝绳	1	不正确扣 1 分		
3.27	检查接续条安装质量	质量良好，受力平衡	1	不正确扣 1 分		
4	工作结束					
4.1	现场检查	认真检查工作现场，整理工用具，收回旧导线，符合文明生产要求	2	不符合文明生产要求一处扣 1 分		
5	工作终结报告					
5.1	工作终结汇报	向考评员报告工作已结束，场地已清理	5	未向考评员报告工作结束，该项不得分		
6	其他要求					
6.1	动作要求	动作熟练流畅	2.5	不熟练扣 1 分		
6.2	时间要求	按时完成	2.5	每超过 2 分钟扣 1 分		
合计			100			

Jc0002253010　110kV 直线杆边相变形横担更换的操作。（100 分）

考核知识点：横担更换

难易度：难

技能等级评价专业技能考核操作工作任务书

一、任务名称

110kV 直线杆边相变形横担更换的操作。

二、适用工种

送电线路工技师。

三、具体任务

（1）完成直线杆边相变形横担更换。

（2）在不带电的培训线路上模拟操作。

四、工作规范及要求

（1）工器具使用及安全措施。

（2）按要求进行操作。

（3）工作终结报告。

五、考核及时间要求

（1）本考核 1～3 项操作时间为 40 分钟，每超时 1 分钟扣 1 分。

（2）工作完成后向考评员汇报工作完毕。

技能等级评价专业技能考核操作评分标准

工种	送电线路工				评价等级	技师
项目模块	输电线路检修及应急处理			编号	Jc0002253010	
单位		准考证号			姓名	
考试时限	40 分钟	题型	多项操作		题分	100 分
成绩		考评员		考评组长		日期	
试题正文	110kV 直线杆边相变形横担更换的操作					
需要说明的问题和要求	（1）要求多人配合 1 人操作。 （2）杆塔上实际操作。 （3）线路已完成验电挂接地线程序					

序号	项目名称	质量要求	满分	扣分标准	扣分原因	得分
1	工作准备					
1.1	工器具的选择	正确配置施工用具	2.5	工具配置错误一件扣 1 分； 工具少配一件扣 1 分		
1.2	正确佩戴个人安全用具	安全用具大小合适、锁扣自如	2.5	不合格，扣 1 分		
2	工作许可					
2.1	办理开工手续	进行现场查勘，进行危险点分析，拟定现场安全措施，办理工作许可手续，现场危险点分析正确，措施得力，特别关注交叉跨越	5	危险点分析不完善扣 1 分； 措施不正确扣 1 分； 未办理工作许可手续扣 1 分		
3	工作步骤及技术要求					
3.1	检查杆塔杆根及拉线是否稳定	对杆塔基础、杆塔拉线进行全面的稳定检查	3	未检查扣 3 分； 检查不全面扣 1 分		

续表

序号	项目名称	质量要求	满分	扣分标准	扣分原因	得分
3.2	登杆工具进行冲击性试验	在电杆 0.3m 左右处进行冲击性试验	2	没有进行冲击性试验扣 2 分		
3.3	绞磨安装	绞磨安放位置地势应平坦；不妨碍其他项目的操作；绞磨平稳摆放；地锚安装可靠	10	位置选择不正确扣 2 分； 绞磨摆放不平稳扣 4 分； 地锚安装不可靠扣 4 分		
3.4	人员登杆	登杆塔应熟练	5	登杆塔不熟练扣 1～5 分		
3.5	在地拉位置固定起吊绳套及起吊钢丝绳索	吊点选择应适当	7	吊点选择不适当扣 1～7 分		
3.6	用磨绳将边导线固定	固定正确	5	固定不正确扣 1～5 分		
3.7	将边相导线放到地面上	在取导线之前，应采取防止横担掉落的措施；绞磨应放置正确	5	未采取措施，存在安全隐患时扣 5 分； 磨绳发生与横担等构件摩擦扣 3 分		
3.8	拆除边相绝缘子	按程序正确操作	2	不按程序进行扣 2 分		
3.9	拆除受损边相横担	采取措施保护好未受损横担和横担接头	11	采取措施不正确一次扣 3 分		
3.10	起吊新横担	正确起吊	5	起吊不正确扣 1～5 分		
3.11	安装新的横担	安装熟练；各连接螺栓须牢固	8	不熟练扣 1 分； 未紧固螺栓一处扣 1 分		
3.12	安装绝缘子	按程序正确操作	2	不按程序进行扣 2 分		
3.13	起吊安装边相导线	起吊前须检查导线是否受损，并对受损点进行修补导线上的其他工作应在起吊前完成；起吊时应平稳缓慢提升	10	吊前不检查导线扣 2 分； 反复升降导线扣 5 分； 起吊时出现大幅摆动扣 3 分		
4	工作结束					
4.1	现场清理	符合文明生产要求，现场不遗留物品	5	现场有遗留物品的扣 5 分		
5	工作终结报告					
5.1	办理工作终结手续	向考评员办理工作终结手续	5	未向考评员办理工作终结手续扣 5 分		
6	其他要求					
6.1	杆上不得掉工器具材料	按规程操作	2.5	每掉一件扣 1 分		
6.2	按时完成	按时完成	2.5	每超 1 分钟扣 1 分		
合计			100			

Jc0002253011 机动绞磨的使用操作。（100 分）

考核知识点：机动绞磨的使用

难易度：难

技能等级评价专业技能考核操作工作任务书

一、任务名称

机动绞磨的使用操作。

二、适用工种

送电线路工技师。

三、具体任务

使用机动绞磨起吊重物。

四、工作规范及要求

（1）工器具使用及安全措施。

（2）按要求进行操作。

（3）工作终结报告。

五、考核及时间要求

（1）本考核操作时间为30分钟，每超时2分钟扣1分。

（2）工作完成后向考评员汇报工作完毕。

技能等级评价专业技能考核操作评分标准

工种	送电线路工				评价等级	技师
项目模块	工器具使用与保养—工器具使用			编号	Jc0002253011	
单位		准考证号			姓名	
考试时限	30分钟	题型	多项操作		题分	100分
成绩		考评员		考评组长		日期
试题正文	机动绞磨的使用操作					
需要说明的问题和要求	派2人协助，并设指挥1人					

序号	项目名称	质量要求	满分	扣分标准	扣分原因	得分
1	工作准备					
1.1	安全劳动保护用品	穿全套工作服，绝缘鞋，手套，戴安全帽	3	穿戴不正确扣1分/项		
1.2	机具准备	正确齐备	2	机具准备不齐全扣1分		
2	工作许可					
2.1	办理工作许可手续	作业人员向考评员履行工作许可手续	5	未办理工作许可手续扣5分		
3	工作步骤及技术要求					
3.1	操作场地选择	地势较平坦，视野开阔，能看见指挥信号和起吊过程	2	不正确扣2分		
3.2	现场工作要求	尽量不妨碍其他项目的操作，布置时要考虑一点多用，尽力不发生一个工作现场转移绞磨的工作	2	不正确扣2分		
3.3	机动绞磨放置	绞磨平稳	2	机动绞磨放置不平稳扣2分		
3.4	机油，汽油、齿轮箱油检查	机油油面合格，汽油够用，齿轮箱油面合格	4	少检查1项扣1分		
3.5	锚桩检查	必须有可靠的地锚或桩锚	4	未检查扣4分		
3.6	后钢丝绳与锚桩连接好	绞磨芯筒中线对准牵引方向	3	不正确扣3分		
3.7	操作油管	打开油管开关，按下加油按钮操作正确	3	不正确扣3分		
3.8	操作变速器	变速箱挂空挡，离合器处于离位	3	操作不正确扣3分		
3.9	操作汽油机	调速杆放在中偏低的位置上，视汽油机温度适当关上阻风门	3	不操作正确扣3分		
3.10	预热汽油机	拉动启动绳，使汽油机起动预热，打开阻风门	3	操作不正确扣3分		

续表

序号	项目名称	质量要求	满分	扣分标准	扣分原因	得分
3.11	松开挡板，将牵引钢丝绳缠上绞磨芯	受力绳从绞磨芯下方进入顺时针缠绕，不少于5圈	3	操作不正确扣3分		
3.12	尾绳人员拉紧尾绳	操作正确	2	操作不正确扣2分		
3.13	装上挡板并可靠固定	操作正确	3	操作不正确扣3分		
3.14	将绞磨芯拨至自由转动位置收紧尾绳	使牵引绳预受力	2	操作不正确扣2分		
3.15	将绞磨芯拨至牵引位置	固定牢固	2	操作不正确扣2分		
3.16	挂上高速挡，平稳合上离合器	使牵引绳和绞磨后钢丝绳受力	4	操作不正确扣4分		
3.17	牵引工作中尾绳应及时收紧	尾绳保持受力状态	2	操作不正确扣2分		
3.18	必要时停止牵引，移动绞磨	使绞磨芯中线对准牵引方向	4	操作不正确扣4分		
3.19	牵引	根据工作情况配合挡位，调速器（油门大小）进行牵引工作	4	操作不正确扣1～4分		
3.20	两眼密切注意指挥和起吊过程	手不能离开离合器操纵杆，及时减慢牵引速度或及时停止牵引	4	操作不正确扣1～4分		
3.21	牵引调整	感觉到机动绞磨受力大时及时减至慢挡，同时检查桩锚是否松动	4	操作不正确扣1～4分		
3.22	结束牵引	牵引工作结束后，要先用倒挡，松劲后，再从绞磨芯上拆出钢丝绳，人力拖松，准备下一次牵引工作	2	操作不正确扣1～2分		
4	工作结束					
4.1	调速器调整	调速器（油门）加大，让汽油机高速运转几秒钟再熄火	2	未调整调速器扣2分		
4.2	关闭牵引机	调速器（油门）放至怠速位置，关上油管开关	2	操作不正确扣2分		
4.3	拆牵引钢丝绳	从绞磨芯上拆出牵引钢丝绳并复位	3	操作不正确扣3分		
4.4	拆出后钢丝绳套	从桩锚上拆出后钢丝绳套并做好绞磨运走的准备	3	操作不正确扣3分		
5	工作终结报告					
5.1	工作终结汇报	向考评员报告工作已结束，场地已清理	5	未向考评员报告工作结束，该项不得分		
6	其他要求					
6.1	动作要求	动作熟练流畅	2	动作不熟练扣1～2分		
6.2	对离合器分合要求	离合器分合切实到位	2	不到位扣2分		
6.3	技术要求	熟悉指挥信号，反应迅速	3	不熟悉指挥信号1次扣1分		
6.4	时间要求	按时完成	3	超过时间不给分，每超过2分钟扣1分		
合计			100			

Jc0002252012 安普楔形线夹制作耐张引流线的操作。(100分)

考核知识点：安普楔形线夹的使用

难易度：中

技能等级评价专业技能考核操作工作任务书

一、任务名称

安普楔形线夹制作耐张引流线的操作。

二、适用工种

送电线路工技师。

三、具体任务

使用安普楔形线夹制作耐张引流线。

四、工作规范及要求

（1）工器具使用及安全措施。

（2）按要求进行操作。

（3）工作终结报告。

五、考核及时间要求

（1）本考核操作时间为40分钟，每超时1分钟扣1分。

（2）工作完成后向考评员汇报工作完毕。

技能等级评价专业技能考核操作评分标准

工种	送电线路工				评价等级	技师
项目模块	输电线路检修及应急处理			编号	Jc0002252012	
单位		准考证号			姓名	
考试时限	40分钟	题型	多项操作		题分	100分
成绩		考评员		考评组长		日期	
试题正文	安普楔形线夹制作耐张引流线的操作					
需要说明的问题和要求	（1）要求杆塔上1人操作，杆上、杆下各1人配合。 （2）在培训基地或停电线路上进行操作（备注：线路已完成验电、挂接地线）					

序号	项目名称	质量要求	满分	扣分标准	扣分原因	得分
1	准备工作					
1.1	正确佩戴个人安全用具	安全用具大小合适、锁扣自如	2	一项不合格，扣1分		
1.2	安全工具进行冲击性试验	正确进行冲击性试验	2	没有进行冲击性试验的扣1分； 不正确扣1分		
1.3	工器具的准备	工器具、材料选择准确完备	2	每错一项扣1分（扣完为止）		
2	工作许可					
2.1	办理工作许可手续	作业人员向考评员履行工作许可手续	4	未办理工作许可手续扣4分		
3	工作步骤及技术要求					
3.1	登杆塔	登杆前认真核对线路名称及杆号	5	不核对，扣5分		
3.2	登杆工具杆上摆放	登杆工具杆上摆放正确，安全	5	不正确，扣5分		
3.3	安全带的使用	安全带应系在利于操作及牢固的构件上	5	不正确，扣5分		
3.4	踩板安装	踩板安装在合适的位置，方便人员下达到踩板上进行操作	5	不正确，扣5分		

续表

序号	项目名称	质量要求	满分	扣分标准	扣分原因	得分
3.5	作业人员下到踩板上	动作熟练	5	不正确，扣5分		
3.6	引流线画印开断及导线清除氧化层	引流线长度合适；打磨导线	10	未清除氧化层扣5分； 引流预留长度不合格扣10分		
3.7	安装安普线夹	线夹固定在导线上不得拖动。安装位置正确。C型元件开口背向作业人员	5	安装位置不合格扣3分； 拖动线夹扣2分		
3.8	专用工具的安装	弹芯安装正确。专用工具安装正确	5	安装不正确，一项扣2分		
3.9	击发	检查各部分安装是否到位。击发一次完成	5	未检查扣2分； 击发不成功扣3分		
3.10	拆除安装工具，检查线夹安装的情况	不得掉物；线夹安装到位	5	掉物扣2分； 线夹安装不合格扣3分		
3.11	引流线弧度	引流线中点到横担的垂距在1.3～1.5m。不得有扭曲现象	10	引流线中点到横担的距离不合格扣7分； 有扭曲现象扣3分		
3.12	清理杆塔上物品，并下杆	不得掉物；不得有遗留物	5	掉物扣2分； 有遗留物扣3分		
4	工作结束					
4.1	现场清理	符合文明生产要求，现场不遗留物品	5	现场有遗留物品的扣5分		
5	工作终结报告					
5.1	工作终结汇报	向考评员报告工作已结束，场地已清理	5	未向考评员报告工作结束，该项不得分		
6	其他要求					
6.1	操作熟练程度	操作熟练	5	视熟练程度，扣1分		
6.2	按时完成	不超时	5	每超1分钟扣1分		
合计			100			

Jc0002242013 红外成像仪测温。(100分)

考核知识点：红外成像仪测温

难易度：中

技能等级评价专业技能考核操作工作任务书

一、任务名称

红外成像仪测温。

二、适用工种

送电线路工技师。

三、具体任务

使用红外测温仪开展导线测温工作。

四、工作规范及要求

(1) 要求1人操作，1人配合。

(2) 要求着装整齐。

(3) 操作熟练。

五、考核及时间要求

(1) 本考核操作时间为10分钟，时间到停止考评。

（2）操作完成后向考评员汇报安装完毕。

技能等级评价专业技能考核操作评分标准

工种	送电线路工				评价等级	技师
项目模块	工器具使用与保养—工器具使用			编号	Jc0002242013	
单位		准考证号			姓名	
考试时限	10分钟	题型	单项操作		题分	100分
成绩		考评员		考评组长	日期	
试题正文	红外成像仪测温					
需要说明的问题和要求	（1）身体健康，无妨碍工作的病症。 （2）作业人员熟悉安规线路部分，并经考试合格。 （3）要求着装合理，穿戴好防护用品					

序号	项目名称	质量要求	满分	扣分标准	扣分原因	得分
1	工作前准备					
1.1	准备仪器等	选择正确齐备	5	差一项扣2分		
1.2	着装、安全帽	着装合理，佩戴正确	5	不合理一处扣2分		
2	工作许可					
2.1	许可方式	向考评员示意准备就绪，申请开始工作	5	未向考评员申请许可开始工作，该项不得分		
3	工作步骤及技术要求					
3.1	测量环境温度及湿度	操作正确	5	一处操作不正确，扣2分		
3.2	热成像仪外观检查及电池、镜头安装	操作正确	5	镜头安装不正确扣5分		
3.3	开启成像仪	操作正确	5	操作不正确扣5分		
3.4	调试红外热成像仪	选择适当的测温围、测量方式；正确选择被测物的发射率	10	调试不正确一项扣3分		
3.5	选择测量位置	测量距离不得超过仪器的测量围，镜头避免直接对准太阳光	5	测量位置选择不正确扣5分		
3.6	测量接头1m处导线温度，并冻结保存图片	调焦正确，图像清晰，冻结图片正确	5	不正确一处扣1分		
3.7	测量接头的温度，并冻结保存图片	调焦正确，图像清晰，冻结图片正确	5	不正确一处扣1分		
3.8	计算出温差	计算正确	15	计算不正确扣15分		
4	工作结束					
4.1	办理工作终结手续	向考评员办理工作终结手续	5	未向考评员办理工作终结手续扣5分		
5	工作终结报告					
5.1	工作终结汇报	向考评员报告工作已结束，场地已清理	5	未向考评员报告工作结束，该项不得分		
6	其他要求					
6.1	整理工器具仪表	整齐，完备	5	不正确扣1分		
6.2	按时完	规定时间	5	超时1分钟扣1分		
6.3	安全工作	严格执行	10	违反安规规定扣10，严重违反的取消考核		
合计			100			

Jc0002241014　汽油链锯使用的操作。（100 分）

考核知识点：汽油链锯使用的操作

难易度：易

技能等级评价专业技能考核操作工作任务书

一、任务名称

汽油链锯使用的操作。

二、适用工种

送电线路工技师。

三、具体任务

使用汽油链锯砍伐树木。

四、工作规范及要求

（1）要求单独操作，指定 1 名工作人员监护。

（2）要求着装整齐。

（3）操作熟练。

五、考核及时间要求

（1）本考核操作时间为 30 分钟，时间到停止考评。

（2）操作完成后向考评员汇报安装完毕。

技能等级评价专业技能考核操作评分标准

工种	送电线路工					评价等级	技师
项目模块	工器具使用与保养—工器具使用				编号	Jc0002241014	
单位			准考证号			姓名	
考试时限	30 分钟		题型	单项操作		题分	100 分
成绩		考评员		考评组长		日期	
试题正文	汽油链锯使用的操作						
需要说明的问题和要求	（1）单人操作汽油链锯，地面操作。 （2）监护 1 人						

序号	项目名称	质量要求	满分	扣分标准	扣分原因	得分
1	工作前准备					
1.1	着装要求	按规定穿戴相应劳保用品	2	穿戴不正确扣 2 分		
1.2	检查机油	油量满足要求，绝对不能使用旧机油	2	油机使用不正确扣 2 分		
1.3	检查油箱汽油情况	油量满足要求	2	油量不满足要求扣 2 分		
1.4	检查链条紧度	紧度适宜的情况是当链条挂在导板下部时，用手可以拉动链条	2	紧度未检查扣 2 分		
1.5	检查油锯外观情况	外观良好，无漏油现象	2	未检查扣 2 分		
2	工作许可					
2.1	许可方式	向考评员示意准备就绪，申请开始工作	5	未向考评员申请许可开始工作，该项不得分		

续表

序号	项目名称	质量要求	满分	扣分标准	扣分原因	得分
3	工作步骤及技术要求					
3.1	选择位置站稳	站位安全，操作方便	4	占位不正确扣4分		
3.2	左手固定方式	左手在风机外壳处将机器用力压在地上，拇指在风机外壳下面	4	方式不正确扣4分		
3.3	拉动启动绳	先慢慢拉出启动绳，直到拉不动为止，待弹回后再快速有力地拉出	4	操作不正确扣4分		
3.4	手动油泵	手动油泵最少压 5 次后，调节好油门，再重新启动	4	操作不正确扣4分		
3.5	油锯启动后固定	油锯启动后，双手牢固掌控，不得离手，将油门扳至怠速或小油门位置	4	操作不正确扣4分		
3.6	修剪操作站位	站位正确安全，操作方便	5	占位不正确扣5分		
3.7	操作油锯	操作时右手握紧操作手柄，左手在把手上自然握住，手臂尽量伸直。机器与地面构成的角度不能超过60°	10	操作不正确一项扣5分		
3.8	使用油锯修剪树枝	剪切直径超过20cm的树枝时，先在下面一侧锯一个卸负荷切口，即用导板的端部下切出一个弧形切口	15	操作不正确一项扣5分		
3.9	让发动机做短时间空转后再关机	短时间空转，让冷却气流带走大部分热量，再关闭	5	关闭不正确扣5分		
3.10	取下锯链和导板，清洁并检查	操作正确	10	操作不正确扣10分		
3.11	彻底清洁整台机器	操作正确，特别是汽缸散热片和空气滤清器清理	5	操作不正确扣5分		
4	工作结束					
4.1	检查现场、清理工器具	符合文明生产要求，现场不遗留物品	5	现场有遗留物品的扣1分		
5	工作终结报告					
5.1	工作终结汇报	向考评员报告工作已结束，场地已清理	5	未向考评员报告工作结束，该项不得分		
6	其他要求					
6.1	操作情况油锯	操作安全、数量	5	视情况酌情扣5分		
合计			100			

Jc0002242015 耐张塔结构倾斜检查的操作。（100分）

考核知识点：耐张塔结构倾斜检查的操作

难易度：中

技能等级评价专业技能考核操作工作任务书

一、任务名称

耐张塔结构倾斜检查的操作。

二、适用工种

送电线路工技师。

三、具体任务

测量耐张塔结构倾斜。

四、工作规范及要求

（1）要求单独操作，1 人协助。

（2）要求着装整齐。

（3）操作熟练。

五、考核及时间要求

（1）本考核操作时间为 40 分钟，时间到停止考评。

（2）操作完成后向考评员汇报安装完毕。

技能等级评价专业技能考核操作评分标准

工种	送电线路工				评价等级	技师
项目模块	输电线路运维—输电线路基本技能			编号	Jc0002242015	
单位		准考证号			姓名	
考试时限	40 分钟	题型	单项操作		题分	100 分
成绩		考评员		考评组长		日期	
试题正文	耐张塔结构倾斜检查的操作					
需要说明的问题和要求	（1）要求 1 人操作，1 人配合。 （2）选一基双回耐张铁塔测量。 （3）选用经纬仪和全站仪					

序号	项目名称	质量要求	满分	扣分标准	扣分原因	得分
1	工作前准备					
1.1	工具仪器准备	正确齐全	5	不齐全一项扣 1 分		
1.2	着装要求	着装不影响仪器操作	5	着装不正确一项扣 2 分		
2	工作许可					
2.1	办理工作许可手续	作业人员向考评员履行工作许可手续	5	未办理工作许可手续扣 5 分		
3	工作步骤及技术要求					
3.1	仪器站点选择	在顺线路方向中心线上，观测方便	5	不正确扣 5 分		
3.2	距离正确	塔高 2 倍左右	2	不正确扣 2 分		
3.3	仪器调平、对光、调焦	操作正确	3	操作不正确扣 3 分		
3.4	测前侧横向倾斜值 X_1	首先将望远镜中丝瞄准横担中点，然后俯视铁塔根部，用钢卷尺量取中丝与横向根开中间点的距离即横向倾斜值 X_1	5	数据不正确扣 5 分		
3.5	同样方法测后侧横向倾斜值 X_2	方法正确	5	数据不正确扣 5 分		
3.6	计算横向倾斜值（注意：X_1、X_2 方向同侧相减，异侧相加）	计算正确	5	计算不正确扣 5 分		
3.7	仪器站点选择	在铁塔横担方向上	3	不正确扣 3 分		
3.8	距离正确	塔高 2 倍左右	2	不正确扣 2 分		
3.9	仪器调平、对光、调焦	操作正确	5	操作不正确扣 5 分		

续表

序号	项目名称	质量要求	满分	扣分标准	扣分原因	得分
3.10	测左侧顺向倾斜值 Y_1	首先将望远镜中丝瞄准横担中点，然后俯视铁塔根部，用钢卷尺量取中丝与顺线根开中点间的距离即为横向倾斜值 Y_1	5	数据不正确扣5分		
3.11	同样的方法测右侧顺向倾斜值 Y_2	方法正确	5	方法不正确扣5分		
3.12	计算顺向倾斜值（注意：Y_1、Y_2 方向，同侧相减，异侧相加）	计算正确	5	计算不正确扣5分		
3.13	铁塔倾斜值 Z	计算正确	5	计算不正确扣5分		
3.14	铁塔倾斜率 η	计算正确	5	计算不正确扣5分		
4	工作结束					
4.1	经纬仪装箱	经纬仪松开垂直及水平制动，仪器放置到位，拆卸电池	5	仪器设备未轻拿轻放扣5分		
4.2	三脚架恢复	三脚架恢复	5	仪器设备未轻拿轻放扣5分		
5	工作终结报告					
5.1	办理工作终结手续	向考评员办理工作终结手续	5	未向考评员办理工作终结手续扣5分		
6	其他要求					
6.1	操作动作	熟练流畅	5	视熟练程度扣1～5分		
6.2	按时完成	按要求时间完成	5	超时1分钟扣1分		
合计			100			

Jc0002242016　钢丝绳插编绳套的操作。（100分）

考核知识点：钢丝绳插编绳套的操作

难易度：中

技能等级评价专业技能考核操作工作任务书

一、任务名称

钢丝绳插编绳套的操作。

二、适用工种

送电线路工技师。

三、具体任务

使用钢丝绳插编绳套。

四、工作规范及要求

（1）要求单人地面操作。

（2）要求着装整齐。

（3）操作熟练。

五、考核及时间要求

（1）本考核操作时间为60分钟，时间到停止考评。

（2）操作完成后向考评员汇报安装完毕。

技能等级评价专业技能考核操作评分标准

<table>
<tr><td>工种</td><td colspan="5">送电线路工</td><td>评价等级</td><td>技师</td></tr>
<tr><td>项目模块</td><td colspan="4">输电线路运维—输电线路基本技能</td><td>编号</td><td colspan="2">Jc0002242016</td></tr>
<tr><td>单位</td><td colspan="3"></td><td>准考证号</td><td></td><td>姓名</td><td></td></tr>
<tr><td>考试时限</td><td colspan="2">60 分钟</td><td>题型</td><td colspan="2">单项操作</td><td>题分</td><td>100 分</td></tr>
<tr><td>成绩</td><td></td><td>考评员</td><td></td><td>考评组长</td><td></td><td>日期</td><td></td></tr>
<tr><td>试题正文</td><td colspan="7">钢丝绳插编绳套的操作</td></tr>
<tr><td>需要说明的问题和要求</td><td colspan="7">要求 1 人操作</td></tr>
</table>

序号	项目名称	质量要求	满分	扣分标准	扣分原因	得分
1	工作准备					
1.1	钢丝绳	规格符合要求	1	规格不符合要求扣 1 分		
1.2	个人工具	个人工具齐全	1	工器具不齐全扣 1 分		
1.3	断线钳	断线钳合格	1	不符合要求扣 1 分		
1.4	专用编插头锥	专用编插头锥合格	1	不符合要求扣 1 分		
1.5	木锤	木锤合格	1	不符合要求扣 1 分		
1.6	钢卷尺	钢卷尺合格	1	不符合要求扣 1 分		
1.7	细铁丝、胶带、胶布等	细铁丝、胶带、胶布等合格	1	不符合要求扣 1 分		
2	工作许可					
2.1	许可方式	向考评员示意准备就绪，申请开始工作	5	未向考评员申请许可开始工作，该项不得分		
3	工作步骤及技术要求					
3.1	决定钢丝绳返头长度	绳套一侧双钢丝绳部分长度（20～40倍钢丝绳直径）+穿插长度（20～24倍钢丝绳直径）+余量	3	返头长度不正确扣 3 分		
3.2	决定钢丝绳长度	钢丝绳绳套总长度+2 倍钢丝绳返头长度	3	钢丝绳长度不正确扣 3 分		
3.3	画印	用钢卷尺在钢丝绳上量出需要的长度及钢丝绳返头位置共画 3 个印记	3	印记不够扣 3 分		
3.4	裁剪	在规定的地方剪断钢丝绳，尺寸正确	2	尺寸不正确扣 2 分		
3.5	绑扎绳头	用细铁丝在坡头长度处将两钢丝绳扎紧，保证尺寸正确	4	尺寸不正确扣 4 分		
3.6	弯折钢丝绳	将钢丝绳在返头印记处弯折过来尺寸正确	3	尺寸不正确扣 3 分		
3.7	钢丝绳每股头处埋正确	直径较小的钢丝绳可用胶布或胶带包扎每股头部，直径较大的钢丝绳可用氧焊处理	4	不正确扣 4 分		
3.8	专用工具插入顺利	单根钢丝绳不被插变形	4	插变形扣 4 分		
3.9	钢丝绳破头	每股叉开长度合适	5	长度不合适扣 5 分		
3.10	拆开一股穿入一股	顺序正确	5	不正确扣 5 分		
3.11	穿入方向	正确	4	返工 1 次扣 1 分		
3.12	穿入要求	穿入后每股拉紧	5	一股未拉紧扣 1 分		
3.13	穿入情况	要求后穿入一股压紧前穿入一股	5	一股未压紧扣 1 分		
3.14	穿插次数	各股穿插次数不小于 4 次	5	一股少于 4 次扣 1 分		

续表

序号	项目名称	质量要求	满分	扣分标准	扣分原因	得分
3.15	用木锤修整编插部分	美观整齐	5	不美观整齐扣 1～5 分		
3.16	剩余钢丝绳股修剪整齐	美观整齐	3	不美观整齐扣 1～3 分		
4	工作结束					
4.1	清理工作现场	符合文明生产要求	5	未清理工作现场扣 5 分		
5	工作终结报告					
5.1	工作终结汇报	向考评员报告工作已结束，场地已清理	5	未向考评员报告工作结束，该项不得分		
6	其他要求					
6.1	外观检查	绳套整齐美观	5	视情况酌情扣分		
6.2	拉力试验	经过 125%超负荷试验合格	5	不合格不给分		
6.3	按时完成	按要求完成	5	每超过 2 分钟扣 1 分		
合计			100			

Jc0002242017　缠绕及预绞丝补修操作导线的处理（地面）。（100 分）

考核知识点： 缠绕及预绞丝补修操作导线的处理（地面）

难易度： 中

技能等级评价专业技能考核操作工作任务书

一、任务名称

缠绕及预绞丝补修操作导线的处理（地面）。

二、适用工种

送电线路工技师。

三、具体任务

某导线出现断股，需使用预绞丝补修导线。针对此项工作，考生须在 50 分钟内完成操作。

四、工作规范及要求

（1）要求单独操作。

（2）导线两端固定，地面操作。

（3）一根导线两处损伤，一处缠绕处理，另一处补修预绞丝处理。

（4）正确着装。

五、考核及时间要求

考核时间共 50 分钟。每超过 1 分钟扣 2 分，到 60 分钟终止考核。

技能等级评价专业技能考核操作评分标准

<table>
<tr><td>工种</td><td colspan="5">送电线路工</td><td>评价等级</td><td>技师</td></tr>
<tr><td>项目模块</td><td colspan="4">输电线路检修及应急处理</td><td>编号</td><td colspan="2">Jc0002242017</td></tr>
<tr><td>单位</td><td colspan="2"></td><td>准考证号</td><td colspan="2"></td><td>姓名</td><td></td></tr>
<tr><td>考试时限</td><td colspan="2">50 分钟</td><td>题型</td><td colspan="2">单项操作</td><td>题分</td><td>100 分</td></tr>
<tr><td>成绩</td><td></td><td>考评员</td><td></td><td>考评组长</td><td></td><td>日期</td><td></td></tr>
</table>

续表

试题正文	缠绕及预绞丝补修操作导线的处理（地面）
需要说明的问题和要求	（1）要求单独完成操作。 （2）在地面模拟线路上完成导线修补。 （3）型号由考评员提前给定

序号	项目名称	质量要求	满分	扣分标准	扣分原因	得分
1	工作准备					
1.1	选择缠绕补修点	修补点选择正确	3	不正确不给分		
1.2	准备材料	缠绕材料应为铝单丝	2	未准备材料不给分		
1.3	铝单丝绕成直径约15cm的线圈	不能扭转单丝，保持平滑弧度	2	单丝明显扭转扣2分		
2	工作许可					
2.1	许可方式	向考评员示意准备就绪，申请开始工作	5	未向考评员申请许可开始工作，该项不得分		
3	工作步骤及技术要求					
3.1	顺导线方向平压一段单丝	位置正确	3	位置不正确扣3分		
3.2	缠绕	缠绕时压紧，每圈都应压紧	3	1圈不紧扣1分		
3.3	缠绕方向	与外层铝股绞制方向一致	3	与外层铝股绞制方向不一致不给分		
3.4	铝单丝线圈位置	外侧方向应靠紧导线	3	不正确不给分		
3.5	线头处理	线头应与先压单丝头绞紧	3	明显未绞紧扣3分		
3.6	绞紧的线头位置	压平紧靠导线	3	未紧靠导线扣3分		
3.7	缠绕中心	应位于损伤最严重处	3	缠绕不在中心扣3分		
3.8	缠绕位置	应将受伤部分全部覆盖	3	未全部覆盖不给分		
3.9	缠绕长度	最短不得小于100mm	3	每少2mm扣1分		
3.10	选择预绞丝	正确	4	不正确不给分		
3.11	清洗预绞丝	干净并干燥	4	预绞丝未清洗扣4分		
3.12	损伤导线处理	处理平整	4	未处理平整扣4分		
3.13	判断导线损伤最严重处	正确	4	损伤判断不正确不得分		
3.14	用钢卷尺量预绞丝	长度正确	3	长度不止确不得分		
3.15	定预绞丝在导线上的位置	正确	3	位置不正确不得分		
3.16	用记号笔在导线上画出预绞丝端头位置	正确	3	位置不正确不得分		
3.17	将预绞丝一根一根安装上	安装流畅	4	安装不流畅扣4分		
3.18	用钢丝钳轻敲预绞丝头部	不能擦伤导线及损伤预绞丝	3	损伤导线或预绞丝扣3分		
3.19	补修预绞丝中心	应位于损伤最严重处	4	不在损伤最严重的位置不给分		
3.20	预绞丝不能变形	应与导线接触紧密	4	变形一根不得分，倒扣4分		
3.21	预绞丝端头	应对平齐	3	明显不平齐扣3分		
3.22	预绞丝位置	应将损伤部位全部覆盖	3	不正确不给分		

续表

序号	项目名称	质量要求	满分	扣分标准	扣分原因	得分
4	工作结束					
4.1	清理工作现场	整理工器具，符合文明生产要求	5	清理工作现场不合格扣 5 分		
5	工作终结报告					
5.1	工作终结汇报	向考评员报告工作已结束，场地已清理	5	未向考评员报告工作结束，该项不得分		
6	其他要求					
6.1	着装正确	应穿工作服、工作胶鞋，戴安全帽	2	漏一项扣 2 分		
6.2	操作熟练	熟练流畅	2	不熟练不得分		
6.3	工作顺利	按时完成	1	超过时间不给分，每超过 1 分钟倒扣 2 分		
合计			100			

Jc0002243018　线路导线损伤修补。（100 分）

考核知识点： 线路导线损伤修补

难易度： 难

技能等级评价专业技能考核操作工作任务书

一、任务名称

线路导线损伤修补。

二、适用工种

送电线路工技师。

三、具体任务

使用绑扎线完成线路导线损伤修补。针对此项工作，考生须在 25 分钟内完成操作。

四、工作规范及要求

（1）杆上单独 1 人操作，杆下 1 人监护。

（2）绑扎线绑扎。

（3）要求着装正确（工作服、工作胶鞋、安全帽）。

（4）工具：

1）绑扎线。

2）选用登杆工器具：脚扣、安全带、延长绳、个人保安线、滑车及传递绳。

3）在培训线路上操作。

五、考核及时间要求

考核时间共 40 分钟，每超过 2 分钟扣 1 分，到 45 分钟终止考核。

技能等级评价专业技能考核操作评分标准

工种	送电线路工				评价等级	技师
项目模块	输电线路的检修应急处理			编号	Jc0002243018	
单位		准考证号			姓名	
考试时限	40 分钟	题型	单项操作		题分	100 分

续表

成绩		考评员		考评组长		日期	
试题正文	线路导线损伤修补						
需要说明的问题和要求	（1）使用绑扎线完成导线修补。 （2）出导线前做好后备保护措施。 （3）绑扎工艺质量应满足要求						

序号	项目名称	质量要求	满分	扣分标准	扣分原因	得分
1	工作准备					
1.1	工器具材料准备	准备工具及材料	5	未准备工具和材料扣 2 分； 准备不齐一项扣 1 分		
1.2	工作点确认及缺陷复核	检查导线受伤程度及受伤情况损坏	5	没检查扣 3 分； 少检查一项扣 1 分		
1.3	工器具检查合格	检查工具是否合格	5	遗漏一项扣 2 分		
2	工作许可					
2.1	许可方式	向考评员示意准备就绪，申请开始工作	5	未向考评员申请许可开始工作，该项不得分		
3	工作步骤及技术要求					
3.1	工器具使用	正确使用工具	15	不正确使用工具一次扣 2 分； 损坏工具扣 2 分		
3.2	正确绑线	缠绕绑线	10	缠绕方法不正确扣 10 分		
3.3	工艺合格	绑线缠绕紧密	10	缠绕不紧扣 2～10 分		
3.4	工艺合格	缠绕长度合适	15	缠绕长度不合适扣 5～15 分（全部受伤表面，缠绕长度最少不低 100mm）		
3.5	工艺合格	绑线末端扎实敲平	10	绑线末端未扎实敲平扣 5～10 分		
4	工作结束					
4.1	清理现场	现场清理干净	5	未清理现场扣 5 分		
5	工作终结报告					
5.1	工作终结汇报	向考评员报告工作已结束，场地已清理	5	未向考评员报告工作结束，该项不得分		
6	其他要求					
6.1	安全生产	正确执行电业安全操作规程	5	违章一次扣 5 分，严重违章取消考核资格		
6.2	超时		5	每超过 2 分钟扣 1 分，超过 5 分钟工作终结		
合计			100			

Jc0002243019 组装一套 110kV 输电线路双联绝缘子耐张串（含耐张线夹）。（100 分）

考核知识点：110kV 输电线路双联绝缘子耐张串

难易度：难

技能等级评价专业技能考核操作工作任务书

一、任务名称

组装一套 110kV 输电线路双联绝缘子耐张串（含耐张线夹）。

二、适用工种

送电线路工技师。

三、具体任务

使用给定金具、绝缘子组装一套 110kV 输电线路双联绝缘子耐张串（含耐张线夹）。针对此项工作，考生须在 20 分钟内完成更换处理操作。

四、工作规范及要求

（1）单独操作，地面操作。

（2）组装一套 110kV 输电线路双联绝缘子耐张串。

（3）要求着装正确（穿工作服、工作胶鞋，戴安全帽）。

五、考核及时间要求

考核时间共 20 分钟，每超过 1 分钟扣 1 分，到 25 分钟终止考核。

技能等级评价专业技能考核操作评分标准

工种	送电线路工				评价等级	技师
项目模块	输电线路运维—输电线路基本技能			编号	Jc0002243019	
单位		准考证号			姓名	
考试时限	20 分钟	题型	单项操作		题分	100 分
成绩	考评员		考评组长		日期	
试题正文	组装一套 110kV 输电线路双联绝缘子耐张串（含耐张线夹）					
需要说明的问题和要求	（1）单独操作，地面操作。 （2）现场提供所有材料，应一次全部找出					

序号	项目名称	质量要求	满分	扣分标准	扣分原因	得分
1	工作准备					
1.1	U 型挂环 3 个	规格符合要求	5	错、漏一项扣 2 分		
1.2	双联板 2 个	规格符合要求	4	错、漏一项扣 2 分		
1.3	直角挂板 2 个	规格符合要求	4	错、漏一项扣 2 分		
1.4	球头挂环 2 个	规格符合要求	4	错、漏一项扣 2 分		
1.5	双联碗头 2 个	规格符合要求	4	错、漏一项扣 2 分		
1.6	耐张线夹 1 个	规格符合要求	3	错、漏一项扣 3 分		
1.7	个人工具	钢丝钳、扳手等	3	错、漏一项扣 2 分		
1.8	拔销钳	符合要求	3	错、漏一项扣 3 分		
2	工作许可					
2.1	许可方式	向考评员示意准备就绪，申请开始工作	5	未向考评员申请许可开始工作，该项不得分		
3	工作步骤及技术要求					
3.1	进行外观检查	逐个将表面清扫干净，并进行外观检查	5	未清扫干净扣 2 分； 未进行外观检查扣 3 分		
3.2	检查碗头、球头与弹簧销子之间的间隙	在安装好弹簧销子的情况下球头不得自碗头中脱出	5	球头脱出扣 5 分		
3.3	材料摆放	整齐有序	5	不整齐扣 5 分		
3.4	取出弹簧销	正确取出	5	不正确扣 5 分		

续表

序号	项目名称	质量要求	满分	扣分标准	扣分原因	得分
3.5	组装	组装U型挂环、双联板、直角挂板4、球头挂环、双联碗头、耐张线夹，操作正确	15	一处不正确扣3分		
3.6	安装弹簧销	正确安装	5	电表接线不正确扣5分		
4	工作结束					
4.1	清理现场	现场清理干净	5	未清理现场扣5分		
5	工作终结报告					
5.1	工作终结汇报	向考评员报告工作已结束，场地已清理	5	未向考评员报告工作结束，该项不得分		
6	其他要求					
6.1	着装正确	应穿工作服、工作胶鞋，戴安全帽	5	错、漏一项扣2分		
6.2	操作动作	动作熟练流畅	5	不熟练扣1～5分		
6.3	按时完成	按要求时间完成	5	超过时间不给分，每延时1分钟倒扣1分		
合计			100			

Jc0002241020 接地电阻检测。(100分)

考核知识点：接地电阻检测仪的使用

难易度：易

技能等级评价专业技能考核操作工作任务书

一、任务名称

接地电阻检测。

二、适用工种

送电线路工技师。

三、具体任务

测量杆塔的其中1根接地的电阻值。

四、工作规范及要求

(1）正确佩戴安全工器具。

(2）正确布置连接线。

(3）正确使用接地电阻检测仪。

五、考核及时间要求

(1）本考核操作时间为30分钟，时间到停止考评。

(2）完成后向考评员汇报结果。

技能等级评价专业技能考核操作评分标准

工种	送电线路工				评价等级	技师
项目模块	工器具使用与保养—工器具使用			编号	Jc0002241020	
单位		准考证号			姓名	
考试时限	30分钟	题型	单项操作		题分	100分

续表

成绩		考评员		考评组长		日期	
试题正文	接地电阻检测						
需要说明的问题和要求	（1）要求2人配合操作。 （2）操作应注意安全，按照标准化作业书的技术安全说明做好安全措施						

序号	项目名称	质量要求	满分	扣分标准	扣分原因	得分
1	工作准备					
1.1	相关安全措施的准备	正确佩戴安全帽，穿全套工作服，包括工作服、绝缘鞋、棉手套	5	未正确佩戴安全帽，穿工作服、绝缘鞋、棉手套每项扣2分		
1.2	电表的检查调整	检查电表合格证、检验标签、读数检查	5	未进行检查每项扣1分		
1.3	连接线外绝缘层检查	检查连接线外绝缘层是否完好	5	根据检查认真程度扣1分		
2	工作许可					
2.1	许可方式	向考评员示意准备就绪，申请开始工作	5	未向考评员申请许可开始工作，该项不得分		
3	工作步骤及技术要求					
3.1	打开接地引下线	4腿接地引下线完全打开	5	不满足要求每腿扣2分		
3.2	连接线布置	布线方向与线路垂直，连接线与接地引下线连接紧密、电流极与电压极保持1m以上距离	10	不满足要求每项扣2分		
3.3	接地棒布置	接地棒入土长度不小于接地棒长度的3/4	10	插入长度不满足要求扣10分		
3.4	电表接线	电表接线正确	10	电表接线不满足要求不得分		
3.5	选用合适的倍率	选用较大倍率	5	未选用扣5分		
3.6	一次读数	按动电子式接地电阻检测仪按钮读数一次。扶住电表，放置水平读数	10	读数不正确扣10分		
3.7	选用合适的倍率	选用较小倍率	5	未选用合适倍率扣5分		
3.8	二次读数	按动电子式接地电阻检测仪按钮读数一次。扶住电表，放置水平读数	10	读数不正确扣10分		
4	工作结束					
4.1	作业现场及工器具恢复	恢复现场、恢复接地、恢复仪器仪表	5	未进行现场恢复扣5分		
5	工作终结报告					
5.1	工作终结汇报	向考评员报告工作已结束，场地已清理	5	未向考评员报告工作结束，该项不得分		
6	其他要求					
6.1	动作要求	动作熟练顺畅	5	动作不熟练扣1～5分		
合计			100			

Jc0002241021　带电零值检测。（100分）

考核知识点：零值检测仪的使用

难易度：易

技能等级评价专业技能考核操作工作任务书

一、任务名称

带电零值检测。

二、适用工种

送电线路工技师。

三、具体任务

测量零值绝缘子。

四、工作规范及要求

（1）正确佩戴安全工器具。

（2）正确使用操作杆。

（3）正确使用仪器。

五、考核及时间要求

（1）本考核操作时间为30分钟，时间到停止考评。

（2）完成后向考评员汇报结果。

技能等级评价专业技能考核操作评分标准

工种	送电线路工				评价等级	技师
项目模块	工器具使用与保养—工器具使用			编号	Jc0002241021	
单位		准考证号			姓名	
考试时限	30分钟	题型	单项操作		题分	100分
成绩		考评员		考评组长	日期	
试题正文	带电零值检测					
需要说明的问题和要求	（1）要求2人配合操作。 （2）操作应注意安全，按照标准化作业书的技术安全说明做好安全措施					

序号	项目名称	质量要求	满分	扣分标准	扣分原因	得分
1	工作准备					
1.1	相关安全措施的准备	正确佩戴安全帽，穿全套工作服，包括工作服、绝缘鞋、棉手套	5	未正确佩戴安全帽，穿工作服、绝缘鞋、棉手套每项扣2分		
1.2	调整放电间隙（220kV为0.7mm）	检查放电间隙是否正确	5	未进行检查扣5分		
1.3	操作杆检查	检查操作杆是否干净，检验是否合格	5	根据检查认真程度扣1～5分		
2	工作许可					
2.1	许可方式	向考评员示意准备就绪，申请开始工作	5	未向考评员申请许可开始工作，该项不得分		
3	工作步骤及技术要求					
3.1	测量顺序要求	从横担向导线端测量	10	测量顺序不正确扣10分		
3.2	测量技术要求	塔上站位正确，间隙两端切实贴住绝缘子上下铁件	10	占位不合适扣5分； 间隙两端未贴实扣5分		
3.3	塔上转移要求	塔上转移时测量杆放平稳	5	操作杆放置不牢固扣5分		
3.4	塔上测量要求	不漏测	5	漏测扣5分		
3.5	测量要求	火花间隙短路叉反面重新再测一遍	10	未复测扣10分		
3.6	技术要求	短路叉保持测量位置，记录后方可继续测量	5	未记录数据5分		
3.7	良好绝缘子片数要求	零值片数超过良好绝缘子片数时不可以再测量	10	继续测量扣10分		
3.8	仪器保护	测量过程中动作要稳，不可以大幅度磕碰短路叉、操作杆	5	根据操作情况扣1～5分		

续表

序号	项目名称	质量要求	满分	扣分标准	扣分原因	得分
4	工作结束					
4.1	作业现场及工器具恢复	恢复现场、恢复接地、恢复仪器仪表	5	未进行现场恢复扣5分		
5	工作终结报告					
5.1	工作终结汇报	向考评员报告工作已结束，场地已清理	5	未向考评员报告工作结束，该项不得分		
6	其他要求					
6.1	动作要求	动作熟练顺畅	5	动作不熟练扣1～5分		
6.2	安全要求	严格遵守“四不伤害”原则，不得损坏工器具和设备	5	未遵守现场安全要求一次扣1分； 损坏工器具和设备一次扣1分		
合计			100			

Jc0002252022　带电摘除防振锤异物。（100分）

考核知识点：地电位带电作业

难易度：中

技能等级评价专业技能考核操作工作任务书

一、任务名称

带电摘除防振锤异物。

二、适用工种

送电线路工技师。

三、具体任务

摘除防振锤缠绕的异物。

四、工作规范及要求

（1）正确佩戴安全工器具。

（2）正确使用操作杆。

五、考核及时间要求

（1）本考核操作时间为30分钟，时间到停止考评。

（2）完成后向考评员汇报结果。

技能等级评价专业技能考核操作评分标准

<table>
<tr><td>工种</td><td colspan="5">送电线路工</td><td>评价等级</td><td>技师</td></tr>
<tr><td>项目模块</td><td colspan="4">输电线路检修及应急处理</td><td colspan="2">编号</td><td>Jc0002252022</td></tr>
<tr><td>单位</td><td colspan="2"></td><td>准考证号</td><td colspan="2"></td><td>姓名</td><td></td></tr>
<tr><td>考试时限</td><td colspan="2">30分钟</td><td>题型</td><td colspan="2">单项操作</td><td>题分</td><td>100分</td></tr>
<tr><td>成绩</td><td></td><td>考评员</td><td></td><td>考评组长</td><td></td><td>日期</td><td></td></tr>
<tr><td>试题正文</td><td colspan="7">带电摘除防振锤异物</td></tr>
<tr><td>需要说明的问题和要求</td><td colspan="7">（1）要求1人监护，1人配合操作。
（2）操作应注意安全，按照标准化作业书的技术安全说明做好安全措施</td></tr>
</table>

续表

序号	项目名称	质量要求	满分	扣分标准	扣分原因	得分
1	工作准备					
1.1	相关安全措施的准备	正确佩戴安全帽，穿全套工作服，包括工作服、绝缘鞋、棉手套	5	未正确佩戴安全帽，穿工作服、绝缘鞋、棉手套每项扣2分		
1.2	操作杆检查	检查操作杆是否干净，检验是否合格	5	根据检查认真程度扣1～5分		
2	工作许可					
2.1	许可方式	向考评员示意准备就绪，申请开始工作	5	未向考评员申请许可开始工作，该项不得分		
3	工作步骤及技术要求					
3.1	登塔	动作熟练，带传递绳上塔	10	不满足要求每项扣2分		
3.2	选择工位	在塔身合适位置选择工位	5	工位不合适扣5分		
3.3	使用安全工器具	正确使用安全工器具，选定工位后系上安全带、双钩后并检查	10	未正确使用安全工器具一次扣5分		
3.4	操作杆的使用	身体保证足够的安全距离，操作杆满足最小使用长度	10	安全距离不满足要求扣10分		
3.5	异物清理	摘除的异物随身带下塔	10	抛掷异物扣10分		
3.6	仪器保护	测量过程中动作要稳，不可以大幅度磕碰操作杆	10	动作不稳扣10分		
3.7	操作杆下塔	采用传递绳传递操作杆，不得绑在身上或者抛下	5	不满足要求扣5分		
4	工作结束					
4.1	作业现场及工器具恢复	恢复现场、恢复所用工器具	10	未进行现场恢复扣10分		
5	工作终结报告					
5.1	工作终结汇报	向考评员报告工作已结束，场地已清理	5	未向考评员报告工作结束，该项不得分		
6	其他要求					
6.1	动作要求	动作熟练顺畅	5	动作不熟练扣1～5分		
6.2	安全要求	严格遵守“四不伤害”原则，不得损坏工器具和设备	5	未遵守现场安全要求一次扣1分； 损坏工器具和设备一次扣1分		
合计			100			

Jc0002253023 引流线的安装。(100分)

考核知识点：引流线的安装作业

难易度：难

技能等级评价专业技能考核操作工作任务书

一、任务名称

引流线的安装。

二、适用工种

送电线路工技师。

三、具体任务

出线安装导线引流线一根。

四、工作规范及要求

（1）正确佩戴安全工器具。

（2）正确使用个人工器具。

五、考核及时间要求

（1）本考核操作时间为30分钟，时间到停止考评。

（2）完成后向考评员汇报结果。

技能等级评价专业技能考核操作评分标准

工种	送电线路工					评价等级	技师
项目模块	输电线路检修及应急处理				编号	Jc0002253023	
单位			准考证号			姓名	
考试时限	30分钟		题型	单项操作		题分	100分
成绩		考评员		考评组长		日期	
试题正文	引流线的安装						
需要说明的问题和要求	（1）要求3人配合操作。 （2）操作应注意安全，按照标准化作业书的技术安全说明做好安全措施						

序号	项目名称	质量要求	满分	扣分标准	扣分原因	得分
1	工作准备					
1.1	相关安全措施的准备	正确佩戴安全帽，穿全套工作服，包括工作服、绝缘鞋、棉手套	5	未正确佩戴安全帽，穿工作服、绝缘鞋、棉手套每项扣2分		
1.2	检查压接质量和工器具	检查压接质量和所需工器具是否准备齐全	5	根据检查认真程度扣1～5分		
2	工作许可					
2.1	许可方式	向考评员示意准备就绪，申请开始工作	5	未向考评员申请许可开始工作，该项不得分		
3	工作步骤及技术要求					
3.1	登塔	动作熟练，带传递绳上塔	5	动作不熟练扣1～5分		
3.2	选择工位	在塔身合适位置选择工位等待出绝缘子串	5	工位选择不合适扣5分		
3.3	使用安全工器具	正确使用安全工器具，选定工位后系上安全带、双钩后并检查	5	不满足要求扣1～5分		
3.4	两人登塔	动作熟练	5	动作不熟练扣1～5分		
3.5	出线	坐在绝缘子串上移动或者手扶串、脚踩串出线，动作熟练	10	动作不熟练扣1～10分		
3.6	使用安全带、吊绳	到位后将安全带系牢固，固定吊绳，将引流线吊至合适位置绑扎牢固	10	根据操作情况扣1～10分		
3.7	拆除旧引流线	拆除旧引流线，用吊绳吊下	10	未用吊绳吊下扣10分		
3.8	钢丝刷清除旧线氧化层，涂抹导线膏	操作正确	5	未使用钢丝刷清除旧线氧化层扣3分； 未涂抹导线膏扣2分		
3.9	安装引流线	螺栓拧紧，穿向正确	10	螺栓未拧紧一处扣2分； 穿向不正确一处扣2分		
4	现场恢复					
4.1	作业现场及工器具恢复	恢复现场所用工器具	5	未进行现场恢复扣5分		
5	工作终结报告					
5.1	工作终结汇报	向考评员报告工作已结束，场地已清理	5	未向考评员报告工作结束，该项不得分		

续表

序号	项目名称	质量要求	满分	扣分标准	扣分原因	得分
6	其他要求					
6.1	动作要求	动作熟练顺畅	5	动作不熟练扣1～5分		
6.2	安全要求	严格遵守“四不伤害”原则，不得损坏工器具和设备	5	未遵守现场安全要求一次扣2分；损坏工器具和设备一次扣2分		
合计			100			

Jc0002263024　间隔棒的安装。（100分）

考核知识点：间隔棒的安装作业、飞车使用

难易度：难

技能等级评价专业技能考核操作工作任务书

一、任务名称

间隔棒的安装。

二、适用工种

送电线路工技师。

三、具体任务

出线安装间隔棒1个。

四、工作规范及要求

（1）正确佩戴安全工器具。

（2）正确使用个人工器具。

五、考核及时间要求

（1）本考核操作时间为60分钟，时间到停止考评。

（2）完成后向考评员汇报结果。

技能等级评价专业技能考核操作评分标准

工种	送电线路工				评价等级	技师
项目模块	输电线路检修及应急处理			编号	Jc0002263024	
单位		准考证号			姓名	
考试时限	60分钟	题型	单项操作		题分	100分
成绩		考评员		考评组长	日期	
试题正文	间隔棒的安装					
需要说明的问题和要求	（1）要求3人配合操作。 （2）操作应注意安全，按照标准化作业书的技术安全说明做好安全措施					

序号	项目名称	质量要求	满分	扣分标准	扣分原因	得分
1	工作准备					
1.1	相关安全措施的准备	正确佩戴安全帽，穿全套工作服，包括工作服、绝缘鞋、棉手套	5	未正确佩戴安全帽，穿工作服、绝缘鞋、棉手套每项扣2分		
1.2	检查间隔棒质量和工器具	检查间隔棒质量和所需工器具是否准备齐全	5	根据检查认真程度扣1～5分		
2	工作许可					

续表

序号	项目名称	质量要求	满分	扣分标准	扣分原因	得分
2.1	许可方式	向考评员示意准备就绪，申请开始工作	5	未向考评员申请许可开始工作，该项不得分		
3	工作步骤及技术要求					
3.1	登塔	动作熟练，带传递绳上塔	5	动作明细不熟练扣2～5分		
3.2	选择工位	在塔身合适位置选择工位等待出瓷瓶串	10	不满足要求每项扣2～10分		
3.3	使用安全工器具	正确使用安全工器具，选定工位后系上安全带、双钩后并检查	10	未正确使用安全工器具扣2分		
3.4	出线	坐在绝缘子串上移动或者手扶串、脚踩串出线，动作熟练	10	动作不正确一次扣1～5分		
3.5	使用安全带、吊绳，飞车	到位后将安全带系牢固，固定吊绳、滑车，将飞车带上导线	10	操作不正确一次扣1～5分		
3.6	缓慢坐上飞车	稳住飞车，稳住动作登上飞车	5	乘坐飞车不满足要求扣5分		
3.7	关闭活门，系好安全带	安全带绕着导线，不妨碍飞车使用	5	不满足安全要求扣5分		
3.8	飞车使用，安装间隔棒	将传递绳带上飞车，缓慢移动至作业位置，安装间隔棒	5	不满足要求扣5分		
3.9	飞车拆除	缓慢返回，飞车从导线上取出，下塔	5	不满足要求扣5分		
4	现场恢复					
4.1	作业现场及工器具恢复	恢复现场所用工器具	5	未进行现场恢复扣5分		
5	工作终结报告					
5.1	工作终结汇报	向考评员报告工作已结束，场地已清理	5	未向考评员报告工作结束，该项不得分		
6	其他要求					
6.1	安全要求	严格遵守“四不伤害”原则，不得损坏工器具和设备	10	未遵守现场安全要求一次扣2分；损坏工器具和设备一次扣5分		
合计			100			

Jc0002263025　软梯停电修补断股导线。(100分)

考核知识点：软梯使用、全张力预绞丝使用

难易度：难

技能等级评价专业技能考核操作工作任务书

一、任务名称

软梯停电修补断股导线。

二、适用工种

送电线路工技师。

三、具体任务

修补损伤导线1处。

四、工作规范及要求

（1）正确佩戴安全工器具。

（2）正确使用个人工器具。

五、考核及时间要求

（1）本考核操作时间为60分钟，时间到停止考评。

（2）完成后向考评员汇报结果。

技能等级评价专业技能考核操作评分标准

工种	送电线路工					评价等级	技师
项目模块	输电线路检修及应急处理				编号	Jc0002263025	
单位			准考证号			姓名	
考试时限	60分钟		题型	单项操作		题分	100分
成绩		考评员		考评组长		日期	
试题正文	软梯停电修补断股导线						
需要说明的问题和要求	（1）要求5人配合操作。 （2）操作应注意安全，按照标准化作业书的技术安全说明做好安全措施						

序号	项目名称	质量要求	满分	扣分标准	扣分原因	得分
1	工作准备					
1.1	相关安全措施的准备	正确佩戴安全帽，穿全套工作服，包括工作服、绝缘鞋、棉手套	5	未正确佩戴安全帽，穿工作服、绝缘鞋、棉手套每项扣2分		
1.2	检查全张力预绞丝质量、数量和工器具	检查预绞丝质量、数量和所需工器具是否准备齐全	5	根据检查认真程度扣1～5分		
2	工作许可					
2.1	许可方式	向考评员示意准备就绪，申请开始工作	5	未向考评员申请许可开始工作，该项不得分		
3	工作步骤及技术要求					
3.1	登塔	动作熟练，带传递绳上塔	5	不满足要求每项扣2分		
3.2	选择工位	在塔身合适位置选择工位，挂设绝缘绳	5	不满足要求扣5分		
3.3	使用安全工器具	正确使用安全工器具，选定工位后系上安全带、双钩后并检查	10	安全工器具使用不满足要求一次扣2～5分		
3.4	将绝缘绳拉至断股导线附近位置	绝缘绳避免钩挂绝缘子、金具、均压环等部位	5	不满足要求扣5分		
3.5	正确绑扎梯头	梯头绑扎方法正确，绳结牢固易拆	5	不满足要求扣5分		
3.6	挂设软梯	将软梯提升，挂设在合适位置	5	根据操作情况扣5分		
3.7	登软梯	高空作业人员登软梯至梯头位置，随身携带传递绝缘绳和小绝缘滑车	10	不满足要求扣1～10分		
3.8	传递全张力与绞丝	地面作业人员配合传递预绞丝	5	配合不顺畅扣5分		
3.9	断股导线修补	确认导线断股损伤情况并汇报，满足修补要求进行修补	10	不满足要求扣10分		
3.10	修补完毕，作业人员下导线	动作顺畅，操作熟练，导线无遗留工器具	5	不满足要求扣5分		
4	现场恢复					
4.1	作业现场及工器具恢复	恢复现场所用工器具	5	未进行现场恢复扣1分		

续表

序号	项目名称	质量要求	满分	扣分标准	扣分原因	得分
5	工作终结报告					
5.1	工作终结汇报	向考评员报告工作已结束，场地已清理	5	未向考评员报告工作结束，该项不得分		
6	其他要求					
6.1	动作要求	动作熟练顺畅	5	动作不熟练扣 1～5 分		
6.2	安全要求	严格遵守“四不伤害”原则，不得损坏工器具和设备	5	未遵守现场安全要求一次扣 1 分； 损坏工器具和设备一次扣 1 分		
合计			100			

Jc0002263026　钢管跨越架搭设。（100 分）

考核知识点：钢管跨越架的搭设施工、现场安全文明施工要求

难易度：难

技能等级评价专业技能考核操作工作任务书

一、任务名称

钢管跨越架搭设。

二、适用工种

送电线路工技师。

三、具体任务

搭设单层钢管跨越架 1 处。

四、工作规范及要求

（1）正确佩戴安全工器具。

（2）正确使用个人工器具。

（3）满足跨越架施工要求。

（4）满足现场安全文明施工要求。

五、考核及时间要求

（1）本考核操作时间为 60 分钟，时间到停止考评。

（2）完成后向考评员汇报结果。

技能等级评价专业技能考核操作评分标准

<table>
<tr><td>工种</td><td colspan="5">送电线路工</td><td>评价等级</td><td>技师</td></tr>
<tr><td>项目模块</td><td colspan="5">输电线路施工</td><td>编号</td><td>Jc0002263026</td></tr>
<tr><td>单位</td><td colspan="3"></td><td>准考证号</td><td></td><td>姓名</td><td></td></tr>
<tr><td>考试时限</td><td colspan="2">60 分钟</td><td>题型</td><td colspan="2">综合操作</td><td>题分</td><td>100 分</td></tr>
<tr><td>成绩</td><td></td><td>考评员</td><td></td><td>考评组长</td><td></td><td>日期</td><td></td></tr>
<tr><td>试题正文</td><td colspan="7">钢管跨越架搭设</td></tr>
<tr><td>需要说明的问题和要求</td><td colspan="7">（1）要求 3 人配合操作。
（2）操作应注意安全，按照标准化作业书的技术安全说明做好安全措施</td></tr>
</table>

续表

序号	项目名称	质量要求	满分	扣分标准	扣分原因	得分
1	工作准备					
1.1	相关安全措施的准备	正确佩戴安全帽，穿全套工作服，包括工作服、绝缘鞋、棉手套，围栏、围带、警示标、跨越架验收牌配备充足	5	未正确佩戴安全帽，穿工作服、绝缘鞋、棉手套每项扣 0.5 分； 未对围栏、围带、警示标示、跨越架验收牌进行检查，每项扣 0.5 分		
1.2	检查跨越架搭设钢管、卡扣质量、数量和工器具	检查钢管、卡扣质量、数量和所需工器具是否准备齐全	5	未进行检查每项扣 1 分		
2	工作许可					
2.1	许可方式	向考评员示意准备就绪，申请开始工作	5	未向考评员申请许可开始工作，该项不得分		
3	工作步骤及技术要求					
3.1	根据场地情况设置围栏	围栏布置满足搭设场地需求，设置合理	5	不满足要求扣 5 分		
3.2	设置警示标示	合适位置设置警示标示	5	不满足要求扣 5 分		
3.3	设置安全风险公示牌	现场设置安全隐患公示牌，正确填写作业风险级别	5	不满足要求扣 5 分		
3.4	搭设位置选择	尽可能搭设在坚实、平整的地面上	5	不满足要求扣 5 分		
3.5	底部垫护和防倾倒	钢管底部设置金属底座或垫木，并设置扫地杆	5	不满足要求扣 5 分		
3.6	立杆间距满足要求	立杆间距小于 2m	10	立杆间距大于 2m 扣 10 分		
3.7	横杆间距满足要求	大横杆间距小于 1.2m	10	大横杆间距大于 1.2m 扣 10 分		
3.8	小横杆间距满足要求，剪刀撑夹角满足要求	小横杆水平间距小于 4m，垂直间距小于 2.4m，剪刀撑与地面夹角小于 60°	10	不满足要求一处扣 3 分		
3.9	接地设置	装设跨越架接地，接地签完全打入，接地螺栓拧紧	5	不满足要求扣 5 分		
3.10	跨越架搭设完毕验收	满足搭设要求，挂设验收牌	5	不满足要求扣 5 分		
4	工作结束					
4.1	作业现场及工器具恢复	恢复现场所用工器具	5	未进行现场恢复扣 5 分		
5	工作终结报告					
5.1	工作终结汇报	向考评员报告工作已结束，场地已清理	5	未向考评员报告工作结束，该项不得分		
6	其他要求					
6.1	动作要求	动作熟练顺畅	5	动作不熟练扣 1～5 分		
6.2	安全要求	严格遵守“四不伤害”原则，不得损坏工器具和设备	5	未遵守现场安全要求一次扣 1 分； 损坏工器具和设备一次扣 1 分		
合计			100			

Jc0002263027　加装酒杯塔杆塔防风拉线。（100 分）

考核知识点：防风拉线制作、安装

难易度：难

技能等级评价专业技能考核操作工作任务书

一、任务名称

加装酒杯塔杆塔防风拉线。

二、适用工种

送电线路工技师。

三、具体任务

制作加装1根杆塔防风拉线。

四、工作规范及要求

（1）正确佩戴安全工器具。

（2）正确使用个人工器具。

（3）满足酒杯塔杆塔防风拉线制作、安装要求。

五、考核及时间要求

（1）本考核操作时间为60分钟，时间到停止考评。

（2）完成后向考评员汇报结果。

技能等级评价专业技能考核操作评分标准

工种	送电线路工					评价等级	技师
项目模块	输电线路运维—输电线路基本技能				编号	Jc0002263027	
单位			准考证号			姓名	
考试时限	60分钟		题型	综合操作题		题分	100分
成绩		考评员		考评组长		日期	
试题正文	加装酒杯塔杆塔防风拉线						
需要说明的问题和要求	（1）要求4人配合操作。 （2）操作应注意安全，按照标准化作业书的技术安全说明做好安全措施						

序号	项目名称	质量要求	满分	扣分标准	扣分原因	得分
1	工具使用及安全措施					
1.1	相关安全措施的准备	正确佩戴安全帽，穿全套工作服，包括工作服、绝缘鞋、棉手套，围栏、围带、警示标示配备充足	5	未正确佩戴安全帽，穿工作服、绝缘鞋、棉手套每项扣0.5分； 未对围栏、围带、警示标示进行检查，每项扣0.5分		
1.2	准备工器具、材料	检查所需材料、工器具是否准备齐全	5	未进行检查，每项扣2分		
2	安全文明施工现场布置					
2.1	根据场地情况设置围栏	围栏布置满足搭设场地需求，设置合理	5	围栏设置范围未涵盖作业范围扣1分； 围栏未设置入口扣2分； 围栏设置不牢固扣1分		
2.2	设置警示标示	合适位置设置警示标示	5	未设置“由此进入”标识牌扣2分； 未设置“正确佩戴安全帽”标识牌扣3分		
3	拉线制作					
3.1	制作拉线上把	正确制作拉线上把	10	钢绞线短头出线错误扣3分； 钢绞线与楔子半圆弯曲结合处有死角或空隙扣3分； 短头留取长度超过500mm扣4分		

续表

序号	项目名称	质量要求	满分	扣分标准	扣分原因	得分
3.2	拉线上把与酒杯塔瓶口连接	将拉线上把固定在酒杯塔瓶口位置	10	固定位置选择不合适扣 10 分		
3.3	埋设地锚	在地面适当位置埋设地锚，拉线与地面角度在 45°～60°之间，保证与导线足够的安全距离和风偏距离	15	拉线棒出土角度超过 60°扣 5 分； 地锚埋深不足扣 5 分； 拉线与导线未保持足够安全距离扣 10 分		
3.4	制作拉线下把	正确制作拉线下把	10	钢绞线与线夹的舌板半圆弯曲结合处有死角或空隙扣 2 分； 尾线与本线绑扎长度超过 50mm 扣 1 分； 尾线露出长度超过 500mm 扣 1 分； 拉线凸肚位置错误扣 1 分		
3.5	拉线下把与地锚连接	将拉线下把与地锚连接，要求拉线长度满足松紧可调	10	长度不足无法连接扣 10 分		
3.6	拉线调整	将杆塔防风拉线进行调整	10	拉线长度不可调扣 10 分		
4	防风拉线验收					
4.1	搭设完毕验收	电气间隙、风偏距离应满足要求，拉线制作标准合格	5	不满足要求扣 1～5 分		
5	现场恢复					
5.1	作业现场及工器具恢复	恢复现场所用工器具	5	未进行现场恢复扣 1～5 分		
5.2	作业时长	应在规定时间内完成操作	5	每超 5 分钟扣 1 分		
合计			100			

Jc0002263028　猫头塔加装边相防风偏拉线。（100 分）

考核知识点：防风偏拉线制作、安装

难易度：难

技能等级评价专业技能考核操作工作任务书

一、任务名称

猫头塔加装边相防风偏拉线。

二、适用工种

送电线路工技师。

三、具体任务

制作加装 1 根猫头塔边相倒下防风偏拉线。

四、工作规范及要求

（1）正确佩戴安全工器具。

（2）正确使用个人工器具。

（3）满足猫头塔边相导线防风偏拉线的制作、安装要求。

五、考核及时间要求

（1）本考核操作时间为 60 分钟，时间到停止考评。

（2）完成后向考评员汇报结果。

技能等级评价专业技能考核操作评分标准

<table>
<tr><td>工种</td><td colspan="4">送电线路工</td><td>评价等级</td><td>技师</td></tr>
<tr><td>项目模块</td><td colspan="3">输电线路运维—输电线路基本技能</td><td>编号</td><td colspan="2">Jc0002263028</td></tr>
<tr><td>单位</td><td colspan="2"></td><td>准考证号</td><td></td><td>姓名</td><td></td></tr>
<tr><td>考试时限</td><td>60 分钟</td><td>题型</td><td colspan="2">单项操作</td><td>题分</td><td>100 分</td></tr>
<tr><td>成绩</td><td></td><td>考评员</td><td></td><td>考评组长</td><td></td><td>日期</td></tr>
<tr><td>试题正文</td><td colspan="6">猫头塔加装边相导线防风偏拉线</td></tr>
<tr><td>需要说明的问题和要求</td><td colspan="6">（1）要求 4 人配合操作。
（2）操作应注意安全，按照标准化作业书的技术安全说明做好安全措施</td></tr>
</table>

序号	项目名称	质量要求	满分	扣分标准	扣分原因	得分
1	工具使用及安全措施					
1.1	相关安全措施的准备	正确佩戴安全帽，穿全套工作服，包括工作服、绝缘鞋、棉手套，围栏、围带、警示标示配备充足	5	未正确佩戴安全帽，穿工作服、绝缘鞋、棉手套每项扣 0.5 分； 未对围栏、围带、警示标示进行检查，每项扣 0.5 分		
1.2	准备工器具、材料	检查所需材料、工器具是否准备齐全	5	未进行检查，每项扣 2 分		
2	安全文明施工现场布置					
2.1	根据场地情况设置围栏	围栏布置满足搭设场地需求，设置合理	5	围栏设置范围未涵盖作业范围扣 1 分； 围栏未设置入口扣 2 分； 围栏设置不牢固扣 2 分		
2.2	设置警示标示	合适位置设置警示标示	5	未设置“由此进入”标识牌扣 3 分； 未设置“正确佩戴安全帽”标识牌扣 2 分		
3	拉线制作					
3.1	采用线夹、单联碗头，球头挂环制作拉线上把	正确制作拉线上把，并与绝缘子上端正确连接	10	拉线上拔制作不合格扣 10 分		
3.2	拉线上把与边相导线连接	高空作业人员下导线，将拉线上把与边相导线正确连接	15	作业人员上下导线踩踏复合绝缘子扣 5 分； 作业人员未使用双重保护扣 5 分； 悬垂线夹安装位置不正确扣 5 分		
3.3	埋设地锚	在地面适当位置埋设地锚，拉线与地面角度大于 60°	10	地锚埋设深度不足扣 5 分； 与地面夹角大于 60° 扣 5 分		
3.4	制作拉线下把	正确制作拉线下把，与绝缘子下端正确连接	10	拉线下把制作不合格扣 5 分； 连接不正确扣 5 分		
3.5	拉线下把与绝缘子、地锚连接	将拉线下把与地锚连接，要求拉线长度满足松紧可调	10	无法连接扣 10 分		
3.6	拉线调整	对杆塔防风拉线进行调整	10	拉线长度不可调节扣 10 分		
4	防风偏拉线验收					
4.1	搭设完毕验收	拉线与地面的角度应满足要求，拉线制作标准合格，导线侧线夹应缠绕铝包带	5	线夹未缠绕铝包带扣 2 分； 其他不满足要求按情况扣 2～5 分		
5	现场恢复					
5.1	作业现场及工器具恢复	恢复现场所用工器具	5	未进行现场恢复扣 1～5 分		
5.2	作业时长	应在规定时间内完成操作	5	每超 5 分钟扣 1 分		
合计			100			

Jc0002263029 猫头塔防风偏八字串改造。(100 分)

考核知识点：防风偏绝缘子制作、安装，绝缘子连接

难易度：难

技能等级评价专业技能考核操作工作任务书

一、任务名称

猫头塔防风偏八字串绝缘子改造。

二、适用工种

送电线路工技师。

三、具体任务

对猫头塔其中一相 I 串改造为八字串。

四、工作规范及要求

（1）正确佩戴安全工器具。

（2）正确使用个人工器具。

（3）满足猫头塔绝缘子防风偏八字串改造的制作、安装要求。

五、考核及时间要求

（1）本考核操作时间为 60 分钟，时间到停止考评。

（2）完成后向考评员汇报结果。

技能等级评价专业技能考核操作评分标准

工种	送电线路工					评价等级	技师
项目模块	输电线路检修及应急处理				编号	Jc0002263029	
单位			准考证号			姓名	
考试时限	60 分钟		题型	综合操作题		题分	100 分
成绩		考评员		考评组长		日期	
试题正文	猫头塔防风偏八字串改造						
需要说明的问题和要求	（1）要求 6 人配合操作。 （2）操作应注意安全，按照标准化作业书的技术安全说明做好安全措施						

序号	项目名称	质量要求	满分	扣分标准	扣分原因	得分
1	工具使用及安全措施					
1.1	相关安全措施的准备	正确佩戴安全帽，穿全套工作服，包括工作服、绝缘鞋、棉手套，围栏、围带、警示标示配备充足	5	未正确佩戴安全帽，穿工作服、绝缘鞋、棉手套每项扣 0.5 分； 未对围栏、围带、警示标示进行检查，每项扣 0.5 分		
1.2	准备工器具、材料、绝缘子	检查所需绝缘子、金具、材料、工器具是否准备齐全	5	未进行检查，每项扣 2 分		
2	安全文明施工现场布置					
2.1	根据场地情况设置围栏	围栏布置满足搭设场地需求，设置合理	5	围栏设置范围未涵盖作业范围扣 1 分； 围栏未设置入口扣 2 分； 围栏设置不牢固扣 2 分		
2.2	设置警示标示	合适位置设置警示标示	5	未设置“由此进入”标识牌扣 3 分； 未设置“正确佩戴安全帽”标识牌扣 2 分		

续表

序号	项目名称	质量要求	满分	扣分标准	扣分原因	得分
3	八字串改造					
3.1	改装的绝缘子串组装	将2支改装的绝缘子串进行地面组装	10	金具、绝缘子串组装不合格扣5分； 未在防尘毡布上组装扣5分		
3.2	加装二道保险	高空作业人员加装二道保险和提线器	10	保险钩未闭锁扣5分； 未加装二道保险扣2分； 塔上作业人员未使用双重保护扣3分		
3.3	提升导线，更换旧绝缘子	提升导线，将旧绝缘子和金具换下	10	作业人员安全带系挂在提线器上扣5分； 拆除动作不熟练扣2～5分		
3.4	标记八字串悬垂线夹安装位置	根据防振锤安装距离，挂点投影位置，在导线上标记八字串悬垂线夹安装位置	10	位置标记不正确扣2～5分		
3.5	八字串提升	八字串逐一提升至横担位置，先装横担侧，后装导线侧	10	锁紧销缺失扣3分； 安装顺序不正确扣3分； 悬垂线夹未缠绕铝包带扣4分		
3.6	安装八字串及金具	安装八字串和金具，并进行线夹螺栓紧固	10	金具螺栓未紧固扣5分； 安装完不满足电气距离扣5分		
4	防风偏八字串绝缘子改造完毕验收					
4.1	改造完毕验收	线夹螺栓完全紧固，线夹间距满足第一个防振锤安全距离要求	10	不满足距离要求扣10分		
5	现场恢复					
5.1	作业现场及工器具恢复	恢复现场所用工器具	5	未进行现场恢复扣1～5分		
5.2	作业时长	应在规定时间内完成操作	5	每超5分钟扣1分		
合计			100			

Jc0002252030　猫头塔绝缘子单改双改造。（100分）

考核知识点：绝缘子串连接、单改双

难易度：中

技能等级评价专业技能考核操作工作任务书

一、任务名称

猫头塔绝缘子单改双改造。

二、适用工种

送电线路工技师。

三、具体任务

对猫头塔其中一相I串改造为双串。

四、工作规范及要求

（1）正确佩戴安全工器具。

（2）正确使用个人工器具。

（3）满足猫头塔绝缘子单改双改造的制作、安装要求。

五、考核及时间要求

（1）本考核操作时间为60分钟，时间到停止考评。

（2）完成后向考评员汇报结果。

技能等级评价专业技能考核操作评分标准

工种	送电线路工				评价等级	技师
项目模块	输电线路检修及应急处理			编号	Jc0002252030	
单位		准考证号			姓名	
考试时限	60 分钟	题型	多项操作		题分	100 分
成绩		考评员		考评组长	日期	
试题正文	猫头塔绝缘子单改双改造					
需要说明的问题和要求	（1）要求 6 人配合操作。 （2）操作应注意安全，按照标准化作业书的技术安全说明做好安全措施					

序号	项目名称	质量要求	满分	扣分标准	扣分原因	得分
1	工具使用及安全措施					
1.1	相关安全措施的准备	正确佩戴安全帽，穿全套工作服，包括工作服、绝缘鞋、棉手套，围栏、围带、警示标示配备充足	5	未正确佩戴安全帽，穿工作服、绝缘鞋、棉手套每项扣 0.5 分； 未对围栏、围带、警示标示进行检查，每项扣 0.5 分		
1.2	准备工器具、材料、绝缘子	检查所需绝缘子、金具、材料、工器具是否准备齐全	5	未进行检查，每项扣 2 分		
2	安全文明施工现场布置					
2.1	根据场地情况设置围栏	围栏布置满足搭设场地需求，设置合理	5	不满足要求扣 1～5 分		
2.2	设置警示标示	合适位置设置警示标示	5	不满足要求扣 1～5 分		
3	单改双改造					
3.1	改装的绝缘子串组装	将 2 支改装的绝缘子串进行地面组装	10	不满足要求扣 1～10 分		
3.2	挂点处打眼	标记好挂点位置，进行打眼，绝缘子间距合适	10	不满足要求扣 1～10 分		
3.3	加装二道保险	高空作业人员加装二道保险和提线器	10	不满足要求扣 1～10 分		
3.4	提升导线，更换旧绝缘子	提升导线，将旧绝缘子和金具换下	10	不满足要求扣 1～10 分		
3.5	绝缘子串提升	绝缘子逐一提升至横担位置，先装横担侧，后装导线侧	10	不满足要求扣 1～10 分		
3.6	安装双串绝缘子及金具	安装双串绝缘子和金具，并进行线夹螺栓紧固	10	不满足要求扣 1～10 分		
4	绝缘子改造完毕验收					
4.1	改造完毕验收	线夹螺栓完全紧固，双串绝缘子间距满足要求	10	不满足要求扣 1～10 分		
5	现场恢复					
5.1	作业现场及工器具恢复	恢复现场所用工器具	5	未进行现场恢复扣 1～5 分		
5.2	作业时长	应在规定时间内完成操作	5	每超 5 分钟扣 1 分		
合计			100			

Jc0002242031　停电更换跳线串单片绝缘子。(100分)

考核知识点：绝缘子串连接、单片悬垂绝缘子更换

难易度：中

技能等级评价专业技能考核操作工作任务书

一、任务名称

停电更换跳线串单片绝缘子。

二、适用工种

送电线路工技师。

三、具体任务

更换跳线串其中一片破损绝缘子。

四、工作规范及要求

(1) 正确佩戴安全工器具。

(2) 正确使用个人工器具。

(3) 动作流畅，操作快速。

五、考核及时间要求

(1) 本考核操作时间为60分钟，时间到停止考评。

(2) 完成后向考评员汇报结果。

技能等级评价专业技能考核操作评分标准

工种	送电线路工					评价等级	技师
项目模块	输电线路检修及应急处理				编号	Jc0002242031	
单位			准考证号			姓名	
考试时限	60分钟		题型	单项操作题		题分	100分
成绩		考评员		考评组长		日期	
试题正文	停电更换跳线串单片绝缘子						
需要说明的问题和要求	(1) 要求6人配合操作。 (2) 操作应注意安全，按照标准化作业书的技术安全说明做好安全措施						

序号	项目名称	质量要求	满分	扣分标准	扣分原因	得分
1	工具使用及安全措施					
1.1	相关安全措施的准备	正确佩戴安全帽，穿全套工作服，包括工作服、绝缘鞋、棉手套，围栏、围带、警示标示配备充足	5	未正确佩戴安全帽，穿工作服、绝缘鞋、棉手套每项扣0.5分； 未对围栏、围带、警示标示进行检查，每项扣0.5分		
1.2	准备工器具、材料、绝缘子	检查所需绝缘子、金具、材料、工器具是否准备齐全	5	未进行检查，每项扣2分		
2	安全文明施工现场布置					
2.1	根据场地情况设置围栏	围栏布置满足搭设场地需求，设置合理	5	围栏设置范围未涵盖作业范围扣1分； 围栏未设置入口扣2分； 围栏设置不牢固扣2分		

续表

序号	项目名称	质量要求	满分	扣分标准	扣分原因	得分
2.2	设置警示标示	合适位置设置警示标示	5	未设置"由此进入"标识牌扣3分；未设置"正确佩戴安全帽"标识牌扣2分		
3	单片破损绝缘子更换					
3.1	高空作业人员登塔	动作标准，正确使用安全工器具	10	未携带作业工器具登塔扣5分；塔上作业未使用双重保护扣5分		
3.2	挂设软梯和滑车	高空作业人员适当位置悬挂软梯和滑车、丝杠	10	软梯悬挂位置选择不合理扣5分；吊绳挂点位置选择不合理扣5分		
3.3	破损绝缘子更换	利用丝杠提升跳线串，将破损绝缘子取出更换	10	丝杠提线前未取出破损绝缘子开口销扣10分		
3.4	利用滑车将旧绝缘子吊下塔	旧绝缘子吊下塔，禁止抛掷	10	未使用吊绳传递工机具及材料一次扣5分		
3.5	新绝缘子安装	将地面新绝缘子表面擦拭干净，利用滑车提升至跳线串处，进行安装	10	绝缘子脏污扣5分；吊绳传递过程中绝缘子绑扎不牢固扣5分		
3.6	加装M销	将旧M销更换为新M销	10	未更换M销扣10分		
3.7	绝缘子大口调整	将整串绝缘子大口调整统一大号侧	10	未调整绝缘子开口朝向扣5分；未检查锁紧销扣5分		
4	现场恢复					
4.1	作业现场及工器具恢复	恢复现场所用工器具	5	未进行现场恢复扣1～5分		
4.2	作业时长	应在规定时间内完成操作	5	每超5分钟扣1分		
合计			100			

Jc0002242032 更换地线线夹。(100分)

考核知识点：地线线夹的更换

难易度：中

技能等级评价专业技能考核操作工作任务书

一、任务名称

更换地线线夹。

二、适用工种

送电线路工技师。

三、具体任务

更换地线损伤线夹。

四、工作规范及要求

（1）正确佩戴安全工器具。

（2）正确使用个人工器具。

（3）动作流畅，操作快速。

五、考核及时间要求

（1）本考核操作时间为30分钟，时间到停止考评。

（2）完成后向考评员汇报结果。

技能等级评价专业技能考核操作评分标准

工种	送电线路工					评价等级	技师
项目模块	输电线路检修及应急处理				编号	Jc0002242032	
单位			准考证号			姓名	
考试时限	30分钟		题型	单项操作		题分	100分
成绩		考评员		考评组长		日期	
试题正文	更换地线线夹						
需要说明的问题和要求	（1）要求2人配合操作。 （2）操作应注意安全，按照标准化作业书的技术安全说明做好安全措施						

序号	项目名称	质量要求	满分	扣分标准	扣分原因	得分
1	工具使用及安全措施					
1.1	相关安全措施的准备	正确佩戴安全帽，穿全套工作服，包括工作服、绝缘鞋、棉手套，围栏、围带、警示标示配备充足	5	未正确佩戴安全帽，穿工作服、绝缘鞋、棉手套每项扣0.5分； 未对围栏、围带、警示标示进行检查，每项扣0.5分		
1.2	准备工器具、材料	检查所需金具、材料、工器具是否准备齐全	5	未进行检查，每项扣2分		
2	安全文明施工现场布置					
2.1	根据场地情况设置围栏	围栏布置满足搭设场地需求，设置合理	5	围栏设置范围未涵盖作业范围扣1分； 围栏未设置入口扣2分； 围栏设置不牢固扣2分		
2.2	设置警示标示	合适位置设置警示标示	5	未设置“由此进入”标识牌扣3分； 未设置“正确佩戴安全帽”标识牌扣2分		
3	损坏地线线夹更换					
3.1	高空作业人员登塔	动作标准，正确使用安全工器具	10	未携带作业工器具登塔扣5分； 塔上作业未使用双重保护扣5分		
3.2	挂设滑车，装二道保险	高空作业人员适当位置悬挂滑车、丝杠，装设二道保险	10	上下传递作业工器具未使用吊绳扣5分； 未安装地线保险钩扣5分		
3.3	提升地线	利用丝杠提升地线	10	丝杠挂点位置选择不合适扣10分		
3.4	更坏损坏地线线夹	将损坏的旧地线线夹拆除，利用滑车吊至地面	10	操作不流畅扣2～10分		
3.5	安装新线夹	利用滑车提升新线夹至地线处，进行安装	10	地线未缠绕铝包带扣10分		
3.6	螺栓紧固	对线夹螺栓进行紧固	10	未紧固螺栓一次扣5分		
3.7	加装锁紧销	加装线夹锁紧销，并进行验收检查	10	未检查锁紧销扣10分		
4	现场恢复					
4.1	作业现场及工器具恢复	恢复现场所用工器具	5	未进行现场恢复扣1～5分		
4.2	作业时长	应在规定时间内完成操作	5	每超5分钟扣1分		
合计			100			

Jc0002242033 补装斜材。(100 分)

考核知识点：丢失斜材的补装

难易度：中

技能等级评价专业技能考核操作工作任务书

一、任务名称

补装斜材。

二、适用工种

送电线路工技师。

三、具体任务

斜材的丈量、打眼和补装。

四、工作规范及要求

（1）正确佩戴安全工器具。

（2）正确使用个人工器具。

（3）动作流畅，操作快速。

五、考核及时间要求

（1）本考核操作时间为 60 分钟，时间到停止考评。

（2）完成后向考评员汇报结果。

技能等级评价专业技能考核操作评分标准

<table>
<tr><td>工种</td><td colspan="5">送电线路工</td><td>评价等级</td><td>技师</td></tr>
<tr><td>项目模块</td><td colspan="4">输电线路检修及应急处理</td><td>编号</td><td colspan="2">Jc0002242033</td></tr>
<tr><td>单位</td><td colspan="2"></td><td>准考证号</td><td colspan="2"></td><td>姓名</td><td></td></tr>
<tr><td>考试时限</td><td>60 分钟</td><td>题型</td><td colspan="3">单项操作</td><td>题分</td><td>100 分</td></tr>
<tr><td>成绩</td><td></td><td>考评员</td><td></td><td>考评组长</td><td></td><td>日期</td><td></td></tr>
<tr><td>试题正文</td><td colspan="7">补装斜材</td></tr>
<tr><td>需要说明的问题和要求</td><td colspan="7">（1）要求 2 人配合操作。
（2）操作应注意安全，按照标准化作业书的技术安全说明做好安全措施</td></tr>
</table>

序号	项目名称	质量要求	满分	扣分标准	扣分原因	得分
1	工具使用及安全措施					
1.1	相关安全措施的准备	正确佩戴安全帽，穿全套工作服，包括工作服、绝缘鞋、棉手套，围栏、围带、警示标示配备充足	5	未正确佩戴安全帽，穿工作服、绝缘鞋、棉手套每项扣 0.5 分； 未对围栏、围带、警示标示进行检查，每项扣 0.5 分		
1.2	准备工器具、材料	检查所需材料、工器具是否准备齐全	5	未进行检查，每项扣 2 分		
2	安全文明施工现场布置					
2.1	根据场地情况设置围栏	围栏布置满足搭设场地需求，设置合理	5	围栏设置范围未涵盖作业范围扣 1 分； 围栏未设置入口扣 2 分； 围栏设置不牢固扣 2 分		

续表

序号	项目名称	质量要求	满分	扣分标准	扣分原因	得分
2.2	设置警示标示	合适位置设置警示标示	5	未设置“由此进入”标识牌扣3分； 未设置“正确佩戴安全帽”标识牌扣2分		
3	斜材加装					
3.1	高空作业人员登塔	动作标准，正确使用安全工器具	10	未携带作业工器具登塔扣5分； 塔上作业未使用双重保护扣5分		
3.2	登记缺失斜材规格，挂设滑车和传递绳	正确登记缺失斜材的规格，挂设滑车和传递绳	10	吊绳吊点选择不合理扣10分		
3.3	地面备材	地面塔材放样	10	塔材选择不合理扣10分		
3.4	塔材打孔	操作发电机、打孔机给白材打眼	10	发电机、打孔机未接地扣1分； 打孔操作不正确扣2分； 孔眼大小不合适扣2分		
3.5	塔材防腐	对制作好的斜材喷涂防腐漆	10	未喷涂防腐漆扣10分		
3.6	吊装斜材	利用滑车吊装斜材至安装位置	10	斜材未绑扎牢固扣10分		
3.7	斜材就位	利用尖嘴扳手将斜材就位，加装螺栓并拧紧	10	未加装垫片扣5分； 未安装防盗帽或防松圈扣5分		
4	现场恢复					
4.1	作业现场及工器具恢复	恢复现场所用工器具	5	未进行现场恢复扣1～5分		
4.2	作业时长	应在规定时间内完成操作	5	每超5分钟扣1分		
合计			100			

Jc0002243034　单回耐张塔中相跳线上方带电加装防鸟刺。（100分）

考核知识点：地线防振锤处栖息鸟类的防鸟害措施分析、加装

难易度：难

技能等级评价专业技能考核操作工作任务书

一、任务名称

单回耐张塔中相跳线上方带电加装防鸟刺。

二、适用工种

送电线路工技师。

三、具体任务

防鸟刺支架的打眼和制作、防鸟刺安装。

四、工作规范及要求

（1）正确佩戴安全工器具。

（2）正确使用个人工器具。

（3）动作流畅，操作快速。

五、考核及时间要求

（1）本考核操作时间为60分钟，时间到停止考评。

（2）完成后向考评员汇报结果。

技能等级评价专业技能考核操作评分标准

工种	送电线路工				评价等级	技师
项目模块	输电线路运维—输电线路基本技能			编号	Jc0002243034	
单位		准考证号			姓名	
考试时限	60 分钟	题型	单项操作		题分	100 分
成绩		考评员		考评组长		日期	
试题正文	单回耐张塔中相跳线上方带电加装防鸟刺					
需要说明的问题和要求	(1)要求 6 人配合操作。 (2)操作应注意安全,按照标准化作业书的技术安全说明做好安全措施					

序号	项目名称	质量要求	满分	扣分标准	扣分原因	得分
1	工具使用及安全措施					
1.1	相关安全措施的准备	正确佩戴安全帽,穿全套工作服,包括工作服、绝缘鞋、棉手套,围栏、围带、警示标示配备充足	5	未正确佩戴安全帽,穿工作服、绝缘鞋、棉手套每项扣 0.5 分; 未对围栏、围带、警示标示进行检查,每项扣 0.5 分		
1.2	准备工器具、材料	检查所需材料、工器具是否准备齐全	5	未进行检查,每项扣 2 分		
2	安全文明施工现场布置					
2.1	根据场地情况设置围栏	围栏布置满足搭设场地需求,设置合理	5	围栏设置范围未涵盖作业范围扣 1 分; 围栏未设置入口扣 2 分; 围栏设置不牢固扣 2 分		
2.2	设置警示标示	合适位置设置警示标示	5	未设置“由此进入”标识牌扣 3 分; 未设置“正确佩戴安全帽”标识牌扣 2 分		
3	防鸟刺的加装					
3.1	高空作业人员登塔	动作标准,正确使用安全工器具	10	未携带作业工器具登塔扣 5 分; 塔上作业未使用双重保护扣 5 分		
3.2	丈量地线防振锤长度	丈量单回耐张塔中相导线上方地线大小号侧防振锤安装的长度	10	未使用绝缘尺扣 10 分		
3.3	地面加工防鸟刺支架	根据塔上丈量的长度,操作切割机、打孔机制作防鸟刺安装支架	10	切割机未接地扣 10 分		
3.4	加装防鸟刺	在防鸟刺支架上加装防鸟刺,收紧鸟刺	10	作业人员未穿戴防静电服扣 10 分		
3.5	防鸟刺吊装	利用绝缘绳将制作好的防鸟刺吊装至安装位置	10	未使用绝缘绳传递材料扣 10 分		
3.6	防鸟刺安装	塔上 3 名高空作业人员协同,安装好防鸟刺	10	未与带电部位保持安全距离扣 10 分		
3.7	螺栓紧固	对防鸟刺在地线支架处的固定螺栓的紧固情况进行检查	10	未检查紧固情况扣 10 分		
4	现场恢复					
4.1	作业现场及工器具恢复	恢复现场所用工器具	5	未进行现场恢复扣 1~5 分		
4.2	作业时长	应在规定时间内完成操作	5	每超 5 分钟扣 1 分		
合计			100			

Jc0002252035 防外力破坏警示球的带电加装。(100 分)

考核知识点:现场带电作业条件勘察,带电作业,警示球加装

难易度:中

技能等级评价专业技能考核操作工作任务书

一、任务名称

防外力破坏警示球的带电加装。

二、适用工种

送电线路工技师。

三、具体任务

带电加装防外力破坏警示球。

四、工作规范及要求

（1）正确佩戴安全工器具。

（2）正确使用个人工器具。

（3）动作流畅，操作快速。

五、考核及时间要求

（1）本考核操作时间为30分钟，时间到停止考评。

（2）完成后向考评员汇报结果。

技能等级评价专业技能考核操作评分标准

工种	送电线路工					评价等级	技师
项目模块	输电线路运维—输电线路基本技能				编号	Jc0002252035	
单位			准考证号			姓名	
考试时限	30分钟		题型	单项操作		题分	100分
成绩		考评员		考评组长		日期	
试题正文	防外力破坏警示球的带电加装						
需要说明的问题和要求	（1）要求5人配合操作。 （2）操作应注意安全，按照标准化作业书的技术安全说明做好安全措施						

序号	项目名称	质量要求	满分	扣分标准	扣分原因	得分
1	工具使用及安全措施					
1.1	相关安全措施的准备	正确佩戴安全帽，穿全套工作服，包括工作服、绝缘鞋、棉手套，围栏、围带、警示标示配备充足	5	未正确佩戴安全帽，穿工作服、绝缘鞋、棉手套每项扣0.5分； 未对围栏、围带、警示标示进行检查，每项扣0.5分		
1.2	准备工器具、材料	检查所需材料、工器具是否准备齐全	5	未进行检查，每项扣2分		
2	安全文明施工现场布置					
2.1	根据场地情况设置围栏	围栏布置满足搭设场地需求，设置合理	5	围栏设置范围未涵盖作业范围扣1分； 围栏未设置入口扣2分； 围栏设置不牢固扣2分		
2.2	设置警示标示	合适位置设置警示标示	5	未设置“由此进入”标识牌扣3分； 未设置“正确佩戴安全帽”标识牌扣2分		
3	警示球的加装					
3.1	作业条件勘察	勘察作业现场导线对地垂直距离、临近带电体距离、地形满足带电作业条件	10	未填写现场勘察报告扣10分		
3.2	作业现场带电作业工器具的摆放	铺设防潮帆布，摆放带电作业工器具	10	未设置防潮帆布扣5分； 工器具摆放混乱扣5分		

续表

序号	项目名称	质量要求	满分	扣分标准	扣分原因	得分
3.3	高空作业人员登塔	高空作业人员携带绝缘绳登塔，地面作业人员配合挂设绝缘绳	10	未携带作业工器具登塔扣5分； 塔上作业未使用双重保护扣5分		
3.4	装设软梯	绝缘绳牵引至合适位置，地面作业人员配合绑扎梯头，装设软梯	10	软梯头绑扎位置不合适扣10分		
3.5	等电位电工登软梯	等电位电工携带传递绝缘绳登软梯至安装位置，挂设滑车	10	进入强电场未申请转移电位扣10分		
3.6	吊装警示球	地面作业人员利用工具包将警示球吊装至安装位置	10	绝缘绳未放置在防潮布上扣10分		
3.7	警示球安装	等电位电工安装警示球，安装无误后下软梯	10	安装不熟练扣10分		
4	现场恢复					
4.1	作业现场及工器具恢复	恢复现场所用工器具	5	未进行现场恢复扣1～5分		
4.2	作业时长	应在规定时间内完成操作	5	每超5分钟扣1分		
合计			100			

Jc0002252036 超高风偏树木的砍伐。(100分)

考核知识点：带电作业退出重合闸、超高风偏树木的砍伐、临近带电体作业

难易度：中

技能等级评价专业技能考核操作工作任务书

一、任务名称

超高风偏树木的砍伐。

二、适用工种

送电线路工技师。

三、具体任务

砍伐临近带电体的超高风偏树木。

四、工作规范及要求

(1) 正确佩戴安全工器具。

(2) 正确使用个人工器具。

(3) 动作流畅，操作快速。

五、考核及时间要求

(1) 本考核操作时间为45分钟，时间到停止考评。

(2) 完成后向考评员汇报结果。

技能等级评价专业技能考核操作评分标准

<table>
<tr><td>工种</td><td colspan="5">送电线路工</td><td>评价等级</td><td>技师</td></tr>
<tr><td>项目模块</td><td colspan="4">输电线路运维—输电线路基本技能</td><td>编号</td><td colspan="2">Jc0002252036</td></tr>
<tr><td>单位</td><td colspan="2"></td><td>准考证号</td><td colspan="2"></td><td>姓名</td><td></td></tr>
<tr><td>考试时限</td><td colspan="2">45分钟</td><td>题型</td><td colspan="2">综合操作题</td><td>题分</td><td>100分</td></tr>
<tr><td>成绩</td><td></td><td>考评员</td><td></td><td>考评组长</td><td></td><td>日期</td><td></td></tr>
<tr><td>试题正文</td><td colspan="7">超高风偏树木的砍伐</td></tr>
</table>

续表

需要说明的问题和要求	（1）要求6人配合操作。 （2）操作应注意安全，按照标准化作业书的技术安全说明做好安全措施					
序号	项目名称	质量要求	满分	扣分标准	扣分原因	得分
1	工具使用及安全措施					
1.1	相关安全措施的准备	正确佩戴安全帽，穿全套工作服，包括工作服、绝缘鞋、棉手套，围栏、围带、警示标示配备充足	5	未正确佩戴安全帽，穿工作服、绝缘鞋、棉手套每项扣0.5分； 未对围栏、围带、警示标示进行检查，每项扣0.5分		
1.2	准备工器具、材料	检查所需材料、工器具是否准备齐全	5	未进行检查，每项扣2分		
2	安全文明施工现场布置					
2.1	根据场地情况设置围栏	围栏布置满足搭设场地需求，设置合理	5	围栏设置范围未涵盖作业范围扣1分； 围栏未设置入口扣2分； 围栏设置不牢固扣2分		
2.2	设置警示标示	合适位置设置警示标示	5	未设置“由此进入”标识牌扣3分； 未设置“正确佩戴安全帽”标识牌扣2分		
3	警示球的加装					
3.1	作业条件勘察	勘察作业现场导线对树木风偏距离、地形满足砍伐条件	10	未填写现场勘察报告扣5分； 勘察记录危险点分析不全面扣5分		
3.2	退出重合闸申请	编制退出线路重合闸月度计划	10	未申请线路退出重合闸扣10分		
3.3	模拟接到线路退出重合闸后，组织现场作业	接到退出重合闸命令，汇报现场作业准备情况，组织开始作业	10	现场未交代安全注意事项扣10分		
3.4	勘察现场，对超高风偏树木倾倒方向、树干绑扎位置进行确认	现场进行交底，对超高风偏树木倾倒方向、树干绑扎位置进行确认	10	未检查绑扎情况扣10分		
3.5	高空作业人员登树	现场作业人员使用脚蹬和安全带登树，并绑好拉线	10	安全带使用不规范一次扣5分		
3.6	埋设地锚和转向滑车	埋设好地锚和转向滑车	10	转向滑车设置不合理扣5分； 地锚设置不合理扣5分		
3.7	工作负责人、安全监护人、拉线尾绳控制人员就位	所有人员就位	5	监护人员未在合理位置履行监护职责扣5分		
3.8	风偏树木砍伐	所有作业人员就位后对树木进行砍伐，控制树木倾倒方向	5	油锯、高枝锯等作业工具使用不规范一次扣2分		
4	现场恢复					
4.1	作业现场及工器具恢复	恢复现场所用工器具，对砍倒的树木进行清理	5	未进行现场恢复扣1～5分		
4.2	作业时长	应在规定时间内完成操作	5	每超5分钟扣1分		
合计			100			

Jc0002241037　直线塔矩形基础分坑的操作。（100分）

考核知识点：经纬仪的使用，画分坑图，基础分坑计算公式

难易度：易

技能等级评价专业技能考核操作工作任务书

一、任务名称

直线塔矩形基础分坑的操作。

二、适用工种

送电线路工技师。

三、具体任务

使用经纬仪完成直线塔矩形基础的分坑操作。针对此项工作，考生须在 20 分钟内完成更换处理操作。

四、工作规范及要求

（1）要求单独操作，2 人配合记录，画出分坑图、写计算过程。

（2）工具：

1）选用光学经纬仪，J_2、J_6 型均可。

2）皮尺、计算器、木桩、手锤。

3）选空旷场地。

五、考核及时间要求

（1）本考核操作时间为 20 分钟，时间到停止考评。

（2）分坑完成、仪器收放箱内后向考评员汇报安装完毕。

技能等级评价专业技能考核操作评分标准

工种	送电线路工				评价等级	技师
项目模块	输电线路施工			编号	Jc0002241037	
单位		准考证号			姓名	
考试时限	20 分钟	题型	单项操作		题分	100 分
成绩	考评员		考评组长		日期	
试题正文	直线塔矩形基础分坑的操作					
需要说明的问题和要求	要求单独操作，2 人配合记录，画出分坑图、写计算过程					

序号	项目名称	质量要求	满分	扣分标准	扣分原因	得分
1	分坑工器具的准备					
1.1	工器具	经纬仪、计算器、木桩、手锤、皮尺	5	少一项不得分		
1.2	选定仪器的测量点	将仪器置于指定中心桩位置，确定线路方向桩位置	10	拆装仪器动作粗放，每项扣 2 分； 单手安装三脚架、仪器每项扣 5 分； 仪器箱打开和关闭未妥善处置每项扣 2 分		
2	调整仪器					
2.1	仪器对中、整平、对光	在观测点位置将仪器对中、整平、对光	10	未将三脚架踩紧或者调整高度扣 5 分； 圆水泡中的气泡未居中扣 5 分		
3	分坑、计算					
3.1	调整经纬仪	将仪器竖盘照明反光镜转动使显微镜中的读数最明亮、清晰	10	读数模糊、错误扣 2～10 分		
3.2	观测顺线路方向桩确定横线路方向桩，根据塔基根开计算出坑口距离	将仪器对准顺线路方向桩量出水平距离（$x+y$）/2，得出 A 点，打倒镜得出 B 点	10	未定桩位扣 10 分		

续表

序号	项目名称	质量要求	满分	扣分标准	扣分原因	得分
3.3	观测顺线路方向桩确定横线路方向桩，根据塔基根开计算出坑口距离	将水平读盘复零，向横线路旋转 90°用同样方法得出 C、D 点	10	测量不正确扣 10 分		
		从 C 点起，在 CA 方向线上用 0.707（$y-a$）、0.707（$y+a$）分别量出 E_1、E_2 得出 N、M 点，取 $2a$ 线长使其两端与 N、M 两点重合，在此线中点拉紧得出 P 点，折向 DA 一侧得出 Q 点	20	计算公式错误扣 20 分； 过程错误扣 5 分； 数值计算错误扣 5 分		
		用同样的方法，分别得出另外三个坑位	20	出现一次错误扣 1～10 分		
4	其他要求	（1）要求着装正确（工作服、工作胶鞋、安全帽）。 （2）操作动作熟练。 （3）将仪器一次性装箱成功。 （4）清理工作现场符合文明生产要求。 （5）在规定的时间内完成	5	每项酌情扣 1～2 分		
合计			100			

Jc0002241038　档端角度法测量导线弧垂操作。（100 分）

考核知识点：经纬仪的使用，弧垂的计算公式

难易度：易

技能等级评价专业技能考核操作工作任务书

一、任务名称

档端角度法测量导线弧垂操作。

二、适用工种

送电线路工技师。

三、具体任务

档端角度法测量导线弧垂操作。针对此项工作，考生须在 30 分钟内完成更换处理操作。

四、工作规范及要求

（1）要求单独操作，1 人配合记录，写计算过程。

（2）给出档距、前后杆塔呼称高。

（3）工具。

1）选用光学经纬仪，J_2、J_6 型均可。

2）塔尺、钢卷尺、计算器。

3）在培训线路上操作。

五、考核及时间要求

（1）本考核操作时间为 30 分钟，时间到停止考评。

（2）弧垂观测计算完成、仪器收放箱内后向考评员汇报安装完毕。

技能等级评价专业技能考核操作评分标准

<table>
<tr><td>工种</td><td colspan="5">送电线路工</td><td>评价等级</td><td>技师</td></tr>
<tr><td>项目模块</td><td colspan="4">输电线路运维—输电线路基本技能</td><td>编号</td><td colspan="2">Jc0002241038</td></tr>
<tr><td>单位</td><td colspan="3"></td><td>准考证号</td><td></td><td>姓名</td><td></td></tr>
<tr><td>考试时限</td><td colspan="2">30 分钟</td><td>题型</td><td colspan="2">单项操作</td><td>题分</td><td>100 分</td></tr>
<tr><td>成绩</td><td></td><td>考评员</td><td></td><td>考评组长</td><td></td><td>日期</td><td></td></tr>
</table>

续表

试题正文	档端角度法测量导线弧垂操作					
需要说明的问题和要求	（1）要求单独操作，1 人配合记录。 （2）给出档距、前后杆塔呼称高					
序号	项目名称	质量要求	满分	扣分标准	扣分原因	得分
1	工具材料准备、检查					
1.1	工器具	经纬仪、塔尺、计算器	5	少一项不得分		
1.2	选定仪器的测量点	观测点位置，在该杆塔所测导线挂线点正投影至地面上的点	10	位置选择不在挂点正下方扣 10 分		
2	调整仪器					
2.1	仪器对中、整平、对光	在观测点位置将仪器对中、整平、对光	10	拆装仪器动作粗放，每项扣 2 分； 单手安装三脚架、仪器每项扣 5 分； 仪器未调平扣 5 分		
2.2	采集该档观测点处杆塔呼称高	量出经纬仪仪高（望远镜转轴中心至杆塔基面的高度）	10	未使用钢卷尺测量镜高扣 10 分		
		并用观测点导线挂点至杆塔高度减去仪高	10	图像不清楚扣 10 分		
2.3	数据核对	核对该档档距、观测点、导线挂点高度是否准确	10	未进行数据核对，每条扣 10 分		
3	测量，计算					
3.1	调整经纬仪	将仪器竖盘照明反光镜转动，使显微镜中的读数最明亮、清晰	5	读数不清楚扣 5 分		
		转动镜筒瞄准导线方向锁紧望远镜制动手轮	5	未使用锁紧按钮扣 5 分		
3.2	测量导线弧垂最低点垂直角度	转动望远镜微动手轮使丨字丝中横丝与导线弧垂最低点精确相切，精确读出垂直角α	10	目镜中水平丝线未切入导线弧垂最低处扣 10 分		
		转动望远镜微动手轮使十字丝中横丝与导线挂线点精确相切，精确读出垂直角β	10	未记录导线挂点度数扣 5 分； 挂点位置选择错误扣 5 分		
3.3	计算弧垂	计算： $B-$档距 $(\tan\beta-\tan\alpha)$； 再按照异长法公式 $f=\frac{1}{4}\left(\sqrt{a}+\sqrt{b}\right)^2$	10	计算公式错误扣 10 分； 过程错误扣 5 分； 数值计算错误扣 5 分		
4	其他要求	（1）要求着装正确（工作服、工作胶鞋、安全帽）。 （2）操作动作熟练。 （3）将仪器一次性装箱成功。 （4）清理工作现场符合文明生产要求。 （5）在规定的时间内完成	5	每项酌情扣 1～2 分		
合计			100			

Jc0002243039 编写更换 110kV 线路孤立档单根导线的施工组织方案。（100 分）

考核知识点：材料选择，施工程序，方案编写

难易度：难

技能等级评价专业技能考核操作工作任务书

一、任务名称

编写更换110kV线路孤立档单根导线的施工组织方案。

二、适用工种

送电线路工技师。

三、具体任务

110kV某线10－11号孤立档A相导线破损严重，输电工区计划对其进行更换。针对此项工作，考生编写一份更换110kV线路孤立档单根导线的施工组织方案。

四、工作规范及要求

110kV某线10、11号耐张杆引流为并沟线夹连接，耐张绝缘子串为单串，按以下要求完成更换110kV线路孤立档单根导线的施工组织方案；方案编写在教室内完成。

（1）人员配置分工合理（方案中不得出现真实单位名称及个人姓名）。

（2）工器具及材料清楚。

（3）主要作业程序正确。

（4）关键工序工艺质量标准清楚。

（5）组织、安全、技术措施齐全。

（6）考核时间结束终止考试。

五、考核及时间要求

（1）本考核操作时间为60分钟，时间到停止考评。

（2）方案编写完成后向考评员汇报安装完毕。

技能等级评价专业技能考核操作评分标准

工种	送电线路工					评价等级	技师
项目模块	培训与指导—技能指导				编号	Jc0002243039	
单位			准考证号			姓名	
考试时限	60分钟		题型	单项操作		题分	100分
成绩		考评员		考评组长		日期	
试题正文	编写更换110kV线路孤立档单根导线的施工组织方案						
需要说明的问题和要求	（1）考生集中于教室在60分钟内完成方案编写。 （2）方案中施工班组、作业人员不指定，由考生自行填写，但不得出现真实单位名称和个人姓名。 （3）耐张杆引流线为并沟线夹连接，耐张绝缘子串均为单串。 （4）其他所用工具、材料由考生根据检修需要进行安排						

序号	项目名称	质量要求	满分	扣分标准	扣分原因	得分
1	整体要求					
1.1	标题	应写清楚线路名称、杆号及作业内容	5	少一项扣2分		
1.2	检修工作介绍	应对检修工作概况或该工作的背景进行简单描述	5	没有工程概况介绍扣5分		
2	组织措施					
2.1	工作内容	应写清楚工作的线路、杆号、工作内容、工作范围	10	少一项内容扣3分		
2.2	工作人员及分工	（1）应写清楚工作班组和人数；或者逐一填写工作人员名字。 （2）单位名称和个人姓名不得使用真实名称。 （3）应有明确分工	5	一项不正确扣2分		

续表

序号	项目名称	质量要求	满分	扣分标准	扣分原因	得分
2.3	工作时间	应写清楚计划工作时间，计划工作开始及工作结束时间均应以年、月、日、时、分填写清楚	5	没有填写时间扣 5 分； 时间填写不清楚或错误扣 3 分		
3	作业程序					
3.1	准备工作	（1）安全措施宣讲及落实（作业人员着装正确，戴安全帽，系安全带）。 （2）人员分工（操作机动绞磨人员，放线、拖线人员，杆上作业及地面配合人员）。 （3）作业开始前的准备（检查工具、材料的数量、规格、质量及机动绞磨的状况）。 （4）办理工作票，在作业点两端杆塔验电、挂接地线	8	少一项扣 2 分		
3.2	更换导线	（1）登塔。 （2）起吊紧线钳及钢丝绳，并卡在导线上。 （3）拆除引流线，收紧绞磨断开导线与绝缘子的连接，放下旧导线。 （4）新导线挂线，展放新导线。 （5）紧线并观测弧垂，画印。 （6）导线切断，压接。 （7）将新导线与两端绝缘子连接并安装。 （8）拆除紧线钳与钢丝绳。 （9）连接引流线。 （10）下塔	12	少一项扣 2 分		
4	安全措施					
4.1	防触电措施	（1）作业前应核对线路双重名称。 （2）停电、在作业点两端验电、挂接地线	5	少一项扣 2 分		
4.2	防止高空坠落措施	（1）安全带及延长绳外观检查及冲击试验。 （2）登杆过程中应全程使用安全带。 （3）杆上人员作业过程中不得失去保护	5	少一项扣 2 分		
4.3	防止高空落物伤人措施	（1）杆上作业人员应将工具放置在牢固的构件上。 （2）上下传递工具材料应使用绳索传递，不得抛掷。 （3）作业人员应正确佩戴安全帽。 （4）作业点下方不得有人逗留或通过	10	少一项扣 3 分		
4.4	防止机械伤人措施	（1）机动绞磨应由专人操作。 （2）收放导线过程中，任何人不得骑行或跨越导线	10	少一项扣 3 分		
5	技术措施					
5.1	质量要求	（1）应有以下质量要求。 （2）导线的安装质量（导线弧垂，压接管的质量，引流线的连接质量）。 （3）连接金具质量（螺帽、开口销应齐全等）。 （4）防振锤安装质量（安装位置等）	10	无此项内容不得分； 少一条扣 3 分		
6	工具材料					
6.1	工具	（1）应有工具清单。 （2）应含有安全带、脚扣、延长绳等安全工器具。 （3）应有紧线钳、钢丝绳、机动绞磨、滑车、绳索等，并根据要求选择合适的型号	5	少一项扣 2 分； 没有型号要求扣 2 分		
6.2	材料	（1）应有材料清单。 （2）应有导线、连接金具、防振锤等，并根据需要选择绝缘子的型号	5	少一项扣 3 分； 没有型号要求扣 2 分		
合计			100			

Jc0002263040　带电更换 110kV 线路拉线的操作。（100 分）

考核知识点：现场勘察，拉线制作工艺

难易度：难

技能等级评价专业技能考核操作工作任务书

一、任务名称

带电更换 110kV 线路拉线的操作。

二、适用工种

送电线路工技师。

三、具体任务

带电更换 110kV 线路拉线的操作。针对此项工作，考生须在 30 分钟内完成更换处理操作。

四、工作规范及要求

（1）带电作业应在良好天气下进行。如遇雷、雨、雪、雾不得进行带电作业，风力大于 5 级时，一般不宜进行带电作业。

（2）工作负责（监护）人 1 人，杆上作业人员 1 人，等电作业人员 1 人；地面作业人员 4～5 人，共 7～8 人。

（3）工作负责（监护）人：办理工作票，组织并合理分配工作，进行安全教育，督促、监护工作人员遵守安全规程，检查工作票所载安全措施是否准确完备，安全措施是否符合现场实际条件。一般情况下，对工作人员交代安全事项，对整个工程的安全、技术等负责，工作结束后总结经验与不足之处。工作负责（监护）人不得兼做其他工作。

（4）工作班成员严格遵守、执行安全规程和现场带电操作规程及现场“安全措施卡”，认真执行质量要求。

五、考核及时间要求

（1）本考核操作时间为 30 分钟，时间到停止考评。

（2）拉线制作完毕，人员撤离现场后向考评员汇报安装完毕。

技能等级评价专业技能考核操作评分标准

<table>
<tr><td>工种</td><td colspan="6">送电线路工</td><td>评价等级</td><td>技师</td></tr>
<tr><td>项目模块</td><td colspan="5">输电线路检修及应急处理</td><td>编号</td><td colspan="2">Jc0002263040</td></tr>
<tr><td>单位</td><td colspan="3"></td><td>准考证号</td><td colspan="2"></td><td>姓名</td><td></td></tr>
<tr><td>考试时限</td><td colspan="2">30 分钟</td><td>题型</td><td colspan="3">单项操作</td><td>题分</td><td>100 分</td></tr>
<tr><td>成绩</td><td></td><td>考评员</td><td></td><td>考评组长</td><td colspan="2"></td><td>日期</td><td></td></tr>
<tr><td>试题正文</td><td colspan="8">带电更换 110kV 线路拉线的操作</td></tr>
<tr><td>需要说明的问题和要求</td><td colspan="8">（1）带电作业应在良好天气下进行。如遇雷、雨、雪、雾不得进行带电作业，风力大于 5 级时，一般不宜进行带电作业。
（2）工作负责（监护）人 1 人，杆上作业人员 1 人，等电作业人员 1 人；地面作业人员 4～5 人，共 7～8 人。
（3）工作负责（监护）人：办理工作票，组织并合理分配工作，进行安全教育，督促、监护工作人员遵守安全规程，检查工作票所载安全措施是否准确完备，安全措施是否符合现场实际条件。一般情况下，对工作人员交代安全事项，对整个工程的安全、技术等负责，工作结束后总结经验与不足之处。工作负责（监护）人不得兼做其他工作。
（4）工作班成员严格遵守、执行安全规程和现场带电操作规程及现场“安全措施卡”，认真执行质量要求。
（5）选择直线或耐张杆塔的拉线。
（6）所用工具材料：循环绳、手扳葫芦、钢绞线夹头、临时拉线、地钻、防盗帽工具、导电鞋、安全带、脚扣、拉线</td></tr>
</table>

续表

序号	项目名称	质量要求	满分	扣分标准	扣分原因	得分
1	工作负责人认真勘察工作环境，选择地锚的合适位置	地钻要在合适的位置，保证对临近导线的安全距离，并按照需要留好余头，上杆前要检查登杆工具、安全带，人身二道防护绳要符合要求，循环绳要绑扎在工作位置的主材上并牢固	20	工作负责人未勘察工作现场扣 10 分； 未检查登杆工器具扣 5 分； 地钻位置不合适扣 10 分		
2	打好临时拉线	地面作业人员将临时拉线拉至杆上，杆上作业人员将临时拉线固定好。地面作业人员用双钩紧线器或手扳葫芦将拉线固定好，把杆子稳住	20	起吊临时拉线时未采取防止拉线摆动措施扣 10 分； 临时拉线固定不牢固扣 5 分		
3	更换拉线	杆上与地面作业人员配合将原拉线拆除，更换新拉线。拉线制作时舌板与拉线接触应紧密，拉线在正常情况下无滑动现象，钢绞线的短头应装在受力面一侧，露出长度为 300～500mm，并用 20 号铁丝绑牢，再用 10 号铁丝或导线压接管压接，长度为：上把 60mm，下把 100mm，UT 型应留 1/2 的可调长度	20	拆除、下放旧拉线时未采取防止拉线摆动措施扣 10 分； 拉线工艺不合格扣 3～10 分		
4	拆除临时拉线	（1）正式拉线装好后，再拆除临时拉线。按照《110～500kV 架空电力线路施工及验收规范》拉线标准制作。 （2）装好防盗帽	20	不按规范拆除临时拉线扣 10 分； 未安装防盗措施扣 8 分		
5	工作结束	确认各部连接可靠后拆卸工具，工作结束。按照《110～500kV 架空电力施工及验收范围》拉线标准验收	20	未检查各部位连接情况扣 5 分； 工作现场未清理扣 5 分		
合计			100			

Jc0002241041 交叉跨越距离判定的操作。（100 分）

考核知识点：经纬仪使用

难易度：易

技能等级评价专业技能考核操作工作任务书

一、任务名称

交叉跨越距离判定的操作。

二、适用工种

送电线路工技师。

三、具体任务

交叉跨越距离判定的操作。

四、工作规范及要求

（1）要求 1 人独立操作，1 人配合。

（2）由考评员随机指定测量点。

（3）写出计算过程。

（4）工具。

1）选用光学经纬仪，J_2、J_6 型均可。

2）塔尺、计算器。

3）在培训线路上操作。

五、考核及时间要求

考核时间共30分钟，时间到终止考核。

技能等级评价专业技能考核操作评分标准

工种	送电线路工				评价等级	技师
项目模块	输电线路运维—输电线路基本技能			编号	Jc0002241041	
单位		准考证号			姓名	
考试时限	30分钟	题型	单项操作		题分	100分
成绩	考评员		考评组长		日期	
试题正文	交叉跨越距离判定的操作					
需要说明的问题和要求	（1）要求2人配合操作，完成树线交跨距离的测量。 （2）操作应注意安全，按照标准化作业书的技术安全说明做好安全措施					

序号	项目名称	质量要求	满分	扣分标准	扣分原因	得分
1	工作准备					
1.1	安全劳动防护用品的准备	正确佩戴安全帽，穿全套工作服，包括工作服、绝缘鞋、棉手套	5	未正确佩戴安全帽，穿工作服、绝缘鞋、棉手套每项扣2分		
1.2	工器具的准备	熟练正确使用各种工器具	5	未正确使用一次扣1分		
2	工作许可					
2.1	许可方式	向考评员示意准备就绪，申请开始工作	5	未向考评员申请许可开始工作，该项不得分		
3	工作步骤及技术要求					
3.1	正确使用仪器	爱护仪器设备，轻开轻合，双手托举仪器安装在三脚架上。 仪器箱取出和装上仪器后，应关闭完好	15	拆装仪器动作粗放，每项扣5分； 单手安装三脚架、仪器每项扣5分； 仪器箱打开和关闭未妥善处置每项扣5分		
3.2	正确使用塔尺	塔尺应轻拿轻放。 应注意塔尺与上方导线的安全距离，塔尺拔出不应过长。 塔尺使用过程中应竖直	15	塔尺不轻拿轻放扣3分； 塔尺存在与上方导线的安全距离不足，拔出过长危险，扣10分； 塔尺使用过程中不竖直扣5分		
3.3	正确读出塔尺上、下丝读数和方向角度	应够利用经纬仪正确读出塔尺上、下丝读数和方向角度	10	每个读数和测量角度不正确每项扣2分		
3.4	水平距离计算	利用经纬仪在塔尺上的读数正确计算水平距离	10	公式不正确扣5分； 结果不正确扣5分		
3.5	垂直交跨距离计算	利用水平距离和方向角度正确计算垂直交跨距离	10	公式不正确扣5分； 结果不正确扣5分		
4	工作结束					
4.1	经纬仪装箱	经纬仪松开垂直及水平制动，仪器放置到位，拆卸电池	5	仪器设备未轻拿轻放扣5分		
4.2	三脚架和塔尺恢复	三脚架和塔尺恢复	5	仪器设备未轻拿轻放扣5分		
5	工作终结					
5.1	工作终结汇报	向考评员报告工作已结束，场地已清理	5	未向考评员报告工作结束，该项不得分		
6	其他要求					
6.1	动作要求	动作熟练顺畅	5	动作不熟练扣1～5分		
6.2	安全要求	严格遵守“四不伤害”原则，不得损坏工器具和设备	5	未遵守现场安全要求一次扣1分； 损坏工器具和设备一次扣1分		
合计			100			

Jc0002251042 停电更换 110kV 直线整串复合绝缘子操作。(100 分)

考核知识点：更换整串复合绝缘子

难易度：易

技能等级评价专业技能考核操作工作任务书

一、任务名称

停电更换 110kV 直线整串复合绝缘子操作。

二、适用工种

送电线路工技师。

三、具体任务

110kV 某线路有一直线杆 A 相复合绝缘子损坏，需更换。针对此项工作，考生须在 35 分钟内完成更换操作。

四、工作规范及要求

给定条件：线路已做好停电、验电、装设接地线等技术措施。

（1）杆上 1 人独立操作，地面 2 人配合。

（2）用倒链提升导线。

（3）复合绝缘子。

（4）专用工具：倒链、钢丝套、无极绳一套、安全带、脚扣、导线保护绳。

（5）个人工具：平口钳、活动扳手、取销钳、工具包。

五、考核及时间要求

考核时间共 35 分钟，时间到终止考核。

技能等级评价专业技能考核操作评分标准

工种	送电线路工				评价等级	技师
项目模块	输电线路检修及应急处理			编号	Jc0002251042	
单位		准考证号			姓名	
考试时限	35 分钟	题型	多项操作		题分	100 分
成绩	考评员		考评组长		日期	
试题正文	停电更换 110kV 直线整串复合绝缘子操作					
需要说明的问题和要求	（1）绝缘子串的更换操作为单人依次进行，在 35 分钟内完成。 （2）绝缘子更换的给定条件：线路已做好停电、验电、装设接地线等技术措施。 （3）绝缘子更换操作时，杆上 1 人独立操作，地面 2 人配合					

序号	项目名称	质量要求	满分	扣分标准	扣分原因	得分
1	工具材料准备					
1.1	个人工具检查	工具齐全、符合质量要求	2	未检查个人工器具扣 1 分		
1.2	专用工具检查	外观检查符合要求，调整好倒链，登杆工具，安全带	2	未检查工器具扣 2 分		
1.3	材料检查	外观检查符合要求	2	未检查材料扣 2 分		
1.4	登杆前检查	检查杆根、杆身、拉线、名称及编号	4	未对杆塔进行检查扣 2 分		

续表

序号	项目名称	质量要求	满分	扣分标准	扣分原因	得分
2	脚扣登杆					
2.1	调整脚扣皮带	松紧适度	2	未检查脚扣扣2分		
2.2	登杆	（1）调整脚扣尺寸，与混凝土杆直径配合，使脚扣胶皮面与混凝土杆接触可靠。 （2）双手扶杆及安全带。 （3）登杆过程中必须系主安全带；上横担前必须先把后备保险绳系在杆身或横担上	5	脚扣使用不流畅扣2分； 未系安全带扣5分		
2.3	横担上的操作	登杆人员携带传递绳登杆塔至横担，安全带后备保护绳系在牢固的构件上，打好后再上横担在合适的位置安装好钢丝绳套、单轮滑车和循环绳在横担上操作不能失去安全带的保护	5	未使用双重保护扣2分； 吊绳、滑轮吊点选择不合适扣2分		
3	导线上操作					
3.1	下至导线	（1）在横担上打好二次保险绳后，沿绝缘子串下至导线。 （2）把主安全带打在绝缘子串合适的位置上	5	未使用双重保护扣2分； 对绝缘子造成损伤扣2分		
3.2	做好导线的后备保护	（1）导线后备保护绳安装时应顺绝缘子方向，安装位置应合适。 （2）卸扣安装时应拧满丝扣。 （3）后备钢丝套应连接牢固，且松紧适度	5	保险钩未闭锁扣2分； 卸扣丝扣未拧紧扣2分； 钢丝绳套位置不正确扣2分		
3.3	安装倒链	（1）利用循环绳把倒链、钢丝套提升至横担。 （2）将倒链上端挂在横担钢丝套上，下端钩在导线上，牢固可靠。 （3）倒链应安装在大档距侧，并与导线保护绳不在同一侧	5	未使用吊绳传递工器具扣2分； 倒链安装不正确扣5分		
3.4	拴绝缘子串	作业人员将穿过滑车的循环绳系在横担侧第二、三片绝缘子之间	5	绑扎绳系挂位置不正确扣2分		
3.5	脱空绝缘子串	（1）收紧倒链，使绝缘子串呈松弛状态。 （2）取掉绝缘子串两侧碗头M销，先取导线侧、后取横担侧，使绝缘子串与导线脱离	13	取M销顺序错误扣13分		
3.6	更换绝缘子串	（1）收紧白棕绳使绝缘子串脱离，缓慢将绝缘子串传递至地面。 （2）将新绝缘子串传递至杆塔上，安装新绝缘子串及M销，并检查M销是否到位。 （3）碗口朝向正确。 （4）动作流畅，无危险动作	15	动作不流畅扣1～10分； 更换完未检查M销扣5分		
3.7	撤除工器具	（1）松出倒链，绝缘子串受力后进行冲击试验。 （2）取下倒链并传递至地面。 （3）撤出后备保护钢丝套并传递至地面	5	高空抛物扣5分		
3.8	检查并清理工作点	（1）M销位置正确。 （2）球头到位。 （3）绝缘子清扫。 （4）不得有遗留物。 （5）悬垂串垂直于地面	5	M销未穿到位扣5分； 球头不到位扣5分； 有遗留物扣5分； 其他项不符合要求每项扣1分		
4	下杆					
4.1	上横担	（1）沿绝缘子串上至横担。 （2）不得失去保险绳的保护。 （3）动作流畅，无危险动作	3	失去保护扣3分； 其他项不符合要求每项扣1分		

续表

序号	项目名称	质量要求	满分	扣分标准	扣分原因	得分
4.2	取下传递绳	（1）取下传递绳，随身携带。 （2）不得失去安全带的保护	2	一项不正确扣 2 分		
4.3	下杆	（1）正确下杆。 （2）不得失去保险绳的保护。 （3）动作流畅，无危险动作	5	一项不正确扣 2 分		
5	其他要求					
5.1	塔上操作	（1）不得有高空坠物。 （2）动作流畅，无危险动作。 （3）吊绳使用正确，不得有缠绕死结	4	有高空坠物不得分； 其他项不符合要求每项扣 1 分		
5.2	着装	工作服、工作鞋、安全帽、劳保手套穿戴正确	2	漏一项扣 2 分		
5.3	清理现场	符合文明生产要求	2	不正确扣 2 分		
5.4	完成时间	在规定时间内按要求完成	2	时间到终止考核		
合计			100			

Jc0002241043 编写高级工技能培训方案。（100 分）

考核知识点：编写培训方案

难易度：易

技能等级评价专业技能考核操作工作任务书

一、任务名称

编写高级工技能培训方案。

二、适用工种

送电线路工技师。

三、具体任务

某单位输电工区有张三等 15 名输电线路高级工需进行技能培训。针对此项工作，考生编写一份高级工技能培训方案。

四、工作规范及要求

（1）培训项目为实操项目。

（2）培训相关内容由考生自行组织。

五、考核及时间要求

考核时间共 40 分钟，每超过 2 分钟扣 1 分，到 45 分钟终止考核。

技能等级评价专业技能考核操作评分标准

<table>
<tr><td>工种</td><td colspan="5">送电线路工</td><td>评价等级</td><td>技师</td></tr>
<tr><td>项目模块</td><td colspan="4">培训与指导—技能指导</td><td>编号</td><td colspan="2">Jc0002241043</td></tr>
<tr><td>单位</td><td colspan="2"></td><td>准考证号</td><td colspan="2"></td><td>姓名</td><td></td></tr>
<tr><td>考试时限</td><td colspan="2">40 分钟</td><td>题型</td><td colspan="2">单项操作</td><td>题分</td><td>100 分</td></tr>
<tr><td>成绩</td><td></td><td>考评员</td><td></td><td>考评组长</td><td></td><td>日期</td><td></td></tr>
</table>

续表

试题正文	编写高级工技能培训方案					
需要说明的问题和要求	（1）培训内容应为技能实操项目。 （2）内容不作限制，由考生自行组织					
序号	项目名称	质量要求	满分	扣分标准	扣分原因	得分
1	培训目标	应有明确的培训目标	10	少一项扣 10 分		
2	培训人	应有明确的授课人	10	少一项扣 10 分		
3	培训对象	应明确培训对象	10	少一项扣 10 分		
4	培训内容	（1）应有具体的培训项目名称。 （2）应有项目的具体内容	20	少一项扣 10 分； 培训课程安排的不合理酌情扣分		
5	培训方式	应有明确的培训方式，培训方式为实操	10	缺少一项扣 10 分		
6	培训时间与地点	应明确培训时间，培训地点	20	少一项扣 10 分		
7	培训考核方式	应明确培训的考核方式，考核方式为实操	10	少一项扣 10 分		
8	其他相关事宜	其他相关的培训事宜，如奖惩方式、劳动纪律等要求	10	少一项扣 10 分		
合计			100			

Jc0002241044　编写 35kV 线路导地线工程验收的组织方案。（100 分）

考核知识点： 编写组织方案

难易度： 易

技能等级评价专业技能考核操作工作任务书

一、任务名称

编写 35kV 线路导地线工程验收的组织方案。

二、适用工种

送电线路工技师。

三、具体任务

35kV 某线路架线工程已经施工完成，根据安排，输电工区要对其进行验收。针对此项工作，要求考生编写一份 35kV 线路导地线工程验收的组织方案。

四、工作规范及要求

（1）人员配置分工合理、职责清楚（方案中不得出现真实单位名称及个人姓名）。

（2）工器具清楚。

（3）验收内容清楚。

（4）验收质量标准清楚。

（5）组织、安全、技术措施齐全。

（6）考核时间结束终止考试。

五、考核及时间要求

考核时间共 60 分钟，每超过 2 分钟扣 1 分，到 65 分钟终止考核。

技能等级评价专业技能考核操作评分标准

<table>
<tr><td>工种</td><td colspan="5">送电线路工</td><td>评价等级</td><td colspan="2">技师</td></tr>
<tr><td>项目模块</td><td colspan="4">培训与指导—技能指导</td><td>编号</td><td colspan="3">Jc0002241044</td></tr>
<tr><td>单位</td><td colspan="3"></td><td>准考证号</td><td></td><td>姓名</td><td colspan="2"></td></tr>
<tr><td>考试时限</td><td colspan="2">60 分钟</td><td>题型</td><td colspan="2">单项操作</td><td>题分</td><td colspan="2">100 分</td></tr>
<tr><td>成绩</td><td></td><td>考评员</td><td></td><td>考评组长</td><td></td><td>日期</td><td colspan="2"></td></tr>
<tr><td>试题正文</td><td colspan="8">编写 35kV 线路导地线工程验收的组织方案</td></tr>
<tr><td>需要说明的问题和要求</td><td colspan="8">（1）学员集中于教室在 60 分钟内完成方案编写。
（2）方案中施工班组、作业人员不指定，由考生自行填写，但不得出现真实单位名称和个人姓名。
（3）验收范围应包括导地线和附件。
（4）所用工具、材料由考生根据施工需要进行安排</td></tr>
</table>

序号	项目名称	质量要求	满分	扣分标准	扣分原因	得分
1	整体要求					
1.1	标题	应写清楚线路名称、杆号及作业内容	5	少一项扣 2 分		
1.2	工作概况介绍	应对工作概况或该工作的背景进行简单描述	5	没有工程概况介绍扣 5 分		
2	组织措施					
2.1	工作内容	应写清楚工作的线路、杆号、工作内容、工作范围	10	少一项内容扣 3 分		
2.2	工作人员及分工	（1）应写清楚工作班组和人数；或者逐一填写工作人员名字。 （2）单位名称和个人姓名不得使用真实名称。 （3）应有明确分工	5	一项不正确扣 2 分		
2.3	工作时间	应写清楚计划工作时间，计划工作开始及工作结束时间均应以年、月、日、时、分填写清楚	5	没有填写时间扣 5 分； 时间填写不清楚或错误扣 3 分		
3	验收内容					
3.1	验收导地线	应对以下几个方面有要求： （1）导线弛度。 （2）导线水平度。 （3）导线接头（压接管、接续管）数量。 （4）交跨距离。 （5）导地线外观检查。 （6）引流线距离	6	少一项扣 2 分		
3.2	验收附件	应对以下几个方面有要求： （1）线夹、金具安装质量。 （2）防振锤安装位置、质量。 （3）螺帽及开口销是否齐全	6	少一项扣 2 分		
3.3	验收绝缘子	应对以下几个方面有要求： （1）悬瓶钢脚弯曲度、表面清洁度、绝缘子型号、片数是否符合设计要求。 （2）复合绝缘子外观检查、倾斜度检查	6	少一项扣 2 分		
3.4	验收资料	应对设计图纸、施工记录进行检查	2	无此项不得分		
4	安全措施					
4.1	登杆的安全措施	（1）有防高空坠落措施。 （2）有防止高空落物伤人的措施	10	少一项扣 2 分		
4.2	防止感应电伤人措施	接触导线作业须先加挂个人保安线	10	无此项内容不得分		

续表

序号	项目名称	质量要求	满分	扣分标准	扣分原因	得分
5	技术措施					
5.1	工器具的使用要求	（1）应有明确的测量工器具（经纬仪）的使用要求。 （2）测距杆的使用要求	20	无此项内容不得分； 内容不全酌情扣分		
6	工具					
6.1	测量仪器	应有测量仪器清单，并根据需要对仪器的型号作出一定的要求	5	少一项扣2分； 没有型号要求扣2分		
6.2	安全工器具	登杆塔的工器具，安全带、脚扣、延长绳等	5	少一项内容扣1分		
合计			100			

Jc0002241045　编写35kV线路工程验收的组织方案。（100分）

考核知识点：编写组织方案

难易度：易

技能等级评价专业技能考核操作工作任务书

一、任务名称

编写35kV线路工程验收的组织方案。

二、适用工种

送电线路工技师。

三、具体任务

某35kV线路工程已经施工完成，根据安排，输电工区要对该线路进行验收。针对此项工作，要求考生编写一份35kV线路工程验收的组织方案。

四、工作规范及要求

（1）人员配置分工合理、职责清楚（方案中不得出现真实单位名称及个人姓名）。

（2）工器具清楚。

（3）验收内容清楚。

（4）验收质量标准清楚。

（5）组织、安全、技术措施齐全。

五、考核及时间要求

考核时间共60分钟，每超过2分钟扣1分，到65分钟终止考核。

技能等级评价专业技能考核操作评分标准

<table>
<tr><td>工种</td><td colspan="5">送电线路工</td><td>评价等级</td><td>技师</td></tr>
<tr><td>项目模块</td><td colspan="4">输电线路施工</td><td>编号</td><td colspan="2">Jc0002241045</td></tr>
<tr><td>单位</td><td colspan="2"></td><td>准考证号</td><td colspan="2"></td><td>姓名</td><td></td></tr>
<tr><td>考试时限</td><td colspan="2">60分钟</td><td>题型</td><td colspan="2">单项操作</td><td>题分</td><td>100分</td></tr>
<tr><td>成绩</td><td></td><td>考评员</td><td></td><td>考评组长</td><td></td><td>日期</td><td></td></tr>
</table>

续表

试题正文	编写 35kV 线路工程验收的组织方案
需要说明的问题和要求	（1）学员集中于教室在 60 分钟内完成方案编写。 （2）方案中施工班组、作业人员不指定，由考生自行填写，但不得出现真实单位名称和个人姓名。 （3）验收范围应包括线路除基础外的所有内容。 （4）所用工具、材料由考生根据施工需要进行安排

序号	项目名称	质量要求	满分	扣分标准	扣分原因	得分
1	整体要求					
1.1	标题	应写清楚线路名称、杆号及作业内容	5	少一项扣 2 分		
1.2	工作概况介绍	应对工作概况或该工作的背景进行简单描述	5	没有工程概况介绍扣 5 分		
2	组织措施					
2.1	工作内容	应写清楚工作的线路、杆号、工作内容、工作范围	10	少一项内容扣 3 分		
2.2	工作人员及分工	（1）应写清楚工作班组和人数；或者逐一填写工作人员名字。 （2）单位名称和个人姓名不得使用真实名称。 （3）应有明确分工	5	项不正确扣 2 分		
2.3	工作时间	应写清楚计划工作时间，计划工作开始及工作结束时间均应以年、月、日、时、分填写清楚	5	没有填写时间扣 5 分； 时间填写不清楚或错误扣 3 分		
3	验收内容					
3.1	导地线验收	应对以下几个方面有要求： （1）导线弛度。 （2）导线水平度。 （3）导线接头（压接管、接续管）数量。 （4）交跨距离。 （5）表面有无损伤、散股、折弯现象。 （6）引流线对杆塔距离	6	少一项扣 1 分		
3.2	附件验收	应对以下几个方面有要求： （1）线夹安装质量。 （2）防振锤安装位置。 （3）螺帽及开口销是否齐全	6	少一项扣 2 分		
3.3	杆塔验收	应对以下几个方面有要求： （1）杆塔倾斜度。 （2）塔材挠度。 （3）杆塔防腐、防盗。 （4）耐张塔预偏。 （5）混凝土杆表面裂纹、迈步。 （6）螺栓、脚钉数量、穿向及紧固情况	6	少一项扣 1 分		
3.4	接地装置验收	应对以下几个方面有要求： （1）接地引下线连接情况。 （2）接地电阻要求	6	少一项扣 3 分		
3.5	通道验收	应对以下几个方面有要求： （1）通道交跨。 （2）线下树木、道路、河流等方面的要求。 （3）档距核对。 （4）砌护情况	4	少一项扣 1 分		
3.6	资料验收	应对设计图纸、施工记录进行检查	2	少一项扣 1 分		

续表

序号	项目名称	质量要求	满分	扣分标准	扣分原因	得分
4	安全措施					
4.1	登杆的安全措施	（1）有防高空坠落措施。 （2）有防止高空落物伤人的措施	10	少一项扣5分		
4.2	防止感应电伤人的措施	接触带电体作业前须加挂个人保安线	10	无此项内容不得分		
5	技术措施					
5.1	工器具的使用要求	（1）应有测量工器具（经纬仪）的使用有明确的要求。 （2）测距杆的使用要求	10	无此项内容不得分； 内容不全酌情扣1～10分		
6	工具					
6.1	测量仪器	应有测量仪器清单，并根据需要对仪器的型号作出一定的要求	5	无此项内容不得分； 内容不全酌情扣1～5分		
6.2	安全工器具	登杆塔的工器具，安全带、脚扣、延长绳等	5	无此项内容不得分； 内容不全酌情扣1～5分		
合计			100			

Jc0002243046　门型双杆底盘安装质量检查的操作。（100分）

考核知识点：门型双杆底盘安装

难易度：难

技能等级评价专业技能考核操作工作任务书

一、任务名称

门型双杆底盘安装质量检查的操作。

二、适用工种

送电线路工技师。

三、具体任务

对门型双杆底盘的安装质量进行检查。针对此项工作，考生须在40分钟内完成检查操作。

四、工作规范及要求

（1）要求1人操作，1人配合。

（2）工具：皮尺、吊线锤、钢卷尺、花杆、经纬仪。

五、考核及时间要求

门型双杆底盘安装质量检查的操作为40钟，每超过2分钟扣1分，到45分钟终止考核。

技能等级评价专业技能考核操作评分标准

<table>
<tr><td>工种</td><td colspan="5">送电线路工</td><td>评价等级</td><td>技师</td></tr>
<tr><td>项目模块</td><td colspan="4">输电线路施工</td><td>编号</td><td colspan="2">Jc0002243046</td></tr>
<tr><td>单位</td><td colspan="2"></td><td>准考证号</td><td colspan="2"></td><td>姓名</td><td></td></tr>
<tr><td>考试时限</td><td colspan="2">40分钟</td><td>题型</td><td colspan="2">单项操作</td><td>题分</td><td>100分</td></tr>
<tr><td>成绩</td><td></td><td>考评员</td><td></td><td>考评组长</td><td></td><td>日期</td><td></td></tr>
</table>

续表

试题正文	门型双杆底盘安装质量检查的操作
需要说明的问题和要求	（1）要求1人操作，1人配合。 （2）根开尺寸为4.5m，线路方向桩、线路中心桩位置给定。 （3）要求着装正确（工作服、工作胶鞋、安全帽）。 （4）工具：皮尺、吊线锤、钢卷尺、花杆、经纬仪、细棉绳

序号	项目名称	质量要求	满分	扣分标准	扣分原因	得分
1	工作准备					
1.1	安全劳动防护用品的准备	正确佩戴安全帽，穿全套工作服，包括工作服、绝缘鞋、棉手套	5	未正确佩戴安全帽，穿工作服、绝缘鞋、棉手套每项扣2分		
1.2	工器具的准备	熟练正确使用各种工器具	5	未正确使用一次扣1分		
2	工作许可					
2.1	许可方式	向考评员示意准备就绪，申请开始工作	5	未向考评员申请许可开始工作，该项不得分		
3	工作步骤及技术要求					
3.1	检查中心桩的位置	检查桩位是否有移动、破坏	5	检查不到位每项扣1～5分		
3.2	检查方向桩的位置	检查桩位是否有移动、破坏	5	检查不到位每项扣1～5分		
3.3	仪器对中、整平、对光	在观测点位置将仪器对中、整平、对光	5	不正确每项扣1～5分		
3.4	测量两杆埋深	将卡尺置于2杆坑地盘中心点位置，测得两杆埋深距离是否一致	5	不正确每项扣1～5分		
3.5	检查线路方向桩是否有移动	将经纬仪置于杆位中心桩顺线路方向，复测线路方向桩有无偏差	5	不正确每项扣1～5分		
3.6	复测杆位方向桩是否有移动	将经纬仪目镜横线路转90°复测杆位方向桩，复测杆位方向桩是否有移动	5	不正确每项扣1～5分		
3.7	细棉绳两端置于杆位方向桩并进行固定	检查细棉绳是否通过杆位中心桩	10	不正确每项扣1～10分		
3.8	确定双杆中心桩	用钢卷尺从线路方向桩量取1.25m的棉线绳处做记号，确定一杆位中心桩，用同样的方式确定另一杆位中心桩，量取距离正确	10	不正确每项扣1～10分		
3.9	检查底盘是否在中心	在坑位中心棉线绳做记号位置用吊线锤，检查底盘中心	5	不正确每项扣1～5分		
3.10	检查底盘	底盘四周回填土是否夯实	5	不正确每项扣1～5分		
4	工作结束					
4.1	经纬仪装箱	经纬仪松开垂直及水平制动，仪器放置到位，拆卸电池	5	仪器设备未轻拿轻放一次扣1分； 仪器放置不到位扣1～5分； 电池未拆卸扣1分		
4.2	工器具装箱	皮尺、吊线锤、钢卷尺、花杆、细棉绳整理装箱	5	遗漏一项扣1分		
5	工作终结					
5.1	工作终结汇报	向考评员报告工作已结束，场地已清理	5	未向考评员报告工作结束，该项不得分		
6	其他要求					
6.1	动作要求	动作熟练顺畅	5	动作不熟练扣1～5分		

续表

序号	项目名称	质量要求	满分	扣分标准	扣分原因	得分
6.2	安全要求	严格遵守“四不伤害”原则，不得损坏工器具和设备	5	未遵守现场安全要求一次扣1分；损坏工器具和设备一次扣1分		
合计			100			

Jc0002263047　带电更换110kV耐张单串绝缘子的操作。（100分）

考核知识点：更换耐张单串绝缘子

难易度：难

技能等级评价专业技能考核操作工作任务书

一、任务名称

带电更换110kV耐张单串绝缘子的操作。

二、适用工种

送电线路工技师。

三、具体任务

利用翼型卡间接作业法带电更换110kV耐张单串绝缘子。针对此项工作，考生须在50分钟内完成更换处理操作。

四、工作规范及要求

（1）带电作业应在良好天气下进行。如遇雷、雨、雪、雾不得进行带电作业，风力大于5级时，一般不宜进行带电作业。

（2）利用翼型卡间接作业法。

（3）工作负责（监护）人1人，杆上监护人1人，杆上作业人员2人，地面作业人员4～5人，共8～9人。

（4）工作负责（监护）人：办理工作票，组织并合理分配工作，进行安全教育，督促、监护工作人员遵守安全规程，检查工作票所载安全措施是否准确完备，安全措施是否符合现场实际条件。一般情况下，工作前对工作人员交代安全事项，对整个工程的安全、技术等负责，工作结束后总结经验与不足之处。工作负责（监护）人不得兼做其他工作。

（5）工作班成员：严格遵守、执行安全规程和现场带电操作规程，互相关心施工安全，认真执行质量要求。

五、考核及时间要求

考核时间共50分钟。每超过2分钟扣1分，到55分钟终止考核。

技能等级评价专业技能考核操作评分标准

<table>
<tr><td>工种</td><td colspan="6">送电线路工</td><td>评价等级</td><td>技师</td></tr>
<tr><td>项目模块</td><td colspan="5">输电线路检修及应急处理</td><td>编号</td><td colspan="2">Jc0002263047</td></tr>
<tr><td>单位</td><td colspan="3"></td><td>准考证号</td><td colspan="2"></td><td>姓名</td><td></td></tr>
<tr><td>考试时限</td><td colspan="2">50分钟</td><td>题型</td><td colspan="3">综合操作</td><td>题分</td><td>100分</td></tr>
<tr><td>成绩</td><td></td><td>考评员</td><td></td><td>考评组长</td><td colspan="2"></td><td>日期</td><td></td></tr>
</table>

续表

试题正文	带电更换110kV耐张单串绝缘子的操作
需要说明的问题和要求	（1）在培训杆塔上模拟带电作业。 （2）严格按照带电作业工序完成工作

序号	项目名称	质量要求	满分	扣分标准	扣分原因	得分
1	工作准备					
1.1	安全劳动防护用品的准备	正确佩戴安全帽，穿全套工作服，包括工作服、绝缘鞋、棉手套	2	未正确佩戴安全帽，穿工作服、绝缘鞋、棉手套每项扣2分		
1.2	工器具的准备	工器具准备齐全，外观检查合格	3	遗漏一项扣1分； 发现不合格工器具一项扣1分		
2	工作许可					
2.1	许可方式	向考评员示意准备就绪，申请开始工作	1	未向考评员申请许可开始工作，该项不得分		
3	工作步骤及技术要求					
3.1	杆上1、2号作业人员相继登杆，停在横担上绝缘子挂点处，系好安全带及人身二道防护绳，拴好循环绳	（1）将循环绳牢固绑扎在绝缘子上方的主材上。 （2）高处作业必须使用安全带和戴好安全帽。 （3）安全带的使用符合要求，上杆时要顺线路上，1号作业人员要站位合适，方便使用操作杆	10	循环绳挂点位置不合适扣3分； 安全带和安全帽佩戴不正确、不合格扣3分； 安全带使用不规范，影响使用操作杆扣3分		
3.2	杆上2号作业人员用“绝缘子零值检测仪”检测绝缘子	检测绝缘子时要由有经验的工作人员操作或监督，要保证检测工具的使用正确无误，要保证良好绝缘子5片以上方可进行作业，人身与带电体距离保持1.2m的安全距离，并按照《带电检测零值绝缘子作业指导书》进行作业	10	未进行零值测量扣5分； 测量方法不正确扣3分； 人体与带电体的安全距离不满足要求扣5分		
3.3	地面作业人员将绝缘拉板和卡具组装好，连同操作杆、托瓶架、保护绳依次传至杆塔上	（1）工具要在帆布上摆放、组装、防止受潮破损。 （2）上、下工具时要防止相互碰撞	10	工具直接放置地面上扣5分； 工具上下杆塔时碰撞1次扣3分		
3.4	杆上2号作业人员用操作杆钩住前卡上的吊环，杆上的1号作业人员操作后卡，两人配合装好前卡（螺栓线夹卡卡住耐张线夹颈部、钢帽卡卡住爆压线夹钢帽，双联碗头螺栓处），后卡卡住挂点U型挂环，并穿上前卡封口销子，紧后卡固定螺栓	（1）安装前后卡具时一定要按照要求安装，不得虚挂，挂好后要再次确认是否挂好，前后卡的螺栓和销子一定要完全插到位置。 （2）杆上1、2号作业人员站位要合理，使用操作杆和绝缘工具时要按照规定：绝缘操作杆保证1.3m有效绝缘长度，绝缘承力工具和绝缘绳索保证1m有效绝缘长度	10	卡具安装不合格扣5分； 未检查卡具安装情况扣5分； 绝缘工具最小绝缘长度不满足要求扣5分		
3.5	利用绝缘拉板作滑道，安装托瓶架，杆上1、2号作业人员配合大号保护绳	托瓶架要安装牢固，一定要防止受力后出现翻转现象，导线保护绳应按实际受力情况选用长短合适，转角时，保护绳就打在外角	10	托瓶架安装不合格扣5分； 未使用导线后备保护绳扣5分		
3.6	杆上1号作业人员将循环绳吊住横担端第二片绝缘子，拨绝缘子串两端弹簧销，收紧丝杆至适当程度，将绝缘子串脱离球头挂环后稍向前推，杆上2号作业人员用操作杆将绝缘子串脱离前端碗头	收紧丝杆前，应再次检查前卡封口销子是否穿好，后卡固定是否牢固。两条丝杆收紧时，受力要均衡。密切注意两个绝缘拉板和金具的受力情况，是否有变形和滑动。拔出弹簧销前要向工作负责人汇报，经得同意后才可继续工作	10	未进行丝杠检查扣5分； 丝杠受力不均衡扣5分； 未汇报工作负责人扣5分		

续表

序号	项目名称	质量要求	满分	扣分标准	扣分原因	得分
3.7	地面作业人员收紧循环绳，落下旧绝缘子，吊起新绝缘子	（1）绝缘子安装前应逐个将表面清扫干净，并应进行外观检查。 （2）对绝缘子用不低于5000V的绝缘电阻表逐个进行绝缘测定。在干燥情况下的绝缘电阻小于500M的，不得使用，安装时应检查碗头、球头与弹簧销之间的间隙。在安装好弹簧销的情况下，球头不得自碗头中脱出。合成绝缘子要统计编号，进行外观检查，检查有无龟裂、破损	10	绝缘子未清扫表面扣5分； 绝缘子未检测电阻扣5分； 未检查连接情况扣5分		
3.8	依相反的顺序装好新绝缘子和弹簧销	安装新绝缘子时1、2号作业人员要配合默契，并按照《110～500kV架空电力线路施工及验收规范》中第7.4.1和7.4.6的质量标准安装	5	安装质量不符合验收规程要求扣5分		
3.9	拆卸工具、人员下杆，工作结束	拆除工具与安装工具程序相反	5	拆除程序错误一次扣2分		
4	工作结束					
4.1	工具、材料整理	作业完毕后分类整理工器具、材料	2	工具、材料未整理扣2分		
4.2	场地清理	确保现场无遗留物，场地清理干净	2	场地未清理、遗留一项扣1分		
5	工作终结报告					
5.1	工作终结汇报	向考评员报告工作已结束，场地已清理	1	未向考评员报告工作结束，该项不得分		
6	其他要求					
6.1	动作要求	动作熟练顺畅	4	动作不熟练扣1～4分		
6.2	安全要求	严格遵守“四不伤害”原则，不得损坏工器具和设备	5	未遵守现场安全要求一次扣1分； 损坏工器具和设备一次扣1分		
合计			100			

Jc0002263048　带电更换110kV直线整串绝缘子的操作。（100分）

考核知识点： 更换直线整串绝缘子

难易度： 难

技能等级评价专业技能考核操作工作任务书

一、任务名称

带电更换110kV直线整串绝缘子的操作。

二、适用工种

送电线路工技师。

三、具体任务

利用间接作业法完成110kV某直线杆塔绝缘子整串带电更换。针对此项工作，考生须在50分钟内完成更换处理操作。

四、工作规范及要求

（1）带电作业应在良好天气下进行。如遇雷、雨、雪、雾不得进行带电作业，风力大于5级时，一般不宜进行带电作业。

（2）间接作业法。

（3）工作负责（监护）人1人，杆上作业人员2人，地面作业人员3～4人，必要时设杆上监护

人1人，共7～8人。

（4）工作负责（监护）人：办理工作票，组织并合理分配工作，进行安全教育，督促、监护工作人员遵守安全规程，检查工作票所载安全措施是否准确完备，安全措施是否符合现场实际条件。一般情况下，工作前对工作人员交代安全事项，对整个工程的安全、技术等负责，工作结束后总结经验与不足之处。工作负责（监护）人不得兼做其他工作。

（5）工作班成员：严格遵守、执行安全规程和现场带电操作规程及现场“安全措施卡”，认真执行质量要求。

五、考核及时间要求

考核时间共50分钟。每超过2分钟扣1分，到55分钟终止考核。

技能等级评价专业技能考核操作评分标准

工种	送电线路工				评价等级	技师	
项目模块	输电线路检修及应急处理			编号	Jc0002263048		
单位		准考证号			姓名		
考试时限	50分钟	题型	综合操作		题分	100分	
成绩		考评员		考评组长		日期	
试题正文	带电更换110kV直线整串绝缘子的操作						
需要说明的问题和要求	（1）在培训场指定一基直线杆模拟操作。 （2）严格按照带电作业工序完成工作						

序号	项目名称	质量要求	满分	扣分标准	扣分原因	得分
1	工作准备					
1.1	安全劳动防护用品的准备	正确佩戴安全帽，穿全套工作服，包括工作服、绝缘鞋、棉手套	2	未正确佩戴安全帽，穿工作服、绝缘鞋、棉手套每项扣2分		
1.2	工器具的准备	工器具准备齐全，外观检查合格	3	遗漏一项扣1分； 发现不合格工器具一项扣1分		
2	工作许可					
2.1	许可方式	向考评员示意准备就绪，申请开始工作	1	未向考评员申请许可开始工作，该项不得分		
3	工作步骤及技术要求					
3.1	杆上1、2号作业人员相继登杆，停在横担上绝缘子挂点处，系好安全带及人身二道防护绳，拴好循环绳	（1）将循环绳牢固绑扎在绝缘子上方的主材上。 （2）高处作业必须使用安全带和戴好安全帽。 （3）安全带的使用符合要求，上杆时要顺线路上，1号作业人员要站位合适，方便使用操作杆	10	循环绳挂点位置不合适扣3分； 安全带和安全帽佩戴不正确、不合格扣3分； 安全带使用不规范，影响使用操作杆扣3分		
3.2	杆上2号作业人员用“绝缘子零值检测仪”检测绝缘子	检测绝缘子时要由有经验的工作人员操作或监督，要保证检测工具的使用正确无误，要保证良好绝缘子5片以上方可进行作业，人身与带电体距离保持1.2m的安全距离，并按照《带电检测零值绝缘子作业指导书》进行作业	10	未进行零值测量扣5分； 测量方法不正确扣3分； 人体与带电体的安全距离不满足要求扣5分		
3.3	地面作业人员将绝缘拉板和卡具组装好，连同操作杆、托瓶架、保护绳依次传至杆塔上	（1）工具要在帆布上摆放、组装、防止受潮破损。 （2）上、下工具时要防止相互碰撞	10	工具直接放置地面上扣5分； 工具上下杆塔时碰撞1次扣3分		

续表

序号	项目名称	质量要求	满分	扣分标准	扣分原因	得分
3.4	杆上1、2号作业人员配合系好导线保护绳，挂好滑车组	导线保护绳应按实际受力情况选用长短合适，并观察导线钩是否封好。 悬挂滑车组时要注意两端的钩子是否牢固，并尽量与绝缘子平行，防止滑车组绳索之间相互缠绕，绳套的余头要尽量短，两套滑车组不得混用一个绳套。 保险绳且有足够的强度，作业结束方可拆除	10	保护绳长度不合适扣5分； 导线钩未封好扣5分； 滑车组悬挂不合适或有缠绕等情况扣5分		
3.5	杆上1号作业人员拔出绝缘子串导线端弹簧销	作业人员使用操作杆时，手不能超过手持部分的界线	5	使用操作时作业人手部超过警戒线扣5分		
3.6	地面作业人员收紧滑车组，杆上1号作业人员将导线脱离绝缘子串，下落200～300mm	收紧滑车组过程中，人员不能超过2两人，导线落至200～300mm后，固定好滑车组尾绳，并专人看管。 滑车组尾绳拉力不得超过2kN，如果拉力较大应加挂一组滑车组	10	人员配置不合理扣5分； 未固定滑车组尾绳或无专人看管扣5分		
3.7	杆上1号作业人员用循环绳挂住上端第二片或第三片绝缘子，拔出第一片绝缘子弹簧销	在绑扎绝缘子时，一定绑扎牢靠，以免下落时脱落，伤导线和地面人员	5	绝缘子绑扎不牢固扣5分		
3.8	地面作业人员紧循环绳，杆上1号作业人员将绝缘子串脱离球头挂环，拆除旧绝缘子，将新绝缘子安装在原处，装好弹簧销	绝缘子安装前应将表面清扫干净，并应进行外观检查。 对绝缘子用不低于5000V的绝缘电阻表逐个进行绝缘测定。在干燥情况下的绝缘子电阻小于500MΩ的，不得使用。安装时应检查碗头、球头与弹簧销之间的间隙。在安装好弹簧销的情况下，球头不得自碗头中脱出，合成绝缘子要统计编号，进行外观检查，乌龟裂、破损	10	绝缘子未清扫表面扣5分； 绝缘子未检测电阻扣5分； 未检查连接情况扣5分		
3.9	地面作业人员收紧滑车组提升导线，杆上2号作业人员将导线恢复，装好弹簧销	安装新绝缘子时1、2号作业人员要配合默契，并按照《110～500kV架空电力线路施工及验收规范》中第7.4.1和7.4.6的质量标准安装	5	安装质量不符合验收规程要求扣5分		
3.10	拆卸工具，人员下杆，工作结束	拆卸工具与安装工具程序相反	5	拆除程序错误扣3分		
4	工作结束					
4.1	工具、材料整理	作业完毕后分类整理工器具、材料	2	工具、材料未整理扣2分		
4.2	场地清理	确保现场无遗留物，场地清理干净	2	场地未清理、遗留一项扣1分		
5	工作终结报告					
5.1	工作终结汇报	向考评员报告工作已结束，场地已清理	1	未向考评员报告工作结束，该项不得分		
6	其他要求					
6.1	动作要求	动作熟练顺畅	4	动作不熟练扣1～4分		
6.2	安全要求	严格遵守“四不伤害”原则，不得损坏工器具和设备	5	未遵守现场安全要求一次扣1分； 损坏工器具和设备一次扣1分		
合计			100			

Jc0002263049 带电更换220kV耐张双串绝缘子的操作。(100分)

考核知识点：更换耐张双串绝缘子

难易度：难

技能等级评价专业技能考核操作工作任务书

一、任务名称

带电更换220kV耐张双串绝缘子的操作。

二、适用工种

送电线路工技师。

三、具体任务

使用大刀卡等电位作业法完成220kV耐张双串绝缘子带电更换。针对此项工作，考生须在50分钟内完成更换处理操作。

四、工作规范及要求

（1）带电作业应在良好天气下进行。如遇雷、雨、雪、雾不得进行带电作业，风力大于5级时，一般不宜进行带电作业。

（2）利用大刀卡等电位作业法。

（3）工作负责人（监护）人1人，杆上监护人1人，杆上作业人员2人，等电位作业人员1人，地面作业人员4～5人，共9～10人。

（4）工作负责（监护）人：办理工作票，组织并合理分配工作，进行安全教育，督促、监护工作人员遵守安全规程，检查工作票所载安全措施是否准确完备，安全措施是否符合现场实际条件。一般情况下，工作前对工作人员交代安全事项，对整个工程的安全、技术等负责，工作结束后总结经验与不足之处。工作负责（监护）人不得兼做其他工作。

（5）工作班成员：严格遵守、执行安全规程和现场带电操作规程及现场“安全措施卡”，互相关心施工安全，认真执行质量要求。

五、考核及时间要求

考核时间共50分钟。每超过2分钟扣1分，到55分钟终止考核。

技能等级评价专业技能考核操作评分标准

工种	送电线路工				评价等级	技师
项目模块	输电线路检修及应急处理			编号	Jc0002263049	
单位		准考证号			姓名	
考试时限	50分钟	题型	综合操作		题分	100分
成绩		考评员		考评组长	日期	
试题正文	带电更换220kV耐张双串绝缘子的操作					
需要说明的问题和要求	（1）本次作业在模拟带电线路上进行。 （2）使用大刀卡等电位作业法完成工作					

序号	项目名称	质量要求	满分	扣分标准	扣分原因	得分
1	工作准备					
1.1	安全劳动防护用品的准备	正确佩戴安全帽，穿全套工作服，包括工作服、绝缘鞋、棉手套	2	未正确佩戴安全帽，穿工作服、绝缘鞋、棉手套每项扣1分		
1.2	工器具的准备	工器具准备齐全，外观检查合格	3	遗漏一项扣1分； 发现不合格工器具一项扣1分		

续表

序号	项目名称	质量要求	满分	扣分标准	扣分原因	得分
2	工作许可					
2.1	许可方式	向考评员示意准备就绪，申请开始工作	1	未向考评员申请许可开始工作，该项不得分		
3	工作步骤及技术要求					
3.1	杆上1、2号作业人员相继登杆，停在横担上的绝缘子挂点处，系好安全带及人身二防。双号循环绳	（1）将循环绳牢固绑扎在绝缘子上方的主材上。 （2）高处作业必须使用安全带和戴好安全帽。 （3）安全带的使用符合要求，上杆时要顺线路上，1号作业人员要站位合适，方便使用操作杆	10	循环绳挂点位置不合适扣3分； 安全带和安全帽佩戴不正确、不合格扣3分； 安全带使用不规范，影响使用操作杆扣4分		
3.2	杆上2号作业人员用“绝缘子零值检测仪”检测绝缘子	检测绝缘子时要由有经验的工作人员操作或监督，要保证检测工具使用正确无误，要保证良好绝缘子9片以上方可进行作业，人身与带电体距离保持1.8m的安全距离，并按照《带电检测零值绝缘子作业指导书》进行作业	10	未进行零值测量扣5分； 测量方法不正确扣3分； 人体与带电体的安全距离不满足要求扣5分		
3.3	地面作业人员将绝缘拉板和卡具组装好，连同操作杆、托瓶架、保护绳依次传至杆塔上	工具要在帆布上摆放、组装、防止受潮、破损。上、下工具时要防止相互碰撞	5	工具直接放置地面上扣3分； 工具上下杆塔时碰撞1次扣2分		
3.4	地面作业人员挂好软梯和等电位吊椅，做好进入电场的准备工作	检查软梯头和软梯的连接是否良好，二防是否正确地穿在软梯头的滑轮内	5	未检查连接扣2分； 二防未在滑轮内扣3分		
3.5	等电位人员穿合格屏蔽服进入电场，系好安全带，到达线夹处，绑好传递绳	屏蔽服使用前应用万用表测量电阻，最远端电阻不得大于20Ω	5	屏蔽服未进行测量扣5分		
3.6	杆上2号作业人员和地面工作人员配合将前卡传递给等电位人员。 杆上1号作业人员操作后卡，等电位人员操作前卡，2人配合分别将前后卡安装在前后三角联板处。 安装托瓶架	安装前后卡具时一定要按照要求安装，不得虚挂，挂好后要再次确认是否挂好，前后卡的螺栓和销子一定要安全插到位置。托瓶架一定要安装牢固，尽量靠近绝缘子中心，要防止受力后出现翻转现象	10	卡具安装不合格扣5分； 未检查卡具安装情况扣5分； 托瓶架安装不合格扣5分		
3.7	杆上1号作业人员将循环绳吊住横担端第二片绝缘子，拔绝缘子串球头侧弹簧销，等电位人员去碗头侧弹簧销，收紧丝杠至适当程度，将绝缘子串脱离球头挂环后稍向前推，等电位人员将绝缘子串脱离前端碗头	收紧丝杆前，应再次检查前卡封口销子是否穿好，后卡固定是否牢固。密切注意绝缘拉板和金具的受力情况，是否有变形和滑动	10	收紧丝杠前未检查扣5分； 金具连接不牢固扣5分		
3.8	地面作业人员收紧循环绳，落下旧绝缘子，吊起新绝缘子	绝缘子安装前应逐个将表面清扫干净，并应进行外观检查。 对绝缘子用不低于5000V的绝缘电阻表逐个进行绝缘测定。在干燥情况下的绝缘电阻小于500MΩ的，不得使用。安装时应检查碗头、球头与弹簧销之间的间隙。在安装好弹簧销的情况下，球头不得自碗头中脱出。合成绝缘子要统计编号，进行外观检查，无龟裂、破损	10	绝缘子未清扫表面扣5分； 绝缘子未检测电阻扣5分； 未检查连接情况扣5分		

续表

序号	项目名称	质量要求	满分	扣分标准	扣分原因	得分
3.9	依相反的顺序装好新绝缘子和弹簧销	安装新绝缘子时 1、2 号作业人员要配合默契，并按照《110～500kV 架空电力线路施工及验收规范》中第 7.4.1 和 7.4.6 的质量标准安装	5	安装质量不符合验收规范要求扣 5 分		
3.10	确认各部连接可靠后，拆卸工具	拆除工具与安装工具的程序相反	5	拆除顺序不正确扣 5 分		
3.11	等电位人员退出电场	退出前要经工作负责人许可，人体裸露部分与带电体的最小安全距离不得小于 30cm	5	退出前未申请扣 5 分； 人体裸露部分与带电体的最小安全距离不满足要求扣 5 分		
4	工作结束					
4.1	工具、材料整理	作业完毕后分类整理工器具、材料	2	工具、材料未整理扣 2 分		
4.2	场地清理	确保现场无遗留物，场地清理干净	2	场地未清理、遗留一项扣 1 分		
5	工作终结报告					
5.1	工作终结汇报	向考评员报告工作已结束，场地已清理	1	未向考评员报告工作结束，该项不得分		
6	其他要求					
6.1	动作要求	动作熟练顺畅	4	动作不熟练扣 1～4 分		
6.2	安全要求	严格遵守“四不伤害”原则，不得损坏工器具和设备	5	未遵守现场安全要求一次扣 1 分； 损坏工器具和设备一次扣 1 分		
合计			100			

Jc0002241050 等长法观测导线弧垂的操作。（100 分）

考核知识点：弧垂观测

难易度：易

技能等级评价专业技能考核操作工作任务书

一、任务名称

等长法观测导线弧垂的操作。

二、适用工种

送电线路工技师。

三、具体任务

使用弧垂板观测导线弧垂。针对此项工作，考生须在 30 分钟内完成更换处理操作。

四、工作规范及要求

（1）登高绑扎弧垂板并观测弧垂。

（2）以耐张段为施工单元，一端挂线（锚固），另一端紧线。

（3）工具：

1）钢卷尺、弧垂板一副（一块大、一块小）及绑扎绳索、记号笔、吊绳、安全带。

2）提供施工弧垂表、温度计、对讲机。

3）在培训线路上操作。

五、考核及时间要求

考核时间共 30 分钟，每超过 2 分钟扣 1 分，到 35 分钟终止考核。

技能等级评价专业技能考核操作评分标准

工种	送电线路工				评价等级	技师
项目模块	输电线路运维—输电线路基本技能			编号	Jc0002241050	
单位		准考证号			姓名	
考试时限	30分钟	题型	单项操作		题分	100分
成绩	考评员		考评组长		日期	
试题正文	等长法观测导线弧垂的操作					
需要说明的问题和要求	（1）登高绑扎弧垂板并观测弧垂。 （2）以耐张段为施工单元，一端挂线（锚固），另一端紧线					

序号	项目名称	质量要求	满分	扣分标准	扣分原因	得分
1	工作准备					
1.1	安全劳动防护用品的准备	正确佩戴安全帽，穿全套工作服，包括工作服、绝缘鞋、棉手套	5	未正确佩戴安全帽，穿工作服、绝缘鞋、棉手套每项扣2分		
1.2	工器具的准备	工器具准备齐全，外观检查合格	5	遗漏一项扣1分； 发现不合格工器具一项扣1分		
2	工作许可					
2.1	许可方式	向考评员示意准备就绪，申请开始工作	5	未向考评员申请许可开始工作，该项不得分		
3	工作步骤及技术要求					
3.1	挂温度计	空气流通，避免阳光直接照射，读数正确	5	不正确扣5分		
3.2	确定弧垂观测点（绑点）	从导线挂点开始，测量始点正确	5	不正确扣5分		
		用钢卷尺正确测量弧垂值	5	不正确扣5分		
		画印清楚正确	5	不正确扣5分		
3.3	绑扎弧垂板	弧垂板绑扎位置正确，确保弧垂值正确	5	不正确扣5分		
		弧垂板绑扎牢固	5	不正确扣5分		
3.4	观测弧垂值	站位正确，方便弧垂观测	10	不正确扣1～10分		
		观测正确，观测人员站在对侧杆塔进行观测，保证三点一线	10	不正确扣1～10分		
3.5	指挥松、紧线	松、紧导线，达到弧垂值	15	不正确扣1～15分		
4	工作结束					
4.1	工具整理及现场清理	清点工器具，清理工作现场	5	未清理现场不得分		
5	工作终结报告					
5.1	工作终结汇报	向考评员报告工作已结束，场地已清理	5	未向考评员报告工作结束，该项不得分		
6	其他要求					
6.1	动作要求	动作熟练顺畅	5	动作不熟练扣1～5分		
6.2	安全要求	严格遵守“四不伤害”原则，不得损坏工器具和设备	5	未遵守现场安全要求一次扣1分； 损坏工器具和设备一次扣1分		
	合计		100			

Jc0002241051　异长法观测导线弧垂的操作。（100分）

考核知识点：弧垂观测

难易度：易

技能等级评价专业技能考核操作工作任务书

一、任务名称

异长法观测导线弧垂的操作。

二、适用工种

送电线路工技师。

三、具体任务

使用经纬仪采取异长法观测导线弧垂。针对此项工作，考生须在30分钟内完成更换处理操作。

四、工作规范及要求

（1）要求单独操作，1人配合记录，写计算过程。

（2）给出档距、前后杆塔呼称高。

（3）工具。

1）选用光学经纬仪，J_2、J_6型均可。

2）塔尺、钢卷尺、计算器。

3）在培训线路上操作。

五、考核及时间要求

考核时间共30分钟，每超过2分钟扣1分，到35分钟终止考核。

技能等级评价专业技能考核操作评分标准

工种	送电线路工					评价等级	技师
项目模块	输电线路运维—输电线路基本技能				编号	Jc0002241051	
单位			准考证号			姓名	
考试时限	30分钟		题型	单项操作		题分	100分
成绩		考评员		考评组长		日期	
试题正文	异长法观测导线弧垂的操作						
需要说明的问题和要求	（1）要求单独操作，1人配合记录。 （2）给出档距、前后杆塔呼称高						

序号	项目名称	质量要求	满分	扣分标准	扣分原因	得分
1	工作准备					
1.1	安全劳动防护用品的准备	正确佩戴安全帽，穿全套工作服，包括工作服、绝缘鞋、棉手套	5	未正确佩戴安全帽，穿工作服、绝缘鞋、棉手套每项扣2分		
1.2	工器具的准备	工器具准备齐全，外观检查合格	5	遗漏一项扣1分； 发现不合格工器具一项扣1分		
2	工作许可					
2.1	许可方式	向考评员示意准备就绪，申请开始工作	5	未向考评员申请许可开始工作，该项不得分		
3	工作步骤及技术要求					
3.1	选定仪器的测量点	观测点位置，在该杆塔所测导线挂线点正投影至地面上的点	5	不正确每项扣5分		
3.2	仪器对中、整平、对光，采集该档观测点处杆塔呼称高	在观测点位置将仪器对中、整平、对光	5	不正确扣5分		
		量出经纬仪仪高（望远镜转轴中心至塔杆基面的高度）	5	不正确扣5分		
		并用观测点导线挂点至杆塔高度减去仪高	5	不正确扣1～5分		
		核对该档档距、观测点、导线挂点高度是否准确	5	不正确扣5分		

续表

序号	项目名称	质量要求	满分	扣分标准	扣分原因	得分
3.3	测量导线弧垂最低点垂直角度，计算弧垂	将仪器竖盘照明反光镜转动使显微镜中的读数最明亮、清晰	5	不正确扣5分		
		转动镜筒瞄准导线方向锁紧望远镜制动手轮	5	不正确扣5分		
		转动望远镜微动手轮使十字丝中横丝与导线弧垂最低点精确相切，精确读出垂直角α	10	不正确扣1～10分		
		转动望远镜微动手轮使十字丝中横丝与导线挂线点精确相切，精确读出垂直角β	10	不正确扣1～10分		
		计算： $B=$档距$(\tan\beta-\tan\alpha)$； 再按照异长法公式 $f=\frac{1}{4}(\sqrt{a}+\sqrt{b})^2$	5	不正确扣1～5分		
4	工作结束					
4.1	经纬仪装箱	经纬仪松开垂直及水平制动，仪器放置到位，拆卸电池	5	仪器设备未轻拿轻放扣5分		
4.2	三脚架和塔尺恢复	三脚架和塔尺恢复	5	仪器设备未轻拿轻放扣5分		
5	工作终结报告					
5.1	工作终结汇报	向考评员报告工作已结束，场地已清理	5	未向考评员报告工作结束，该项不得分		
6	其他要求					
6.1	动作要求	动作熟练顺畅	5	动作不熟练扣1～5分		
6.2	安全要求	严格遵守“四不伤害”原则，不得损坏工器具和设备	5	未遵守现场安全要求一次扣1分； 损坏工器具和设备一次扣1分		
合计			100			

Jc0002263052　猫头塔加装中相导线防风偏拉线绝缘子。（100分）

考核知识点：防风偏绝缘子制作、安装，绝缘子连接

难易度：难

技能等级评价专业技能考核操作工作任务书

一、任务名称

猫头塔中相导线防风偏拉线绝缘子安装。

二、适用工种

送电线路工技师。

三、具体任务

制作加装1根猫头塔中相导线防风偏拉线绝缘子。

四、工作规范及要求

（1）正确佩戴安全工器具。

（2）正确使用个人工器具。

（3）满足猫头塔中相导线防风偏拉线绝缘子的制作、安装要求。

五、考核及时间要求

（1）本考核操作时间为60分钟，时间到停止考评。

（2）完成后向考评员汇报结果。

技能等级评价专业技能考核操作评分标准

<table>
<tr><td>工种</td><td colspan="8">送电线路工</td><td>评价等级</td><td>技师</td></tr>
<tr><td>项目模块</td><td colspan="7">输电线路运维—输电线路基本技能</td><td>编号</td><td colspan="2">Jc0002263052</td></tr>
<tr><td>单位</td><td colspan="3"></td><td colspan="2">准考证号</td><td colspan="3"></td><td>姓名</td><td></td></tr>
<tr><td>考试时限</td><td colspan="2">60 分钟</td><td colspan="2">题型</td><td colspan="4">综合操作题</td><td>题分</td><td>100 分</td></tr>
<tr><td>成绩</td><td></td><td>考评员</td><td colspan="2"></td><td colspan="2">考评组长</td><td colspan="2"></td><td>日期</td><td></td></tr>
<tr><td>试题正文</td><td colspan="10">猫头塔加装中相导线防风偏拉线绝缘子</td></tr>
<tr><td>需要说明的问题和要求</td><td colspan="10">（1）要求 4 人配合操作。
（2）操作应注意安全，按照标准化作业书的技术安全说明做好安全措施</td></tr>
</table>

序号	项目名称	质量要求	满分	扣分标准	扣分原因	得分
1	工具使用及安全措施					
1.1	相关安全措施的准备	正确佩戴安全帽，穿全套工作服，包括工作服、绝缘鞋、棉手套，围栏、围带、警示标示配备充足	5	未正确佩戴安全帽，穿工作服、绝缘鞋、棉手套每项扣 0.5 分； 未对围栏、围带、警示标示进行检查，每项扣 0.5 分		
1.2	准备工器具、材料、绝缘子	检查所需绝缘子、金具、材料、工器具是否准备齐全	5	未进行检查，每项扣 2 分		
2	安全文明施工现场布置					
2.1	根据场地情况设置围栏	围栏布置满足搭设场地需求，设置合理	5	围栏设置范围未涵盖作业范围扣 1 分； 围栏未设置入口扣 2 分； 围栏设置不牢固扣 2 分		
2.2	设置警示标示	合适位置设置警示标示	5	未设置“由此进入”标识牌扣 3 分； 未设置“正确佩戴安全帽”标识牌扣 2 分		
3	拉线制作					
3.1	拉线绝缘子组装、连接	将 2 根拉线绝缘子正确连接在一起	10	连接不正确扣 10 分		
3.2	采用线夹、单联碗头，球头挂环制作拉线上把	正确制作拉线上把，并与拉线绝缘子上端连接	10	拉线上拔制作不合格扣 5 分； 连接不正确扣 5 分		
3.3	制作拉线下把	正确制作拉线下把，并与拉线绝缘子下端连接	10	拉线下把制作不合格扣 5 分； 连接不正确扣 5 分		
3.4	拉线上把与中相导线连接	高空作业人员下导线，将拉线上把与中相导线正确连接	10	作业人员上下导线踩踏复合绝缘子扣 3 分； 作业人员未使用双重保护扣 3 分； 悬垂线夹安装位置不正确扣 4 分		
3.5	拉线下把与下曲臂连接	高空作业人员将拉线与下曲臂连接	10	连接不正确扣 10 分		
3.6	拉线绝缘子调整	对防风偏拉线绝缘子进行调整	10	操作不正确扣 2～10 分		
4	防风偏拉线绝缘子验收					
4.1	搭设完毕验收	拉线绝缘子连接转动灵活，适当松弛	10	转动不灵活扣 5 分； 拉线调节不灵活扣 5 分		
5	现场恢复					
5.1	作业现场及工器具恢复	恢复现场所用工器具	5	未进行现场恢复扣 1～5 分		
5.2	作业时长	应在规定时间内完成操作	5	每超 5 分钟扣 1 分		
合计			100			

第五部分
高级技师

第九章　送电线路工高级技师技能笔答

Jb0001131001　什么是分裂导线？为什么要用分裂导线？（5分）

考核知识点：分裂导线的优点

难易度：易

标准答案：

（1）在一般输电线路上，由一根导线或两根、三根或更多根数的导线，一般称此种导线为相分裂导线，其中每一根导线叫子导线或分裂导线。

（2）采用相分裂导线，是把一相的导线由一根变成几根，相当于加大导线的截面，加大了导线的直径，从而防止电晕的发生；另一方面采用相分裂导线还可以加大线路的输送功率，同时也可以减少断线拉力，所以要采用相分裂导线。

Jb0001132002　碳纤维导线的特点有哪些？（5分）

考核知识点：碳纤维导线的基本性能

难易度：中

标准答案：

（1）强度高。

（2）线损低、导电率高。

（3）弧垂小。

（4）允许工作温度高、载流量大。

（5）质量轻。

（6）耐腐蚀、使用寿命长。

（7）同样容量线路投资比普通导线高。

Jb0001133003　挂线的方法有哪些？（5分）

考核知识点：挂线的方法

难易度：难

标准答案：

（1）直接挂线法。当导地线收紧至规定弧垂时，直接在杆塔上进行卡线挂线。

（2）杆上画印挂线法。当导、地线收紧至规定弧垂时，即停止紧线，在横担挂线点铅垂下方的导、地线上画一印记，然后将导、地线松下来，在地面上进行安装线夹和绝缘子串，再紧线，将导、地线挂在横担上。

（3）地面画印法。是将导地线悬挂在杆塔的接近地面处进行紧线工作，当垂度观测好后，在地面上滑车处画印，通过计算，调整因悬挂点升高后引起的线长变化，然后进行割线、安装线夹及绝缘子串，再挂到横担上。

Jb0001132004　与架空线路相比，电缆线路具有哪些优点？（5分）

考核知识点：电缆线路的优点

难易度： 中

标准答案：

（1）电缆线路能适应各种敷设环境，敷设在地下，基本上不占用地面空间，同一地下电缆通道，可以容纳多回电缆线路。

（2）电缆线路供电可靠性较高，对人身比较安全。自然因素（如风雨、雷电、烟雾、污秽等）和周围环境对电缆影响很小。

（3）在城市电网中电缆隐蔽于地下能满足美化市容的需要。

（4）电缆线路运行维护费用小。

（5）电缆的电容能改善电力系统功率因数，有利于降低供电成本。

Jb0001132005　冲击接地电阻与工频作用下的电阻有什么不同？（5分）

考核知识点： 接地电阻

难易度： 中

标准答案：

（1）冲击接地电阻是指接地装置在冲击电流作用下的电阻抗值。由于冲击电流幅值高、陡度大，与工频电流作用下的阻抗值有所不同。

（2）由于雷电流的幅值很高，接地体附近出现很大的电流密度和很高的电场强度，使接地体附近土壤的局部地段发生火花放电，相当于接地体的尺寸加大，截面放宽，从而使电阻值下降。

（3）对于伸长形的接地体，因为它有一定的电感，而雷电流陡度很大，相当于波前部分的等效频率很高，所以有较大的感抗，即电阻值上升。

Jb0001132006　输电线路防污闪涂料憎水性检测的原则？（5分）

考核知识点： 憎水性检测

难易度： 中

标准答案：

（1）按照涂料的不同厂家、不同涂覆年份，在每个（条）110kV及以上电压等级变电站（输电线路）选择1～2个测量点。

（2）被检测设备外绝缘表面防污闪涂料涂层的憎水性在HC5～HC6时，应扩大检测范围，所检测数量不得少于同厂家、同涂敷年份设备（绝缘子串）总数的10%。

（3）扩大检测范围后，憎水性在HC5～HC6的数量占所检测数量的10%时，应对同一变电站（线路）的憎水性进行检测。

（4）测量前3日内，无持续雨、雾、雪日出现，而涂层为HC5；或虽有上述天气出现，但测试后3日内均为晴天，而涂层憎水性依然为HC5级时，应进行复涂。

Jb0001131007　线路正常运行时，简要说明直线杆和耐张杆承受荷载的类型及其构成。（5分）

考核知识点： 杆塔荷载

难易度： 易

标准答案：

（1）直线杆：在正常运行时主要承受水平荷载和垂直荷载。其中，水平荷载主要由导线和地线的风压荷载、杆身的风压荷载、绝缘子及金具风压荷载构成；而垂直荷载主要由导线、地线、金具、绝缘子的自重及拉线的垂直分力引起的荷载。

（2）耐张杆：在正常运行时主要承受水平荷载、垂直荷载和纵向荷载。其中，纵向荷载主要由顺

线路方向不平衡张力构成，水平荷载和垂直荷载与直线杆构成相似。

Jb0001132008 简要说明导线机械特性曲线计算绘制步骤。（5分）

考核知识点：机械特性绘制步骤

难易度：中

标准答案：

（1）根据导线型号查出机械物理特性参数，确定最大使用应力，结合防振要求确定年平均运行应力。

（2）根据导线型号及线路所在气象区，查出所需比载及各气象条件的设计气象条件三要素。

（3）计算临界档距并进行有效临界档距的判定。

（4）根据有效临界档距，利用状态方程式分别计算各气象条件在不同代表档距时的应力和部分气象条件的弧垂。

（5）根据计算结果，逐一描点绘制每种气象条件的应力随代表档距变化的曲线和部分气象条件的弧垂曲线。

Jb0001113009 试推导弧垂观测中采用平视法时弧垂观察板固定点与导线悬点之间的竖直距离 *a* 和 *b*。（5分）

考核知识点：弧垂计算

难易度：难

标准答案：

（1）平视法多用于悬点不等高档内进行弧垂观测，若悬点等高，则 $a=b=f$。

（2）在悬点不等高档中，导线最低点偏移档距中点的水平距离

$$m=\frac{\sigma_0\Delta h}{gl}$$

式中 σ_0 ——导线最低点应力，MPa；

Δh ——悬点高差，m；

g ——导线比载，N/（m·mm²）；

l ——档距，m。

高悬点对应的等效档距

$$l_{\rm A}=2\left(\frac{l}{2}+m\right)-l+\frac{2\sigma_0\Delta h}{gl}$$

低悬点对应的等效档距

$$l_{\rm B}=2\left(\frac{l}{2}-m\right)=l-\frac{2\sigma_0\Delta h}{gl}$$

（3）a、b 值。

高悬点

$$a=f_{\rm A}=\frac{gl_{\rm A}^2}{8\sigma_0}=\frac{g}{8\sigma_0}\left(l+\frac{2\sigma_0\Delta h}{gl}\right)^2=f\left(1+\frac{\Delta h}{4f}\right)^2\ （\mathrm{m}）$$

低悬点

$$b=f_{\mathrm{B}}=\frac{gl_{\mathrm{B}}^{2}}{8\sigma_{0}}=\frac{g}{8\sigma_{0}}\left(l-\frac{2\sigma_{0}\Delta h}{gl}\right)^{2}=f\left(1-\frac{\Delta h}{4f}\right)^{2}\ (\mathrm{m})$$

式中　f——档距为 l 的观测档中的观测弧垂，m。

Jb0001133010　试简要叙述切空载线路过电压按最大值逐增过程。（5 分）

考核知识点：输电线路电压特性

难易度：难

标准答案：

（1）空载线路，容抗大于感抗，电容电流近似超前电压 90°，在电流第一次过零时，断路器断口电弧暂时熄灭，线路各相电压达到幅值 $+U_{\mathrm{ph}}$（相电压）并维持在幅值处。

（2）随着系统侧电压变化，断路器断口电压逐渐回升，当升至 $2U_{\mathrm{ph}}$ 时，断路器断口因绝缘未恢复将引起电弧重燃，相当于合空载线路一次，此时线路上电压的初始值为 $+U_{\mathrm{ph}}$，稳态值为 $-U_{\mathrm{ph}}$，过电压等于 2 倍稳态值减初始值，即为 $-3U_{\mathrm{ph}}$。

（3）当系统电压达到 $-U_{\mathrm{ph}}$ 幅值处，断路器断口电弧电流第二次过零，电弧熄灭，此时线路各相相电压达到 $-3U_{\mathrm{ph}}$ 并维持该过电压。

（4）随着系统侧电压继续变化，断路器断口电压升为 $4U_{\mathrm{ph}}$，断口电弧重燃，相当于合空载线路，此时过电压达到 $+5U_{\mathrm{ph}}$。

（5）按上述反复，只要电弧重燃一次，过电压幅值就会按 $-3U_{\mathrm{ph}}$、$+5U_{\mathrm{ph}}$、$-7U_{\mathrm{ph}}$、$+9U_{\mathrm{ph}}$…的规律增长，以致达到很高数值。

Jb0001131011　什么是零值绝缘子？简要说明产生零值绝缘子的原因。（5 分）

考核知识点：零值绝缘子特性

难易度：易

标准答案：

（1）零值绝缘子是指在运行中绝缘子两端电位分布为零的绝缘子。

（2）产生原因：① 制造质量不良；② 运输安装不当产生裂纹；③ 气象条件变化，冷热交替作用；④ 空气中水分和污秽气体的作用；⑤ 长期承受较大张力，年久老化而劣化。

Jb0001132012　简要说明系统中性点接地方式的使用。（5 分）

考核知识点：电力系统接线方式

难易度：中

标准答案：

（1）中性点直接接地方式使用在电压等级在 110kV 及以上电压的系统和 380V/220V 的低压配电系统中。

（2）中性点不接地方式使用在单相接地电容电流分别不超过 30A 的 10kV 系统和不超过 10A 的 35kV 系统中。

（3）中性点经消弧线圈接地方式使用在单相接地电容电流分别超过 30A 的 10kV 系统和超过 10A 的 35kV 系统中，也可用于雷电活动强、供电可靠性要求高的 110kV 系统中。

Jb0001113013　如图 Jb0001113013(a)所示，$R_1=R_2=10\Omega$，$R_3=25\Omega$，$R_4=R_5=20\Omega$，$E_1=20\mathrm{V}$，$E_2=10\mathrm{V}$，$E_3=80\mathrm{V}$，利用戴维南定理，求流过 R_3 上的电流？（5 分）

考核知识点：识别电路图、戴维南定理

难易度：难

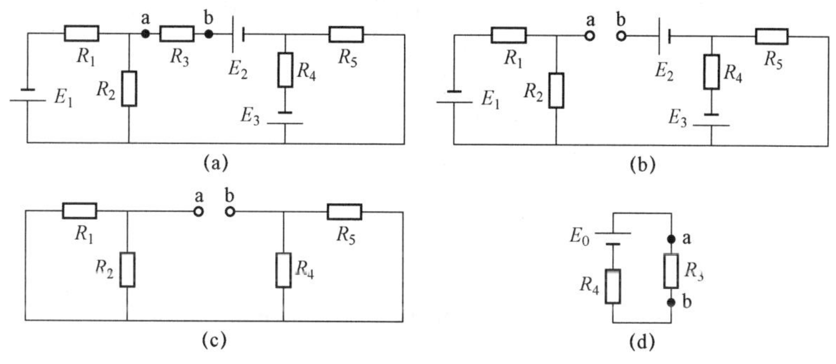

图 Jb0001113013

标准答案：

解：开口电压如图 Jb0001113013（b）所示，入端电阻如图 Jb0001113013（c）、（d）所示。

$$E_0 = U_{ab} = -\frac{E_1}{R_1+R_2}\times R_2 + \frac{E_3}{R_4+R_5}\times R_5 - E_2$$

$$= -\frac{20}{10+10}\times 10 + \frac{80}{20+20}\times 20 - 10 = 20\text{（V）}$$

$$R_0 = R_{ab} = \frac{R_1R_2}{R_1+R_2} + \frac{R_4R_5}{R_4+R_5}$$

$$= \frac{10\times 10}{10+10} + \frac{20\times 20}{20+20} = 15\text{（Ω）}$$

$$I_{R_3} = \frac{E_0}{R_0+R_3} = \frac{20}{15+25} = 0.5\text{（A）}$$

答：流过 R_3 上的电流为 0.5A。

Jb0001111014　图 Jb0001111014（a）所示支架的横杆 CB 上作用有力偶矩 T_1=0.2kN・m 和 T_2=0.5kN・m 的两个力偶，已知 CB=0.8m。试求横杆所受反力。（5 分）

考核知识点：力的计算

难易度：易

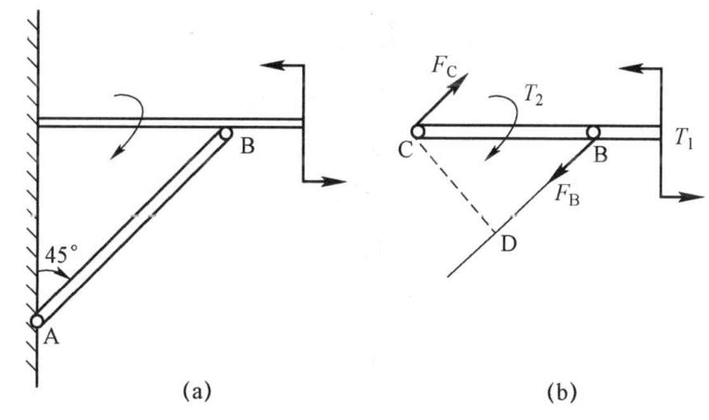

图 Jb0001111014

（a）横杆力矩图；（b）受力图

标准答案：

解：取横杆 CB 为研究对象，其上除作用有力偶矩为 T_1 和 T_2 的两个力偶外，BC 两处还受有约束

反力F_B和F_C。由于力偶只能由力偶来平衡，故反力F_B和F_C必组成一力偶。斜杆 AB 为二力杆，F_B的作用沿线 A、B 两点的连线；F_B和F_C大小相等，平行反向。由此，受力横杆的受力图如图 Jb0001111014（b）所示，其中F_B、F_C的指向是假设的。三力组成一平面力偶系，由平面力偶的平衡条件有

$$\sum T=0$$

$$T_1-T_2-F_BCD=0$$

$$0.2-0.5-F_B\times\sin 45^\circ=0$$

$$F_B=-0.53\text{（kN）}$$

$$F_B=F_C=-0.53\text{（kN）}$$

答：所受反力为－0.53kN（负号说明假设的指向与实际指向相反）。

Jb0001111015　钢螺栓长 l=1600mm，拧紧时产生了 Δl=1.2mm 的伸长，已知钢的弹性模量 E_g=200×10³MPa。试求螺栓内的应力 σ_0。（5 分）

考核知识点：应力的计算

难易度：易

标准答案：

解：

因为螺栓纵应变

$$\varepsilon=\frac{\Delta l}{l}=\frac{1.2}{1600}=0.75\times10^{-3}$$

所以螺栓内的应力

$$\sigma_0=E_g\varepsilon=(200\times10^3)\times0.75\times10^{-3}$$
$$=150\text{（MPa）}$$

答：螺栓内的应力为 150MPa。

Jb0001113016　如图 Jb0001113016 所示，某耐张杆拉线盘，其宽度 b_0=0.7m，长度 l=1.4m，埋深 h=2.4m，拉线盘为斜放。拉线受力方向与水平方向的夹角 β=60°，土壤的计算上拔角 α=30°，单位容重 γ=18kN/m³，安全系数 K=2。计算拉线盘的允许抗拔力 T。（不计及拉线盘自重的影响）（5 分）

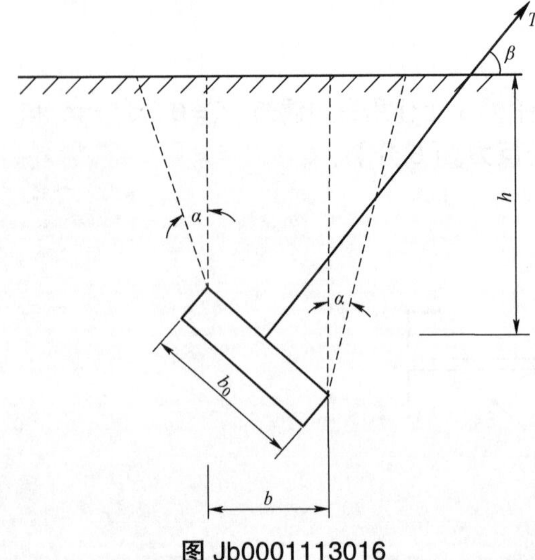

图 Jb0001113016

考核知识点：力的计算

难易度：难

标准答案：

解：已知拉线盘斜放，则其短边的有效宽度为

$$b=b_0\sin\beta=0.7\sin 60^\circ=0.606\ \text{（m）}$$

抵抗上拔时的土重为

$$G_0=h\left[bl+(b+l)h\tan\alpha+\frac{4}{3}h^2\tan^2\alpha\right]\gamma$$
$$=2.4\times\left[0.606\times1.4+(0.606+1.4)\times2.4\times\tan30^\circ+\frac{4}{3}\times2.4^2\times\tan^2 30^\circ\right]\times18$$
$$=262\text{（kN）}$$

$$T\sin\beta \leqslant \frac{G_0}{K}$$

所以
$$T \leqslant \frac{G_0}{K\sin\beta} = \frac{267.32}{2\times\sin60^\circ} = 154.34\ (\text{kN})$$

答：拉线允许抗拔力为154.34kN。

Jb0001213017　某变电站负荷为30MW，$\cos\varphi=0.85$，$T=5500$h，由50km外的发电厂以110kV的双回路供电，线间几何均距为5m，如图Jb0001213017所示，要求线路在一回线运行时不出现过负荷。试按经济电流密度选择钢芯铝绞线的截面和按允许的电压损耗进行校验。（提示：经济电流密度 $J=0.9\text{A/mm}^2$，钢芯铝绞线的导电系数 $\gamma=32\text{m/}(\Omega\cdot\text{mm}^2)$，LGJ－120 型导线的直径 $d=15.2$mm）（5分）

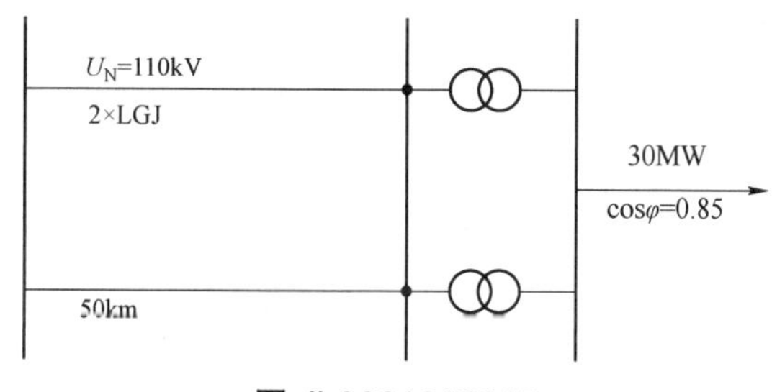

图 Jb0001213017

考核知识点：电能损耗的计算

难易度：难

标准答案：

解：

（1）按经济电流密度选择导线截面。

线路需输送的电流

$$I_{max} = \frac{P}{\sqrt{3}U_N\cos\varphi} = \frac{30\times10^3}{\sqrt{3}\times110\times0.85} = 185\ (\text{A})$$

$$S = \frac{I_{max}}{2J} = \frac{185}{2\times0.9} = 103\ (\text{mm}^2)$$

因此选择LGJ－120型导线，又因为导线允许电流远大于经济电流，故一回路运行时线路不会过负荷。

（2）按允许的电压损耗（$\Delta U_{xu}\%=10$）校验。

因为有功功率 $P=30$MW，$\cos\varphi=0.85$，则

$$\sin\varphi=0.527,\ \tan\varphi=0.62$$

$$Q=P\tan\varphi=30\times0.62=18.6\ (\text{Mvar})$$

每千米导线的电阻

$$r_0 = \frac{1000}{\gamma S} = \frac{1000}{32\times120} = 0.26\ (\Omega/\text{km})$$

每千米导线的电抗

$$x_0 = 0.144\,5\lg\frac{D_j}{r} + 0.015\,7$$
$$= 0.144\,5\lg\frac{5000}{7.6} + 0.015\,7 = 0.423\ (\Omega/\text{km})$$

$$\Delta U=\frac{PR+QX}{U_{\mathrm{N}}}$$
$$=\frac{30\times0.26\times50+18.6\times0.423\times50}{110}=7.12\ (\mathrm{kV})$$
$$\Delta U\%=\frac{\Delta U}{U_{\mathrm{N}}}\times100=\frac{7.12}{110}\times100=6.47<\Delta U_{\mathrm{xu}}\%$$

答：选择 LGJ－120 型导线，一回路运行时线路不会过负荷，且线电压损耗$\Delta U\%$小于允许值，因此满足允许电压损耗的要求。

Jb0001121018　画出三相交流电电动势的正弦曲线图。（5 分）

考核知识点：交流电的特性

难易度：易

标准答案：

如图 Jb0001121018 所示。

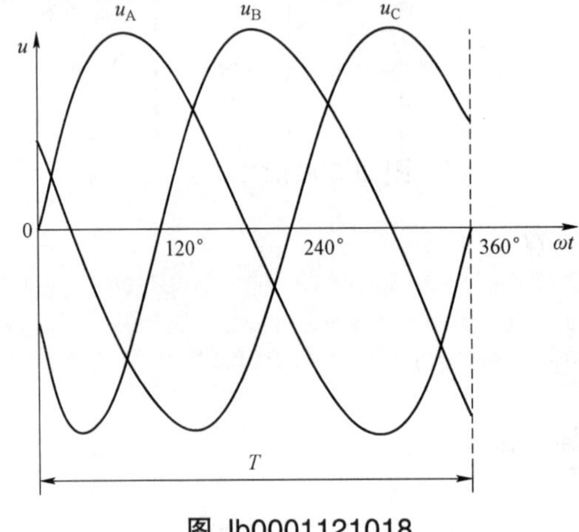

图 Jb0001121018

Jb0001122019　画出矩形塔基础分坑示意图。（5 分）

考核知识点：基础验收

难易度：中

标准答案：

如图 Jb0001122019 所示。

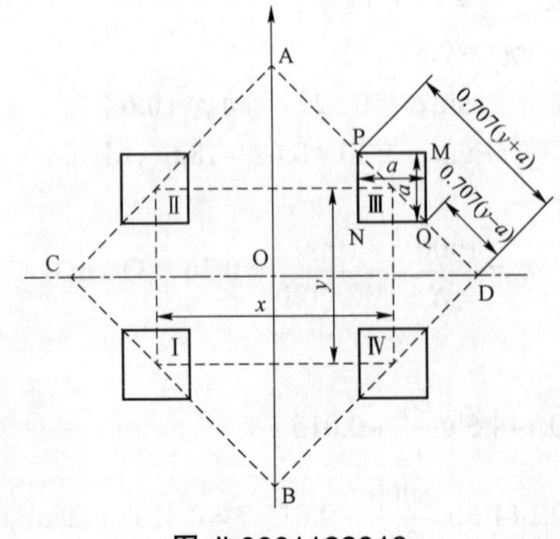

图 Jb0001122019

Jb0001122020 画出将档端观测弧垂仪器置于较低一侧观测示意图。（5 分）

考核知识点：弧垂观测

难易度：中

标准答案：

如图 Jb0001122020 所示。

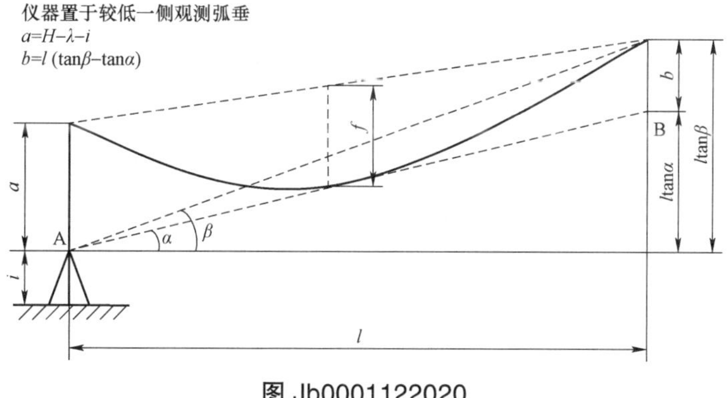

图 Jb0001122020

H—杆塔呼称高；l—悬垂串长度

Jb0001113021 有一条长度为 100km，电压等级为 220kV 的架空线路，导线水平排列，线间距离为 7.5m，每相采用 2×LGJ－300/25 分裂导线，分裂间距 d_{12}=0.3m，求线路参数并绘制出等效电路。（10 分）

考核知识点：线路计算

难易度：难

标准答案：

解：

（1）线路每相每千米参数。

每千米的电阻 $$r_0=\frac{1000}{\lambda A}=\frac{1000}{32\times2\times300}=0.052\ (\Omega/\text{km})$$

每千米的电抗 $$x_0=0.144\,5\log\frac{D_{\text{jj}}}{r}+0.015\,7=0.144\,5\log\frac{1.26D}{\sqrt{rd_{12}}}+0.015\,7$$

$$=0.144\,5\log\frac{1.26\times7.5\times10^2}{\sqrt{1.186\,5\times0.3\times10^2}}+0.015\,7=0.334\,(\Omega/\text{km})$$

每千米电纳 $$b_0=\frac{7.58}{\log\frac{D_{\text{jj}}}{r}}\times10^{-6}=\frac{7.58\times10^{-6}}{\log\frac{1.26\times750}{\sqrt{1.186\,5\times30}}}=3.46\times10^{-6}\ (\text{S/km})$$

（2）线路每相参数

$$R=r_0L=0.052\times100=5.2\ (\Omega)$$

$$X=x_0L=0.334\times100=33.4\ (\Omega)$$

$$B=b_0L=3.45\times10^{-6}\times100=345\times10^{-6}\ (\text{S})$$

$$Q_0=U_{\text{N}}^2B=220^2\times345\times10^{-6}=16.70\ (\text{Mvar})$$

（3）线路等效电路图。

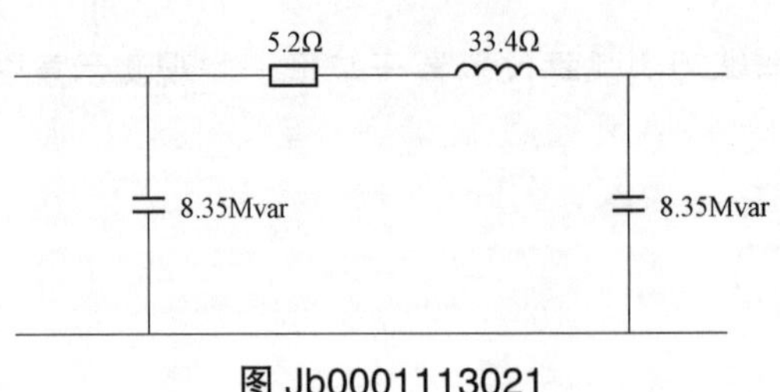

图 Jb0001113021

Jb0001123022　画出档外观测法观测弧垂示意图并写出弧垂计算公式。(5 分)

考核知识点：线路测量

难易度：难

标准答案：

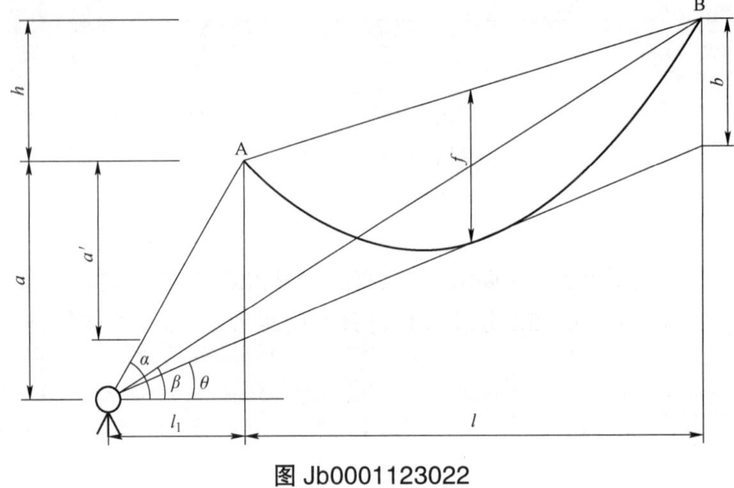

图 Jb0001123022

$$弧垂\ f=\frac{1}{4}\left[\sqrt{l_1(\tan\alpha-\tan\theta)}+\sqrt{(l_1+l)(\tan\beta-\tan\theta)}\right]^2$$

Jb0001123023　画出测量交叉跨越时安放仪器位置示意图。(5 分)

考核知识点：线路画图

难易度：难

标准答案：

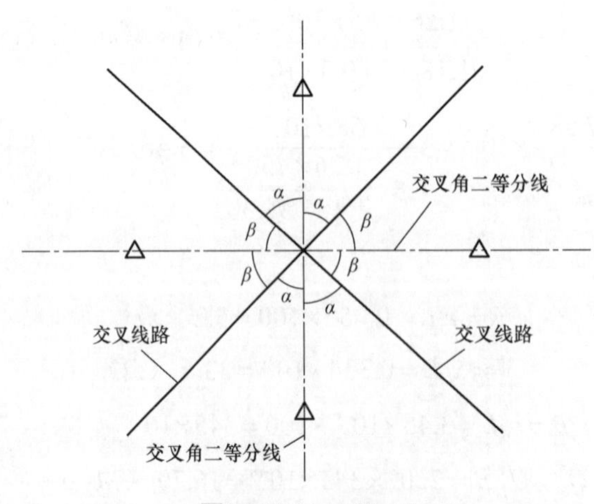

图 Jb0001123023

△—仪器安放位置

Jb0001133024 开展触电急救，伤者脱离电源后救护者应注意的事项有哪些？（5分）

考核知识点：触电急救

难易度：难

标准答案：

（1）救护人不可直接用手、其他金属及潮湿的物体作为救护工具，而应使用适当的绝缘工具。救护人最好用一只手操作，以防自己触电。

（2）防止触电者脱离电源后可能的摔伤，特别是当触电者在高处的情况下，应考虑防止坠落的措施。即使触电者在平地，也要注意触电者倒下的方向，注意防摔。救护者也应注意救护中自身的防坠落、摔伤措施。

（3）救护者在救护过程中特别是在杆上或高处抢救伤者时，要注意自身和被救者与附近带电体之间的安全距离，防止再次触及带电设备。电气设备、线路即使电源已断开，对未做安全措施挂上接地线的设备也应视作有电设备。救护人员登高时应随身携带必要的绝缘工具和牢固的绳索等。

（4）如事故发生在夜间，应设置临时照明灯，以便于抢救，避免意外事故，但不能因此延误切除电源和进行急救的时间。

Jb0001133025 触电急救过程中，胸外心脏按压常见的错误有哪些？（5分）

考核知识点：触电急救

难易度：难

标准答案：

（1）按压除掌根部贴在胸骨外，手指也压在胸壁上，这容易引起骨折（肋骨或肋软骨）。

（2）按压定位不正确，向下易使剑突受压折断而致肝破裂。向两侧易致肋骨或肋软骨骨折，导致气胸、血胸。

（3）按压用力不垂直，导致按压无效或肋软骨骨折，特别是摇摆式按压更易出现严重并发症。

（4）抢救者按压时肘部弯曲，因而用力不够，按压深度达不到3.8～5cm。

（5）按压冲击式，猛压，其效果差，且易导致骨折。

（6）放松时抬手离开胸骨定位点，造成下次按压部位错误，引起骨折。

（7）放松时未能使胸部充分松弛，胸部仍承受压力，使血液难以回到心脏。

（8）按压速度不自主加快或减慢，影响按压效果。

（9）双手手掌不是重叠放置，而是交叉放置。

Jb0002132026 杆塔补强拉线应符合什么要求？（5分）

考核知识点：补强拉线的要求

难易度：中

标准答案：

（1）补强拉线可用钢丝绳或钢绞线制作，拉线一般打在横担端或避雷线挂点处。地锚与杆塔中心距离应大于挂线点的高度，拉线与杆塔间的夹角不小于45°。

（2）补强拉线的松紧程度，以平衡设计规定的水平张力为准。

（3）补强拉线的地锚埋设位置应在张力作用方向的反侧。

Jb0002133027 钳形表检测混凝土杆接地电阻时，发现混凝土杆接地螺栓接触电阻大有什么改善措施？（5分）

考核知识点：接地电阻

难易度：难

标准答案：

发现混凝土电杆接触电阻大，检测时可以规定双杆面向大号右边的接地引上线，作为钳型表周期测试混凝土电杆接地装置工频接地电阻的固定点，这样能防止混凝土电杆接地螺栓由于多次拆卸易受损增大接触电阻而人为造成杆塔接地电阻超标。对检测发现接触电阻大的电杆，可以用 M16 板牙丝攻对电杆内的螺帽重新进行板牙，修复螺纹帽螺纹后涂上导电脂后将螺栓紧固。使地面检测得到的接地线工频接地电阻与接地引下线恢复连接后的电杆接地装置工频接地电阻两者相吻合。

Jb0002131028　降低冲击接地电阻值常采用哪些措施？为什么要尽可能地降低接地电阻的数值？（5分）

考核知识点：接地电阻

难易度：易

标准答案：

（1）降低冲击接地电阻值常采用下列措施：采用多射线形、环网形环网接地装置；采用换土壤或化学改良土壤的办法。

（2）降低接地电阻值的原因：因为接地电阻值越小，雷击放电时引起的过压越小，防雷效果越好。

Jb0002132029　巡线检查交叉跨越时，着重注意哪几方面情况？（5分）

考核知识点：送电线路运维

难易度：中

标准答案：

（1）运行中的线路，导线弧垂大小决定于气温、导线温升和导线的荷重。当导线温度升高或导线覆冰时都能使弧垂变大，因此在检查交叉跨越距离是否合格时，应分别以导线覆冰或导线最高允许温度来验算。

（2）档距中导线弧垂的变化是不一样的，靠近档距中央变化大，靠近导线悬挂点变化小。因此，在检查交叉跨越时，一定要注意交叉点与杆塔的距离。

（3）检查交叉跨越时，应记录当时的气温，并换算到最高气温，以计算最小的交叉距离。

Jb0002133030　在正常运行时，引起线路耐张段中直线杆承受不平衡张力的原因主要有哪些？（5分）

考核知识点：杆塔荷载

难易度：难

标准答案：

（1）耐张段中各档距长度相差悬殊，当气象条件变化后，引起各档张力不等。

（2）耐张段中各档不均匀覆冰或不同时脱冰时，引起各档张力不等。

（3）线路检修时，先松下某悬点导线或后挂上某悬点导线将引起相邻各档张力不等。

（4）耐张段中在某档飞车作业，绝缘梯作业等悬挂集中荷载时引起不平衡张力。

（5）山区连续倾斜档的张力不等。

Jb0002133031　孤立档在运行中有何优点？施工中有何缺点？（5分）

考核知识点：耐张段特性

难易度：难

标准答案：

（1）运行优点：

1）可以隔离本档以外的断线事故。

2）导线两端悬点不能移动，垂直排列档距中央线间距离在不同时脱冰时能得到保障，故可使用在较大档距。

3）杆塔微小的挠度，可使导线、架空地线大大松弛，因此杆塔很少破坏。

（2）施工中的缺点：

1）为保证弧垂能满足要求，安装时要根据杆塔或构架能承受的强度进行过牵引。

2）孤立档档距较小时，绝缘子串下垂将占全部弧垂一半甚至更多，施工安装难度大。

Jb0002112032　已知某 110kV 线路有一耐张段，其各直线档档距分别为：$l_1=260$m，$l_2=310$m，$l_3=330$m，$l_4=280$m。在最高气温时比载为 36.51×10^{-3}N/（m·mm²），由耐张段代表档距查得最高气温时的弧垂 $f_0=5.22$m。求在最高气温条件下 l_3 档的中点弧垂 f_3。（不计悬点高差）（5 分）

考核知识点：弧垂的计算

难易度：中

标准答案：

解：耐张段的代表档距为

$$l_0=\sqrt{\frac{\sum l_i^3}{\sum l_i}}=\sqrt{\frac{l_1^3+l_2^3+l_3^3+l_4^4}{l_1+l_2+l_3+l_4}}$$

$$=\sqrt{\frac{260^3+310^3+330^3+280^3}{260+310+330+280}}=298.66\text{（m）}$$

l_3档的中点弧垂

$$f_3=f_0\left(\frac{l_3}{l_0}\right)^2=5.22\times\left(\frac{330}{298.66}\right)^2=6.373\text{（m）}$$

答：在最高气温气象条件下 l_3 档的中点弧垂 f_3 为 6.373m。

Jb0002113033　如图 Jb0002113033 所示，某 110kV 输电线路中的一个耐张段，导线型号为 LGJ－120/20，计算重量 $G_0=466.8$kg/km，计算截面积 $S=134.49$mm²，计算直径 $d=15.07$mm，覆冰条件下导线应力 $\sigma_0=110$MPa。试计算该耐张段中 3 号直线杆塔在第Ⅳ气象区覆冰条件下的水平荷载和垂直荷载（计算一相导线）。（覆冰厚度 $b=5$mm，相应风速 $v=10$m/s，冰的比重 $\gamma=0.9$g/cm³，$\alpha=1.0$，$k=1.2$）（5 分）

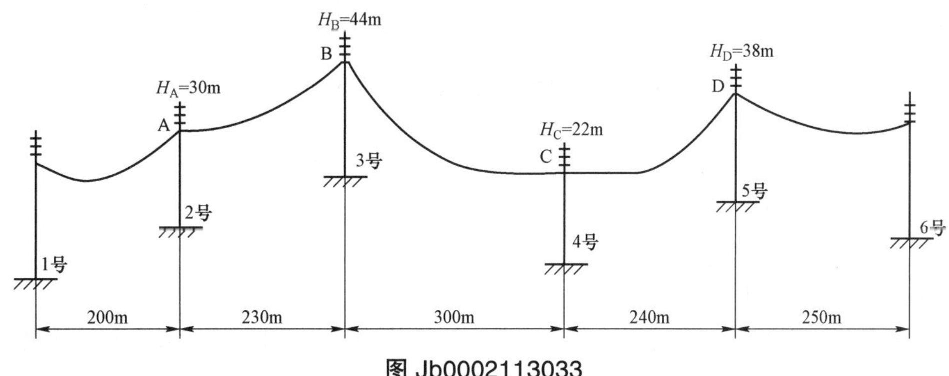

图 Jb0002113033

考核知识点：杆塔荷载的计算

难易度：难

标准答案：

解：

（1）导线的自重比载

$$g_1=\frac{9.8G_0}{S}\times10^{-3}=\frac{9.8\times466.8}{134.49}\times10^{-3}=34.015\times10^{-3}\ [\text{N/（m}\cdot\text{mm}^2\text{）}]$$

（2）冰的比载

$$g_2=\frac{9.8\pi\gamma b(d+b)}{S}\times10^{-3}=\frac{9.8\times3.14\times0.9\times5\times(15.07+5)}{134.49}\times10^{-3}=20.675\times10^{-3}\ [\text{N/（m}\cdot\text{mm}^2\text{）}]$$

（3）风压比载

$$\begin{aligned}g_5&=ak(d+2b)\frac{9.8v^2}{16S}\times10^{-3}\\&=1.0\times1.2\times(15.07+2\times5)\times\frac{9.8\times10^2}{16\times134.49}\times10^{-3}\\&=13.701\times10^{-3}\ [\text{N/（m}\cdot\text{mm}^2\text{）}]\end{aligned}$$

（4）3 号杆塔的水平档距、垂直档距

水平档距

$$l_\text{h}=\frac{l_1+l_2}{2}=\frac{230+300}{2}=265\text{（m）}$$

垂直档距

$$\begin{aligned}l_\text{v}&=\frac{l_1+l_2}{2}+\frac{\sigma_0}{g}\left(\frac{\pm\Delta h_1}{l_1}+\frac{\pm\Delta h_2}{l_2}\right)\\&=\frac{230+300}{2}+\frac{110}{(34.015+20.675)\times10^{-3}}\times\left(\frac{44-30}{230}+\frac{44-22}{300}\right)\\&=534.9\text{（m）}\end{aligned}$$

（5）3 号杆塔的水平荷载

$$P=g_5Sl_\text{h}=13.701\times10^{-3}\times134.49\times265=488.3\text{（N）}$$

（6）3 号杆塔的垂直荷载

$$\begin{aligned}G&=(g_1+g_2)Sl_\text{v}\\&=(34.015\times10^{-3}+20.675\times10^{-3})\times134.49\times534.9\\&=3934.3\text{（N）}\end{aligned}$$

答：3 号直线杆塔在第Ⅳ气象区覆冰条件下的水平荷载和垂直荷载分别为 488.3N 和 3934.3N。

Jb0002132034　弧垂观测档的选择应符合哪些规定？（5 分）

考核知识点：弧垂测量

难易度：中

标准答案：

（1）紧线段在 5 档及以下时靠近中间选择一档。

（2）紧线段在 6～12 档时靠近两端各选择一档。

（3）紧线段在 12 档以上时靠近两端及中观测档宜选档距较大和悬挂点高差较小及接近代表档距的线档。

（4）弧垂观测档的数量可以根据现场条件适当增加，但不得减少。

（5）间可选 3～4 档。

Jb0002132035　隐蔽工程的验收检查应在隐蔽前进行，哪些内容为隐蔽工程？（5 分）

考核知识点：隐蔽工程验收

难易度：中

标准答案：

（1）基础坑深及地基处理情况。

（2）现浇基础中钢筋和预埋件的规格、尺寸、数量、位置、底座断面尺寸、混凝土的保护层厚度及浇制质量。

（3）预制基础中钢筋和预埋件的规格、数量、安装位置，立柱的组装质量。

（4）岩石及掏挖基础的成孔尺寸、孔深、埋入铁件及混凝土浇制质量。

（5）灌注桩基础的成孔、清孔、钢筋骨架及水下混凝土浇灌。

（6）液压或爆压连接的接续管、耐张线夹、引流管。

（7）导线、架空地线补修处理及线股损伤情况。

（8）铁塔接地装置的埋设情况。

Jb0002113036　采用盐密仪测试 X－4.5 型绝缘子盐密，用蒸馏水 $V=130\text{cm}^3$ 清洗绝缘子表面。清洗前，测出 20℃时蒸馏水的含盐浓度为 0.000 723；清洗后，测出 20℃时污秽液中含盐浓度为 0.013 6。已知绝缘子表面积 $S=645\text{cm}^2$。求绝缘子表面盐密值？（5 分）

考核知识点：分析计算

难易度：难

标准答案：

解：按题意求解，有

$$d=10\times\frac{V(D_2-D_1)}{S}$$

$$=10\times\frac{130\times(0.013\,6-0.000\,723)}{645}=0.026\ (\text{mg/cm}^2)$$

答：绝缘子表面盐密值为 0.026mg/cm^2。

Jb0002123037　绘制用经纬仪测量线路交叉跨越示意图。（5 分）

考核知识点：交跨测量

难易度：难

标准答案：

交叉跨越测量如图 Jb0002123037 所示。

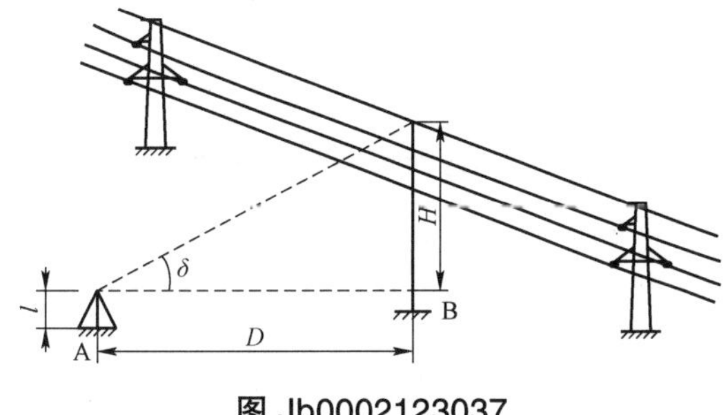

图 Jb0002123037

Jb0002132038　线路大修及改进工程包括哪些主要内容？（5分）

考核知识点：送电线路基本技能

难易度：中

标准答案：

（1）据防汛、反污染等反事故措施的要求调整线路的路径。

（2）更换或补强线路杆塔及其部件。

（3）换或补修导线、架空地线并调整弧垂。

（4）换绝缘子或为加强线路绝缘水平而增装绝缘子。

（5）更换接地装置。

（6）塔基础加固。

（7）更换或增装防振装置。

（8）铁塔金属部件的防锈刷漆。

（9）处理不合理的交叉跨越。

Jb0002133039　对电力线路有哪些基本要求？（5分）

考核知识点：送电线路基本技能

难易度：难

标准答案：

（1）保证线路架设的质量，加强运行维护，提高对用户供电的可靠性。

（2）要求电力线路的供电电压在允许的波动范围内，以便向用户提供质量合格的电压。

（3）在送电过程中，要减少线路损耗，提高送电效率，降低送电成本。

（4）架空线路由于长期置于露天下运行，线路的各元件除受正常的电气负荷和机械荷载作用外，还受到风、雨、冰、雪、大气污染、雷电活动等各种自然和人为条件的影响，要求线路各元件应有足够的机械和电气强度。

Jb0002133040　继电保护的基本任务是什么？（5分）

考核知识点：送电线路基本技能

难易度：难

标准答案：

（1）保护电力系统中的电气设备（如发电机、变压器、输电线路等）。当运行中的设备发生故障或不正常工作情况时，继电保护装置应使断路器跳闸并发出信号。

（2）当被保护的电气设备发生故障时，它能自动地、迅速地、有选择地借助断路器将故障设备从电力系统中切除，以保证系统无故障部分迅速恢复正常运行，并使故障设备免于继续遭受破坏。

（3）对于某些故障，如小接地电流系统的单相接地故障，因它不会直接破坏电力系统的正常运行，继电保护发信号而不立即去跳闸。

（4）当某电气设备出现不正常工作状态时，如过负荷、过热等现象时继电保护装置可根据要求发出信号，并通知运行人员及时处理。

Jb0002132041　不同类型的杆塔基础各适用于什么条件？（5分）

考核知识点：送电线路基本技能

难易度：中

标准答案：

杆塔基础根据杆塔类型、地形、地质及施工条件的不同，一般采用以下几种类型。

（1）现场浇制的混凝土和钢筋混凝土基础：适用在施工季节砂石和劳动力条件较好的情况下。

（2）预制钢筋混凝土基础：这种基础适合于缺少砂石、水源的塔位或者需要在冬季施工而不宜在现场浇制基础时采用。预制钢筋混凝土基础的单件重量要适应于运输条件，因此预制基础的部件大小和组合方式有所不同。

（3）金属基础：这种基础适合于高山地区交通运输条件极为困难的塔位。

（4）灌注桩式基础：灌注桩式基础可分为等径灌注桩和扩底短桩两种。当塔位处于河滩时，考虑到河床冲刷及防止漂浮物对铁塔影响，常采用等径灌注桩深埋基础。扩底短桩基础最适用于黏性土或其他坚实土壤的塔位。

Jb0002132042　鸟类活动会造成哪些线路故障？如何防止鸟害？（5分）

考核知识点：技能指导

难易度：中

标准答案：

鸟类活动会给电力架空线路造成的故障情况如下。

（1）鸟类在横担上做窝。当这些鸟类嘴里叼着树枝、柴草、铁丝等杂物在线路上空往返飞行，树枝等杂物落到导线间或搭在导线与横担之间时，就会造成接地或短路事故。

（2）体形较大的鸟在线间飞行或鸟类打架也会造成短路事故。

（3）杆塔上的鸟巢与导线间的距离过近，在阴雨天气或其他原因，便会引起线路接地事故。

（4）在大风暴雨的天气里，鸟巢被风吹散触及导线，因而造成跳闸停电事故。

防止鸟害的办法：

（1）增加巡线次数，随时拆除鸟巢。

（2）安装惊鸟装置，使鸟类不敢接近架空线路。常用的具体方法有：① 在杆塔上部挂镜子或玻璃片；② 装风车或翻板；③ 在杆塔上挂带有颜色或能发声响的物品；④ 在鸟类集中处还可以用猎枪或爆竹来惊鸟。这些办法虽然行之有效，但时间较长后，鸟类习以为常也会失去作用，所以最好是各种办法轮换使用。

Jb0002133043　基建阶段防倒塔措施有哪些规定？（5分）

考核知识点：十八项反措

难易度：难

标准答案：

（1）隐蔽工程应留有影像资料，并经监理单位质量验收合格后方可隐蔽；竣工验收时运行单位应检查隐蔽工程影像资料的完整性，并进行必要的抽检。

（2）铁塔现场组立前应对紧固件螺栓、螺母及铁附件进行抽样检测，经确认合格后方可使用。地脚螺栓直径级差宜控制在 6mm 及以上，螺杆顶面、螺母顶面或侧面加盖规格钢印标记，安装前应对螺杆、螺母型号进行匹配。架线前、后应对地脚螺栓紧固情况进行检查，严禁在地脚螺母紧固不到位时进行保护帽施工。

（3）对山区线路，设计单位应提出余土处理方案，施工单位应严格执行余土处理方案。

Jb0002131044　拉线塔的防倒塔措施有哪些规定？（5分）

考核知识点：十八项反措

难易度：易

标准答案：

（1）加强拉线塔的保护和维修。

（2）拉线下部应采取可靠的防盗、防割措施；应及时更换锈蚀严重的拉线和拉棒；对易受撞击的杆塔和拉线，应采取防撞措施。

（3）对机械化耕种区的拉线塔，宜改造为自立式铁塔。

Jb0002133045　线路运行阶段防止断线事故有哪些规定？（5分）

考核知识点：十八项反措

难易度：难

标准答案：

（1）加强对大跨越段线路的运行管理，按期进行导地线测振，发现动弯应变值超标时应及时分析、处理。

（2）在腐蚀严重地区，应根据导地线运行情况进行鉴定性试验；出现多处严重锈蚀、散股、断股、表面严重氧化时，宜换线。

（3）运行线路的重要跨越［不包括“三跨”（跨高速铁路、跨高速公路、跨重要输电通道）］档内接头应采用预绞式金具加固。

Jb0002133046　线路运行阶段防止风偏闪络有哪些规定？（5分）

考核知识点：十八项反措

难易度：难

标准答案：

（1）运行单位应加强通道周边新增构筑物、各类交叉跨越距离及山区线路大档距侧边坡的排查，对影响线路安全运行的隐患及时治理。

（2）线路风偏故障后，应检查导线、金具、铁塔等受损情况并及时处理。

（3）更换不同型式的悬垂绝缘子串后，应对导线风偏角及导线弧垂重新校核。

Jb0002132047　输电线路绝缘子串的状态巡检要求有哪些（5分）

考核知识点：状态巡检

难易度：中

标准答案：

（1）绝缘子串无异物附着。

（2）绝缘子钢帽、钢脚无腐蚀；锁紧销无锈蚀、脱位或脱落。

（3）绝缘子串无移位或非正常偏斜。

（4）绝缘子无破损。

（5）绝缘子串无严重局部放电现象、无明显闪络或电蚀痕迹。

（6）室温硫化硅橡胶涂层无龟裂、粉化、脱落。

（7）复合绝缘子无撕裂、鸟啄、变形；端部金具无裂纹和滑移；护套完整。

Jb0002131048　输电线路杆塔与接地、拉线与基础的状态巡检要求有哪些？（5分）

考核知识点：线路巡检

难易度：易

标准答案：

（1）杆塔结构无倾斜，横担无弯扭。

（2）杆塔部件无松动、锈蚀、损坏和缺件。
（3）拉线及金具无松弛、断股和缺件；张力分配应均匀。
（4）杆塔和拉线基础无下沉及上拔，基础无裂纹损伤，防洪设施无坍塌和损坏，接地良好。
（5）塔上无危及安全运行的鸟巢和异物。

Jb0002133049　输电线路通道和防护区的状态巡检要求有哪些？（5 分）

考核知识点：线路巡检

难易度：难

标准答案：

（1）无可燃易爆物和腐蚀性气体。
（2）树木与输电线路间绝缘距离的观测。
（3）无土方挖掘、地下采矿、施工爆破。
（4）无架设或敷设影响输电线路安全运行的电力线路、通信线路、架空索道、各种管道等。
（5）未修建鱼塘、采石场及射击场等。
（6）无高大机械及可移动式的设备。
（7）无其他不正常情况，如山洪暴发、森林起火等。
（8）无架设或敷设影响输电线路安全运行的电力线路、通信线路、架空索道、各种管道等。
（9）未修建鱼塘、采石场及射击场等。
（10）无高大机械及可移动式的设备。
（11）无其他不正常情况，如山洪暴发、森林起火等。

Jb0002132050　在线路的防覆冰工作中，融冰电流与保线电流有什么区别？（5 分）

考核知识点：防覆冰

难易度：中

标准答案：

所谓融冰电流是在某种气候条件下，导线已经出现一定厚度的覆冰，为了使覆冰脱落，在导线上通过一定电流，在一定时间内能将冰融化，这个电流称为融冰电流，融冰电流在导线电阻上所产生的热量与导线传导、对流、辐射及融化冰层吸收的热量之和相平衡。保线电流是出现覆冰气候条件，导线上尚未覆冰，为了防止覆冰，在导线上通过一定的电流，此电流在导线电阻上产生的热量与导线辐射对流损失的热量相平衡，保护导线温度在 0℃以上（一般取 2℃）从而保证导线上不出现覆冰。

Jb0002132051　防污闪技术管理包括哪些？（5 分）

考核知识点：防污闪

难易度：中

标准答案：

污闪技术管理包括了盐密和灰度测定及分析机构；划分污秽等级、绘制污秽等级分布图；合理配置电瓷外绝缘爬距；清扫绝缘子，采用防污涂料；控制污源，加强绝缘子选型和质量检查，配电装置防污选择。污闪事故统计及分析资料；污闪组织机构、明确责任和建立技术档案管理等十几个方面。这充分说明了线路季节性事故预防中，防污秽的工作重要性，各运行单位必须按防污闪技术管理的十几个方面逐条落实，并结合本部门线路运行工作制定防污措施，健全档案管理，力争将污闪事故减少最低程度。

Jb0002132052　架空电力线路架设避雷线的原则是什么？（5分）

考核知识点：避雷线

难易度：中

标准答案：

架空电力线路避雷线的设计，因根据线路电压、负荷性质和系统运行方式，并结合当地已有线路的运行经验，地区雷电活动的强弱，地形地貌特点及土壤电阻率高低等情况，通过技术和经济的比较，进行综合考虑。

各级电压架空电力线路的避雷线一般采用下列方式装设。

（1）35kV输电线路，一般仅在进出变电站1～2km内装设避雷线。

（2）110kV及以上输电线路宜全线架设避雷线，但在年平均雷电日不超过15天或运行经验证明雷电活动较微的地区，可不全线架设避雷线。

Jb0002133053　防止输电线路发生季节性事故应采取哪些措施？（5分）

考核知识点：线路巡检

难易度：难

标准答案：

运行中的架空输电线路由于受大自然气象条件变化，如风、雨、雪、雷电、覆冰、洪水、雾等的影响都会危及线路安全运行，严重时会造成事故。因此，应该与可能引起各种季节性事故的自然灾害进行斗争，搞好事故预防工作。线路的季节性事故的预防工作根据各地气候及地形条件有所不同，一般采取下列措施：春季主要抓防冻、防鸟害、防树害工作；夏季应继续抓防树害及防雷、防洪工作；秋季抓防风及防雷；冬季应抓好防污闪（防雾）、防冻及防雷准备等工作，应根据各条线路的具体情况，列入年度重点预防检查及进行的工作项目，把维护工作做细做好。

Jb0002131054　降低接地电阻常见的方法有哪些？（5分）

考核知识点：接地电阻

难易度：易

标准答案：

（1）尽量利用杆塔金属基础，钢筋混凝土基础等自然接地体。

（2）尽量利用杆塔基础坑埋设人工接地体。

（3）采用适当比例的食盐、木炭、铁屑与土壤混合。

（4）采用电阻率较低的土壤置换原电阻率较高的土壤。

（5）采用接地模块改善接地体电阻。

（6）采用降阻剂与土壤混合。

Jb0002113055　110kV线路某一跨越档，其档距 l=350m，代表档距 l_0=340m，被跨越通信线路跨越点距跨越档杆塔的水平距离 X=100m。在气温20℃时测得上导线弧垂 f=5m，导线对被跨越线路的交叉距离 h=6m，导线热膨胀系数 $\alpha=19\times10^{-6}$1/℃。试计算当温度为40℃时，交叉距离是否满足要求？（5分）

考核知识点：线路计算

难易度：难

标准答案：

解：（1）将实测导线弧垂换算为40℃时的弧垂，有

$$f_{max}=\sqrt{f^2+\frac{3l^4}{8l_0^2}(t_{max}-t)\alpha}=\sqrt{5^2+\frac{3\times350^4}{8\times340^2}(40-20)\times19\times10^{-6}}=6.6\text{（m）}$$

（2）计算交叉跨越点的弧垂增量

$$\Delta f_x = \frac{4x}{l}\left(1-\frac{x}{l}\right)(f_{\max}-f) = \frac{4\times100}{350}\times\left(1-\frac{100}{350}\right)\times(6.5-5) = 1.306 \text{（m）}$$

（3）计算 40℃时导线对被跨越线路的垂直距离 H 为：

$$H = h - \Delta f_x = 6 - 1.224 = 4.694 \text{（m）}$$

答：交叉跨越距离为 4.694m，大于规程规定的最小净空距离 3m，满足要求。

Jb0002113056　现有一根 19 股、70mm² 的镀锌钢绞线，用作线路避雷线，为保证安全，计算该镀锌钢绞线的拉断力 T_b 和最大允许拉力 T_{max} 各是多少？（提示：19 股钢绞线扭绞系数 f=0.89，用于避雷线时其安全系数 K 不应低于 2.5，极限抗拉强度 σ=1370N/mm²）（5 分）

考核知识点：线路计算

难易度：难

标准答案：

（1）该钢绞线的拉断力为 $T_b = A\sigma \cdot f = 70\times1370\times0.89 = 85.351$（kN）

（2）最大允许拉力为 $T_{\max} = \frac{T_b}{K} = \frac{85.351}{2.5} = 34.14$（kN）

答：该镀锌钢绞线的拉断力为 85.351kN，最大允许拉力为 34.14kN。

Jb0002133057　巡视人员在巡线过程中应注意哪些事项？（5 分）

考核知识点：线路运行

难易度：难

标准答案：

（1）在巡视线路时，无人监护一律不准登杆巡视。

（2）在巡视过程中，应始终认为线路是带电运行的，即使知道该线路已停电，巡线员也应认为线路随时有送电的可能。

（3）夜间巡视时应有照明工具，巡线员应在线路两侧行走，以防止触及断落的导线。

（4）巡线中遇有大风时，巡线员应在上风侧沿线行走，不得在线路的下风侧行走，以防断线倒杆危及巡线员的安全。

（5）巡线时必须全面巡视，不得遗漏。

（6）在故障巡视中，无论是否发现故障点都必须将所分担的线段和任务巡视完毕，并随时与指挥人联系；如已发现故障点，应设法保护现场，以便分析故障原因。

（7）发现导线或避雷线掉落地面时，应设法阻止居民、行人靠近断线场所。

（8）在巡视中如发现线路附近修建有危及线路安全的工程设施应立即制止。

（9）发现危急缺陷应向本单位及时报告，以便迅速处理。

（10）巡线时遇有雷电或远方雷声时，应远离线路或停止巡视，以保证巡线员的人身安全。

Jb0002123058　画出交叉跨越测量示意图。（5 分）

考核知识点：线路画图

难易度：难

标准答案：

如图 Jb0002123058 所示。

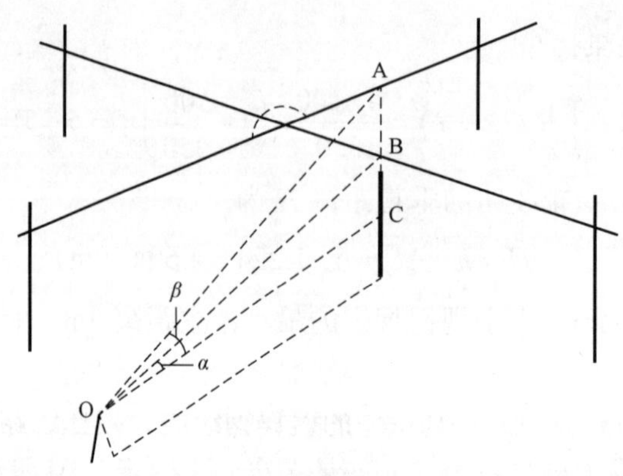

图 Jb0002123058

Jb0002123059 画出等长法观测弧垂示意图。（5 分）

考核知识点：线路画图

难易度：难

标准答案：

如图 Jb0002123059 所示。

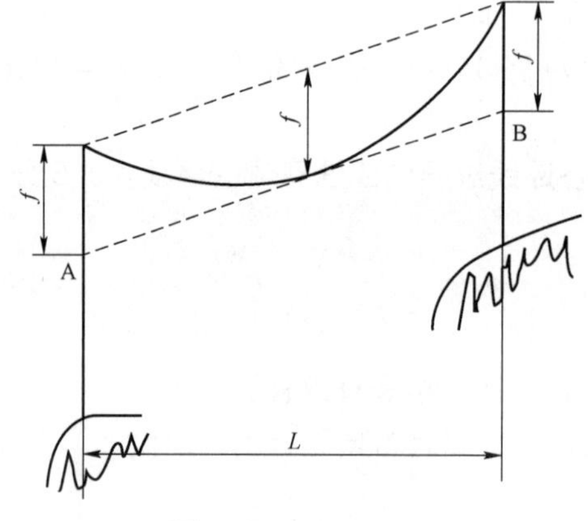

图 Jb0002123059

Jb0002123060 绘制等长样板法的原理示意图。（5 分）

考核知识点：线路画图

难易度：难

标准答案：

如图 Jb0002123060 所示。

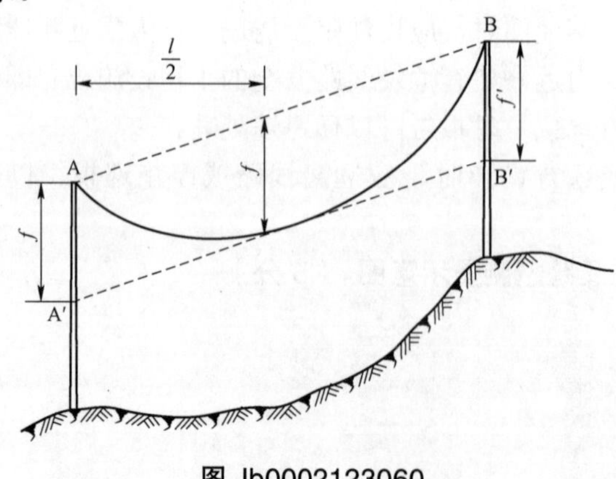

图 Jb0002123060

Jb0003133061 架线后对全部拉线进行检查和调整，应符合哪些规定？（5分）

考核知识点：拉线的检查

难易度：难

标准答案：

架线后应对全部拉线进行检查和调整，并应符合下列规定。

（1）拉线与拉线棒应呈一直线。

（2）X 型拉线的交叉处应留有足够的空隙，避免相互磨碰。

（3）拉线的对地夹角允许偏差应为 1°，个别特殊杆塔拉线对地夹角需超出 1° 时应符合设计规定。

（4）NUT 型线夹带螺母后及花篮螺栓的螺杆必须露出螺纹，并应留有不小于 1/2 螺杆的螺纹长度，以供运行时调整。在 NUT 型线夹的螺母上应装设防盗罩，并应将双螺母拧紧，花篮螺栓应封固。

（5）组合拉线的每根拉线受力应一致。

Jb0003113062 某 110kV 架空线路，通过Ⅵ级气象区，导线型号为 LGJ－150/25，档距为 300m，悬挂点高度 h＝12m，导线计算直径 d＝17.1mm，导线自重比载 $g_1=34.047\times10^{-3}$N/（m·mm²），最低气温时最大应力 σ_{max}＝113.68MPa，最高气温时最小应力 σ_{min}＝49.27MPa，风速下限值 V_{min}＝0.5m/s，风速上限值 V_{max}＝4.13m/s。求防振锤安装距离 L。（5分）

考核知识点：防振锤安装距离的计算

难易度：难

标准答案：

解：最小半波长

$$\frac{\lambda_{min}}{2}=\frac{d}{400V_{max}}\sqrt{\frac{9.81\sigma_{min}}{g_1}}=\frac{17.1}{400\times4.13}\sqrt{\frac{9.81\times49.27}{34.047\times10^{-3}}}=1.233\text{（m）}$$

最大半波长

$$\frac{\lambda_{max}}{2}=\frac{d}{400V_{min}}\sqrt{\frac{9.81\sigma_{max}}{g_1}}=\frac{17.1}{400\times0.5}\sqrt{\frac{9.81\times113.68}{34.047\times10^{-3}}}=15.474\text{（m）}$$

防振锤安装距离为

$$L=\frac{\frac{\lambda_{min}}{2}\times\frac{\lambda_{max}}{2}}{\frac{\lambda_{min}}{2}+\frac{\lambda_{max}}{2}}=\frac{1.233\times15.474}{1.233+15.474}=1.142\text{（m）}$$

答：防振锤安装距离为 1.142m。

Jb0003113063 已知导线重量 G＝11701N，起吊布置图如图 Jb0003113063（a）所示（图中 S_1 为导线风绳的大绳，S_2 为起吊钢绳）。求安装上导线时上横担自由端 A 的荷重。（不计悬点高差）（5分）

考核知识点：杆塔荷载的计算

难易度：难

标准答案：

解：设大绳拉力为S_1，钢绳拉力为S_2，大绳对地的夹角为 45°。由图 Jb0003113063（b）计算 AB 的长度为

$$\sqrt{1.2^2+6.2^2}=6.32\text{（m）}$$

B 点上作用一平面汇交力系S_1、S_2和 G，由图 Jb0003113063（c）可知并得平衡方程

$$\sum X=0 \quad S_1\cos45^\circ-S_2\frac{1.2}{6.32}=0$$

$$S_1=\frac{1.2S_2}{6.32\cos45^\circ}$$

$$\sum Y=0 \quad S_1\sin45^\circ+G-S_2\times\frac{6.2}{6.32}=0$$

$$S_1=\frac{6.2S_2}{6.32\sin45^\circ}-\frac{G}{\sin45^\circ}$$

即

$$\frac{1.2S_2}{6.32\cos45^\circ}=\frac{6.2S_2}{6.32\sin45^\circ}-\frac{G}{\sin45^\circ}$$

可解得$S_2=14\,775$（N），$S_1=3967$（N）

由于转向滑车的作用，于是横担上的荷重如图 Jb0003113063（d）所示。

水平荷重

$$S_2-S_2'=14\,775-14\,775\times\frac{1.2}{6.32}=11\,970\text{（N）}$$

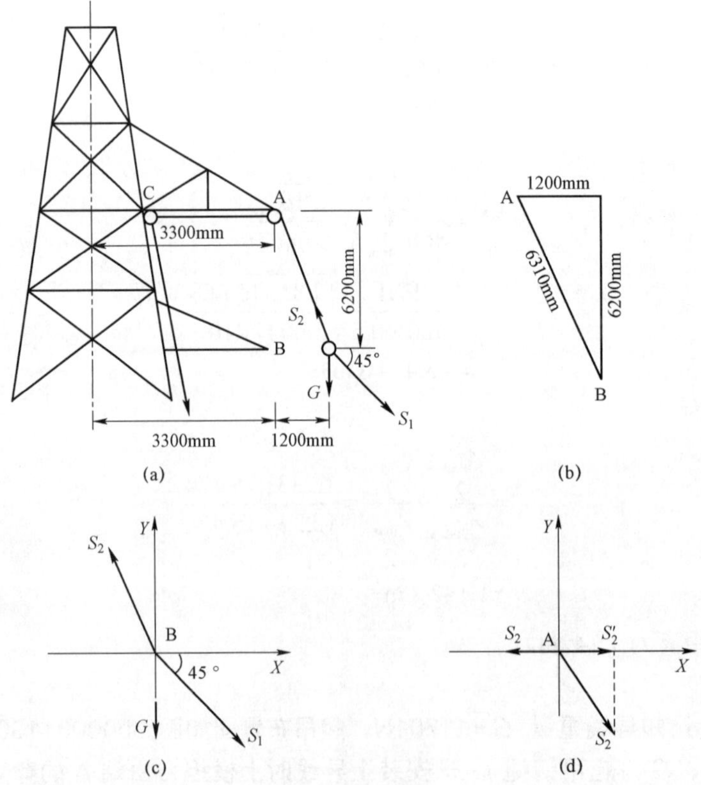

图 Jb0003113063

垂直荷重

$$14\ 775\times\frac{6.2}{6.32}=14\ 494\ (\mathrm{N})$$

答：在安装上导线时上横担自由端 A 的水平荷重 11 970N，垂直荷重是 14 474N。

Jb0003122064　画出三点起吊 36m（ϕ400mm）等径钢筋混凝土双杆单线图。（5 分）

考核知识点：杆塔组立

难易度：中

标准答案：

如图 Jb0003122064 所示。

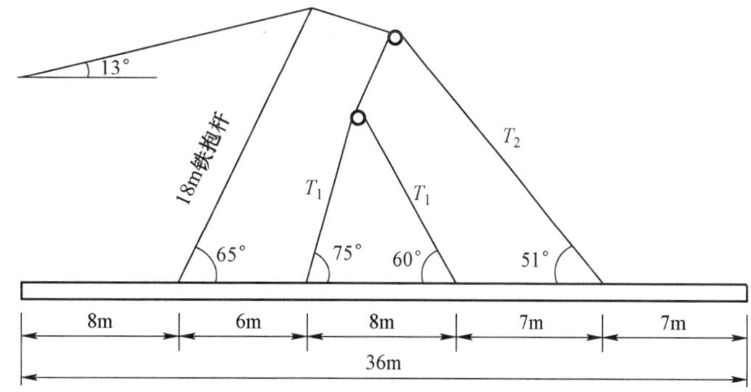

图 Jb0003122064

Jb0003123065　画出四点起吊 42m（ϕ400mm）等径钢筋混凝土双杆单线图。（5 分）

考核知识点：送电线路基本技能

难易度：难

标准答案：

如图 Jb0003123065 所示。

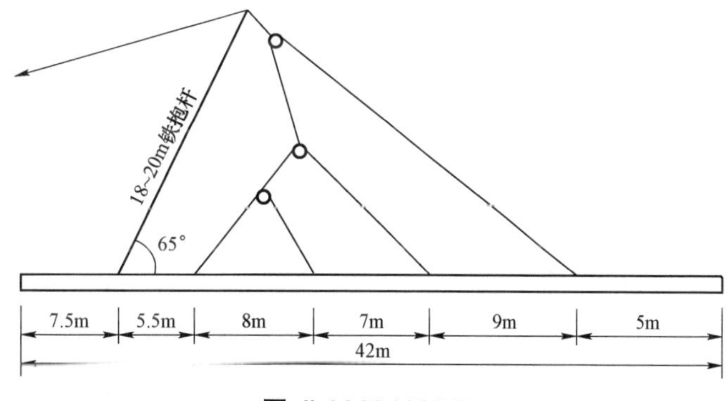

图 Jb0003123065

Jb0003122066　画出送配电线路用皮尺分角法示意图，并说出相关要求。（5 分）

考核知识点：基础验收

难易度：中

标准答案：

如图 Jb0003122066 所示，图中量取 OA＝OB（不小于 10m），再取皮尺适当长度（使 OC 不能短），钩紧皮尺中点 C，则 OC 即为转角二等分线。

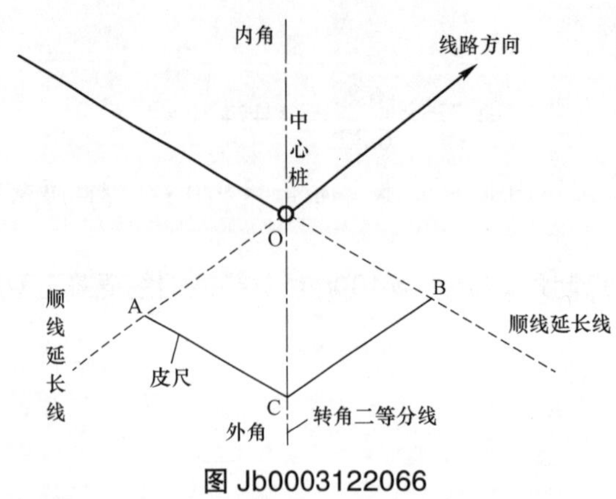

图 Jb0003122066

Jb0003123067　画出档外观测仪器置于较低一侧观测弧垂示意图。（5 分）

考核知识点：送电线路基本技能

难易度：难

标准答案：

如图 Jb0003123067 所示。

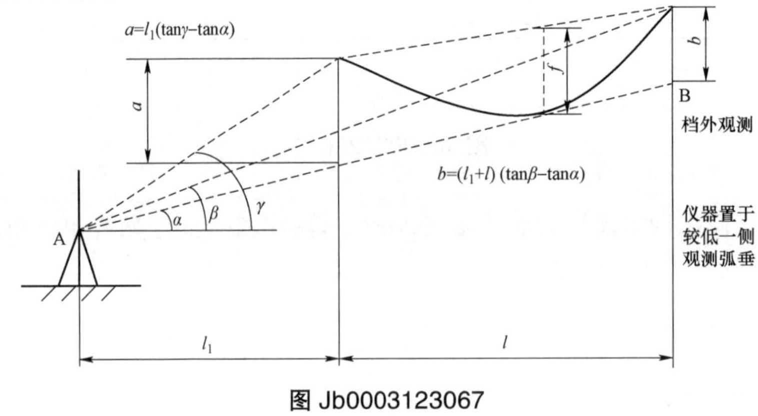

图 Jb0003123067

Jb0003122068　画出井点降低水位基本原理示意图。（5 分）

考核知识点：送电线路基本技能

难易度：中

标准答案：

如图 Jb0003122068 所示。

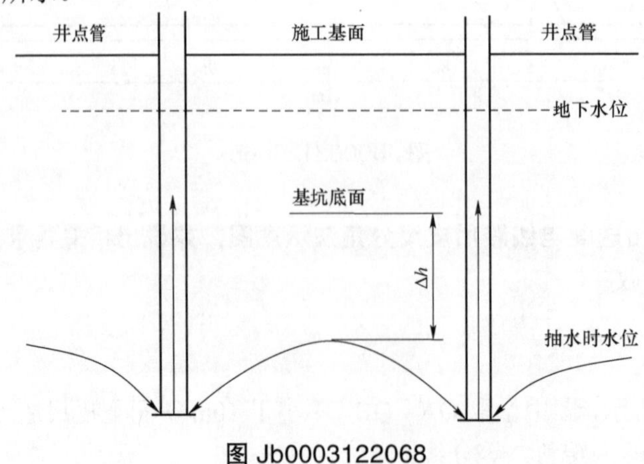

图 Jb0003122068

Jb0003133069 张力放线、紧线及附件安装时，应防止导线磨损，在容易产生磨损处应采取有效的防止措施。导线磨损的处理应符合哪些规定？（5分）

考核知识点：张力放线

难易度：难

标准答案：

（1）外层导线线股有轻微擦伤，其擦伤深度不超过单股直径的 1/4，且截面积损伤不超过导电部分截面积的 2%时，可不补修，用不粗于 0 号细砂纸磨光表面棱刺。

（2）当导线损伤已超过轻微损伤，但在同一处损伤的强度损失尚不超过保证计算拉断力的 8.5%，且损伤截面积不超过导电部分截面积的 12.5%时为中度损伤。中度损伤应采用补修管进行补修，补修时应符合以下的规定。

1）将损伤处的线股先恢复原绞制状态，线股处理平整；

2）补修管的中心应位于损伤最严重处，需补修的范围应位于管内各 20mm。

（3）有下列情况之一时定为严重损伤：

1）强度损失超过保证计算拉断力的 8.5%；

2）截面积损伤超过导电部分截面积的 12.5%；

3）损伤的范围超过一个补修管允许补修的范围；

4）钢芯有断股；

5）金钩、破股和灯笼已使钢芯或内层线股形成无法修复的永久变形。达到严重损伤时，应将损伤部分全部锯掉，用接续管将导线重新连接。

Jb0003113070 有一（6×19）ϕ9.3mm（抗拉强度 155MPa）钢丝绳，已知其破断拉力 P_1=48.9kN，欲用此钢丝绳做起吊铁塔的牵引绳，已知铁塔起吊重量 Q=30 000N，采用 1－2 滑轮组，牵引绳由动滑轮引出，滑轮组综合工作效率为 92.5%，单滑轮工作效率为 95%，钢丝绳安全系数 K=4，动荷系数 K_1=1.2，不平衡系数 K_2=1.2，计算此钢丝绳能否做起吊牵引绳。（5分）

考核知识点：受力计算

难易度：难

标准答案：

解：

（1）由题意知 $n=3$，$\eta=92.5\%$，牵引绳从动滑轮引出，所以牵引力 $P=\dfrac{9.81Q}{\eta(n+1)}=\dfrac{9.81\times3000}{92.5\%\times(3+1)}=$ 7954.1（N）。

（2）钢丝绳破断拉力。

$$P_1=PK_1K_2K=7954.1\times1.2\times1.2\times4=45\,816\text{（N）}=45.816\text{kN}$$

因为 48.9kN＞45.815kN，所以可以用作牵引钢丝绳。

答：可以用作起吊牵引绳。

Jb0003133071 张力放线的基本特征有哪些？其有何特点？（5分）

考核知识点：张力放线

难易度：难

标准答案：

（1）张力放线的基本特征如下。

1）导线在架线施工全过程中处于架空状态。

2）以施工段为架线施工的单元工程，放线、紧线等作业在施工段内进行。

3）施工段不受设计耐张段的限制，可以用直线塔作为施工起止塔，在耐张塔上直通放线。

4）在直线塔上紧线并作直线塔锚线，凡直通放线的耐张塔也直通紧线。

5）在直通紧线的耐张塔上作平衡挂线。

6）同相子导线要求同时展放、同时收紧。

（2）张力放线的优点：

1）避免导线与地面摩擦致伤，减轻运行中的电晕损失及对无线电系统的干扰。

2）施工作业高度机械化、速度快、工效高。

3）用于跨越公路、铁路、河网等复杂地形条件，更能取得良好的经济效益。

4）能减少青苗损失。

Jb0003133072　施工图各分卷、册的主要内容有哪些？（5分）

考核知识点：识图

难易度：难

标准答案：

施工图各分卷、册的主要内容如下。

（1）施工图总说明书及附图：其主要内容有线路设计依据、设计范围及建设期限、路径说明方案、工程技术特性、经济指标、线路主要材料和设备汇总表及附图等。

（2）线路平断面图和杆塔明细表：其主要内容有线路平断面图、线路杆塔明细表和交叉跨越分图。

（3）机电施工安装图及说明：其主要内容有架空检录型号和机械物理特性、导线相位图、绝缘子和金具组合、架空线路防震措施、防雷保护及绝缘配合、接地装置工程等。

（4）杆塔施工图：其主要内容有混凝土电杆制造图、混凝土电杆安装图和铁塔组装图。

（5）基础施工图：其主要内容有混凝土电杆基础和铁塔基础施工图。

（6）通信保护计算：其主要内容有对本线路平行或交叉的通信、信号线的保护措施及安装图。

（7）材料汇总表：其主要内容有施工线路所有的材料名称、规格、型号、数量及加工材料的有关要求。

（8）预算书：其主要内容有线路工程概况、工程投资和预算指标、编制依据和取费标准及预算的编制范围。

Jb0003133073　采用楔形线夹连接好的拉线应符合哪些规定？架线后对全部拉线进行检查和调整，应符合哪些规定？（10分）

考核知识点：送电线路施工

难易度：难

标准答案：

（1）采用楔形线夹连接的拉线，安装时应符合下列规定。

1）线夹的舌板与拉线紧密接触，受力后不应滑动。线夹的凸肚应在尾线侧，安装时不应使线股损伤。

2）拉线弯曲部分不应有明显的松股，其断头应用镀锌铁丝扎牢，线夹尾线宜露出300～500mm，尾线回头后与本线应采取有效方法扎牢或压牢。

3）同组拉线使用两个线夹时，其线夹尾端的方向应统一。

（2）架线后应对全部拉线进行检查和调整，并应符合下列规定。

1）拉线与拉线棒应呈一直线。

2）X 形拉线的交叉处应留有足够的空隙，避免相互磨碰。

3）拉线的对地夹角允许偏差应为 1°，个别特殊杆塔拉线需超出 1° 时应符合设计规定。

4）NUT 型线夹带螺母后及花篮螺栓的螺杆必须露出螺纹，应留有不小于 1/2 螺杆的螺纹长度，以供运行时调整。在 NUT 型线夹的螺母上应装设防盗罩，应将双螺母拧紧，花篮螺栓应封固。

5）组合拉线的各根拉线受力应一致。

Jb0003132074 对于杆塔组立作业应符合哪些规定？（5 分）

考核知识点：十八项反措

难易度：中

标准答案：

对于杆塔组立工作，应做好起重设备、杆塔稳定性方面的风险分析、评估与预控，作业人员应做好安全防护措施，严格执行作业流程，监护人员应现场监护，全面检查现场安全防护措施状态，严禁擅自组织施工，严禁无保护、无监护登塔作业等行为。

Jb0003132075 对于输电线路放紧线作业应符合哪些规定？（5 分）

考核知识点：十八项反措

难易度：中

标准答案：

对于输电线路放线紧线工作，应做好防杆塔倾覆风险辨识与预控，登杆塔前对塔架、根部、基础、拉线、桩锚、地脚螺母（螺栓）等进行全面检查，正确使用卡线器或其他专用工具、安全限位以及过载保护装置，充分做好防跑线措施，并确保现场各岗位联系畅通，严禁违反施工作业技术和安全措施盲目作业。

Jb0003132076 对于特种作业持证上岗应符合哪些规定？（5 分）

考核知识点：十八项反措

难易度：中

标准答案：

严格执行特殊工种、特种作业人员持证上岗制度。项目监理单位要严格执行特殊工种、特种作业人员入场资格审查制度，审查上岗证件的有效性。施工单位要加强特殊工种、特种作业人员管理，工作负责人不得使用非合格专业人员从事特种作业。

Jb0003111077 安装螺栓型耐张线夹时，导线型号为 LGJ－185/25，金具与导线接触长度为 L_1= 250mm，采用 1×10mm 铝包带，要求铝包带的两端露出线夹 10mm，铝包带两头回缠长度为 c= 110mm，已知 LGJ－185/25 型导线直径 d=18.9mm，求所需铝包带长度 $L_{带}$？（5 分）

考核知识点：铝包带的计算

难易度：易

标准答案：

解：按题意求解如下。

（1）铝包缠绕导线的总长度。

$$L = L_1 + 2c + 2\times 10$$
$$= 250 + 2\times 110 + 2\times 10 = 490\text{（mm）}$$

（2）铝包带的总长

$$L_{带}=\frac{\pi(d+b)L}{a}$$

$$=\frac{\pi(18.9+1)\times 490}{10}=3063\text{（mm）}$$

答：所需铝包带长度为3063mm。

Jb0003112078　某220kV输电线路中有一悬点不等高档，档距 l=400m，高悬点A与低悬点B铅垂高差 Δh=12m，导线在最大应力气象条件下比载 g=89.21×10^{-3}N/(m·mm^2)，应力 σ_0=132MPa。试求在最大应力气象条件下高低悬点的等效档距 l_A、l_B、悬点弧垂 f_A、f_B 及悬点应力 σ_A、σ_B。（5分）

考核知识点：弧垂的计算

难易度：中

标准答案：

解：按题意求解如下。

（1）导线最低点偏移档距中央位置的水平距离为

$$m=\frac{\sigma_0\Delta h}{gl}=\frac{132\times 12}{89.21\times 10^{-3}\times 400}\approx 44.39\text{（m）}$$

（2）高、低悬点对应等效档距分别为

$$l_A=l+2m=400+2\times 44.39=488.78\text{（m）}$$

$$l_B=l-2m=400-2\times 44.39=331.22\text{（m）}$$

（3）高、低悬点的悬点弧垂分别为

$$f_A=\frac{gl_A^2}{8\sigma_0}=\frac{89.21\times 10^{-3}\times 488.78^2}{8\times 132}\approx 20.18\text{（m）}$$

$$f_B=\frac{gl_B^2}{8\sigma_0}=\frac{89.21\times 10^{-3}\times 311.22^2}{8\times 132}\approx 8.18\text{（m）}$$

（4）在最大应力气象条件下高、低悬点应力分别为

$$\sigma_A=\sigma_0+gf_A=132+89.21\times 10^{-3}\times 20.18\approx 133.8\text{（MPa）}$$

$$\sigma_B=\sigma_0+gf_B=132+89.21\times 10^{-3}\times 8.18\approx 132.73\text{（MPa）}$$

答：在最大应力气象条件下高低悬点的等效档距分别为 488.78m 和 311.22m，悬点弧垂分别为20.18m和8.18m，悬点应力分别为133.8MPa和132.73MPa。

Jb0003112079　已知某110kV线路有一耐张段，其各直线档档距分别为：l_1=260m，l_2=310m，l_3=330m，l_4=280m，l_5=300m。现在 l_3 档测得一根导线的弧垂 f_{c0}=6.2m，不符合设计 f_c=5.5m 的要求，求导线需调整多长才能满足设计要求？（不计悬点高差）（5分）

考核知识点：弧垂的计算

难易度：中

标准答案：

解：耐张段总长为

$$\sum l_i=l_1+l_2+l_3+l_4+l_5$$

$$=260+310+330+280+300=1480\text{（m）}$$

耐张段的代表档距为

$$l_0=\sqrt{\frac{\sum l_i^3}{\sum l_i}}=\sqrt{\frac{l_1^3+l_2^3+l_3^3+l_4^3+l_5^3}{l_1+l_2+l_3+l_4+l_5}}=\sqrt{\frac{260^3+310^3+330^3+280^3+300^3}{260+310+330+280+300}}$$

$=298.94$（m）

因为线长调整量的计算式为

$$\Delta L=\frac{8l_o^2}{3l_c^4}\cos^2\varphi_c\left(f_{co}^2-f_c^2\right)\sum\frac{l_i}{\cos\varphi_i}$$

式中　ΔL——导线调整量（m）；

f_c——设计弧垂（m）；

f_{co}——观测弧垂（m）；

l_c——弧垂观测档距（m）；

l_o——耐张段代表档距（m）。

不计悬点高差，$\cos\varphi_c=1$，$\cos\varphi_i=1$。

所以 $\Delta L=\dfrac{8\times298.94^2}{3\times330^4}\times(6.2^2-5.5^2)\times1480\approx0.244(\text{m})$

即：为使孤立档弧垂达到设计值，导线应调短 0.244m。

答：导线需调短 0.244m 才能满足要求。

Jb0003113080　某 110kV 输电线路中的某档导线跨越低压电力线路，已知悬点高程 $H_A=56$m，$H_B=70$m，交叉跨越点 P 低压线路高程 $H_P=51$m，档距 $l=360$m，P 点距 A 杆 100m，导线的弹性系数 $E=73\,000$MPa，温度热膨胀系数 $\alpha=19.6\times10^{-6}$ 1/℃，自重比载 $g_1=32.772\times10^{-3}$N/(m·mm²)，线路覆冰时的垂直比载 $g_3=48.454\times10^{-3}$N/(m·mm²)，气温为 −5℃。在最高气温气象条件下应力 $\sigma_1=84$MPa，气温为 40℃。试校验在最大垂直弧垂气象条件下交叉跨越点距离能否满足要求？（规程规定最小允许安全距离［d］=3.0m）（5 分）

考核知识点：弧垂的计算

难易度：难

标准答案：

解：按题意求解如下。

（1）确定最大垂直气象条件。

由临界比载法可得：

$$g_{1j}=g_1+\frac{\alpha Eg_1}{\sigma_1}(t_{max}-t_3)$$

式中　g_{1j}——临界比载［N/(m·mm²)］；

g_1——导线自重比载［N/(m·mm²)］；

σ_1——最高气温时导线应力（MPa）；

t_{max}——最高气温（℃）；

t_3——覆冰气温（℃）。

所以

$$g_{1j}=32.772\times10^{-3}+\frac{19.6\times10^{-6}\times73\,000\times32.772\times10^{-3}}{84}\times[40-(-5)]$$

$=57.892\times10^{-3}$［N/(m·mm²)］

因为 $$g_3 = 48.454 \times 10^{-3}\ [\mathrm{N/(m \cdot mm^2)}]$$
$$g_{1j} > g_3$$

所以导线最大弧垂出现在最高气温气象条件。

（2）交叉跨越点在最高气温时的距离。

$$d = H_\mathrm{B} - H_\mathrm{P} - f_\mathrm{Px} - h_\mathrm{x}$$

式中 f_px——交叉跨越点P处输电线路导线弧垂（m），$f_\mathrm{Px} = \frac{g_1}{2\sigma_1} l_\mathrm{a} l_\mathrm{b}$，$l_\mathrm{a}$、$l_\mathrm{b}$为P点到A、B悬点的水平距离（m）；

h_x——导线悬点连线在交叉跨越点P处与B点的高差（m），h_x由三角相似关系可求得：

$$h_\mathrm{x} = \frac{H_\mathrm{B} - H_\mathrm{A}}{l} l_\mathrm{b}$$

所以 $$d = 70 - 51 - \frac{32.772 \times 10^{-3}}{2 \times 84} \times (360 - 100) \times 100 - \frac{70 - 56}{360} \times (360 - 100) = 3.818\ (\mathrm{m})$$

因为 $$d > [d]$$

所以交叉跨越点的距离能满足安全距离要求。

答：在最大垂直弧垂气象条件下交叉跨越点距离能满足安全距离的要求。

Jb0003112081　如图Jb0003112081所示，某110kV输电线路中直线杆拉线单杆，地线的垂直荷载为1142N，水平荷载为914N；导线的垂直荷载为2146N，水平荷载为1954N。拉线采用GJ－35型镀锌钢绞线，其破断拉力为45.472kN，拉线对横担水平投影夹角α=30°，拉线对地夹角β= 60°。试确定拉线是否满足安全系数K=2.4的要求。（5分）

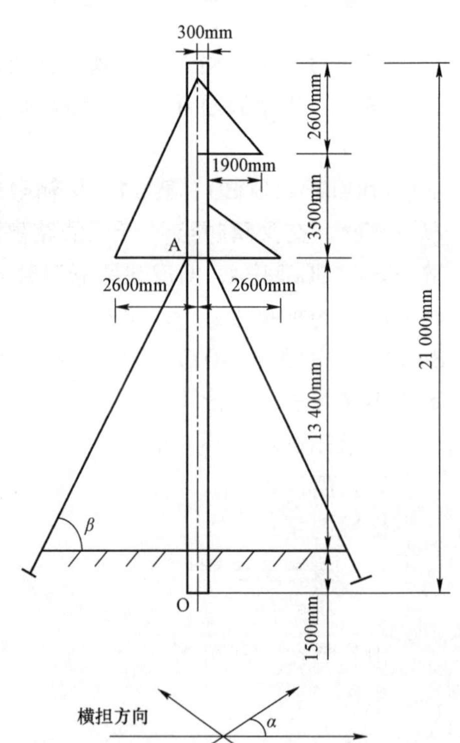

图 Jb0003112081

考核知识点：拉线的计算

难易度：中

标准答案：

解：所有荷载对电杆根部的力矩和

$$\Sigma M = 1.142 \times 0.3 + 0.914 \times 21 + 2.146 \times 1.9 + 1.954 \times (21 - 2.6) + 2 \times 1.954 \times (13.4 + 1.5) = 117.797\ (\mathrm{kN \cdot m})$$

所有外力在拉线点A处引起的反力

$$R_\mathrm{x} = \frac{\Sigma M}{l} = \frac{117.797}{13.4 + 1.5} = 7.906\ (\mathrm{kN})$$

拉力受力T为

$$T = \frac{R_\mathrm{x}}{2\cos\alpha\cos\beta} = \frac{7.906}{2\cos 30^\circ \cos 60^\circ} = 9.129\ (\mathrm{kN})$$

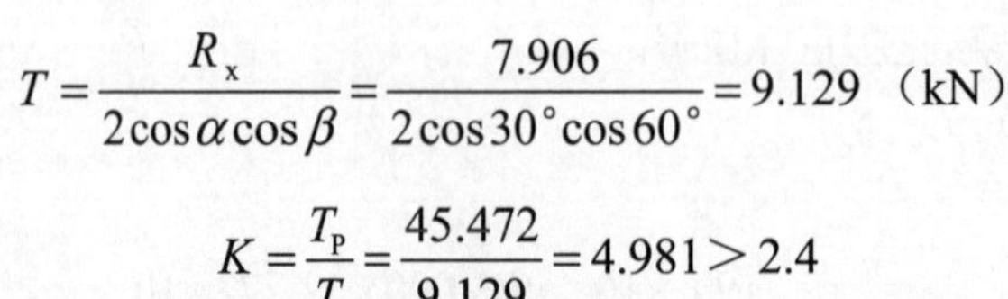

$$K = \frac{T_\mathrm{P}}{T} = \frac{45.472}{9.129} = 4.981 > 2.4$$

答：选用GJ－35钢绞线能满足安全系数2.4的要求。

Jb0003111082　某 110kV 输电线路，导线型号为 LGJ－95/20，其中某耐张段布置如图 Jb0003111082 所示，已知 15℃、无风气象条件时导线应力 $\sigma_0=81.6$MPa，自重比载 $g_1=35.187\times10^{-3}$N/(m·mm^2)，绝缘子串长度 $\lambda=1.73$m，假设导线断线张力衰减系数 $\alpha=0.48$。试校验邻档断线后导线对通信线的垂直距离（要求不小于 1.0m）能否满足要求？（$H_A=55$m，$H_B=40$m，$H_C=32$m）（5 分）

考核知识点：弧垂的计算

难易度：易

标准答案：

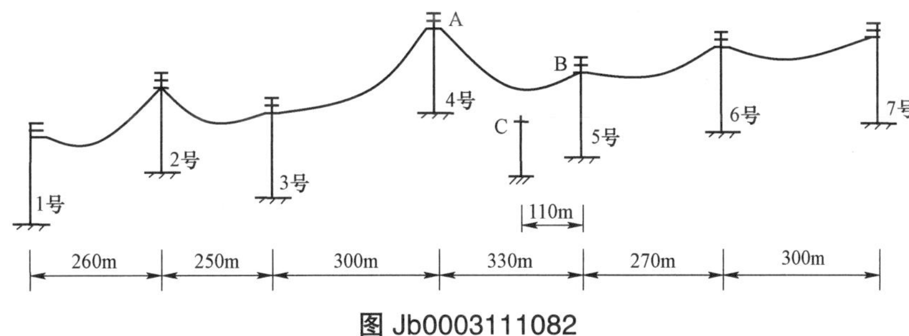

图 Jb0003111082

解：断线后交叉跨越点的弧垂为

$$f_x=\frac{g_1}{2\sigma}l_al_b=\frac{g_1}{2\alpha\sigma_0}l_al_b$$

$$=\frac{35.187\times10^{-3}}{2\times0.48\times81.6}\times110\times(330-110)=10.87\text{（m）}$$

断线后交叉跨越点导线与通信线的垂直距离为

$$d=H_A-H_C-h_x-f_x$$

$$=55-32-\frac{55-40}{330}\times220-10.87$$

$$=2.13\text{（m）}>1.0\text{（m）}$$

答：交叉跨越距离满足要求。

Jb0003131083　跨越架的搭设方法及要求是什么？（5 分）

考核知识点：跨越架搭设

难易度：易

标准答案：

跨越架主柱间距离一般为 1.5m 左右，横杆上下距离一般为 1.0m 左右，以便于上下攀登，主柱支称杆应埋入土内不少于 0.5m，跨越架架设的宽度应比施工线路的两边线各宽 1.5m，并对称于线路的中心线，用铁线绑扎牢固，高大的跨越架还需增加斜叉木杆，防止侧向倾斜，增设撑杆和拉线，保证跨越架的稳固，带电跨越还需要增加封顶杆。

Jb0003133084　张力架线的基本特征有哪些？其有何优点？（5 分）

考核知识点：线路施工

难易度：难

标准答案：

（1）张力架线的基本特征如下：① 导线在架线施工全过程中处于架空状态。② 以施工段为架线施工的单元工程，放线、紧线等作业在施工段内进行。③ 施工段不受设计耐张段的限制，可以直线塔作施工段起止塔，在耐张塔上直通放线。④ 在直线塔上紧线并作直线塔锚线，凡直通放线的耐张塔也直通紧线。⑤ 在直通紧线的耐张塔上作平衡挂线。⑥ 同相子导线要求同时展放。同时收紧。

（2）张力架线的优点有：① 避免导线与地面摩擦致伤，减轻运行中的电晕损失及对无线电系统的干扰。② 施工作业高度机械化、速度快、工效高。③ 用于跨越公路、铁路、河网等复杂地形条件，更能取得良好的经济效益。④ 能减少青苗损失。

Jb0004132085　紧线作业应注意哪些事项？（5 分）

考核知识点：紧线的安全注意事项

难易度：中

标准答案：

（1）应在白天进行，如遇五级以上大风、雾、雨、雪等应停止作业。

（2）紧线作业一般以一个耐张段为作业单位，紧线时要严密监视耐张杆塔变形情况。

（3）挂线时对孤立档及较短的耐张段过牵引张力应符合规定。

（4）抽余线过程中，如发现异常应及时处理，并防止导线突然弹起打伤工作人员。

（5）对交叉跨越处要看护，防止导地线脱出而造成危险。

Jb0004133086　现场浇制混凝土的养护应符合哪些规定？（5 分）

考核知识点：基础浇筑

难易度：难

标准答案：

（1）浇制后应在 12h 内开始浇水养护，当天气炎热、干燥有风时，应在 3h 内进行浇水养护，养护时应在基础模板外侧加遮盖物，浇水次数应能够保持混凝土表面始终湿润。

（2）对普通硅酸盐和矿渣硅酸盐水泥拌制的混凝土浇水养护日期，一般塔基础不得少于 5 昼夜，当使用其他品种水泥和大跨越塔基础不得少于 7 昼夜，大体积基础按有关规定处理。

（3）基础拆模经表面质量检查合格后应立即回填，并对基础外露部分加遮盖物，按规定期限继续浇水养护，养护时应使遮盖物及基础周围的土始终保持湿润。

（4）采用养护剂养护时，应在拆模并经表面检查合格后立即涂刷，涂刷后不再浇水。

Jb0004131087　架空输电线路为什么要定期检修？（5 分）

考核知识点：检修目的

难易度：易

标准答案：

为了维持架空输电线路及其附件、附属设备的安全运行，并使失去可靠性的线路、设备及其附件恢复原设计的机械性能的要求，所以必须对架空线路进行定期检修。

Jb0004132088　架空绝缘导线作业有哪些安全规定？

考核知识点：线路检修

难易度：中

标准答案：

（1）架空绝缘导线不应视为绝缘设备，作业人员不得直接接触或接近。

（2）禁止工作人员穿越未停电接地或未采取隔离措施的绝缘导线进行工作。

（3）在停电检修作业中，开断或接入绝缘导线前，应做好防感应电的安全措施。

Jb0004133089　为了防止在同杆塔架设多回线路中误登有电线路及直流线路中误登有电极，应采取哪些措施？（5 分）

考核知识点：线路检修

难易度：难

标准答案：

（1）每基杆塔应设识别标记（色标、判别标帜等）和双重名称。

（2）工作前应发给作业人员相对应线路的识别标记。

（3）经核对停电检修线路的识别标记和双重名称无误，验明线路确已停电并挂好接地线后，工作负责人方可发令开始工作。

（4）登杆塔和在杆塔上工作时，每基杆塔都应设专人监护。

（5）作业人员登杆塔前应核对停电检修线路的识别标记和双重名称无误后，方可攀登。

（6）登杆塔至横担处时，应再次核对停电线路的识别标记与双重称号，确实无误后方可进入停电线路侧横担。

Jb0004133090　正常绝缘子上是否有泄漏电流通过？在什么情况下这种电流会流过人体？怎样防护？（5 分）

考核知识点：安全防护

难易度：难

标准答案：

常绝缘子串上有泄漏电流流过。当塔上电工在横担一侧摘挂绝缘子时绝缘子的另一端未脱离带电体，那么，绝缘子串的泄漏电流将通过人体流入大地。为了防止上述电流流经人体造成不良后果（如由于刺痛使操作者失手，使绝缘子串坠落），一般采用塔上电工穿屏蔽服，使泄漏电流经屏蔽服的手套和衣裤入地，也可是先用金属连线把绝缘子的钢帽与横担（接地体）连接起来，使摘挂过程中泄漏电流经过金属线入地。

Jb0005131091　简要说明 1121 灭火器的灭火原理、特点及适用火灾情况。（5 分）

考核知识点：电力消防安全

难易度：易

标准答案：

（1）原理：1121 是一种液化气体灭火剂，化学名称是二氟一氯一溴甲烷，它能抑制燃烧的连锁反应而中止燃烧。当灭火剂接触火焰时，受热产生的溴离子与燃烧产生的氢基化合物发生化学反应，使燃烧连锁反应停止，同时还兼有冷却窒息作用。

（2）特点：1121 灭火剂具有灭火后不留痕迹、不污染灭火对象、无腐蚀作用、毒性低、绝缘性能好和久存不变质的特点。

（3）适用火灾场合：可用于扑灭油类、易燃液体、气体、大型电力变压器及电子设备的火灾。

Jb0005132092　简要说明三端钮接地电阻测量仪 E、P1、C1 和四端钮接地电阻测量仪 P2、C2、P1、C1 端钮的用途？（5 分）

考核知识点：线路检测

难易度：中

标准答案：

（1）三端钮接地电阻测量仪：① E 接被测接地体；② P1 接电位辅助探针；③ C1 接电流辅助探针。

（2）四端钮接地电阻测量仪：① P2、C2 短接与被测接地体相连；② P1、C1 与三端钮测量仪连接相同。

Jb0005132093　使用双钩紧线器应注意的事项有哪些？（5 分）

考核知识点：安全工器具

难易度：中

标准答案：

（1）双钩应经常润滑保养。运输途中或不用时，应将其收缩至最短限度，防止丝扣碰伤。

（2）双钩的换向失灵、螺旋杆无保险螺栓、表面裂纹或变形等严禁使用。

（3）使用时应按额定负荷控制拉力，严禁超载使用。

（4）双钩只承受拉力，不得代替千斤顶让其承受压力。

（5）使用、搬运等作业严禁抛掷，从杆塔上拆除后应用绳索绑牢送至地面。

（6）双钩收紧后要防止因钢丝绳自身扭力使双钩倒转，一般应将双钩上下端用钢绳套连通绑死。

（7）双钩收紧后，丝杆与套管的单头连接长度不应小于 50mm，尤其是套式双钩应注意结合长度，防止突然松脱。

Jb0005133094　试述液压操作的一般规定。（5 分）

考核知识点：线路施工

难易度：难

标准答案：

（1）液压时所使用的钢模应与被压管相配套。凡上模与下模有固定方向时，则钢模上应有明显标记，不得错放。液压机的缸体应垂直地平面，并放置平稳。

（2）被压管放入下钢模时，位置应正确，检查定位印记是否处于指定位置，双手把住管、线后合上模。此时应使两侧导线或避雷线与管保持水平状态，并与液压机轴心相一致，以减少管子受压后可能产生弯曲，然后开动液压机。

（3）液压机的操作必须使每模都达到规定的压力，而不以合模为压好的标准。

（4）施压时相邻两模间至少应重叠 5mm。

（5）各种液压管在第一模压好后应检查压后对边距尺寸（也可用标准卡具检查）。符合标准后再继续进行液压操作。

（6）对钢模应进行定期检查，如发现有变形现象，应停止或修复后使用。

（7）当管子压完后有飞边时，应将飞边锉掉，铝管应锉成圆弧状。对 500kV 线路，已压部分如有飞边时，除锉掉外还应用细砂纸将锉过处磨光。管子压完后因飞边过大而使对边距尺寸超过规定值时，应将飞边锉掉后重新施压。

（8）钢管压后，凡锌皮脱落者，不论是否裸露于外，皆涂以富锌漆以防生锈。

Jb0005131095　使用火花间隙检测器检测绝缘子时，应遵守什么规定？（5 分）

考核知识点：带电检测

难易度：易

标准答案：

（1）检测前，应对检测器进行检测，保证操作灵活，测量准确。

（2）针式绝缘子及少于 3 片的悬式绝缘子不准使用火花间隙检测器进行检测。

（3）检测 35kV 及以上电压等级的绝缘子串时，当发现同一串中的零值绝缘子片数达到《国家电网公司电力安全工作规程》的规定时，应立即停止检测。

（4）直流线路不采用带电检测绝缘子的检测方法。

（5）应在干燥天气进行。

第十章　送电线路工高级技师技能操作

Jc0002143001　识铁塔图、基础图及金具组装图。（100 分）

考核知识点：施工识图

难易度：难

技能等级评价专业技能考核操作工作任务书

一、任务名称

识铁塔图、基础图及金具组装图。

二、适用工种

送电线路工高级技师。

三、具体任务

读懂施工图，并回答图纸中相关问题。

四、工作规范及要求

（1）考前由考评员提供图纸一套，按图提问考评。

（2）应考者按图回答，要求一次答对，不重复。

五、考核及时间要求

考核时间共 15 分钟。每超过 1 分钟扣 2 分，到 20 分钟终止考核。

技能等级评价专业技能考核操作评分标准

工种	送电线路工				评价等级	高级技师
项目模块	输电线路运维—输电线路基本技能			编号	Jc0002143001	
单位		准考证号			姓名	
考试时限	15 分钟	题型	单项操作		题分	100 分
成绩		考评员		考评组长	日期	
试题正文	识铁塔图、基础图及金具组装图					
需要说明的问题和要求	（1）考前由考评员提供图纸一套，按图提问考评 （2）应考者按图回答，要求一次答对，不重复					

序号	项目名称	质量要求	满分	扣分标准	扣分原因	得分
1	识铁塔总图					
1.1	该塔的呼高、全高各是多少	按图实表数据一次答对	2	每答错一项扣 1 分		
1.2	该塔正面、侧面根开是多少	按图实表数据一次答对	2	每答错一项扣 1 分		
1.3	呼高多少米，接腿与塔身的第几段相连接	按图实表数据一次答对	4	答错不得分		
1.4	该塔的总重量是多少	按图实表数据一次答对	2	答错不得分		

续表

序号	项目名称	质量要求	满分	扣分标准	扣分原因	得分
2	识铁塔组装图					
2.1	该段上、下根开及该段的总高度	按图实表数据一次答对	2	每答错一项扣 2 分		
2.2	各联板部的连接组合方式	说对图中联板与塔材连接方式	6	每答错一项扣 4 分		
2.3	各部塔件连接螺栓规格	按图实表一次回答	2	答错不得分		
2.4	各种数字代号表示什么	按图实表一次回答	4	答错不得分		
2.5	各断面位置及方向	按图实表一次回答	8	答错不得分		
2.6	塔身脚钉应安放在哪条腿上	按图实表一次回答	4	答错不得分		
3	识基础图					
3.1	基础全高、立柱全高各是多少	按图回答正确	4	每答错一项扣 2 分		
3.2	立柱断面、底板断面各是多少	按图回答正确	4	每答错一项扣 2 分		
3.3	单腿立柱主筋规格及用量	按图回答正确	6	每答错一项扣 2 分		
3.4	立柱主筋的绑扎间距	按图回答正确	4	答错不得分		
3.5	单腿四角箍筋规格及用量	按图回答正确	4	每答错一项扣 2 分		
3.6	四角箍筋的绑扎间距	按图回答正确	4	答错不得分		
3.7	底板单面单排主筋规格及用量	按图回答正确	4	每答错一项扣 2 分		
3.8	底板单面单排主筋的绑扎间距	按图回答正确	4	答错不得分		
4	识金具组装图					
4.1	按图中编号说出各种金具名称	回答正确	10	每答错一项扣 2 分		
5	熟练程度	按时完成	20	超时不得分		
合计			100			

Jc0002143002 编写中级工技能培训方案。（100 分）

考核知识点：编写中级工技能培训方案

难易度：难

技能等级评价专业技能考核操作工作任务书

一、任务名称

编写中级工技能培训方案。

二、适用工种

送电线路工高级技师。

三、具体任务

某单位输电工区有张三等 15 名输电线路中级工需进行技能培训。针对此项工作，考生编写一份中级工技能培训方案。

四、工作规范及要求

结合培训任务按照以下要求完成技能培训方案的编写：

（1）培训项目为实操项目。

（2）培训相关内容由考生自行组织。

五、考核及时间要求

（1）考核时间共 40 分钟，每超过 2 分钟扣 1 分，到 45 分钟终止考核。

（2）按照技能操作记录单的操作要求进行操作，正确记录操作结果等。

（3）操作过程中作业人员有危及人身、设备安全等情况应停止考核并计 0 分。

技能等级评价专业技能考核操作评分标准

工种	送电线路工				评价等级	高级技师
项目模块	培训与指导—技能指导			编号	Jc0002143002	
单位		准考证号			姓名	
考试时限	40 分钟	题型	单项操作		题分	100 分
成绩		考评员		考评组长		日期	
试题正文	编写中级工技能培训方案					
需要说明的问题和要求	（1）培训内容应为技能实操项目。 （2）内容不作限制，由考生自行组织					

序号	项目名称	质量要求	满分	扣分标准	扣分原因	得分
1	培训目标	应有明确的培训目标	10	缺少扣 10 分		
2	培训人	应有明确的授课人	10	缺少扣 10 分		
3	培训对象	应明确培训对象	10	缺少扣 10 分		
4	培训内容	（1）应有具体的培训项目名称。 （2）应有项目的具体内容	20	缺少一项扣 10 分； 培训课程安排的不合理酌情扣分		
5	培训方式	应有明确的培训方式，培训方式为实操	10	缺少扣 10 分		
6	培训时间与地点	应明确培训时间，培训地点	20	缺少一项扣 10 分		
7	培训考核方式	应明确培训的考核方式，考核方式为实操	10	缺少扣 10 分		
8	其他相关事宜	其他相关的培训事宜，如奖惩方式、劳动纪律等要求	10	缺少扣 10 分		
合计			100			

Jc0002143003　编写 110kV 输电线路工程验收的组织方案。（100 分）

考核知识点：编写输电线路工程验收的组织方案

难易度：难

技能等级评价专业技能考核操作工作任务书

一、任务名称

编写 110kV 输电线路工程验收的组织方案。

二、适用工种

送电线路工高级技师。

三、具体任务

某110kV输电线路工程已经施工完成，根据安排，输电工区要对该输电线路进行验收。针对此项工作，要求考生编写一份110kV输电线路工程验收的组织方案。

四、工作规范及要求

（1）人员配置分工合理、职责清楚（方案中不得出现真实单位名称及个人姓名）。

（2）工器具清楚。

（3）验收内容清楚。

（4）验收质量标准清楚。

（5）组织、安全、技术措施齐全。

五、考核及时间要求

（1）考核时间共60分钟，每超过2分钟扣1分，到65分钟终止考核。

（2）按照技能操作记录单的操作要求进行操作，正确记录操作结果等。

（3）操作过程中作业人员有危及人身、设备安全等情况应停止考核并计0分。

技能等级评价专业技能考核操作评分标准

工种	送电线路工					评价等级	高级技师
项目模块	输电线路施工				编号	Jc0002143003	
单位			准考证号			姓名	
考试时限	60分钟		题型	单项操作		题分	100分
成绩		考评员		考评组长		日期	
试题正文	编写110kV输电线路工程验收的组织方案						
需要说明的问题和要求	（1）考生于教室内完成方案编写。 （2）方案中施工班组、作业人员不指定，由考生自行填写，但不得出现真实单位名称和个人姓名。 （3）验收范围应包括输电线路除基础外的所有内容。 （4）所用工具、材料由考生根据施工需要进行安排						

序号	项目名称	质量要求	满分	扣分标准	扣分原因	得分
1	整体要求					
1.1	标题	应写清楚输电线路名称、杆号及作业内容	5	少一项扣2分		
1.2	工作概况介绍	应对工作概况或该工作的背景进行简单描述	5	没有工程概况介绍扣5分		
2	组织措施					
2.1	工作内容	应写清楚工作的输电线路、杆号、工作内容、工作范围	10	少一项内容扣3分		
2.2	工作人员及分工	（1）应写清楚工作班组和人数；或者逐一填写工作人员名字。 （2）单位名称和个人姓名不得使用真实名称。 （3）应有明确分工	5	一项不正确扣2分		
2.3	工作时间	应写清楚计划工作时间，计划工作开始及工作结束时间均应以年、月、日、时、分填写清楚	5	没有填写时间扣5分； 时间填写不清楚或错误扣3分		

续表

序号	项目名称	质量要求	满分	扣分标准	扣分原因	得分
3	验收内容					
3.1	导、地线	（1）导线弛度。 （2）导线水平度。 （3）导线接头（压接管、接续管）数量。 （4）交跨距离。 （5）表面有无损伤、散股、折弯现象。 （6）引流线对杆塔距离	6	少一项扣 1 分		
3.2	附件	（1）线夹安装质量。 （2）防振锤安装位置。 （3）螺帽及开口销是否齐全	6	少一项扣 2 分		
3.3	杆塔	（1）杆塔倾斜度。 （2）塔材挠度。 （3）杆塔防腐、防盗。 （4）耐张塔预偏。 （5）混凝土杆表面裂纹、迈步。 （6）螺栓、脚钉数量、穿向及紧固情况	6	少一项扣 1 分		
3.4	接地装置	（1）接地引下线连接情况。 （2）接地电阻要求	6	少一项扣 3 分		
3.5	通道	（1）通道交跨。 （2）线下树木、道路、河流等方面的要求。 （3）档距核对。 （4）砌护情况	4	少一项扣 1 分		
3.6	资料	应对设计图纸、施工记录进行检查	2	少一项扣 2 分		
4	安全措施					
4.1	登杆的安全措施	（1）有防高空坠落措施。 （2）有防止高空落物伤人的措施	10	少一项扣 5 分		
4.2	防止感应电伤人的措施	接触带电体作业前须加挂个人保安线	10	无此项内容不得分		
5	技术措施					
5.1	工器具的使用要求	（1）应对测量工器具（经纬仪）的使用有明确的要求。 （2）测距杆的使用要求	10	无此项内容不得分； 内容不全酌情扣 1～5 分		
6	工具					
6.1	测量仪器	应有测量仪器清单，并根据需要对仪器的型号作出一定的要求	5	无此项内容不得分； 内容不全酌情扣 1～5 分		
6.2	安全工器具	登杆塔的工器具，安全带、脚扣、延长绳等	5	无此项内容不得分； 内容不全酌情扣 1～5 分		
合计			100			

Jc0002143004　编写使用人字抱杆整体组立 15m 双杆的施工组织方案。（100 分）

考核知识点：编写杆塔组立施工组织方案

难易度：难

技能等级评价专业技能考核操作工作任务书

一、任务名称

编写使用人字抱杆整体组立 15m 双杆的施工组织方案。

二、适用工种

送电线路工高级技师。

三、具体任务

110kV 某线因交跨距离不满足要求，输电工区计划在 9－10 号杆中间新立一基呼高为 15m 的钢筋混凝土双杆，作业方法为人字抱杆整体组立。针对此项工作，要求考生编写一份使用人字抱杆整体组立 15m 双杆的施工组织方案。

四、工作规范及要求

双杆已组装完毕，按以下要求完成使用人字抱杆整体 110kV 双杆整体组立施工组织方案的编写；方案编写在教室内完成。

（1）人员配置分工合理（方案中不得出现真实单位名称及个人姓名）。

（2）工器具及材料清楚。

（3）主要作业程序正确。

（4）关键工序工艺质量标准清楚。

（5）组织、安全、技术措施齐全。

（6）考核时间结束终止考试。

五、考核及时间要求

考核时间共 60 分钟，每超出 2 分钟扣 1 分，到 65 分钟终止考核。

技能等级评价专业技能考核操作评分标准

<table>
<tr><td>工种</td><td colspan="5">送电线路工</td><td>评价等级</td><td>高级技师</td></tr>
<tr><td>项目模块</td><td colspan="4">输电线路施工</td><td>编号</td><td colspan="2">Jc0002143004</td></tr>
<tr><td>单位</td><td colspan="2"></td><td>准考证号</td><td colspan="2"></td><td>姓名</td><td></td></tr>
<tr><td>考试时限</td><td>60 分钟</td><td>题型</td><td colspan="3">单项操作</td><td>题分</td><td>100 分</td></tr>
<tr><td>成绩</td><td></td><td>考评员</td><td></td><td>考评组长</td><td></td><td>日期</td><td></td></tr>
<tr><td>试题正文</td><td colspan="7">编写使用人字抱杆整体组立 15m 双杆的施工组织方案</td></tr>
<tr><td>需要说明的问题和要求</td><td colspan="7">（1）学员集中于教室在 60 分钟内完成方案编写。
（2）方案中施工班组、作业人员不指定，由考生自行填写，但不得出现真实单位名称和个人姓名。
（3）电杆为 15m 钢筋混凝土双杆，已组装完毕，组立方式为使用人字抱杆整体组立。
（4）所用工具、材料由考生根据施工需要进行安排</td></tr>
</table>

序号	项目名称	质量要求	满分	扣分标准	扣分原因	得分
1	整体要求					
1.1	标题	应写清楚输电线路名称、杆号及作业内容	5	少一项扣 2 分		
1.2	工程概况介绍	应对工程概况或该工作的背景进行简单描述	5	没有工程概况介绍扣 5 分		
2	组织措施					
2.1	工作内容	应写清楚工作的输电线路、杆号、工作内容、工作范围	10	少一项内容扣 3 分		
2.2	工作人员及分工	（1）应写清楚工作班组和人数；或者逐一填写工作人员名字。 （2）单位名称和个人姓名不得使用真实名称。 （3）应有明确分工	5	一项不正确扣 2 分		
2.3	工作时间	应写清楚计划工作时间，计划工作开始及工作结束时间均应以年、月、日、时、分填写清楚	5	没有填写时间扣 5 分； 时间填写不清楚或错误扣 3 分		

续表

序号	项目名称	质量要求	满分	扣分标准	扣分原因	得分
3	作业程序					
3.1	准备工作	（1）安全措施宣讲及落实（作业人员着装正确，戴安全帽，系安全带）。 （2）人员分工（指挥、安全监护、制动系统、临时拉线、机动绞磨、制作拉线、登杆各岗位人员分配）。 （3）作业开始前的检查（双杆距离、根开距离、坑内余土、马道、牵引地锚与电杆位置、制动地锚和牵引地锚及操作人员位置、临时拉线地锚位置、各绑扎点及吊点锁紧情况等方面的检查）	6	少一项扣 2 分		
3.2	立杆	（1）选择合适位置绑扎撑木梁进行补强。 （2）制动系统安装。 （3）抱杆安装。 （4）抱杆起立。 （5）起立电杆（电杆受力后应检查吊点平衡及制动系统，横担离地 30～50cm 时再检查各受力点及地锚，确无问题后再继续起立）。 （6）调整电杆及做拉线。 （7）电杆起立至 70°时应停止绞磨，起立至 80°时停止牵引。 （8）调整拉线至杆身竖直	10	少一项扣 2 分		
3.3	拆除工器具及临时拉线	（1）应固定好四方拉线，及时回填土并夯实，并拆除吊点钢丝绳套机牵引设备。 （2）拆除临时拉线	4	少一项扣 2 分		
4	安全措施					
4.1	防触电措施	（1）核对输电线路名称。 （2）停电，在作业点两端验电、挂接地线（现场布置与输电线路、弱电输电线路保证足够的安全距离）	5	少一项扣 2 分		
4.2	防止高空坠落措施	（1）在正式拉线做好和杆基回填土夯实之前，不得登杆。 （2）安全带及延长绳外观检查及冲击试验。 （3）登杆过程中应全程使用安全带。 （4）杆上人员作业过程中不得失去保护	5	少一项扣 2 分		
4.3	防止高空落物伤人措施	（1）杆上作业人员应将工具放置在牢固的构件上。 （2）上下传递工具材料应使用绳索传递，不得抛掷。 （3）地锚及操作人员应在距杆根杆高 1.2 倍距离外。 （4）作业人员应正确佩戴安全帽	5	少一项扣 2 分		
4.4	防止倒杆措施	（1）杆塔起立后应对各受力点处、各地锚做一次全面检查并冲击，却无问题再继续起立。 （2）起吊过程中，应注意检查各绑扎点钢丝绳套锁紧情况及位置是否正确。 （3）正式拉线做好，杆基回填土夯实后，方可登杆拆除所有牵引和临时拉线	5	少一项扣 2 分		
5	技术措施					
5.1	工器具的使用要求	（1）地锚的使用要求。 （2）抱杆的使用要求。 （3）机动绞磨的使用要求等	10	少一项扣 3 分		

续表

序号	项目名称	质量要求	满分	扣分标准	扣分原因	得分
5.2	质量要求	（1）杆身质量（正直，无迈步、弯曲现象等）。 （2）拉线质量（拉线松紧合适，交叉处无摩擦，尾线长度、扎线长度符合要求等）	10	少一项扣5分		
6	工具材料					
6.1	工具	（1）应有工具清单。 （2）应含有钢丝绳套、地锚、抱杆、绳索、滑车等立杆工具，并应根据情况选择适当的型号。 （3）应含有验电器、接地线、安全带、延长绳、脚扣等安全工器具	5	少一项扣2分； 没有型号要求扣2分		
6.2	材料	（1）应有材料清单。 （2）应有钢绞线、铁丝、楔形线夹、NUT型线夹等材料，并应根据情况选择适当的型号	5	少一项扣3分； 没有型号要求扣2分		
合计			100			

Jc0002151005　更换跳线串整串绝缘子。（100分）

考核知识点： 瓷质绝缘子串的组装和更换

难易度： 易

技能等级评价专业技能考核操作工作任务书

一、任务名称

更换跳线串整串绝缘子。

二、适用工种

送电线路工高级技师。

三、具体任务

识别绝缘子串组装图，更换跳线串整串绝缘子。

四、工作规范及要求

（1）正确佩戴安全工器具。

（2）正确使用个人工器具。

（3）动作流畅，操作快速。

五、考核及时间要求

（1）本考核操作时间为60分钟，时间到停止考评。

（2）完成后向考评员汇报结果。

技能等级评价专业技能考核操作评分标准

<table>
<tr><td>工种</td><td colspan="8">送电线路工</td><td>评价等级</td><td>高级技师</td></tr>
<tr><td>项目模块</td><td colspan="6">输电线路检修及应急处理</td><td colspan="2">编号</td><td colspan="2">Jc0002151005</td></tr>
<tr><td>单位</td><td colspan="3"></td><td colspan="2">准考证号</td><td colspan="3"></td><td>姓名</td><td></td></tr>
<tr><td>考试时限</td><td colspan="2">60分钟</td><td colspan="5">题型</td><td>多项操作</td><td>题分</td><td>100分</td></tr>
<tr><td>成绩</td><td></td><td>考评员</td><td colspan="2"></td><td colspan="3">考评组长</td><td></td><td>日期</td><td></td></tr>
<tr><td>试题正文</td><td colspan="10">更换跳线串整串绝缘子</td></tr>
</table>

续表

需要说明的问题和要求	（1）要求6人配合操作。 （2）操作应注意安全，按照标准化作业书的技术安全说明做好安全措施					
序号	项目名称	质量要求	满分	扣分标准	扣分原因	得分
1	工具使用及安全措施					
1.1	相关安全措施的准备	正确佩戴安全帽，穿全套工作服，包括工作服、绝缘鞋、棉手套，围栏、围带、警示标示配备充足	5	未正确佩戴安全帽，穿工作服、绝缘鞋、棉手套每项扣0.5分； 未对围栏、围带、警示标示进行检查，每项扣0.5分		
1.2	准备工器具、材料、绝缘子	检查所需绝缘子、金具、材料、工器具是否准备齐全	5	未进行检查，每项扣1分		
2	安全文明施工现场布置					
2.1	根据场地情况设置围栏	围栏布置满足搭设场地需求，设置合理	5	不满足要求扣1～5分		
2.2	设置警示标示	合适位置设置警示标示	5	不满足要求扣1～5分		
3	绝缘子串更换					
3.1	绝缘子、金具检查	对绝缘子型号、金具型号进行检查	5	不满足要求扣1～5分		
3.2	地面组装绝缘子串	地面按旧绝缘子串组装新绝缘子串	5	不满足要求扣1～5分		
3.3	高空作业人员登塔	动作标准，正确使用安全工器具	5	不满足要求扣1～5分		
3.4	挂设软梯和滑车、手扳葫芦	高空作业人员适当位置悬挂软梯和滑车、丝杠	10	一项不满足要求扣1～5分		
3.5	旧绝缘子串拆除	利用丝杠提升跳线串，将破损绝缘子取出更换	10	一项不满足要求扣1～5分		
3.6	利用滑车将旧绝缘子串吊下塔	旧绝缘子吊下塔，禁止抛掷	10	抛掷绝缘子扣10分		
3.7	新绝缘子串安装	将地面新绝缘子表面擦拭干净，利用滑车提升至跳线串处，进行安装	15	不满足要求扣1～5分		
3.8	加装M销	将旧M销更换为新M销	5	不满足要求扣1～5分		
3.9	绝缘子大口调整	将整串绝缘子大口调整统一大号侧	5	不满足要求扣1～5分		
4	现场恢复					
4.1	作业现场及工器具恢复	恢复现场所用工器具	5	未进行现场恢复扣1～5分		
4.2	作业时长	应在规定时间内完成操作	5	每超5分钟扣1分		
合计			100			

Jc0002152006　托瓶架更换耐张串单片绝缘子。（100分）

考核知识点：托瓶架的使用、耐张串单片绝缘子的更换

难易度：中

技能等级评价专业技能考核操作工作任务书

一、任务名称

托瓶架更换耐张串单片绝缘子。

二、适用工种

送电线路工高级技师。

三、具体任务

利用托瓶架更换耐张串单片绝缘子。

四、工作规范及要求

（1）正确佩戴安全工器具。

（2）正确使用个人工器具。

（3）动作流畅，操作快速。

五、考核及时间要求

（1）本考核操作时间为30分钟，时间到停止考评。

（2）完成后向考评员汇报结果。

技能等级评价专业技能考核操作评分标准

工种	送电线路工					评价等级	高级技师
项目模块	输电线路检修及应急处理				编号	Jc0002152006	
单位			准考证号			姓名	
考试时限	30分钟		题型	多项操作		题分	100分
成绩		考评员		考评组长		日期	
试题正文	托瓶架更换耐张串单片绝缘子						
需要说明的问题和要求	（1）要求6人配合操作。 （2）操作应注意安全，按照标准化作业书的技术安全说明做好安全措施						

序号	项目名称	质量要求	满分	扣分标准	扣分原因	得分
1	工具使用及安全措施					
1.1	相关安全措施的准备	正确佩戴安全帽，穿全套工作服，包括工作服、绝缘鞋、棉手套，围栏、围带、警示标示配备充足	5	未正确佩戴安全帽，穿工作服、绝缘鞋、棉手套每项扣0.5分； 未对围栏、围带、警示标示进行检查，每项扣0.5分		
1.2	准备工器具、材料、绝缘子	检查所需绝缘子、材料、工器具是否准备齐全	5	未进行检查，每项扣1分		
2	安全文明施工现场布置					
2.1	根据场地情况设置围栏	围栏布置满足搭设场地需求，设置合理	5	不满足要求扣1～5分		
2.2	设置警示标示	合适位置设置警示标示	5	不满足要求扣1～5分		
3	绝缘子更换					
3.1	人员登塔	高空作业人员携带滑车、小吊绳登塔	5	不满足要求扣1～5分		
3.2	起吊设备安装	高空作业人员出绝缘子串，在绝缘子串适当位置挂设小滑车和小吊绳	10	不满足要求扣1～5分		
3.3	地面配合起吊托瓶架	地面人员配合起吊托瓶架	5	不满足要求扣1～5分		
3.4	损坏绝缘子更换	高空作业人员安装好托瓶架，取出损坏绝缘子	10	一项不满足要求扣1～5分		
3.5	绝缘子起吊	损坏绝缘子随小吊绳吊下，新绝缘子起吊	10	一项不满足要求扣1～5分		

续表

序号	项目名称	质量要求	满分	扣分标准	扣分原因	得分
3.6	安装新绝缘子	高空作业人员安装新绝缘子	10	一项不满足要求扣1～5分		
3.7	绝缘子串调整	安装好M销，调整绝缘子大口朝向	10	一项不满足要求扣1～5分		
3.8	下塔	卸载托瓶架，作业人员下塔	10	一项不满足要求扣1～5分		
4	现场恢复					
4.1	作业现场及工器具恢复	恢复现场所用工器具	5	未进行现场恢复扣1～5分		
4.2	作业时长	应在规定时间内完成操作	5	每超5分钟扣1分		
合计			100			

Jc0002153007　更换四分裂导线跳线其中1根损伤导线。（100分）

考核知识点：损伤导线更换

难易度：难

技能等级评价专业技能考核操作工作任务书

一、任务名称

更换四分裂导线跳线其中1根损伤导线。

二、适用工种

送电线路工高级技师。

三、具体任务

更换四分裂导线跳线其中1根损伤导线，要求对导线耐张线夹进行压接。

四、工作规范及要求

（1）正确佩戴安全工器具。

（2）正确使用个人工器具。

（3）动作流畅，操作快速。

五、考核及时间要求

（1）本考核操作时间为60分钟，时间到停止考评。

（2）完成后向考评员汇报结果。

技能等级评价专业技能考核操作评分标准

工种	送电线路工					评价等级	高级技师
项目模块	输电线路检修及应急处理				编号	Jc0002153007	
单位			准考证号			姓名	
考试时限	30分钟		题型	多项操作		题分	100分
成绩		考评员		考评组长		日期	
试题正文	更换四分裂导线跳线其中1根损伤导线						
需要说明的问题和要求	（1）要求6人配合操作。 （2）操作应注意安全，按照标准化作业书的技术安全说明做好安全措施						

续表

序号	项目名称	质量要求	满分	扣分标准	扣分原因	得分
1	工具使用及安全措施					
1.1	相关安全措施的准备	正确佩戴安全帽，穿全套工作服，包括工作服、绝缘鞋、棉手套，围栏、围带、警示标示配备充足	5	未正确佩戴安全帽，穿工作服、绝缘鞋、棉手套每项扣0.5分； 未对围栏、围带、警示标示进行检查，每项扣0.5分		
1.2	准备工器具、材料、导线	检查所需导线、材料、工器具是否准备齐全	5	未进行检查，每项扣1分		
2	安全文明施工现场布置					
2.1	根据场地情况设置围栏	围栏布置满足搭设场地需求，设置合理	5	不满足要求扣1～5分		
2.2	设置警示标示	合适位置设置警示标示	5	不满足要求扣1～5分		
3	损伤导线更换					
3.1	人员登塔	高空作业人员携带小滑车、小吊绳、皮尺登塔	5	不满足要求扣1～5分		
3.2	量取跳线长度	作业人员量取跳线长度	10	量取长度错误不得分		
3.3	跳线制作	地面人员制作跳线	10	跳线制作工艺不满足要求扣1～10分		
3.4	旧导线拆除	高空作业人员依次打开耐张线夹、间隔棒将损伤导线摘下	10	一项不满足要求扣1～5分		
3.5	导线起吊	损伤导线吊下，新导线起吊	10	吊下、起吊不满足要求扣1～5分		
3.6	新导线安装	新导线耐张线夹、间隔棒进行安装	15	安装工艺不满足要求扣1～15分		
3.7	人员下塔	作业人员及工器具下塔	10	失去保护、动作不规范扣1～10分		
4	现场恢复					
4.1	作业现场及工器具恢复	恢复现场所用工器具	5	未进行现场恢复扣1～5分		
4.2	作业时长	应在规定时间内完成操作	5	每超5分钟扣1分		
合计			100			

Jc0002151008 带电更换跳线间隔棒。(100分)

考核知识点：带电作业、跳线间隔棒更换

难易度：易

技能等级评价专业技能考核操作工作任务书

一、任务名称

带电更换跳线间隔棒。

二、适用工种

送电线路工高级技师。

三、具体任务

申请线路退出重合闸、编制现场勘察记录、作业指导书、更换路线间隔棒。

四、工作规范及要求

(1) 正确佩戴安全工器具。

(2) 正确使用个人工器具。

(3) 动作流畅，操作快速。

五、考核及时间要求

（1）本考核操作时间为45分钟，时间到停止考评。

（2）完成后向考评员汇报结果。

技能等级评价专业技能考核操作评分标准

工种	送电线路工				评价等级	高级技师
项目模块	输电线路检修及应急处理			编号	Jc0002151008	
单位		准考证号			姓名	
考试时限	45分钟	题型	多项操作		题分	100分
成绩		考评员		考评组长	日期	
试题正文	带电更换跳线间隔棒					
需要说明的问题和要求	（1）要求6人配合操作。 （2）操作应注意安全，按照标准化作业书的技术安全说明做好安全措施					

序号	项目名称	质量要求	满分	扣分标准	扣分原因	得分
1	工具使用及安全措施					
1.1	相关安全措施的准备	正确佩戴安全帽，穿全套工作服，包括工作服、绝缘鞋、棉手套，围栏、围带、警示标示配备充足	5	未正确佩戴安全帽，穿工作服、绝缘鞋、棉手套每项扣0.5分； 未对围栏、围带、警示标示进行检查，每项扣0.5分		
1.2	准备工器具、材料、导线	检查所需导线、材料、工器具是否准备齐全	5	未进行检查，每项扣1分		
2	安全文明施工现场布置					
2.1	根据场地情况设置围栏	围栏布置满足搭设场地需求，设置合理	5	不满足要求扣1～5分		
2.2	设置警示标示	合适位置设置警示标示	5	不满足要求扣1～5分		
3	损伤间隔棒更换					
3.1	现场勘察	负责人现场勘察，填写勘察记录，提出退出重合闸申请	5	不满足要求扣1～5分		
3.2	编制作业指导书	编制作业指导书，模拟接到退出重合闸命令，现场安全交底，现场开工	15	一项不满足要求扣1～5分		
3.3	人员登塔	高空人员登塔，在塔头挂设软梯，绝缘绳和滑车	10	软梯挂设不满足要求扣1～10分		
3.4	拆除损坏间隔棒	等电位电工登软梯至损坏间隔棒位置，拆除损坏旧间隔棒	10	一项不满足要求扣1～5分		
3.5	间隔棒起吊	旧间隔棒吊下，新间隔棒起吊	10	吊下、起吊不满足要求扣1～5分		
3.6	安装新间隔棒	等电位电工安装新间隔棒	10	安装工艺不满足要求扣1～10分		
3.7	等电位作业完毕	等电位电工下软梯，作业工器具拆除	10	工器具拆除不满足要求扣1～10分		
4	现场恢复					
4.1	作业现场及工器具恢复	恢复现场所用工器具	5	未进行现场恢复扣1～5分		
4.2	作业时长	应在规定时间内完成操作	5	每超5分钟扣1分		
合计			100			

Jc0002152009　带电更换拉门塔塔腿主材。(100 分)
考核知识点：拉门塔塔腿的更换、起吊
难易度：中

技能等级评价专业技能考核操作工作任务书

一、任务名称
带电更换拉门塔塔腿主材。

二、适用工种
送电线路工高级技师。

三、具体任务
使用小吊车更换拉门塔塔腿主材。

四、工作规范及要求
(1) 正确佩戴安全工器具。
(2) 正确使用个人工器具。
(3) 动作流畅，操作快速。

五、考核及时间要求
(1) 本考核操作时间为 60 分钟，时间到停止考评。
(2) 完成后向考评员汇报结果。

技能等级评价专业技能考核操作评分标准

工种	送电线路工					评价等级	高级技师
项目模块	输电线路检修及应急处理				编号	Jc0002152009	
单位			准考证号			姓名	
考试时限	60 分钟		题型	多项操作		题分	100 分
成绩		考评员		考评组长		日期	
试题正文	带电更换拉门塔塔腿主材						
需要说明的问题和要求	(1) 要求 6 人配合操作。 (2) 操作应注意安全，按照标准化作业书的技术安全说明做好安全措施						

序号	项目名称	质量要求	满分	扣分标准	扣分原因	得分
1	工具使用及安全措施					
1.1	相关安全措施的准备	正确佩戴安全帽，穿全套工作服，包括工作服、绝缘鞋、棉手套，围栏、围带、警示标示配备充足	5	未正确佩戴安全帽，穿工作服、绝缘鞋、棉手套每项扣 0.5 分； 未对围栏、围带、警示标示进行检查，每项扣 0.5 分		
1.2	准备工器具、材料、塔材	检查所需塔材、材料、工器具准备齐全	5	未进行检查，每项扣 1 分		
2	安全文明施工现场布置					
2.1	根据场地情况设置围栏	围栏布置满足搭设场地需求，设置合理	5	不满足要求扣 1～5 分		

续表

序号	项目名称	质量要求	满分	扣分标准	扣分原因	得分
2.2	设置警示标示	合适位置设置警示标示	5	不满足要求扣1～5分		
3	塔腿主材更换					
3.1	安全距离检查	利用测距杆检查现场带电作业安全距离是否满足要求	5	不满足要求扣1～5分		
3.2	松动拉线	松动拉门塔四方拉线至合适位置	10	不满足要求扣1～10分		
3.3	起吊塔腿	指挥利用小吊车起吊拉门塔塔腿，使变形塔材适当松动	15	不满足要求扣1～15分		
3.4	旧塔材拆除	拆除变形旧塔材	10	不满足要求扣1～10分		
3.5	加装新塔材	加装新塔材	10	不满足要求扣1～10分		
3.6	螺栓紧固	拧紧螺栓，加装防盗帽	10	不满足要求扣1～10分		
3.7	拉线恢复	四方拉线调整恢复	10	不满足要求扣1～10分		
4	现场恢复					
4.1	作业现场及工器具恢复	恢复现场所用工器具	5	未进行现场恢复扣1～5分		
4.2	作业时长	应在规定时间内完成操作	5	每超5分钟扣1分		
合计			100			

Jc0002153010　带电更换猫头塔塔腿。（100分）

考核知识点：塔腿的更换、起吊系统设置。

难易度：难

技能等级评价专业技能考核操作工作任务书

一、任务名称

带电更换猫头塔塔腿。

二、适用工种

送电线路工高级技师。

三、具体任务

使用坐地抱杆、绞磨更换猫头塔塔腿。

四、工作规范及要求

（1）正确佩戴安全工器具。

（2）正确使用个人工器具。

（3）动作流畅，操作快速。

五、考核及时间要求

（1）本考核操作时间为120分钟，时间到停止考评。

（2）完成后向考评员汇报结果。

技能等级评价专业技能考核操作评分标准

工种	送电线路工				评价等级	高级技师
项目模块	输电线路检修及应急处理			编号	Jc0002153010	
单位		准考证号			姓名	
考试时限	120 分钟	题型	多项操作		题分	100 分
成绩	考评员		考评组长		日期	
试题正文	带电更换猫头塔塔腿					
需要说明的问题和要求	（1）要求 12 人配合操作。 （2）操作应注意安全，按照标准化作业书的技术安全说明做好安全措施					

序号	项目名称	质量要求	满分	扣分标准	扣分原因	得分
1	工具使用及安全措施					
1.1	相关安全措施的准备	正确佩戴安全帽，穿全套工作服，包括工作服、绝缘鞋、棉手套，围栏、围带、警示标示配备充足	5	未正确佩戴安全帽，穿工作服、绝缘鞋、棉手套每项扣 0.5 分； 未对围栏、围带、警示标示进行检查，每项扣 0.5 分		
1.2	准备工器具、材料、塔材	检查所需塔材、材料、工器具是否准备齐全	5	未进行检查，每项扣 1 分		
2	安全文明施工现场布置					
2.1	根据场地情况设置围栏	围栏布置满足搭设场地需求，设置合理	5	不满足要求扣 1～5 分		
2.2	设置警示标示	合适位置设置警示标示	5	不满足要求扣 1～5 分		
3	塔腿更换					
3.1	设置坐地抱杆	埋设拉线，设置坐地抱杆	5	不满足要求扣 1～5 分		
3.2	设置绞磨	埋设地锚，设置绞磨	10	不满足要求扣 1～10 分		
3.3	设置转向滑车	设置转向滑车，穿钢丝绳	10	不满足要求扣 1～10 分		
3.4	起吊系统检查	起吊前对起吊系统进行安全检查	10	不满足要求扣 1～10 分		
3.5	旧塔腿起吊	拆除防盗螺栓，对旧塔腿起吊，松弛后拆除	15	不满足要求扣 1～15 分		
3.6	新塔腿安装	安装新的塔腿	10	不满足要求扣 1～10 分		
3.7	螺栓紧固	紧固塔腿包钢、斜材螺栓，加装防盗帽	10	不满足要求扣 1～10 分		
4	现场恢复					
4.1	作业现场及工器具恢复	恢复现场所用工器具	5	未进行现场恢复扣 1～5 分		
4.2	作业时长	应在规定时间内完成操作	5	每超 5 分钟扣 1 分		
合计			100			

Jc0002153011　起吊更换倒塌的 220kV 自立塔。（100 分）

考核知识点：事故倒塔的更换和组立

难易度：难

技能等级评价专业技能考核操作工作任务书

一、任务名称

起吊更换倒塌的 220kV 自立塔。

二、适用工种

送电线路工高级技师。

三、具体任务

使用吊车拆除倒塔，组装新塔。

四、工作规范及要求

（1）正确佩戴安全工器具。

（2）正确使用个人工器具。

（3）动作流畅，操作快速。

五、考核及时间要求

（1）本考核操作时间为 120 分钟，时间到停止考评。

（2）完成后向考评员汇报结果。

技能等级评价专业技能考核操作评分标准

工种	送电线路工					评价等级	高级技师
项目模块	输电线路检修及应急处理				编号	Jc0002153011	
单位			准考证号			姓名	
考试时限	120 分钟		题型	多项操作		题分	100 分
成绩		考评员		考评组长		日期	
试题正文	起吊更换倒塌的 220kV 自立塔						
需要说明的问题和要求	（1）要求 12 人配合操作。 （2）操作应注意安全，按照标准化作业书的技术安全说明做好安全措施						

序号	项目名称	质量要求	满分	扣分标准	扣分原因	得分
1	工具使用及安全措施					
1.1	相关安全措施的准备	正确佩戴安全帽，穿全套工作服，包括工作服、绝缘鞋、棉手套，围栏、围带、警示标示配备充足	5	未正确佩戴安全帽，穿工作服、绝缘鞋、棉手套每项扣 0.5 分； 未对围栏、围带、警示标示进行检查，每项扣 0.5 分		
1.2	准备工器具、材料、塔材	检查所需塔材、材料、工器具是否准备齐全	5	未进行检查，每项扣 1 分		
2	安全文明施工现场布置					
2.1	根据场地情况设置围栏	围栏布置满足搭设场地需求，设置合理	5	不满足要求扣 1～5 分		
2.2	设置警示标示	合适位置设置警示标示	5	不满足要求扣 1～5 分		
3	铁塔组立					
3.1	原导地线收紧	埋设反向拉线，将未损伤的导地线收紧，松开线夹	5	不满足要求扣 1～5 分		
3.2	旧塔拆除	利用乙炔切割设备将倒塔分割拆除	10	不满足要求扣 1～10 分		
3.3	旧塔吊装	指挥 1 辆吊车将拆除的旧塔吊移原来位置	10	不满足要求扣 1～10 分		
3.4	新塔起吊前检查	对新塔起吊前塔材组装、螺栓紧固情况进行检查	10	不满足要求扣 1～10 分		

续表

序号	项目名称	质量要求	满分	扣分标准	扣分原因	得分
3.5	新塔起吊	模拟基础未受损，采用两辆吊车，将铁塔起吊，铁塔完全起吊后撤出其中一辆吊车	15	不满足要求扣 1～15 分		
3.6	新塔就位	将新塔就位后，加装地脚螺母并拧紧	10	不满足要求扣 1～10 分		
3.7	登塔检修	对新塔进行登塔检查，螺栓紧固等工作	10	不满足要求扣 1～10 分		
4	现场恢复					
4.1	作业现场及工器具恢复	恢复现场所用工器具	5	未进行现场恢复扣 1～5 分		
4.2	作业时长	应在规定时间内完成操作	5	每超 5 分钟扣 1 分		
合计			100			

Jc0002141012　液压连接 LGJ－300/25 导线耐张线夹的操作。（100 分）

考核知识点：材料的选择，液压的工艺与标准

难易度：易

技能等级评价专业技能考核操作工作任务书

一、任务名称

液压连接 LGJ－300/25 导线耐张线夹的操作。

二、适用工种

送电线路工高级技师。

三、具体任务

液压连接 LGJ－300/25 导线耐张线夹的操作。针对此项工作，考生须在 30 分钟内完成更换处理操作。

四、工作规范及要求

（1）要求单独操作，2 人配合。

（2）要求着装正确（工作服、工作胶鞋、安全帽）。

（3）工具：

1）相应导线与接续管规格、型号是否匹配。

2）选用压接机具、压接模具，确保压模规格与压接管相匹配。

3）工器具：成套压接机及压接模具、断线钳、钢卷尺、剥线器、导电脂、圆锉。

五、考核及时间要求

（1）本考核操作时间为 30 分钟，时间到停止考评。

（2）液压链接制作更换完成后向考评员汇报安装完毕。

技能等级评价专业技能考核操作评分标准

<table>
<tr><td>工种</td><td colspan="3">送电线路工</td><td>评价等级</td><td>高级技师</td></tr>
<tr><td>项目模块</td><td colspan="2">输电线路检修及应急处理</td><td>编号</td><td colspan="2">Jc0002141012</td></tr>
<tr><td>单位</td><td></td><td>准考证号</td><td></td><td>姓名</td><td></td></tr>
</table>

续表

考试时限	30分钟		题型	单项操作		题分	100分
成绩		考评员		考评组长		日期	
试题正文	液压连接LGJ－300/25导线耐张线夹的操作						
需要说明的问题和要求	（1）要求单独操作，2人配合。 （2）要求着装正确（工作服、工作胶鞋、安全帽）。 （3）相应导线与接续管规格、型号是否匹配。 （4）选用压接机具、压接模具，确保压模规格与压接管相匹配。 （5）工器具：成套压接机及压接模具、断线钳、钢卷尺、剥线器、导电脂、圆锉						

序号	项目名称	质量要求	满分	扣分标准	扣分原因	得分
1	工具材料准备、检查					
1.1	液压机具及模具接续管选用检查	选用压接机具、压接模具，确保压模规格与压接管相匹配 压接钳应放在坚硬、平整的地面上，模具顶盖上方不得有人	10	压接模具，确保压模规格与压接管不相匹配扣10分； 操作地点选择不合适或模具上方有人扣5分		
1.2	导线与接续管的检查	相应导线与接续管规格、型号是否匹配	10	导线与接续管规格、型号是否匹配，不匹配扣10分		
2	清洗、涂导电脂					
2.1	接续管的清洗	对接续管应用汽油清洗接续管内壁油垢，清除影响穿管的锌疤与焊渣	5	清洗达不到要求扣5分		
2.2	导线被压接部分的清洗	钢芯铝绞线的液压部分穿管前应以汽油清除表面油垢	5	钢芯铝绞线的液压部分未进行清洗扣5分		
2.3	涂导电脂	涂抹范围为液压后铝股与铝管接触的表面全部涂到	5	导电脂未按要求进行涂抹扣5分		
3	画印、剥铝线、穿管					
3.1	画印、剥铝股	量出钢锚所穿钢绞线长度＋15mm，用画印笔画印，切断铝股	10	未按要求进行画印、绑扎细铁丝扣5分； 未按要求进行切割扣5分		
3.2	套铝管	将铝管自钢芯铝绞线一端套入	10	未按铝线绞向套入铝管扣10分		
3.3	穿钢锚	将已剥掉铝股的钢芯自钢锚口穿入钢锚，穿入时自钢芯绞制方向旋转推入，保持原节距，直至钢锚底部，管口与铝股预留长度相等	10	钢芯穿管时未按要求穿入扣10分； 穿铝管位置与铝线画印位置不符扣5分		
3.4	穿铝管、画印	在钢锚压好后，自钢锚最后凹槽边向钢锚U型挂环端量出一点A画印，自A点向铝线侧两铝管全长C画印，然后铝管顺铝股绞制方向旋转推入钢锚方向，直至铝管与钢锚A点重合为止，量出钢锚出口与铝管距离N进行画印	10	钢芯穿管时未按要求穿入扣10分； 穿铝管位置与铝线画印位置不符扣5分		
4	压接					
4.1	钢锚	自钢锚凹槽前侧向管口连续施压	10	压接顺序不正确扣10分		
4.2	铝管	在铝管N处向导线侧方向连续施压，然后在钢锚凹槽处反向进行施压	10	压接顺序不正确扣10分		
5	其他要求	（1）操作动作熟练。 （2）清理工作现场符合文明生产要求。 （3）在规定时间内完成	5	操作动作不熟练扣2分； 其余每项扣1分		
合计			100			

Jc0002142013 带转角耐张塔基础分坑的操作。(100分)

考核知识点：经纬仪的使用，画出分坑图，分坑的计算

难易度：中

技能等级评价专业技能考核操作工作任务书

一、任务名称

带转角耐张塔基础分坑的操作。

二、适用工种

送电线路工高级技师。

三、具体任务

带转角耐张塔基础分坑的操作。针对此项工作，考生须在30分钟内完成更换处理操作。

四、工作规范及要求

（1）要求单独操作，两人配合记录，画出分坑图、写计算过程。

（2）工具：

1）选用光学经纬仪，J_2、J_6型均可。

2）皮尺、计算器、木桩、手锤。

3）选空旷场地。

五、考核及时间要求

（1）本考核操作时间为30分钟，时间到停止考评。

（2）测量计算完成、仪器收于箱中后向考评员汇报安装完毕。

技能等级评价专业技能考核操作评分标准

工种	送电线路工					评价等级	高级技师
项目模块	输电线路施工				编号	Jc0002142013	
单位			准考证号			姓名	
考试时限	30分钟		题型	单项操作		题分	100分
成绩		考评员		考评组长		日期	
试题正文	带转角耐张塔基础分坑的操作						
需要说明的问题和要求	（1）要求单独操作，2人配合，画出分坑图、写计算过程。 （2）要求着装正确（工作服、工作胶鞋、安全帽）。 （3）相应导线与接续管规格、型号是否匹配。 （4）选用压接机具、压接模具，确保压模规格与压接管相匹配。 （5）工器具：成套压接机及压接模具、断线钳、钢卷尺、剥线器、导电脂、圆锉						

序号	项目名称	质量要求	满分	扣分标准	扣分原因	得分
1	分坑工器具的准备					
1.1	工器具	经纬仪、计算器、木桩、手锤、皮尺	5	少一项不得分		
1.2	选定仪器的测量点	将仪器置于指定中心桩位置	5	不正确扣5分		
1.3	确定转角值	确定线路方向桩位置、确定转角值	5	不正确扣5分		
2	调整仪器					
2.1	仪器对中、整平、对光	在观测点位置将仪器对中、整平、对光	5	不正确扣5分		

续表

序号	项目名称	质量要求	满分	扣分标准	扣分原因	得分
3	分坑、计算					
3.1	确定横、顺线路方向桩，根据塔基根开计算出坑口距离	将仪器竖盘照明反光镜转动使显微镜中的读数最明亮、清晰	10	不正确扣1～10分		
		将仪器安置在转角塔中心桩O点上，将水平读盘置零。然后顺时针或逆时针旋转照准部，测出（180°－α）/2水平角，沿视线方向得出D点，打倒镜得出C点	20	不正确一项扣1～10分		
		将水平读盘复零，向顺线路旋转90°用同样方法得出A、B点	10	不正确扣1～10分		
		从C点起，在CA方向线上用0.707（$y-a$）、0.707（$y+a$）分别量出E1、E2得出N、M点，取$2a$线长使其两端与N、M两点重合，在此线中点拉紧得出P点，折向DA一侧得出Q点	20	不正确一项扣1～10分		
		用同样的方法，分别得出另外三个坑位	15	不正确一项扣1～10分		
4	其他要求	（1）要求着装正确（工作服、工作胶鞋、安全帽）。 （2）操作动作熟练。 （3）将仪器一次性装箱成功。 （4）清理工作现场符合文明生产要求。 （5）在规定的时间内完成	5	每项酌情扣1～2分		
合计			100			

Jc0002142014　档外角度法测量导线弧垂操作。（100分）

考核知识点：经纬仪的使用，弧垂的计算公式

难易度：中

技能等级评价专业技能考核操作工作任务书

一、任务名称

档外角度法测量导线弧垂操作。

二、适用工种

送电线路工高级技师。

三、具体任务

使用经纬仪采用档外角度法测量导线弧垂。

四、工作规范及要求

（1）给出档距、前后杆塔呼称高。

（2）要求在培训线路上单独操作，一人配合记录，写计算过程。

（3）选用光学经纬仪，J_2、J_6型均可。

五、考核及时间要求

（1）本考核操作时间为30分钟，时间到停止考评。

（2）测量计算完成后将仪器收放箱内后向考评员汇报安装完毕。

技能等级评价专业技能考核操作评分标准

工种	送电线路工				评价等级	高级技师
项目模块	输电线路运维—输电线路基本技能			编号	Jc0002142014	
单位		准考证号			姓名	
考试时限	30分钟	题型	单项操作		题分	100分
成绩		考评员		考评组长	日期	
试题正文	档外角度法测量导线弧垂操作					
需要说明的问题和要求	（1）要求单独操作，1人配合记录，写计算过程。 （2）给出档距、前后杆塔呼称高。 （3）选用光学经纬仪，J_2、J_6型均可。 （4）塔尺、钢卷尺、计算器。 （5）在培训线路上操作					

序号	项目名称	质量要求	满分	扣分标准	扣分原因	得分
1	工具材料准备、检查					
1.1	工器具	经纬仪、塔尺、计算器	5	少一项不得分		
1.2	选定仪器的测量点	观测点位置在该杆塔所测导线挂线点正投影至地面上的点	5	不正确每项扣5分		
2	调整仪器					
2.1	仪器对中、整平、对光，采集该档观测点处杆塔呼称高	在观测点位置将仪器对中、整平、对光	5	不正确扣5分		
		量出经纬仪仪高（望远镜转轴中心至杆塔基面的高度）	10	不正确扣1～10分		
		并用观测点导线挂点至杆塔高度减去仪高	10	不正确扣1～10分		
		核对该档档距、观测点、导线挂点高度是否准确	10	不正确一项扣5分		
3	测量，计算					
3.1	测量导线弧垂最低点垂直角度，计算弧垂	将仪器竖盘照明反光镜转动使显微镜中的读数最明亮、清晰	10	不正确扣1～10分		
		转动镜筒瞄准导线方向锁紧望远镜制动手轮	10	不正确扣1～10分		
		转动望远镜微动手轮使十字丝中横丝与导线弧垂最低点精确相切，精确读出垂直角α	10	不正确扣1～10分		
		转动望远镜微动手轮使十字丝中横丝分别与被测相邻两基杆塔导线挂线点精确相切，分别精确读出垂直角β、φ	10	不正确扣1～10分		
		计算： $b=(l_1+l)(\tan\beta-\tan\alpha)$ $a=L_1(\tan\varphi-\tan\alpha)$ 再按照异长法公式 $f=\frac{1}{4}(\sqrt{a}+\sqrt{b})^2$	10	不正确一项扣1～5分		
4	其他要求	（1）要求着装正确（工作服、工作胶鞋、安全帽）。 （2）操作动作熟练。 （3）将仪器一次性装箱成功。 （4）清理工作现场符合文明生产要求。 （5）在规定的时间内完成	5	每项酌情扣1～2分		
合计			100			

Jc0002143015　编写使用吊车整体组立 ZM（7725－18）型铁塔的施工组织方案。（100 分）

考核知识点：人员分工，工器具材料的选择，施工工艺，组织方案的编写

难易度：难

技能等级评价专业技能考核操作工作任务书

一、任务名称

编写使用吊车整体组立 ZM（7725－18）型铁塔的施工组织方案。

二、适用工种

送电线路工高级技师。

三、具体任务

110kV 某线因交跨距离不满足要求，输电工区计划在将 18 号杆更换为 ZM（7725－18）型铁塔，作业方法为吊车整体组立，铁塔已组装完毕。针对此项工作，考生须在 60 分钟内编写一份使用吊车整体组立 ZM（7725－18）型铁塔的施工组织方案。

四、工作规范及要求

给定条件：铁塔已组装完毕。按以下要求完成使用吊车整体组立 ZM（7725－18）型铁塔的施工组织方案的编写；方案编写在教室内完成。

（1）人员配置分工合理（方案中不得出现真实单位名称及个人姓名）。

（2）工器具及材料清楚。

（3）主要作业程序正确。

（4）关键工序工艺质量标准清楚。

（5）组织、安全、技术措施齐全。

（6）考核时间结束终止考试。

五、考核及时间要求

（1）本考核操作时间为 60 分钟，时间到停止考评。

（2）组织方案编写完成后向考评员汇报安装完毕。

技能等级评价专业技能考核操作评分标准

工种	送电线路工					评价等级	高级技师
项目模块	输电线路施工				编号	Jc0002143015	
单位			准考证号			姓名	
考试时限	60 分钟		题型	单项操作		题分	100 分
成绩		考评员		考评组长		日期	
试题正文	编写使用吊车整体组立 ZM（7725－18）型铁塔的施工组织方案						
需要说明的问题和要求	（1）学员集中于教室在 60 分钟内完成方案编写。 （2）方案中施工班组、作业人员不指定，由考生自行填写，但不得出现真实单位名称和个人姓名。 （3）铁塔型号为 ZM（7725－18）型，已组装完毕，组立方式为使用吊车整体组立。 （4）所用工具、材料由考生根据施工需要进行安排						

序号	项目名称	质量要求	满分	扣分标准	扣分原因	得分
1	整体要求					
1.1	标题	应写清楚线路名称、杆号及作业内容	5	少一项扣 2 分		

续表

序号	项目名称	质量要求	满分	扣分标准	扣分原因	得分
1.2	工程概况介绍	应对工程概况或该工作的背景进行简单描述	5	没有工程概况介绍扣5分		
2	组织措施					
2.1	工作内容	应写清楚工作的线路、杆号、工作内容、工作范围	10	少一项内容扣3分		
2.2	工作人员及分工	（1）应写清楚工作班组和人数；或者逐一填写工作人员名字。 （2）单位名称和个人姓名不得使用真实名称。 （3）应有明确分工	5	一项不正确扣2分		
2.3	工作时间	应写清楚计划工作时间，计划工作开始及工作结束时间均应以年、月、日、时、分填写清楚	5	没有填写时间扣5分； 时间填写不清楚或错误扣3分		
3	作业程序					
3.1	准备工作	（1）安全措施宣讲及落实（作业人员着装正确，戴安全帽，系安全带）。 （2）人员分工（指挥、安全监护、吊车操作登塔各岗位人员分配）。 （3）作业开始前的检查	6	少一项扣2分		
3.2	立塔	（1）选择合适挂点，挂点应为两个或者单吊点在塔腿上绑扎撑木进行补强。 （2）起吊铁塔，受力后停止起吊，对各吊点情况进行检查。 （3）继续起吊铁塔，铁塔稍一离地，再次检查吊点情况及铁塔有无变形等，确无问题后再起吊。 （4）调整铁塔位置，将铁塔落在基础上，地脚螺栓穿入塔脚螺栓孔内。 （5）紧固地脚螺栓及安装接地引下线	10	少一项扣2分		
3.3	拆除工器具及清理现场	（1）登塔紧固螺栓及脚钉。 （2）拆除吊点钢丝绳套。 （3）清理现场	6	少一项扣2分		
4	安全措施					
4.1	防触电措施	（1）核对线路名称。 （2）与周边带电线路保持足够的安全距离，防止铁塔起吊过程中接近或触碰导线	5	少一项扣2分		
4.2	防止高空坠落措施	（1）在四个塔腿的地脚螺栓都安装之前，不得登塔。 （2）安全带及延长绳外观检查及冲击试验。 （3）登杆过程中应全程使用安全带，杆上作业过程中不得失去保护	5	少一项扣2分		
4.3	防止高空落物伤人措施	（1）作业人员应正确佩戴安全帽。 （2）起吊过程中作业点正下方不得有人逗留或通过。 （3）塔上传递工具材料，应使用绳索传递，不得抛掷	6	少一项扣2分		
4.4	防止机械伤人措施	（1）吊车应设专人指挥。 （2）安装地脚螺栓在找正螺栓孔时，不得将手指插入螺栓孔内	6	少一项扣2分		

续表

序号	项目名称	质量要求	满分	扣分标准	扣分原因	得分
5	技术措施					
5.1	工器具的使用要求	（1）吊车吨位的选择，统一指挥等。 （2）钢丝绳套绑扎位置及绑扎方法，使用过程进行安全检查等	10	吊车吨位未选择扣 3 分； 少一项扣 5 分		
5.2	质量要求	铁塔质量（检查塔材是否完整、弯曲损坏，螺栓是否紧固，塔身是否倾斜等）	10	没有质量要求扣 10 分		
6	工具材料					
6.1	工具	（1）应有工具清单。 （2）应含有吊车、钢丝绳套、绳索、钢钎、尖扳手、大锤等工具，并应根据情况选择适当的型号。 （3）应含有安全带、延长绳等安全工器具	6	少一项扣 2 分； 没有型号要求扣 2 分		
合计			100			

Jc0002143016　编写利用单抱杆进行空中组立 18m 铁塔的施工组织方案。（100 分）

考核知识点： 工器具材料的选择，施工工艺，组织方案的编写

难易度： 难

技能等级评价专业技能考核操作工作任务书

一、任务名称

编写利用单抱杆进行空中组立 18m 铁塔的施工组织方案。

二、适用工种

送电线路工高级技师。

三、具体任务

110kV 某线因交跨距离不满足要求，输电工区计划在将 18 号杆更换为 ZM（7725－18）型铁塔，作业方法为使用单抱杆空中组立。针对此项工作，考生须在 60 分钟内编写一份使用单抱杆组立 ZM（7725－18）型铁塔的施工组织方案。

四、工作规范及要求

按以下要求完成使用单抱杆组立 ZM（7725－18）型铁塔的施工组织方案的编写；方案编写在教室内完成。

（1）人员配置分工合理（方案中不得出现真实单位名称及个人姓名）。

（2）工器具及材料清楚。

（3）主要作业程序正确。

（4）关键工序工艺质量标准清楚。

（5）组织、安全、技术措施齐全。

（6）考核时间结束终止考试。

五、考核及时间要求

（1）本考核操作时间为 60 分钟，时间到停止考评。

（2）组织方案编写完成后向考评员汇报安装完毕。

技能等级评价专业技能考核操作评分标准

工种	送电线路工			评价等级	高级技师
项目模块	输电线路施工		编号	Jc0002143016	
单位		准考证号		姓名	
考试时限	60分钟	题型	单项操作	题分	100分
成绩	考评员		考评组长		日期
试题正文	编写利用单抱杆进行空中组立18m铁塔的施工组织方案				
需要说明的问题和要求	（1）学员集中于教室在60分钟内完成方案编写。 （2）方案中施工班组、作业人员不指定，由考生自行填写，但不得出现真实单位名称和个人姓名。 （3）铁塔型号为ZM（7725－18）型，组立方式为使用单抱杆空中组立。 （4）所用工具、材料由考生根据施工需要进行安排				

序号	项目名称	质量要求	满分	扣分标准	扣分原因	得分
1	整体要求					
1.1	标题	应写清楚线路名称、杆号及作业内容	5	少一项扣2分		
1.2	工程概况介绍	应对工程概况或该工作的背景进行简单描述	5	没有工程概况介绍扣5分		
2	组织措施					
2.1	工作内容	应写清楚工作的线路、杆号、工作内容、工作范围	10	少一项内容扣3分		
2.2	工作人员及分工	（1）应写清楚工作班组和人数；或者逐一填写工作人员名字。 （2）单位名称和个人姓名不得使用真实名称。 （3）应有明确分工	5	一项不正确扣2分		
2.3	工作时间	应写清楚计划工作时间，计划工作开始及工作结束时间均应以年、月、日、时、分填写清楚	5	没有填写时间扣5分； 时间填写不清楚或错误扣3分		
3	作业程序					
3.1	准备工作	（1）安全措施宣讲及落实（作业人员着装正确，戴安全帽，系安全带）。 （2）人员分工（指挥、安全监护、各岗位人员分配）。 （3）作业前准备工作（地面整理，塔材检查、分组，单抱杆检查、组装）	6	少一项扣2分		
3.2	组塔	（1）安装单抱杆。 （2）安装塔材（采用分片组装，空中拼装方式；或在基础上固定四角主材后，依次在空中组装塔材方式等）。 （3）根据所选择的组装方法，将塔材在空中全部安装完毕	10	少一项扣2分		
3.3	紧固塔身螺栓、安装接地引下线及清理现场	（1）登塔紧固螺栓及脚钉。 （2）安装接地引下线。 （3）清理现场	4	少一项扣2分		
4	安全措施					
4.1	防触电措施	（1）核对线路名称。 （2）与周边带电线路保持足够的安全距离，防止塔材起吊过程中接近或触碰导线	5	少 项扣2分		
4.2	防止高空坠落措施	（1）安全带及延长绳外观检查及冲击试验。 （2）空中组塔人员应将安全带系在已经安装牢固的塔材上，不得失去保护或将安全带系在未安装牢固的塔材上	5	少一项扣2分		

续表

序号	项目名称	质量要求	满分	扣分标准	扣分原因	得分
4.3	防止高空落物伤人措施	（1）作业人员应正确佩戴安全帽。 （2）起吊过程中作业点正下方不得有人逗留或通过。 （3）塔上传递工具材料，应使用绳索传递，不得抛掷。 （4）起吊塔材过程中应绑扎牢固或使用专用挂钩挂好	10	少一项扣 2 分		
5	技术措施					
5.1	工器具的使用要求	应有对单抱杆的使用方法的要求（起吊主材或整片塔材时，单抱杆应打反向拉线）	10	少一项扣 5 分		
5.2	质量要求	铁塔质量（检查塔材是否完整、弯曲损坏，螺栓是否紧固，塔身是否倾斜等）	10	没有质量要求扣 10 分		
6	工具材料					
6.1	工具	（1）应有工具清单。 （2）应含有滑车、绳索、单抱杆、钢丝绳套等工具，并应根据情况选择适当的型号。 （3）应含有安全带、延长绳等安全工器具	10	少一项扣 2 分； 没有型号要求扣 2 分； 主要工器具少一项扣 2 分		
合计			100			

Jc0002143017　编写 110kV 线路导地线工程验收的组织方案。（100 分）

考核知识点：工器具的选择，验收内容、验收质量

难易度：难

技能等级评价专业技能考核操作工作任务书

一、任务名称

编写 110kV 线路导地线工程验收的组织方案。

二、适用工种

送电线路工高级技师。

三、具体任务

110kV 某线路架线工程已经施工完成，根据安排，输电工区要对其进行验收。针对此项工作，要求考生编写一份 110kV 线路导地线工程验收的组织方案。

四、工作规范及要求

按以下要求完成 110kV 线路导地线工程验收的组织方案的编写；方案编写在教室内完成。

（1）人员配置分工合理、职责清楚（方案中不得出现真实单位名称及个人姓名）。

（2）工器具清楚。

（3）验收内容清楚。

（4）验收质量标准清楚。

（5）组织、安全、技术措施齐全。

（6）考核时间结束终止考试。

五、考核及时间要求

（1）本考核操作时间为 60 分钟，时间到停止考评。

（2）组织方案编写完成后向考评员汇报安装完毕。

技能等级评价专业技能考核操作评分标准

工种	送电线路工					评价等级	高级技师
项目模块	输电线路施工				编号	Jc0002143017	
单位			准考证号			姓名	
考试时限	60 分钟		题型	单项操作		题分	100 分
成绩		考评员		考评组长		日期	
试题正文	编写 110kV 线路导地线工程验收的组织方案						
需要说明的问题和要求	（1）学员集中于教室在 60 分钟内完成方案编写。 （2）方案中施工班组、作业人员不指定，由考生自行填写，但不得出现真实单位名称和个人姓名。 （3）验收范围应包括导地线和附件。 （4）所用工具、材料由考生根据施工需要进行安排						

序号	项目名称	质量要求	满分	扣分标准	扣分原因	得分
1	整体要求					
1.1	标题	应写清楚线路名称、杆号及作业内容	5	少一项扣 2 分		
1.2	工作概况介绍	应对工作概况或该工作的背景进行简单描述	5	没有工程概况介绍扣 5 分		
2	组织措施					
2.1	工作内容	应写清楚工作的线路、杆号、工作内容、工作范围	10	少一项内容扣 3 分		
2.2	工作人员及分工	（1）应写清楚工作班组和人数；或者逐一填写工作人员名字。 （2）单位名称和个人姓名不得使用真实名称。 （3）应有明确分工	5	一项不正确扣 2 分		
2.3	工作时间	应写清楚计划工作时间，计划工作开始及工作结束时间均应以年、月、日、时、分填写清楚	5	没有填写时间扣 5 分； 时间填写不清楚或错误扣 3 分		
3	验收内容					
3.1	导地线	应对以下几个方面有要求： （1）导线弛度。 （2）导线水平度。 （3）导线接头（压接管、接续管）数量。 （4）交跨距离。 （5）导地线外观检查。 （6）引流线距离	6	少一项扣 2 分		
3.2	附件	应对以下几个方面有要求： （1）线夹、金具安装质量。 （2）防振锤安装位置、质量。 （3）螺帽及开口销是否齐全	6	少一项扣 2 分		
3.3	绝缘子	应对以下几个方面有要求： （1）悬瓶钢脚弯曲度、表面清洁度、绝缘子型号、片数是否符合设计要求。 （2）复合绝缘子外观检查、倾斜度检查	6	少一项扣 2 分		
3.4	资料	应对设计图纸、施工记录进行检查	2	无此项不得分		
4	安全措施					
4.1	登杆的安全措施	（1）有防高空坠落措施。 （2）有防止高空落物伤人的措施	10	少一项扣 2 分		
4.2	防止感应电伤人措施	接触导线作业须先加挂个人保安线	10	无此项内容不得分		

续表

序号	项目名称	质量要求	满分	扣分标准	扣分原因	得分
5	技术措施					
5.1	工器具的使用要求	应对测量工器具（经纬仪）的使用有明确的要求，测距杆的使用要求	20	无此项内容不得分； 内容不全酌情扣分		
6	工具					
6.1	测量仪器	应有测量仪器清单，并根据需要对仪器的型号作出一定的要求	5	少一项扣 2 分； 没有型号要求扣 2 分		
6.2	安全工器具	登杆塔的工器具，安全带、脚扣、延长绳等	5	少一项扣 2 分		
合计			100			

Jc0002162018　带电更换 750kV 直线“V”形整串复合绝缘子的操作。（100 分）

考核知识点：带电更换 750kV 直线“V”形整串复合绝缘子

难易度：中

技能等级评价专业技能考核操作工作任务书

一、任务名称

带电更换 750kV 直线“V”形整串复合绝缘子的操作。

二、适用工种

送电线路工高级技师。

三、具体任务

带电更换 750kV 直线“V”形整串绝缘子的操作。

四、工作规范及要求

1. 操作要求

（1）带电作业应在良好天气下进行。如遇雷、雨、雪、雾不得进行带电作业，风力大于 5 级时，不宜进行带电作业。

（2）采取直接作业法。

（3）本项操作设工作负责（监护）人 1 人，杆上作业人员 2 人，地面作业人员 3～4 人，必要时设杆上监护人 1 人，共 7～8 人。

（4）工作负责（监护）人职责：负责办理工作票，组织并合理分配工作，进行安全教育，督促、监护工作人员遵守安全规程，检查工作票所列安全措施是否准确完备，安全措施是否符合现场实际条件；向工作人员交代安全事项，对整个工程的安全、技术等负责，工作结束后总结经验与不足之处；不得兼做其他工作。

（5）工作班成员职责：严格遵守、执行安全规程和现场带电操作规程及现场“安全措施卡”，认真执行质量要求。

2. 安全要求

（1）防止高处坠落，作业人员上下杆塔应有防坠落措施。

（2）防止物体打击，作业点下方不得有人逗留和通过。

（3）防止感应电伤人，作业人员应做好防感应电伤人措施。

（4）防止人身触电，作业人员应严格按照带电作业规程规范进行。

五、考核及时间要求

（1）考核时间共 60 分钟。每超过 1 分钟扣 2 分，到 70 分钟终止考核。

（2）按照技能操作记录单的操作要求进行操作，正确记录操作结果等。

（3）操作过程中作业人员有危及人身、设备安全等情况应停止考核并计 0 分。

技能等级评价专业技能考核操作评分标准

<table>
<tr><td>工种</td><td colspan="6">送电线路工（输电）</td><td>评价等级</td><td>高级技师</td></tr>
<tr><td>项目模块</td><td colspan="5">输电线路检修及应急处理</td><td>编号</td><td colspan="2">Jc0002162018</td></tr>
<tr><td>单位</td><td colspan="3"></td><td>准考证号</td><td colspan="2"></td><td>姓名</td><td></td></tr>
<tr><td>考试时限</td><td colspan="2">60 分钟</td><td>题型</td><td colspan="3">综合操作</td><td>题分</td><td>100 分</td></tr>
<tr><td>成绩</td><td></td><td>考评员</td><td></td><td>考评组长</td><td colspan="2"></td><td>日期</td><td></td></tr>
<tr><td>试题正文</td><td colspan="8">带电更换 750kV 直线“V”形整串复合绝缘子的操作</td></tr>
<tr><td>需要说明的问题和要求</td><td colspan="8">（1）带电作业应在良好天气下进行。如遇雷、雨、雪、雾不得进行带电作业，风力大于 5 级时，不宜进行带电作业。
（2）本项操作设工作负责（监护）人 1 人，杆上作业人员 2 人，地面作业人员 3～4 人，必要时设杆上监护人 1 人，共 7～8 人。
（3）工作负责（监护）人职责：负责办理工作票，组织并合理分配工作，进行安全教育，督促、监护工作人员遵守安全规程，检查工作票所列安全措施是否准确完备，安全措施是否符合现场实际条件；向工作人员交代安全事项，对整个工程的安全、技术等负责，工作结束后总结经验与不足之处；不得兼做其他工作。
（4）工作班成员职责：严格遵守、执行安全规程和现场带电操作规程及现场“安全措施卡”，认真执行质量要求</td></tr>
</table>

序号	项目名称	质量要求	满分	扣分标准	扣分原因	得分
1	塔上 1、2 号作业人员相继登塔，停在横担上绝缘子挂点处，系好安全带，挂好循环绳	（1）将循环绳牢固绑扎在绝缘子上方的主材上。 （2）高处作业必须使用安全带和戴好安全帽。 （3）安全带的使用符合要求，上塔时要顺线路上	10	循环绳挂点位置不合适扣 5 分； 安全带和安全帽佩戴不正确、不合格扣 5 分		
2	等电位电工及 1、2 号作业人员装设吊篮引绳及组二滑车绳	装设牢固可靠，位置正确	10	吊篮导绳安装位置不正确扣 5 分； 吊篮导绳长度不合适扣 5 分； 组二滑车绳安装位置错误扣 5 分		
3	等电位电工用吊篮进入导线	等电位电工穿全套合格的屏蔽服，并戴面罩，电位转移必须使用电位转移棒	10	未穿全套合格的屏蔽服扣 5 分； 未使用电位转移棒扣 5 分		
4	地面作业人员将绝缘拉板和卡具组装好，保护拉板或拉棒依次传至杆塔上	（1）工具要在帆布上摆放、组装、防止受潮破损。 （2）上、下工具时要防止相互碰撞	10	工具直接放置地面扣 5 分； 工具上下杆塔时碰撞 1 次扣 3 分； 未检查后备保护情况扣 5 分		
5	杆上 1、2 号作业人员配合安装好导线保护拉板或拉棒，安装卡具	导线保护拉板或拉棒应按实际受力情况选用长短合适，并观察导线钩是否封好。卡具安装牢固	15	导线保护拉板或拉棒长度不合适扣 5 分； 导线钩未封好扣 5 分； 卡具安装不牢固或不合适扣 5 分		
6	收紧丝杠、等电位电工取出横担端销子	同时收紧两端丝杠，绑扎绝缘子位置正确	10	未同时收紧丝杠扣 5 分； 绝缘子绑扎不正确扣 5 分		
7	杆上 1 号作业人员用循环绳挂住上端第二片绝缘子位置，拔出第一片绝缘子销，绑扎好绝缘子串，将绝缘子串脱离金具	在绑扎绝缘子时，一定绑扎牢靠，以免下落时脱落，伤及地面人员	15	绝缘子绑扎位置不合适扣 5 分； 绑扎不牢固扣 10 分		
8	地面作业人员绑扎循环绳，塔上 1 号作业人员将绝缘子串脱离球头挂环，拆除旧绝缘子，同时起吊新绝缘子串，将新绝缘子安装在原处，装好销子	（1）绝缘子安装前应将表面清扫干净，并应进行外观检查。 （2）绝缘子串安装完毕后，各部分金具应连接可靠、牢固，球头不得自碗头中脱出	15	绝缘子未清扫表面扣 5 分； 未检查金具连接情况扣 10 分		
9	拆卸工具，人员下塔，工作结束	拆卸工具与安装工具程序相反；检查塔身是否有遗留物	5	拆除工具动作不熟练扣 3 分； 未检查塔身是否有遗留物扣 3 分		
合计			100			

Jc0002153019　等电位闭式卡带电更换 330kV 耐张串单片绝缘子的操作。（100 分）

考核知识点：带电更换 330kV 耐张串单片绝缘子

难易度：难

技能等级评价专业技能考核操作工作任务书

一、任务名称

等电位闭式卡带电更换 330kV 耐张串单片绝缘子的操作。

二、适用工种

送电线路工高级技师。

三、具体任务

使用等电位闭式卡带电更换 330kV 耐张串从横担向线夹数第 14 片绝缘子。

四、工作规范及要求

1. 操作要求

（1）要求单独操作，杆下 1 人监护，3 人配合。

（2）更换的绝缘子从横担向线夹数第 14 片。

（3）用闭式卡进行带电更换单片绝缘子。

（4）要求着装正确（全套屏蔽服、安全帽）。

（5）工具：

1）绝缘子及弹簧销。

2）选用登杆工器具：脚扣、安全带、延长绳、个人保安线、滑车及传递绳、绝缘子。

3）个人工器具。

4）在培训输电线路上操作。

2. 安全要求

（1）防止高处坠落，作业人员上下杆塔应有防坠落措施。

（2）防止物体打击，作业点下方不得有人逗留和通过。

（3）防止人身触电，作业人员应严格按照带电作业规程规范进行作业。

五、考核及时间要求

（1）考核时间共 30 分钟，每超过 2 分钟扣 1 分，到 35 分钟终止考核。

（2）按照技能操作记录单的操作要求进行操作，正确记录操作结果等。

（3）操作过程中作业人员有危及人身、设备安全等情况应停止考核并计 0 分。

技能等级评价专业技能考核操作评分标准

工种	送电线路工					评价等级	高级技师
项目模块	输电线路检修及应急处理				编号	Jc0002153019	
单位			准考证号			姓名	
考试时限	30 分钟		题型	多项操作		题分	100 分
成绩		考评员		考评组长		日期	
试题正文	等电位闭式卡带电更换 330kV 耐张串单片绝缘子的操作						
需要说明的问题和要求	（1）要求单独操作，杆下 1 人监护，3 人配合。 （2）更换的绝缘子从横担向线夹数第 14 片。 （3）用闭式卡进行带电更换单片绝缘子。 （4）要求着装正确（全套屏蔽服、安全帽）						

续表

序号	项目名称	质量要求	满分	扣分标准	扣分原因	得分
1	工具材料准备、检查					
1.1	工器具的选用	（1）脚扣、安全带、绝缘延长绳外观检查，进行冲击试验。 （2）全套屏蔽服是否连接可靠	10	安全带、延长绳未检查做冲击试验不得分； 全套屏蔽服连接不可靠不得分		
1.2	材料的选用	检查绝缘子是否干净无缺陷	5	型号不正确每项不得分		
2	登杆	（1）登杆时脚扣不得相碰；步幅与身体相互协调；上、下横担时动作规范。 （2）正确使用安全带，安全带应系在牢固的构件上，检查扣环闭锁是否扣好	15	登杆动作不协调、熟练扣1～10分； 安全带、延长绳闭锁装置未按要求扣好扣10分		
3	横担上的工作	绝缘延长绳应系在牢固的构件上，检查扣环闭锁是否扣好	10	不正确酌情扣1～10分		
4	进入强电场工作位置	沿绝缘子串同手同脚方法由横担进入强电场至作业点，挂好绝缘无极绳及滑车。（动作不宜过大，应符合带电作业相应规定）	20	作业人员未按带电作业要求进入强电场一次扣10分		
5	更换绝缘子					
5.1	安装卡具	（1）卡具吊上安装时应按照卡四取二的方法进行。 （2）将卡具卡住要更换的绝缘子检查卡具是否卡到位，对受力丝杠部件，做相应的冲击试验。 （3）取弹簧销，收紧卡具丝杠，至绝缘子一次取出，不得反复	15	卡具安装未一次到位扣5分； 未检查卡具丝杠等受力部件扣5分； 绝缘子未一次取出扣5分		
5.2	更换绝缘子、退出强电场	起吊绝缘子时绝缘子绑扎方法应正确	5	绝缘子绑扎不正确扣1～5分		
		安装新绝缘子时弹簧销方向应由上往下穿入	5	绝缘子弹簧销穿向不正确扣5分		
		松卡具丝杠时应检查绝缘子各部件，连接可靠时方可取下并绑扎牢固放置地面	5	未按照要求上下传递物品扣5分		
		作业人员返回时与进入强电场方法一致	5	作业人员未按带电作业要求退出强电场扣5分		
6	其他要求	（1）要求着装正确（工作服、工作胶鞋、安全帽）。 （2）操作动作熟练。 （3）高空不得落物。 （4）清理工作现场符合文明生产要求。 （5）在规定的时间内完成	5	每项酌情扣1～2分； 高空落物不得分		
合计			100			

Jc0002143020　带位移转角铁塔基础分坑测量的操作。（100分）

考核知识点：杆塔基础分坑

难易度：难

技能等级评价专业技能考核操作工作任务书

一、任务名称

带位移转角铁塔基础分坑测量的操作。

二、适用工种

送电线路工高级技师。

三、具体任务

使用经纬仪对带位移转角铁塔进行基础分坑测量。

四、工作规范及要求

（1）平坦地面。

（2）正方形铁塔。

（3）派2人配合。

（4）准备一张带位移转角铁塔基础分坑图及铁塔图纸。

五、考核及时间要求

（1）考核时间共30分钟，每超过2分钟扣1分，到35分钟终止考核。

（2）按照技能操作记录单的操作要求进行操作，正确记录操作结果等。

（3）操作过程中作业人员有危及人身、设备安全等情况应停止考核并计0分。

技能等级评价专业技能考核操作评分标准

工种	送电线路工					评价等级	高级技师
项目模块	输电线路施工				编号	Jc0002143020	
单位			准考证号			姓名	
考试时限	30分钟		题型	单项操作		题分	100分
成绩		考评员		考评组长		日期	
试题正文	带位移转角铁塔基础分坑测量的操作						
需要说明的问题和要求	（1）平坦地面。 （2）正方形铁塔。 （3）2人配合进行。 （4）准备一张带位移转角铁塔基础分坑图及铁塔图纸						

序号	项目名称	质量要求	满分	扣分标准	扣分原因	得分
1	检查中心桩					
1.1	将经纬仪放于输电线路转角中心桩上	对中、调平、对光	3	不正确扣1～3分		
1.2	指挥将标杆插于输电线路前后方向桩上	标杆竖直	3	不正确扣1～3分		
1.3	将望远镜瞄准前方（或后方）标杆，调焦，并将十字丝精密对准标杆	旋动照准部微动手轮，用十字丝双丝段夹住标杆	3	不正确扣1～3分		
1.4	将仪器换向手轮转于水平位置	手轮上标线为水平	3	不正确扣1～3分		
1.5	打开水平度盘照明反光镜并调整	使显微镜中读数最明亮				
1.6	转动显微镜目镜	使读数最清晰	3	不正确扣1～3分		
1.7	读水平角度	读数准确，做好记录	3	不正确扣1～3分		
1.8	将镜筒旋转对准后（或前）方向桩上的标杆	读出输电线路转角的度数	4	相差超过1′30″不给分		
1.9	计算转角角度，核对图纸，检查输电线路转角桩是否正确（判定标准现场考问）	计算要报告，回答问题要准确。（角度相差1′30″要查明原因）	4	不正确扣1～4分		

续表

序号	项目名称	质量要求	满分	扣分标准	扣分原因	得分
2	钉横提方向桩					
2.1	将镜筒旋转定在 1/2 内角位置上（或将镜筒回转 1/2 转角角度再旋转 90°定位），指挥定出横提方向	旋动照准部微动手轮控制角度，方向准确	4	不正确扣 1～3 分		
2.2	指挥在地上钉出横担方向桩	横担方向桩桩跟不能太远，考虑便于位移	4			
3	位移					
3.1	计算位移	正确	5	不正确不给分		
3.2	在中心桩与横担方向桩拉紧细铁丝	操作正确	4	不正确扣 1～4 分		
3.3	用钢卷尺在铁丝上从中心桩向输电线路内角方向量出计算出的位移值，在这点上打桩并钉钉	位移桩位置准确	4	不正确扣 1～4 分		
4	定位开挖面					
4.1	将经纬仪移至位移后的铁塔中心桩上	对中、调平	4	不正确扣 1～4 分		
4.2	将镜筒对准横担方向桩，记住水平度盘读出的角度 α 值	操作正确，读数准确	4	不正确扣 1～4 分		
4.3	将镜筒旋转，使水平度盘读数为 $\alpha-45°$ 或 $\alpha+45°$	旋动照准部微动手轮控制角度，方向准确	4	不正确扣 1～4 分		
4.4	从镜筒内观测并指挥钉桩、钉出第一个基础坑方向桩	方向准确	4	不正确扣 1～4 分		
4.5	按基础图纸尺寸，仪器控制方向，钢卷尺控制距离定出 A、B 两点为单个基础坑的对角点	操作正确，A、B 两基础坑的对角点准确	4	不正确扣 1～4 分		
4.6	皮尺取 2d 长度，两端定在 A、B 两点，拉紧中点得出 M。翻至对面得 N，沿 AMBN 在地面上画印（d 为基坑边长）	操作正确，画出的基础坑正确	4	不正确扣 1～4 分		
4.7	镜筒倒转 180°，定出第二个基础坑方向桩，在此方向，按基础图纸尺寸钉出 A、B、两点；A、B 两点为单个基础坑的对角点	操作正确，A、B 两基础坑的对角点准确	4	不正确扣 1～4 分		
4.8	按前方法在地面上画出第二个基础坑	画出的基础坑正确	4	不正确扣 1～4 分		
4.9	将镜筒旋转 90°，定出第三个基础坑方向，并在地面上画出三个基础坑	画出的基础坑正确	4	不正确扣 1～4 分		
4.10	将镜筒倒 180°，定出第四个基础坑方向，并在地面上画出第四个基础坑	画出的基础坑正确	4	不正确扣 1～4 分		
5	其他要求					
5.1	每次定位要复测检查	操作正确	3	不正确不给分		
5.2	仪器装箱，二脚架清除泥土收起	熟练、正确	1	不整理不给分		
5.3	操作动作	熟练流畅	5	不熟练扣 1～5 分		
5.4	按时完成	规定时间内完成	4	每超 2 分钟倒扣 1 分		
合计			100			

Jc0002143021　编写更换 110kV 耐张塔单串复合绝缘子的检修方案。（100 分）

考核知识点：耐张塔复合绝缘子更换

难易度：难

技能等级评价专业技能考核操作工作任务书

一、任务名称

编写更换 110kV 耐张塔单串复合绝缘子的检修方案。

二、适用工种

送电线路工高级技师。

三、具体任务

110kV 某输电线路 6 号塔（JG1 型）C 相复合绝缘子由于表面脏污，输电工区计划将其更换，针对此项工作，考生编写一份停电更换 110kV 耐张塔单串复合绝缘子的检修方案。

四、工作规范及要求

按以下要求完成停电更换 110kV 耐张塔单串复合绝缘子的检修方案；方案编写在教室内完成。

（1）人员配置分工合理（方案中不得出现真实单位名称及个人姓名）。

（2）工器具及材料清楚。

（3）主要作业程序正确。

（4）关键工序工艺质量标准清楚。

（5）组织、安全、技术措施齐全。

五、考核及时间要求

（1）考核时间共 60 分钟，每超过 2 分钟扣 1 分，到 65 分钟终止考核。

（2）按照技能操作记录单的操作要求进行操作，正确记录操作结果等。

（3）操作过程中作业人员有危及人身、设备安全等情况应停止考核并计 0 分。

技能等级评价专业技能考核操作评分标准

工种	送电线路工				评价等级	高级技师
项目模块	输电线路检修及应急处理			编号	Jc0002143021	
单位		准考证号			姓名	
考试时限	60 分钟	题型	单项操作		题分	100 分
成绩		考评员		考评组长	日期	
试题正文	编写更换 110kV 耐张塔单串复合绝缘子检修方案					
需要说明的问题和要求	（1）考生于教室内完成方案编写。 （2）方案中施工班组、作业人员不指定，由考生自行填写，但不得出现真实单位名称和个人姓名。 （3）导线提升工具可选择丝杠、倒链、手扳葫芦等。 （4）所用工具、材料由考生根据检修需要进行安排					

序号	项目名称	质量要求	满分	扣分标准	扣分原因	得分
1	整体要求					
1.1	标题	应写清楚输电线路名称、杆号及作业内容	5	少一项扣 2 分		
1.2	检修工作介绍	应对检修工作概况或该工作的背景进行简单描述	5	没有工程概况介绍扣 5 分		

续表

序号	项目名称	质量要求	满分	扣分标准	扣分原因	得分
2	组织措施					
2.1	工作内容	应写清楚工作的输电线路、杆号、工作内容	10	少一项内容扣3分		
2.2	工作人员及分工	（1）应写清楚工作班组和人数；或者逐一填写工作人员名字。 （2）单位名称和个人姓名不得使用真实名称。 （3）应有明确分工	5	一项不正确扣2分		
2.3	工作时间	应写清楚计划工作时间，计划工作开始及工作结束时间均应以年、月、日、时、分填写清楚	5	没有填写时间扣5分； 时间填写不清楚或错误扣3分		
3	作业程序					
3.1	准备工作	（1）安全措施宣讲及落实（作业人员着装正确，戴安全帽，系安全带）。 （2）人员分工（塔上作业及地面配合人员）。 （3）作业开始前的检查（复合绝缘子表面检查、安全带及延长绳的外观检查和冲击试验、导线提升工具的检查，停电、验电、挂接地线）	8	少一项扣2～3分		
3.2	登塔及更换绝缘子	（1）登塔。 （2）挂吊绳，起吊导线后备保护钢丝绳和提升工具。 （3）挂导线后备保护钢丝绳和卡头。 （4）挂好导线提升工具，提升导线。 （5）绑扎绝缘子串，取销子。 （6）落绝缘子串，并起吊新绝缘子串。 （7）安装新绝缘子串及销子。 （8）落导线提升工具和导线后备保护钢丝绳、卡头。 （9）下塔，清理现场	12	少一项扣2分		
4	安全措施					
4.1	防触电措施	（1）核对输电线路名称。 （2）停电，在作业点两端验电、挂接地线	5	少一项扣2～3分		
4.2	防止高空坠落措施	（1）安全带及延长绳外观检查及冲击试验。 （2）登杆过程中应全程使用安全带。 （3）杆上人员作业过程中不得失去保护	5	少一项扣2分		
4.3	防止高空落物伤人措施	（1）杆上作业人员应将工具放置在牢固的构件上。 （2）上下传递工具材料应使用绳索传递，不得抛掷。 （3）作业人员应正确佩戴安全帽。 （4）作业点下方不得有人逗留或通过	5	少一项扣1～2分		
4.4	防止掉线措施	（1）应使用导线后备保护钢丝绳及卡头。 （2）断开绝缘子前应检查导线提升工具	5	少一项扣2分		
5	技术措施					
5.1	工器具的使用要求	导线提升工具的使用要求	10	无此项内容不得分； 内容不全酌情扣分		
5.2	质量要求	销子安装质量	10	无此项内容不得分； 内容不全酌情扣分		
6	工具材料					
6.1	工具	（1）应有工具清单。 （2）应含有导线提升工具、导线后备保护钢丝绳、绳索、滑车等工具，并应根据情况选择适当的型号。 （3）应含有验电器、接地线、安全带、延长绳、脚扣等安全工器具	5	少一项扣2分； 没有型号要求扣2分		

续表

序号	项目名称	质量要求	满分	扣分标准	扣分原因	得分
6.2	材料	（1）应有材料清单。 （2）应有复合绝缘子、销子等材料，并应根据情况选择适当的型号	5	少一项扣 3 分； 没有型号要求扣 2 分		
合计			100			

Jc0002143022　编写输电线路导线断股抢修组织方案。（100 分）

考核知识点：导线修补

难易度：难

技能等级评价专业技能考核操作工作任务书

一、任务名称

编写输电线路导线断股抢修组织方案。

二、适用工种

送电线路工高级技师。

三、具体任务

110kV 某线 12 号（J1）～13 号（Z3）杆段 A 相导线因吊车碰线导致导线损伤，计划需要组织抢修对导线进行修补。针对此项工作，考生编写一份输电线路导线断股抢修组织方案。

四、工作规范及要求

给定条件：采用软梯方式进入作业点，修补方式为铝丝麻股，导线型号 LGJ－185/30，按照以下要求完成方案的编写。

（1）人员配置分工合理（方案中不得出现真实单位名称及个人姓名）。

（2）工器具及材料清楚。

（3）主要作业程序正确。

（4）关键工序工艺质量标准清楚。

（5）组织、安全、技术措施齐全。

五、考核及时间要求

（1）考核时间共 60 分钟，每超过 2 分扣 1 分，到 65 分钟终止考核。

（2）按照技能操作记录单的操作要求进行操作，正确记录操作结果等。

（3）操作过程中作业人员有危及人身、设备安全等情况应停止考核并计 0 分。

技能等级评价专业技能考核操作评分标准

<table>
<tr><td>工种</td><td colspan="5">送电线路工</td><td>评价等级</td><td>高级技师</td></tr>
<tr><td>项目模块</td><td colspan="5">输电线路检修及应急处理</td><td>编号</td><td>Jc0002143022</td></tr>
<tr><td>单位</td><td colspan="3"></td><td>准考证号</td><td></td><td>姓名</td><td></td></tr>
<tr><td>考试时限</td><td colspan="2">60 分钟</td><td>题型</td><td colspan="2">单项操作</td><td>题分</td><td>100 分</td></tr>
<tr><td>成绩</td><td></td><td>考评员</td><td></td><td>考评组长</td><td></td><td>日期</td><td></td></tr>
<tr><td>试题正文</td><td colspan="7">编写输电线路导线断股抢修组织方案</td></tr>
</table>

续表

需要说明的问题和要求	（1）考生于教室内完成方案编写。 （2）方案中作业班组、作业人员不指定，由考生自行填写，但不得出现真实单位名称和个人姓名。 （3）作业点两端杆塔均为水泥杆。 （4）所用工具、材料由考生根据施工需要进行安排					
序号	项目名称	质量要求	满分	扣分标准	扣分原因	得分
1	整体要求					
1.1	标题	应写清楚输电线路名称、杆号及作业内容	5	少一项扣 2 分		
1.2	抢修工作介绍	应对该工作的背景进行简单描述	5	没有工程概况介绍扣 5 分		
2	组织措施					
2.1	工作内容	应写清楚工作的输电线路、杆号、工作内容、工作范围	10	少一项内容扣 3 分		
2.2	工作人员及分工	（1）应写清楚工作班组和人数；或者逐一填写工作人员名字。 （2）单位名称和个人姓名不得使用真实名称。 （3）应有明确分工	5	一项不正确扣 2 分		
2.3	工作时间	应写清楚计划工作时间，计划工作开始及工作结束时间均应以年、月、日、时、分填写清楚	5	没有填写时间扣 5 分； 时间填写不清楚或错误扣 3 分		
3	作业程序					
3.1	准备工作	（1）安全措施宣讲及落实（作业人员着装正确，戴安全帽，系安全带）。 （2）人员分工（高空作业及地面配合人员）。 （3）作业开始前的准备（软梯、软梯头、铝丝、个人工器具检查）	5	无此项内容不得分； 流程不完整酌情扣 1～3 分		
3.2	上软梯	（1）应有挂软梯的作业步骤，流程完整，正确。 （2）应有登软梯的作业步骤，流程完整，正确	5	无此项内容不得分； 流程不完整酌情扣 1～3 分		
3.3	修补导线	应有用铝丝麻股的作业步骤，流程完整，正确	5	无此项内容不得分； 流程不完整酌情扣 1～3 分		
3.4	下软梯	（1）应有下软梯的作业步骤，流程完整，正确。 （2）应有拆软梯的作业步骤，流程完整，正确	5	无此项内容不得分； 流程不完整酌情扣 1～3 分		
4	安全措施					
4.1	防触电措施	（1）核对输电线路名称。 （2）停电，在作业点两端验电、挂接地线	5	少一项扣 2 分		
4.2	防止高空坠落措施	（1）修补导线作业人员作业时应将安全带系在导线上。 （2）安全带及延长绳外观检查及冲击试验。 （3）登杆过程中应全程使用安全带。 （4）杆上人员作业过程中不得失去保护	10	少一项扣 2 分		
4.3	防止高空落物伤人措施	（1）修补导线人员应携带工具材料袋。 （2）上下传递工具材料应使用绳索传递，不得抛掷。 （3）作业人员应正确佩戴安全帽	5	少一项扣 2 分		
5	技术措施					
5.1	工器具的使用要求	应有软梯头的使用注意事项有明确要求，如作业人员到达软梯头后，应将软梯头的闭锁装置锁好，作业过程中应随时检查闭锁情况等	10	无此项内容不得分； 内容不全酌情扣 1～5 分		

续表

序号	项目名称	质量要求	满分	扣分标准	扣分原因	得分
5.2	质量要求	应有对修补导线的质量要求，如麻股的长度、密度、缠绕方向，回头的处理，小辫的圈数等	10	无此项内容不得分； 内容不全酌情扣 1～5 分		
6	工具材料					
6.1	工具	（1）应有工具清单。 （2）应含有软梯头、软梯等工具，并应根据情况选择适当的型号。 （3）应含有验电器、接地线、安全带、延长绳、脚扣等安全工器具	5	少一项扣 2 分； 没有型号要求扣 2 分		
6.2	材料	（1）应有材料清单。 （2）应有铝丝等材料，并对材料的型号有所要求	5	少一项扣 3 分； 没有型号要求扣 2 分		
合计			100			

Jc0002143023　编写更换 220kV 耐张双串单片绝缘子的检修方案。（100 分）

考核知识点：更换绝缘子任意片

难易度：难

技能等级评价专业技能考核操作工作任务书

一、任务名称

编写更换 220kV 耐张双串单片绝缘子的检修方案。

二、适用工种

送电线路工高级技师。

三、具体任务

220kV 某线 7 号塔（JG1）A 相大号侧第 3 片绝缘子破损，输电工区计划停电对其进行更换。针对此项工作，考生编写一份更换 220kV 耐张双串单片绝缘子的检修方案。

四、工作规范及要求

作业方式采用闭式卡具，请按以下要求完成更换 220kV 耐张双串单片绝缘子的检修方案的编写；方案编写在教室内完成。

（1）人员配置分工合理（方案中不得出现真实单位名称及个人姓名）。

（2）工器具及材料清楚。

（3）主要作业程序正确。

（4）关键工序工艺质量标准清楚。

（5）组织、安全、技术措施齐全。

五、考核及时间要求

（1）考核时间共 60 分钟，每超过 2 分钟扣 1 分，到 65 分钟终止考核。

（2）按照技能操作记录单的操作要求进行操作，正确记录操作结果等。

（3）操作过程中作业人员有危及人身、设备安全等情况应停止考核并计 0 分。

技能等级评价专业技能考核操作评分标准

<table>
<tr><td>工种</td><td colspan="5">送电线路工</td><td>评价等级</td><td>高级技师</td></tr>
<tr><td>项目模块</td><td colspan="4">输电线路检修及应急处理</td><td>编号</td><td colspan="2">Jc0002143023</td></tr>
<tr><td>单位</td><td colspan="2"></td><td>准考证号</td><td colspan="2"></td><td>姓名</td><td></td></tr>
<tr><td>考试时限</td><td colspan="2">60 分钟</td><td>题型</td><td colspan="2">单项操作</td><td>题分</td><td>100 分</td></tr>
<tr><td>成绩</td><td></td><td>考评员</td><td></td><td>考评组长</td><td></td><td>日期</td><td></td></tr>
<tr><td>试题正文</td><td colspan="7">编写更换 220kV 耐张双串单片绝缘子的检修方案</td></tr>
<tr><td>需要说明的问题和要求</td><td colspan="7">（1）考生于教室内完成方案编写。
（2）方案中施工班组、作业人员不指定，由考生自行填写，但不得出现真实单位名称和个人姓名。
（3）更换方式为用闭式卡具。
（4）其他所用工具、材料由考生根据检修需要进行安排</td></tr>
</table>

序号	项目名称	质量要求	满分	扣分标准	扣分原因	得分
1	整体要求					
1.1	标题	应写清楚输电线路名称、杆号及作业内容	5	少一项扣 2 分		
1.2	检修工作介绍	应对检修工作概况或该工作的背景进行简单描述	5	没有工程概况介绍扣 5 分		
2	组织措施					
2.1	工作内容	应写清楚工作的输电线路、杆号、工作内容、工作范围	10	少一项内容扣 3 分		
2.2	工作人员及分工	（1）应写清楚工作班组和人数；或者逐一填写工作人员名字。 （2）单位名称和个人姓名不得使用真实名称。 （3）应有明确分工	5	一项不正确扣 2 分		
2.3	工作时间	应写清楚计划工作时间，计划工作开始及工作结束时间均应以年、月、日、时、分填写清楚	5	没有填写时间扣 5 分； 时间填写不清楚或错误扣 3 分		
3	作业程序					
3.1	准备工作	（1）安全措施宣讲及落实（作业人员着装正确，戴安全帽，系安全带）。 （2）人员分工（杆上作业及地面配合人员）。 （3）作业开始前的准备（检查卡具及绝缘子、安全带及延长绳外观检查及冲击试验）	8	少一项扣 2～3 分		
3.2	更换单片绝缘子	（1）登塔。 （2）挂滑车及绳索。 （3）起吊卡具。 （4）安装卡具。 （5）收紧丝杠拆破损绝缘子。 （6）起吊新绝缘子并安装。 （7）松丝杠拆除卡具。 （8）落卡具及丝杠。 （9）下塔	12	少一项扣 2 分		
4	安全措施					
4.1	防触电措施	（1）作业前应核对输电线路双重名称。 （2）停电、在作业点两端验电、挂接地线	10	少一项扣 5 分		

续表

序号	项目名称	质量要求	满分	扣分标准	扣分原因	得分
4.2	防止高空坠落措施	（1）安全带及延长绳外观检查及冲击试验。 （2）登杆过程中应全程使用安全带。 （3）杆上人员作业过程中不得失去保护	10	少一项扣3分		
4.3	防止高空落物伤人措施	（1）杆上作业人员应将工具放置在牢固的构件上。 （2）上下传递工具材料应使用绳索传递，不得抛掷。 （3）作业人员应正确佩戴安全帽。 （4）作业点下方不得有人逗留或通过	10	少一项扣3分		
5	技术措施					
5.1	质量要求	绝缘子的安装质量要求（弹簧销的安装方向）	10	无此项内容不得分； 内容不全酌情扣1～5分		
6	工具材料					
6.1	工具	（1）应有工具清单。 （2）应含有安全带、延长绳等安全工器具。 （3）应有卡具，丝杠，滑车、绳索等，并根据要求选择合适的型号	5	少一项扣2分； 没有型号要求扣2分		
6.2	材料	（1）应有材料清单。 （2）应有绝缘子、弹簧销等，并根据需要选择绝缘子的型号	5	少一项扣3分； 没有型号要求扣2分		
合计			100			

Jc0002143024　编写更换110kV输电线路孤立档单根导线的施工组织方案。（100分）

考核知识点：孤立档导线更换

难易度：难

技能等级评价专业技能考核操作工作任务书

一、任务名称

编写更换110kV输电线路孤立档单根导线的施工组织方案。

二、适用工种

送电线路工高级技师。

三、具体任务

110kV某线10、11号孤立档A相导线破损严重，输电工区计划对其进行更换。针对此项工作，考生编写一份更换110kV输电线路孤立档单根导线的施工组织方案。

四、工作规范及要求

110kV某线10、11号耐张杆引流为并沟线夹连接，耐张绝缘子串为单串，请按以下要求完成更换110kV输电线路孤立档单根导线的施工组织方案；方案编写在教室内完成。

（1）人员配置分工合理（方案中不得出现真实单位名称及个人姓名）。

（2）工器具及材料清楚。

（3）主要作业程序正确。

（4）关键工序工艺质量标准清楚。

（5）组织、安全、技术措施齐全。

五、考核及时间要求

（1）考核时间共 60 分钟，每超过 2 分钟扣 1 分，到 65 分钟终止考核。

（2）按照技能操作记录单的操作要求进行操作，正确记录操作结果等。

（3）操作过程中作业人员有危及人身、设备安全等情况应停止考核并计 0 分。

技能等级评价专业技能考核操作评分标准

工种	送电线路工					评价等级	高级技师
项目模块	输电线路检修及应急处理				编号	Jc0002143024	
单位			准考证号			姓名	
考试时限	60 分钟		题型	单项操作		题分	100 分
成绩		考评员		考评组长		日期	
试题正文	编写更换 110kV 输电线路孤立档单根导线的施工组织方案						
需要说明的问题和要求	（1）考生于教室内完成方案编写。 （2）方案中施工班组、作业人员不指定，由考生自行填写，但不得出现真实单位名称和个人姓名。 （3）耐张杆引流线为并沟线夹连接，耐张绝缘子串均为单串。 （4）其他所用工具、材料由考生根据检修需要进行安排						

序号	项目名称	质量要求	满分	扣分标准	扣分原因	得分
1	整体要求					
1.1	标题	应写清楚输电线路名称、杆号及作业内容	5	少一项扣 2 分		
1.2	检修工作介绍	应对检修工作概况或该工作的背景进行简单描述	5	没有工程概况介绍扣 5 分		
2	组织措施					
2.1	工作内容	应写清楚工作的输电线路、杆号、工作内容、工作范围	10	少一项内容扣 3 分		
2.2	工作人员及分工	（1）应写清楚工作班组和人数；或者逐一填写工作人员名字。 （2）单位名称和个人姓名不得使用真实名称。 （3）应有明确分工	5	一项不正确扣 2 分		
2.3	工作时间	应写清楚计划工作时间，计划工作开始及工作结束时间均应以年、月、日、时、分填写清楚	5	没有填写时间扣 5 分； 时间填写不清楚或错误扣 3 分		
3	作业程序					
3.1	准备工作	（1）安全措施宣讲及落实（作业人员着装正确，戴安全帽，系安全带）。 （2）人员分工（操作机动绞磨人员，放线、拖线人员，杆上作业及地面配合人员）。 （3）作业开始前的准备（检查工具、材料的数量、规格、质量及机动绞磨的状况）。 （4）办理工作票，在作业点两端杆塔验电、挂接地线	8	少一项扣 2 分		
3.2	更换导线	（1）登塔。 （2）起吊紧线钳及钢丝绳，并卡在导线上。 （3）拆除引流线，收紧绞磨断开导线与绝缘子的连接，放下旧导线。 （4）新导线挂线，展放新导线。 （5）紧线并观测弧垂，画印。 （6）导线切断，压接。 （7）将新导线与两端绝缘子连接并安装。 （8）拆除紧线钳与钢丝绳。 （9）连接引流线。 （10）下塔	12	少一项扣 2 分		

续表

序号	项目名称	质量要求	满分	扣分标准	扣分原因	得分
4	安全措施					
4.1	防触电措施	（1）作业前应核对输电线路双重名称。 （2）停电、在作业点两端验电、挂接地线	5	少一项扣 2 分		
4.2	防止高空坠落措施	（1）安全带及延长绳外观检查及冲击试验。 （2）登杆过程中应全程使用安全带。 （3）杆上人员作业过程中不得失去保护	5	少一项扣 2 分		
4.3	防止高空落物伤人措施	（1）杆上作业人员应将工具放置在牢固的构件上。 （2）上下传递工具材料应使用绳索传递，不得抛掷。 （3）作业人员应正确佩戴安全帽。 （4）作业点下方不得有人逗留或通过	10	少一项扣 3 分		
4.4	防止机械伤人措施	（1）机动绞磨应由专人操作。 （2）收放导线过程中，任何人不得骑行或跨越导线	10	少一项扣 3～5 分		
5	技术措施					
5.1	质量要求	（1）导线的安装质量（导线弧垂、压接管的质量、引流线的连接质量）。 （2）连接金具质量（螺母、开口销应齐全等）。 （3）防振锤安装质量（安装位置等）	10	无此项内容不得分； 少一条扣 3～5 分		
6	工具材料					
6.1	工具	（1）应有工具清单。 （2）应含有安全带、脚扣、延长绳等安全工器具。 （3）应有紧线钳、钢丝绳、机动绞磨、滑车、绳索等，并根据要求选择合适的型号	5	少一项扣 2 分； 没有型号要求扣 2 分		
6.2	材料	（1）应有材料清单。 （2）应有导线、连接金具、防振锤等，并根据需要选择绝缘子的型号	5	少一项扣 3 分； 没有型号要求扣 2 分		
合计			100			

Jc0002143025　复合绝缘子憎水性检测操作。（100 分）

考核知识点：复合绝缘子憎水性检测

难易度：难

技能等级评价专业技能考核操作工作任务书

一、任务名称

复合绝缘子憎水性检测操作。

二、适用工种

送电线路工高级技师。

三、具体任务

220kV 某线 3 号塔（ZM）附近有化工厂，污染严重，计划对其进行憎水性检测。针对此项工作，考生完成相应复合绝缘子的憎水性检测操作。

四、工作规范及要求

1. 操作要求

给定条件：输电线路带电，只检测C相复合绝缘子。请按照以下要求完成检测操作。

（1）测量方法为喷水分级法。

（2）测量方法正确。

（3）测量工具质量符合要求。

（4）操作过程符合安全要求。

（5）测量结果要存档。

2. 安全要求

防止人身触电，操作人员要与带电设备保持足够的安全距离，同时严格按照操作规程作业。

五、考核及时间要求

（1）考核时间共30分钟，每超过2分钟扣1分，到35分钟终止考核。

（2）按照技能操作记录单的操作要求进行操作，正确记录操作结果等。

（3）操作过程中作业人员有危及人身、设备安全等情况应停止考核并计0分。

技能等级评价专业技能考核操作评分标准

工种	送电线路工				评价等级	高级技师
项目模块	输电线路运维—输电线路基本技能			编号	Jc0002143025	
单位		准考证号			姓名	
考试时限	30分钟	题型	单项操作		题分	100分
成绩		考评员		考评组长		日期	
试题正文	复合绝缘子憎水性检测操作					
需要说明的问题和要求	（1）检测工作单人完成。 （2）检测前应对仪器设备进行校核					

序号	项目名称	质量要求	满分	扣分标准	扣分原因	得分
1	工作准备					
1.1	安全劳动防护用品的准备	正确佩戴安全帽，穿全套工作服，包括工作服、绝缘鞋、棉手套、安全带、延长绳	5	未正确佩戴安全帽，穿工作服、绝缘鞋、棉手套，每项扣2分		
1.2	工器具的准备	工器具准备齐全，包括照相机、喷壶外观检查	5	遗漏一项扣1分； 发现不合格工器具一项扣1分		
2	工作许可					
2.1	许可方式	向考评员示意准备就绪，申请开始工作	5	未向考评员申请许可开始工作，该项不得分		
3	工作步骤及技术要求					
3.1	喷射角校正	（1）在距离喷嘴25cm的远处立一张报纸，喷射方向垂直于报纸。 （2）喷水10～15次，形成的湿斑应为直径25～35cm	20	无此项内容不得分； 方法不正确酌情扣1～10分		
3.2	登塔	（1）安全带、延长绳外观检查及冲击试验。 （2）作业时系好安全带和延长绳	10	无此项内容不得分； 方法不正确扣1～5分		
3.3	喷水	（1）将装水的喷壶置于垂直于绝缘子伞群表面25cm左右。 （2）对准绝缘子，每秒喷水1次，共喷25次，每次喷水量0.7～1mL。 （3）喷射角50°～70°	10	无此项内容不得分； 方法不正确扣1～5分		

续表

序号	项目名称	质量要求	满分	扣分标准	扣分原因	得分
3.4	拍照	喷水结束后 30s 内对绝缘子拍照	7	超出时间未拍照不得分		
3.5	下塔	带好喷壶、照相机下塔	10	出错一次扣 2 分		
3.6	分级	对照憎水性分级示意图对所检测绝缘子的憎水性进行分级	8	分级错误不得分		
4	工作结束					
4.1	工器具整理	整理个人安全工器具，喷壶、照相机放在指定位置	5	工器具未整理、未轻拿轻放扣 5 分		
5	工作终结报告					
5.1	工作终结汇报	向考评员报告工作已结束，场地已清理	5	未向考评员报告工作结束，该项不得分		
6	其他要求					
6.1	动作要求	动作熟练顺畅	5	动作不熟练扣 1～5 分		
6.2	安全要求	严格遵守“四不伤害”原则，不得损坏工器具和设备	5	未遵守现场安全要求一次扣 1 分；损坏工器具和设备一次扣 1 分		
合计			100			

Jc0002143026　导线接续操作（全张力预绞丝法）。（100 分）

考核知识点：导线接续

难易度：难

技能等级评价专业技能考核操作工作任务书

一、任务名称

导线接续操作（全张力预绞丝法）。

二、适用工种

送电线路工高级技师。

三、具体任务

考生使用全张力预绞丝完成导线接续操作。

四、工作规范及要求

根据以下给定条件使用全张力预绞丝法完成导线接续操作：

（1）工具清单：大剪 1 把，专用剥线钳 1 把，钢卷尺 1 卷，钢丝刷 1 把，记号笔 1 支，毛巾，个人工具。

（2）材料清单：全张力预绞丝 1 套，乙烯胶带，导电脂，绑线。

（3）操作人员 1 名，配合人员 1 名。

五、考核及时间要求

（1）考核时间共 30 分钟，每超过 2 分钟扣 1 分，到 35 分钟终止考核。

（2）按照技能操作记录单的操作要求进行操作，正确记录操作结果等。

（3）操作过程中作业人员有危及人身、设备安全等情况应停止考核并计 0 分。

技能等级评价专业技能考核操作评分标准

工种	送电线路工				评价等级	高级技师
项目模块	输电线路检修及应急处理			编号	Jc0002143026	
单位		准考证号			姓名	
考试时限	30分钟	题型	单项操作		题分	100分
成绩		考评员		考评组长	日期	
试题正文	导线接续操作（全张力预绞丝法）					
需要说明的问题和要求	要求1人操作，1人配合					

序号	项目名称	质量要求	满分	扣分标准	扣分原因	得分
1	工作准备					
1.1	安全劳动防护用品的准备	正确佩戴安全帽，穿全套工作服，包括工作服、绝缘鞋、棉手套	5	未正确佩戴安全帽，穿工作服、绝缘鞋、棉手套每项扣2分		
1.2	工器具的准备	工器具准备齐全，外观检查合格	5	遗漏一项扣1分； 发现不合格工器具一项扣1分		
2	工作许可					
2.1	许可方式	向考评员示意准备就绪，申请开始工作	5	未向考评员申请许可开始工作，该项不得分		
3	工作步骤及技术要求					
3.1	绑扎防散股绑线	在切断处绑扎防散股绑线	5	未绑扎不得分		
3.2	画印	量取预绞丝护钢芯钢丝的尺寸，再分别在导线断头处两端量取1/2护钢芯钢丝长度加上断头余量6.35mm，用记号笔画印	10	错误一步扣5分		
3.3	切除铝股部分； 保留钢芯	切口要平整，切断铝股时严禁伤及钢芯	5	一项不达标扣5分		
3.4	第一层钢芯的缠绕	（1）将剥除铝股的导线钢芯对接，中间留1～2mm的空隙，进行第一层护钢芯钢丝的缠绕。 （2）缠绕时将护钢芯钢丝的中间印记与钢芯断头对齐，先从中间处向一端缠绕，完成后再缠另一端。 （3）依次将护钢芯钢丝全部缠绕完成，表面应平顺光滑。两端头与导线铝股约7mm的空隙	10	一项不达标扣3分		
3.5	第二层中间层的缠绕	按照上述方法进行中间层护钢芯铝合金钢丝的缠绕，缠绕后两端头不要紧挨铝股，应分别有7mm的空隙	10	一项不达标扣5分		
3.6	第三层导线最外层缠绕	打磨清理导线并涂导电脂，打磨长度为最外层预绞丝长度	5	不符合要求扣5分		
		（1）以最外层预绞丝中间印记为基准，对其导线对接位置中心向两端缠绕。 （2）缠绕的顺序为：第一组缠绕完毕后，第二组以中心为基准，在中心两侧各缠绕完两个节距时，就将第三组安装上，与第二组同时缠绕，直至缠绕完毕。 （3）缠绕完成后，预绞丝应全部紧密附着于导线上，表面平顺光滑，无凸起	10	一项不达标扣5分		
3.7	质量检查	全张力预绞丝缠绕后导线的拉断力应不低于原导线拉断力的95%	5	不达标不得分		
4	工作结束					
4.1	工具整理及现场清理	清点工器具，清理工作现场	10	未清理现场不得分		

续表

序号	项目名称	质量要求	满分	扣分标准	扣分原因	得分
5	工作终结报告					
5.1	工作终结汇报	向考评员报告工作已结束，场地已清理	5	未向考评员报告工作结束，该项不得分		
6	其他要求					
6.1	动作要求	动作熟练顺畅	5	动作不熟练扣1～5分		
6.2	安全要求	严格遵守"四不伤害"原则，不得损坏工器具和设备	5	未遵守现场安全要求一次扣1分；损坏工器具和设备一次扣1分		
合计			100			

Jc0002143027　某单位输电工区 110kV 输电线路切改的操作。（100 分）

考核知识点：生产管理系统

难易度：难

技能等级评价专业技能考核操作工作任务书

一、任务名称

某单位输电工区 110kV 输电线路切改的操作。

二、适用工种

送电线路工高级技师。

三、具体任务

110kV 输电线路切改的操作。

四、工作规范及要求

1. 操作要求

此项工作需在教室内完成，提供可登录 PMS 系统的计算机一台。

2. 安全要求

信息安全，操作中禁止使用外网 U 盘、手机数据线。

五、考核及时间要求

（1）考核时间共 30 分钟，每超过 2 分钟扣 1 分，到 35 分钟即刻终止考试。

（2）选择项目过程中，如不能找到该项目，该项目不得分，但不影响其他项目得分。

（3）按照技能操作记录单的操作要求进行操作，正确记录操作结果等。

（4）操作过程中作业人员有危及人身、设备安全等情况应停止考核并计 0 分。

技能等级评价专业技能考核操作评分标准

<table>
<tr><td>工种</td><td colspan="5">送电线路工</td><td>评价等级</td><td>高级技师</td></tr>
<tr><td>项目模块</td><td colspan="4">输电线路运维—输电线路基本技能</td><td>编号</td><td colspan="2">Jc0002143027</td></tr>
<tr><td>单位</td><td colspan="2"></td><td colspan="2">准考证号</td><td></td><td>姓名</td><td></td></tr>
<tr><td>考试时限</td><td colspan="2">30 分钟</td><td>题型</td><td colspan="2">单项操作</td><td>题分</td><td>100 分</td></tr>
<tr><td>成绩</td><td></td><td>考评员</td><td></td><td>考评组长</td><td></td><td>日期</td><td></td></tr>
<tr><td>试题正文</td><td colspan="7">某单位输电工区 110kV 输电线路切改的操作</td></tr>
<tr><td>需要说明的问题和要求</td><td colspan="7">要求单人操作，在 PMS 系统完成输电线路切改的操作，时间到终止考试</td></tr>
</table>

续表

序号	项目名称	质量要求	满分	扣分标准	扣分原因	得分
1	检查计算机	运行是否顺畅、稳定	3	不检查扣1分		
2	登录生产管理系统	操作正确，顺利打开、进入界面	7	单击错误一次扣1分； 未打开该项扣7分		
3	单击设备中心按钮	顺利打开、进入界面	7	单击错误一次扣1分； 未打开该项扣7分		
4	单击设备变更（异动）按钮	顺利打开、进入界面	7	单击错误一次扣1分； 未打开该项扣7分		
5	单击输电架空变更（异动）管理按钮	顺利打开、进入界面	7	单击错误一次扣1分； 未打开该项扣7分		
6	在界面导航树中选择电压等级、输电线路名称	选择正确，顺利打开、进入界面	7	选择错误一次扣1分； 未打开扣7分		
7	在输电线路变更类型菜单中选择“输电线路切改”	选择正确，顺利打开、进入界面	7	选择错误一次扣1分； 未打开扣7分		
8	在异动时间栏中输入时间，单击“新建”按钮	输入正确，顺利打开、进入界面	7	输入错误一次扣1分； 未打开该项扣7分		
9	在弹出的开剖输电线路对话框中选择“输电线路开剖”单击“下一步”按钮，弹出新界面	输入正确，顺利打开、进入界面	7	选择错误一次扣1分； 未打开扣7分		
10	在新界面的“输电线路1”“输电线路2”中填写相关内容	填写“输电线路名称”“输电线路起点位置、终点位置”“资产单位”“资产性质”“挂接的杆塔”	20	填写不正确每项扣4分		
11	在“被切改输电线路名称”中选择切改后拆除的杆塔，输入变更时间	选择正确，填写正确	8	选择不正确扣4分； 填写不正确扣4分		
12	单击“完成”按钮	打开、进入界面	8	点击错误一次扣1分； 未打开该项扣8分		
13	退出系统	关闭计算机，检查电源	5	未关闭扣3分； 不检查电源扣2分		
合计			100			

Jc0002163028　110kV 输电线路带电更换导线防振锤的操作。（100 分）

考核知识点： 带电更换导线防振锤

难易度： 难

技能等级评价专业技能考核操作工作任务书

一、任务名称

110kV 输电线路带电更换导线防振锤的操作。

二、适用工种

送电线路工高级技师。

三、具体任务

带电更换导线防振锤。

四、工作规范及要求

1. 操作要求

（1）带电作业应在良好天气下进行。如遇雷、雨、雪、雾不得进行带电作业，风力大于 5 级时，一般不宜进行带电作业。

（2）利用绝缘平梯进入电场等电位作业。

（3）工作设工作负责（监护）人 1 人，杆上作业人员 1 人，等电作业人员 1 人；地面作业人员 4～5 人，共 7～8 人。

（4）工作负责（监护）人职责：负责办理工作票，组织并合理分配工作，进行安全教育，督促、监护工作人员遵守安全规程，检查工作票所载安全措施是否准确完备，安全措施是否符合现场实际条件；工作负责（监护）人应对工作人员交代安全事项，对整个工程的安全、技术等负责，工作结束后总结经验与不足之处；工作负责（监护）人不得兼做其他工作。

（5）工作班成员职责：严格遵守、执行安全规程和现场带电操作规程及现场“安全措施卡”，认真执行质量要求。

2. 安全要求

防止高压伤人，作业人员应严格按照带电作业操作规程进行工作。

五、考核及时间要求

（1）考核时间共 30 分钟。每超过 2 分钟扣 1 分，到 35 分钟终止考核。

（2）按照技能操作记录单的操作要求进行操作，正确记录操作结果等。

（3）操作过程中作业人员有危及人身、设备安全等情况应停止考核并计 0 分。

技能等级评价专业技能考核操作评分标准

工种	送电线路工					评价等级	高级技师
项目模块	输电线路检修及应急处理				编号	Jc0002163028	
单位			准考证号			姓名	
考试时限	30 分钟		题型	综合操作		题分	100 分
成绩		考评员		考评组长		日期	
试题正文	110kV 输电线路带电更换导线防振锤的操作						
需要说明的问题和要求	（1）带电作业应在良好天气下进行。如遇雷、雨、雪、雾不得进行带电作业，风力大于 5 级时，一般不宜进行带电作业。 （2）工作设工作负责（监护）人 1 人，杆上作业人员 1 人，等电作业人员 1 人；地面作业人员 4～5 人，共 7～8 人						

序号	项目名称	质量要求	满分	扣分标准	扣分原因	得分
1	工作准备					
1.1	安全劳动防护用品的准备	正确佩戴安全帽，穿全套工作服，包括工作服、绝缘鞋、棉手套	2	未正确佩戴安全帽，穿工作服、绝缘鞋、棉手套扣 2 分		
1.2	工器具的准备	工器具准备齐全，外观检查合格，导线飞车滑轮转动灵活，刹车、安全装置齐全有效、合格	3	遗漏一项扣 1 分； 发现不合格工器具一项扣 1 分		
2	工作许可					
2.1	许可方式	向考评员示意准备就绪，申请开始工作	1	未向考评员申请许可开始工作，该项不得分		
3	工作步骤及技术要求					
3.1	工作负责人认真勘察工作环境，是否满足平梯法进入电场	选择平梯法进电场法。等电位作业人员在软梯上作业或进入电场，与接地体和带电体两部分间隙所组成的组合间隙不得小于 1.2m	10	未进行现场勘察扣 5 分； 组合间隙不满足要求扣 10 分		
3.2	杆上作业人员带循环绳登杆至横担处，将循环绳系在合适位置	循环绳应挂在塔材的主材上。 作业人员对相邻导线的最小距离不得小于 1.4m。绝缘操作杆最小绝缘有效长度 1.3m，绝缘绳最小绝缘有效长度 1.0m	10	循环绳挂点位置不合适扣 3 分； 作业人员对相邻导线的距离不满足要求扣 10 分； 绝缘工具最小绝缘有效长度不满足要求扣 10 分		

续表

序号	项目名称	质量要求	满分	扣分标准	扣分原因	得分
3.3	等电位作业人员登杆至与导线水平位置	等电位人员要穿全套合格屏蔽服，各部要连接可靠，最远端之间的电阻不应大于20Ω。 等电位作业人员要注意各处安全距离，熟悉周围情况	10	屏蔽服未检测扣5分； 等电位作业人员未观察作业环境扣5分		
3.4	地面作业人员将绝缘平梯拉上	地面作业人员按工作需要依次传递工具，留好尾绳，防止相互缠绕	10	传递工具顺序错误、不熟练扣5分； 绳索缠绕扣5分		
3.5	杆上作业人员与等电位作业人员配合固定平梯	杆上作业人员将绝缘拉绳绑扎牢固平稳，等电位作业人员将平梯固定在平梯固定器上。平梯要保证水平。平梯固定器要与斜拉绳保持垂直	10	平梯未固定、绑扎牢固扣5分； 平梯、固定器、斜拉绳安装不合格扣5分		
3.6	等电位作业人员沿平梯进入强电场	等电位作业人员可沿平梯直接进入强电场。人身二防要系在合适的位置，不得抵挂高用。方向绳要与平梯保持一定角度，固定牢靠	10	进入强电场动作不协调扣2分； 二防使用方法不正确扣5分； 方向绳、平梯固定不牢靠扣3分		
3.7	等电位作业人员进入强电场	进入电场时手先进入电场，到达工作位置后系好安全带，安全带要打在导线上	5	进入强电场方法不正确扣2分； 安全带未按要求使用扣3分		
3.8	更换新防振锤	与导线接触面应缠绕铝包带；螺栓穿向与原有防振锤螺栓穿向一致	5	铝包带未缠绕或缠绕方向不正确扣2分； 螺栓穿向不合格扣3分		
3.9	等电位作业人员退出强电场与进入程序相反	检查导线上是否有遗留物品，经工作负责人许可，验收后退出强电场	5	导线上有遗留物扣2分； 未申请退出强电场扣3分		
3.10	拆除工具，工作结束	按照《110～500kV架空电力输电线路施工及验收规范》标准验收	5	拆除工具不熟练扣3分； 未达到验收标准不得分		
4	工作结束					
4.1	工具整理及现场清理	清点工器具，清理工作现场	5	未清理现场不得分		
5	工作终结报告					
5.1	工作终结汇报	向考评员报告工作已结束，场地已清理	1	未向考评员报告工作结束，该项不得分		
6	其他要求					
6.1	动作要求	动作熟练顺畅	4	动作不熟练扣1～4分		
6.2	安全要求	严格遵守"四不伤害"原则，不得损坏工器具和设备	4	未遵守现场安全要求一次扣1分； 损坏工器具和设备一次扣1分		
合计			100			

Jc0002153029　330kV输电线路带电更换导线间隔棒的操作。（100分）

考核知识点：带电更换导线间隔棒

难易度：难

技能等级评价专业技能考核操作工作任务书

一、任务名称

330kV输电线路带电更换导线间隔棒的操作。

二、适用工种

送电线路工高级技师。

三、具体任务

带电更换导线间隔棒。

四、工作规范及要求

1. 操作要求

（1）带电作业应在良好天气下进行。如遇雷、雨、雪、雾不得进行带电作业，风力大于 5 级时，一般不宜进行带电作业。

（2）利用绝缘平梯进入电场等电位作业。

（3）工作设工作负责（监护）人 1 人，杆上作业人员 1 人，地面作业人员 4～5 人，共 6～7 人。

（4）工作负责（监护）人职责：负责办理工作票，组织并合理分配工作，进行安全教育，督促、监护工作人员遵守安全规程，检查工作票所载安全措施是否准确完备，安全措施是否符合现场实际条件；工作负责（监护）人应对工作人员交代安全事项，对整个工程的安全、技术等负责，工作结束后总结经验与不足之处；工作负责（监护）人不得兼做其他工作。

（5）工作班成员职责：严格遵守、执行安全规程和现场带电操作规程及现场安全措施卡，认真执行质量要求。

2. 安全要求

防止高压伤人，作业人员应严格按照带电作业操作规程进行工作。

五、考核及时间要求

（1）考核时间共 50 分钟。每超过 2 分钟扣 1 分，到 55 分钟终止考核。

（2）按照技能操作记录单的操作要求进行操作，正确记录操作结果等。

（3）操作过程中作业人员有危及人身、设备安全等情况应停止考核并计 0 分。

技能等级评价专业技能考核操作评分标准

工种	送电线路工					评价等级	高级技师
项目模块	输电线路检修及应急处理				编号	Jc0002163029	
单位			准考证号			姓名	
考试时限	50 分钟		题型	综合操作		题分	100 分
成绩		考评员		考评组长		日期	
试题正文	330kV 输电线路带电更换导线间隔棒的操作						
需要说明的问题和要求	（1）带电作业应在良好天气下进行。如遇雷、雨、雪、雾不得进行带电作业，风力大于 5 级时，一般不宜进行带电作业。 （2）工作设工作负责（监护）人 1 人，杆上作业人员 1 人，地面作业人员 4～5 人，共 6～7 人						

序号	项目名称	质量要求	满分	扣分标准	扣分原因	得分
1	工作准备					
1.1	安全劳动防护用品的准备	正确佩戴安全帽，穿全套工作服，包括工作服、绝缘鞋、棉手套	2	未正确佩戴安全帽，穿工作服、绝缘鞋、棉手套扣 2 分		
1.2	工器具的准备	工器具准备齐全，外观检查合格，导线飞车滑轮转动灵活，刹车、安全装置齐全有效	3	遗漏一项扣 1 分； 发现不合格工器具一项扣 1 分		
2	工作许可					
2.1	许可方式	向考评员示意准备就绪，申请开始工作	1	未向考评员申请许可开始工作，该项不得分		
3	工作步骤及技术要求					
3.1	使用软梯法进入电场	选择软梯法进电场法。工作负责人认真勘察工作环境，满足挂软梯法进电场的条件	10	工作负责人未勘察作业环境扣 5 分； 导线截面不满足挂梯要求扣 5 分		

续表

序号	项目名称	质量要求	满分	扣分标准	扣分原因	得分
3.2	检查相邻两端杆塔悬挂点是否良好	对相邻杆塔的连接金具进行检查，确保各处连接可靠。并对工作档内的树木、房屋及交叉跨越进行检查，挂梯载荷后，导线及人体对被跨越的电力输电线路、通信线和其他建筑物的最小距离不得小于4m	10	挂梯前未检查本档两端导、地线连接情况及交跨距离扣2分； 未检查相邻杆塔连接金具扣2分； 组合间隙不满足要求扣4分； 挂梯后交跨距离不满足要求扣2分		
3.3	软梯挂设	工具要在帆布上摆放、组装，防止受潮、破损。认真观察现场环境，有无行人逗留及其他障碍物，提防砸伤人、物。如工作环境不便抛绳，可上杆塔用操作杆悬挂跟头滑车。认真检查软梯头挂钩悬挂是否良好	15	工器具直接放置地面扣5分； 绝缘工具最小绝缘有效长度不满足要求扣5分； 未检查软梯头挂钩扣5分		
3.4	等电位作业人员攀爬软梯进入强电场，到达工作位置后系好安全带，封发软梯头保护	等电位作业人员开始工作前认真检查屏蔽服各处连接良好，最远端之间的电阻不应大于20Ω。配带所需合格工器具。攀爬软梯时，应系好人身二防，看好尾绳	10	屏蔽服未检测扣5分； 二防使用不正确扣5分		
3.5	更换新间隔棒	向工作负责人汇报具体情况。按照施工工艺更换。确保对邻相导线的安全距离	10	未向工作负责人汇报扣5分； 对邻相导线安全距离不满足要求扣10分		
3.6	规范安装	与导线接触面应缠绕铝包带；螺栓穿向与原有间隔棒螺栓穿向一致	10	铝包带未缠绕或绕向不正确扣5分； 螺杆穿向不正确扣5分		
3.7	等电位作业人员退出强电场	退出电场前要向工作负责人汇报，经工作负责人同意方可退出电场。等电位作业人员退出强电场前打开软梯头保护，拴好小细绳。专人看护人身保护绳，随作业人员下梯及时放松	10	未申请退出电场扣5分； 拆除工具不正确扣5分		
3.8	拆除工具，工作结束	按照《110～500kV架空电力输电线路施工及验收规范》标准验收	5	安装质量不符合验收规范要求扣5分		
4	工作结束					
4.1	工具整理及现场清理	清点工器具，清理工作现场	5	未清理现场不得分		
5	工作终结报告					
5.1	工作终结汇报	向考评员报告工作已结束，场地已清理	1	未向考评员报告工作结束，该项不得分		
6	其他要求					
6.1	动作要求	动作熟练顺畅	4	动作不熟练扣1～4分		
6.2	安全要求	严格遵守“四不伤害”原则，不得损坏工器具和设备	4	未遵守现场安全要求一次扣1分； 损坏工器具和设备一次扣1分		
合计			100